装备科技译著出版基金

维修审核手册
——绩效度量框架
Maintenance Audits Handbook:
A Performance Measurement Framework

[西]迭戈·加拉尔·帕斯夸尔(Diego Galar Pascual) 著
[瑞典]乌代·库马尔(Uday Kumar)

郝建平 蔡 戬 李星新 等译
于永利 王江山 唐 伟 审

国防工业出版社

·北京·

内 容 简 介

本书是国内外第一部专门系统论述维修审核的专著,提供了一种针对装备维修的实用审核评估实施方法,围绕确立维修要求及其度量构建了一个综合性的框架,实现了对绩效度量指标与审核过程的科学融合,验证了所建议的打分卡、指标、参照以及审核过程,提供了一套模拟审核过程的问卷。

著作权合同登记　　图字:军-2018-066 号

图书在版编目(CIP)数据

维修审核手册:绩效度量框架/(西)迭戈·加拉尔·帕斯夸尔,(瑞典)乌代·库马尔著;郝建平等译. —北京:国防工业出版社,2023.5
书名原文:Maintenance Audits Handbook:A Performance Measurement Framework
ISBN 978-7-118-12759-1

Ⅰ.①维… Ⅱ.①迭…②乌…③郝… Ⅲ.①维修—经济绩效—手册 Ⅳ.①F014.9-62

中国国家版本馆 CIP 数据核字(2023)第 081422 号

Maintenance Audits Handbook:A Performance Measurement Framework 1st Edition / by Diego Galar Pascual｜Uday Kumar / ISBN:978-1-4665-8391-7
Copyright © 2016 by CRC Press.
Authorized translation from English language edition published by CRC Press, part of Taylor & Francis Group LLC. All rights reserved.
National Defense Industry Press is authorized to publish and distribute exclusively the Chinese (simplified characters) language edition. This edition is authorized for sale throughout Chinese mainland. No part of the publication may be reproduced or distributed by any means, or stored in a database or retrieval system, without the prior written permission of the publisher.
Copies of this book sold without a Taylor & Francis sticker on the cover are unauthorized and illegal.
本书原版由 Taylor & Francis 出版集团旗下 CRC 出版公司出版,并经其授权翻译出版。版权所有,侵权必究。
本书中文简体翻译版授权由国防工业出版社独家出版并限在中国大陆地区销售。未经出版者书面许可,不得以任何方式复制或发行本书的任何部分。本书封面贴有 Taylor & Francis 公司防伪标签,无标签者不得销售。

※

国防工业出版社出版发行

(北京市海淀区紫竹院南路 23 号　邮政编码 100048)
三河市腾飞印务有限公司印刷
新华书店经销

*

开本 710×1000　1/16　印张 32½　字数 600 千字
2023 年 5 月第 1 版第 1 次印刷　印数 1—2000 册　定价 248.00 元

(本书如有印装错误,我社负责调换)

国防书店:(010)88540777　　书店传真:(010)88540776
发行业务:(010)88540717　　发行传真:(010)88540762

作者简介

迭戈·加拉尔·帕斯夸尔（Diego Galar Pascual）博士拥有西班牙萨拉戈萨大学的电信硕士学位和设计与制造博士学位；曾在多所高校担任教授，包括萨拉戈萨大学和马德里欧洲大学；在萨拉戈萨大学的设计与制造工程学院和阿拉贡工程研究所 I3A 小组担任研究员、学术创新主任，随后担任副校长。

他在维修领域发表了 200 多项期刊、会议论文、专著和技术报告，还是编辑委员会和科学委员会成员，主管国际期刊，主持多项国际会议。

在该行业中，他是跨国公司的技术总监和 CBM 经理，积极加入与可靠性和维修有关的国内和国际标准和研发委员会。

目前，他在瑞典吕勒奥理工大学（LTU）的使用与维修工程学院担任状态监测教授，在瑞典舍夫德大学担任可靠性和维修教授。他协调组织与维修相关的多个欧盟第七框架计划（EU-FP7）项目，并加入吕勒奥的斯凯孚（SKF）美国联合技术公司（UTC）中心，专注于 SMART 轴承方面的工作。他还积极参与瑞典国内工业项目，并获得了瑞典创新局等瑞典国内机构的资助。

在国际舞台上，他曾是布拉干萨理工大学（葡萄牙）、巴伦西亚大学（西班牙）和北伊利诺伊大学（美国）的客座教授，现为桑德兰大学（英国）和马里兰大学（美国）的客座教授。他还是智利天主教大学的客座教授。

乌代·库马尔（Uday Kumar）博士是瑞典吕勒奥理工大学的使用与维修工程学院教授、吕勒奥铁路研究中心主任、吕勒奥理工大学可持续交通研究与创新战略领域的科研主任。在到吕勒奥理工大学任教前，他曾是挪威斯塔万格大学的近海开发技术（使用与维修工程）教授。他的研究领域包括可靠性和维修性工程、维修建模、状态监测、寿命周期费用和风险分析等。

他在工业研究和创新、工程系统使用与维修相关工业问题的处理等方面，拥有超过 25 年的经验。目前，他参与了许多欧盟框架计划并为指导委员会成员、工作包负责人或主要研究人员。

从 2011 年 4 月起，他就一直担任国家科学基金会资助的辛辛那提大学智能维护系统卓越中心的客座教授。他还在伦敦的帝国理工学院和芬兰原赫尔辛基理工大学（现阿尔托大学理工学院）任客座教授并执教。自 2014 年起，他一直担任英国曼彻斯特大学的可靠性工程和资产管理项目的校外主考官。

他在国际期刊和同行评审会议上发表了 300 多篇论文，撰写了多部图书。他指导过的可靠性和维修博士学位论文超过 25 篇。他还在众多学术会议、研讨会、工业论坛、研习会和学术机构中担任主要演讲人和特邀演讲人，是瑞典皇家工程科学院的民选成员。

译者序

资产(民用设备、军用装备等)维修是我国全面开展社会主义现代化建设的重要物质技术基础。它不仅是为了保持和恢复资产的良好技术状态及正常工作(运行)所采取的措施,而且也是改善性能、提高企业(部队)装备能力不可缺少的措施。未来,我国制造业仍将保持强劲发展势头,武器装备将加速创新和升级换代,维修将不再是一种辅助手段或应急措施,而是生产力的有机组成部分,也是战斗力的重要构成要素。随着资产维修内容的扩展及其在经济发展和国防建设中地位的提高和作用的增强,已经不能单纯靠技艺获得效益,更要靠知识、科学、管理来实现资产维修的综合目标。

审核已经证明是一种有效的管理手段,在质量管理领域、软件工程领域已经取得显著成效。美国联邦航空管理局(FAA)于20世纪90年代后期围绕飞机维修中的人因实施了专门的审核;旨在发现飞机设计、维修工作设计以及维修环境方面存在的问题。近年来,随着各类审核实践的深入,国外开始重视针对企业维修部门或专业维修企业的审核;国内则还处于启蒙阶段,但总体而言,维修审核还没有形成成熟的标准化的实践做法。本书是国内外第一部专门系统论述维修审核的专著,其主要特点是提供了一种针对装备维修的实用审核评估实施方法,围绕确立维修要求及其度量构建了一个综合性的框架,实现了对绩效度量指标与审核过程的科学融合,验证了所建议的打分卡、指标、参照以及审核过程,提供了一套模拟审核过程的问卷。

引进该著作的理论与方法,不仅有利于我国资产维修管理的发展,更为新形势下的武器装备维修管理提供一种可借鉴参考的模式,相信该书的引进会对我国资产维修管理理论与实践的发展产生积极的作用。

本书的翻译由郝建平组织与策划,其中郝建平翻译前言、第1章、第2章、附录,王松山翻译第3章,蔡戬翻译第4章,李星新和叶飞翻译第5章、第6章,张帝泰、黄浩、朱小冬翻译第7章,郝建平、张帝泰、李星新翻译第8章,顾亚娟、李珂负责图表的绘制,郝建平负责统稿,于永利、王江山、唐伟对译稿进行了审校。在翻译过程中,译者对其中的疑似问题做了标注和纠正。

在此对原著作者 Diego Galar Pascual 博士和 Uday Kumar 博士表示感谢,正是他们的卓越工作,使得我们能拥有一部内容丰富、线索清晰、方法实用的维修审核与评估参考书。

感谢装备科技译著出版基金的支持;感谢甘茂治教授、赵国祥主任审核员对翻译文稿的具体指导;感谢国防工业出版社编辑的倾力帮助和辛苦工作。专家们的严谨作风和工作热情令人钦佩,是鼓励我们完成本书翻译、出版的动力。

译者
2022 年 11 月

前 言

良好的资产管理能确保对实现卓越运营至关重要的设备工作时间、寿命及安全性,并以最低的成本实现要求的绩效。然而,良好的资产管理需要具有适当特征和功能的现代化工具、技术和管理体系。

维修是一个信息驱动的过程。过去几年,我们一直将战略重心聚焦于通过数据融合、信息共享和无缝衔接,来开发满足工业优先项的工具与技术。其推动力是信息和通信技术(ICT)不断增强的性能和范围,这不仅有助于解决工业面临的问题,而且为维修理论研究提供了适当的环境和数据库。

本书反复强调维修管理的根本目标是持续改进。资产管理的所有方法和技术都力图改进设施和生产的方方面面,持续改进必须采用系统化的绩效度量。维修组织实施这种度量可以获得诸多益处,包括延长设备寿命、提高可用度,改进产品质量,通过更少的停机和更合理的部件库存管理来降低成本,实现更经济的维修等。这些反过来又将促成改进的预算和规划过程。

维修绩效的度量是复杂的。本书的第 1 章分析了现有的、零散的参数和不合理指标,并解释了它们作为维修指标如何完善和不够完善的原因。

人因是维修审核中经常被低估的一个方面,这里是指最终用户。本书解释了现有指标的另一个问题,即指标应该对用户和物主进行区分。指标应该是弹性的,无论在哪个层次都能指出问题,且能给出改进建议。

本书同时给出了维修指标和参考度量,明确了其适用于用户或物主,为外部审核或内部审核奠定了基础。构建的审核模型是混合式的,考虑到审核人员观点的重要性,模型综合了调查数据和从组织信息系统获得的数值指标。信息的混合可以确认作业人员和管理人员的理解是否有效。

本书还为维修过程审核人员推荐了一个逻辑程序。传统文献及其建议的指标并没有提供有关计算间隔期的信息,本书提出了调查和指标的逻辑算式,将它们按照层次分组,可以及时定位审核过程,同时还解释了如何根据维修组织的成熟水平构造数据收集和结果。

1. 维修指标

本书阐述了审核所需维修指标的收集和计算,并解释了如何监测其效果。该基本原理适用于任何一组维修指标,因而也适用于任何维修度量。

维修指标分为三个基础构件块,包括可靠性、可用性、维修性及安全性(RAMS)参数、费用模型及人因。将企业目标转换为维修部门目标,利用这些要素可组合形成绩效度量指数。企业的使命与愿景必须转换为具体的维修目标,并加以度量。围绕管理和维修配置这些指标要素,目标并非其自身,而是作为一种对企业使命与愿景转换为生产性资产管理进行度量的手段。

该系统采用指标的其中一个重要特征就是它们必须是动态的。某些指标只在一定时期对特定技术或方法有意义,本书的记分卡删除了这类指标。指标在某个具体装备上必须是动态的、适应性强的,不能与具体时间和场所关联。该动态性必须是来自企业所有时间,而非一时对维修的需求,包含了产品和装备的不同重要阶段和不同周期,同时也包含了能反映企业目标演化的方法与技术的变化。

2. 人因

人因在审核过程中极其重要。首先,工作绩效测定在企业并不受欢迎,因为其出发点通常是试图改进现状,明显会影响到这一领域的工作人员,也就意味着其工作没有做到应有的水平;其次,维修管理的度量相当重要,尤其是企业维修职能在经历显著变动时更是如此,也会对该部门相关人员产生明显的影响。如果有许多改变,士气、动力或归属感会受损。结合这两个因素,本书提出度量企业维修职能的最佳方式,包括度量和考察,以及实施方式。

3. 费用模型

一个恰当的费用模型是良好维修指标的第二个要素。费用模型和人因是用于度量维修职能的基础指标,即如何优化资源来实现企业的目标。

本书强调了效能和效率之间的持续努力。相较于前者,后者更难计算,这说明了我们估计所需度量参数的难度,如培训活动对工人工作质量或阅读理解水平的作用。通过对比,尽管费用是故障后果的隐含部分,而且归因困难,但是易于量化的要素。费用模型要同时度量"硬"因素和"软"因素,换言之也就是那些易于获得和难以获得的因素。

在定义费用模型时,选择容易测量的部分,从其中提取必要的信息,制定指标。难以度量活动或技术的作用,特别是两者常常会包含大量的人因问题。本书所提出的模型回避了这些费用,因为其既难以客观化,也难以在企业之间形成基准。

4. RAMS 参数

在建议的模型中还要考虑 RAMS 参数的组合,该度量领域更可信、一致,因为它直接反映了系统效率。RAMS 参数用来获得度量维修职能效能的指标,其参数包括(装备)每小时不可用的费用或平均每个工单的工作量等。

RAMS 参数提供的效能信息是必要的但不够充分,还必须配以资源的有效利用。因此,书中提议对效能和效率指标进行重新组织和重新分配,将技术和经济指标分布在各个层次上,使得所有层级均能接受并适应企业目标。

5. 记分卡和建议的指标

本书提出了一组全新的维修指标。构造指标的典型方式以能够获得的知识及其一致性为前提,但这在许多组织是不存在的。传统的方法中,指标自身常常成为最终目的,却忽略了真正的目标。这种缺乏远见的做法是传统系统的主要不足之处。本书纠正了这种做法,推荐了一种更好的度量方式,并引入了三种新的度量视角。

参考值:确立基准时,要考虑利用良好实践的结果来形成指标。记分卡应该包括最大值、最小值或期望目标阈值,否则如 UNE 15341 给出的指标就会变得无用。

逻辑分组:指标应以业务目标为基础,并且这些目标在组织的各个层次均应是可理解的。在该定义中,对维修的要求超出了设备维修的技术要素视角,还包括了组织的战略目标,将维修人员整合到组织日常工作中。

层次模型:指标组织分为五个层级,从最高层或总经理层级到维修小组领导层。传统的方法并没有在组织中区分指标的所有者,指标所有者能根据接收到的数据改进其日常工作。指标及其所有者的例子包括:企业最高层成员需要维修预算数据和资产价值,培训活动的效果会影响人力资源职能的方向,平均故障间隔时间(MTBF)或平均修复时间(MTTR)要素等则影响设备使用人员。层次划分意味着在某个层次并不需要提供众多指标,而只需要其中少数指标。

本书推荐了一个由这些指标构成的记分卡或平衡记分卡(BSC),并且提供了可进行量化和对比的参考以及建议的形成。BSC 的这种组织形式,能够清晰辨识四个视角(客户、财务、内部过程、学习与成长),并且在每个层次上可与利益相关方明确关联。

客户视角关注利用生产性资产的人员,财务视角由财务部门考虑,内部过程视角服务于维修管理人员(经理),学习与成长视角则服务于人力资源部门。通过采用适当的策略、合理选取指标可以实现各视角的每项目标。本书建议并测试的模型能够衡量各视角成功与否。

6. 维修审核

由于管理上的不足,维修审核变得复杂了,虽然对其应用及价值的不同观点很少在企业采用,但业界对维修职能的绩效度量越来越关注。到目前为止,该领域的工作很少提升为标准,即使有这样的标准,其实质也是教育性的,而非强制性的。在世界多数国家,维修审核现在不是强制性的,同时还在对定性(调查)和定量(指标)特征进行争辩。它们度量的是完全不同的事情,本书提出的模型综合了这两种不同的度量模式。如前所述,人因很重要,维修职能包含人因,调查不仅反映了维修人员的理解和感受,也反映了其知识及投入工作的程度。另外,从客观数据系统获取的数值指标反映了每天的真实情况,可能与人的感知一致,也可能存在不一致。将这两类数据合并,既可以提供部门状态的定量化状况,也可以提供关于这些人员的感觉和投入情况的评估,从而为改进奠定了基础。

书中给出的模型度量方法是简单的,与所建议四个视角的指标和记分卡一致。维修职能可从这些视角审核目标已经实现的程度。模型采用 BSC,基于维修成熟度将其分解为一系列的步骤,并遵从绩效度量的逻辑程序。

本书提出的维修审核综合了定性方法和定量方法。定性方法由对不同层级的调查组成,采用了李克特量表(Likert scale),并覆盖了维修职能成熟度发展的各个方面。定量方法与记分卡上的指标关联,记分卡可反映成熟度的不同等级和各方面因素,数值型指标常用百分数度量,尽可能由企业信息系统客观地获取。定性和定量两种方法的结合,既能验证调查对象的评价,也会在客观数据与主观发现发生矛盾时否认调查对象的评价。

可对记分卡进行调整,不仅有利于审核不同生产过程,也同样适用于流程加工业和集约化生产。各行业可识别并剪裁不适用指标,这一直是试图度量维修绩效的人所关注的,因为不可能片面应用或放之四海而皆准来应用相同的指标。

另一个常见问题就是指标的所有权。书中通过采用基于部门成熟度水平的记分卡,对评估进行了合理划分。如果明确工作布置的策略是由规划人员和中层管理负责,也即他们是该策略的所有者,那么这些策略就要掌握在他们手里。这种部门层次化有利于快速明确由谁来负责改进这项策略,并鼓励这种改进。

最后,书中提出的模型是动态的、灵活的。审核过程和相关记分卡都允许企业进行必要调整,以适应技术的变化和不断发展的维修职能。

致谢:感谢来自不同学术机构和高校的同事在本书的编著过程中以不同方式提供的帮助。他们长期以来的支持和建设性批评为这项编著工作增添了活力和乐趣。编著一本既适合读者又适用于学术界和维修人员的书籍着实为一项挑战。感谢诸位的贡献,以及费时阅读和修正。没有你们,本书不会面世。

特别感谢我们的合伙人、他们的妻子 Ana Val 和 Renu Sinha。她们能出现在我们的生命中我们是多么的幸运。没有她们的持续支持和鼓励,将永远无法完成我们的目标。她们无私的给予远多于我们所要求的。

最后,感谢吕勒奥理工大学的使用与维修工程学院在编制本手稿期间提供的支持。

作者

目录

第1章 维修指标的必要性 ... 1
1.1 引言 ... 1
1.2 度量维修效果的必要性 ... 2
1.2.1 数据太多、信息太少 ... 3
1.2.2 绩效指标的数量、数据的所有权及其涉及问题 ... 3
1.2.3 度量的目标 ... 4
1.2.4 行动与监测结果之间的时间差 ... 4
1.2.5 数据收集的费用和原因 ... 4
1.3 度量传感器及其布置 ... 5
1.4 指标类型：领先与滞后、"硬"与"软" ... 6
1.5 指标分组：框架和记分卡 ... 9
1.6 指标的层次结构 ... 11
1.6.1 多层级 ... 15
1.6.2 MPM框架 ... 15
1.7 指标分类 ... 17
1.7.1 财务指标 ... 17
1.7.2 人力资源相关指标 ... 18
1.7.3 部门内部过程相关指标 ... 18
1.7.4 技术指标 ... 19
1.8 绩效度量的表达 ... 20
1.9 绩效度量的功效 ... 21
1.9.1 指标数量以及所采用指标的来源 ... 21
1.9.2 数据准确性 ... 21
1.9.3 用户对指标的理解 ... 22
1.10 基准 ... 23
1.11 维修审核 ... 28
1.12 绩效度量系统的优势 ... 31

1.13 电子维修 · · · · · · 33
1.14 总结与探讨 · · · · · · 34

第2章 维修指标及相关问题概述 · · · · · · 36

2.1 引言 · · · · · · 36
    2.1.1 基于绩效的工业:一个新时代 · · · · · · 36
    2.1.2 控制维修部门的必要性 · · · · · · 37
    2.1.3 绩效度量的方法描述 · · · · · · 38
    2.1.4 绩效度量的主要问题 · · · · · · 38
    2.1.5 对生产绩效的职责 · · · · · · 40
2.2 维修策略 · · · · · · 40
    2.2.1 引言 · · · · · · 40
    2.2.2 维修策略制订 · · · · · · 41
2.3 调整维修目标和有关绩效度量的认识 · · · · · · 44
    2.3.1 目标的共同认识 · · · · · · 44
    2.3.2 维修目标分类 · · · · · · 45
    2.3.3 维修效能:设定目标 · · · · · · 45
    2.3.4 度量维修策略的效能 · · · · · · 46
    2.3.5 维修效能度量 · · · · · · 47
    2.3.6 维修部门目标 · · · · · · 48
    2.3.7 维修组织设计趋势 · · · · · · 49
2.4 目标与组织行为 · · · · · · 50
    2.4.1 对目标与组织行为的需求 · · · · · · 50
    2.4.2 人因 · · · · · · 51
    2.4.3 组织中的相互关系 · · · · · · 52
    2.4.4 维修组织的关键组成部分 · · · · · · 53
    2.4.5 目标调整与组织效率度量 · · · · · · 53
2.5 组织目标和策略的组合 · · · · · · 55
    2.5.1 匹配策略和目标 · · · · · · 55
    2.5.2 维修费用 · · · · · · 56
2.6 结论 · · · · · · 58
    2.6.1 与维修绩效度量相关的问题 · · · · · · 58
    2.6.2 绩效度量的模型 · · · · · · 60
    2.6.3 结论 · · · · · · 61

第3章 维修绩效度量中的人因 ·················· 62

3.1 引言 ·················· 62
3.1.1 人因概述 ·················· 63
3.1.2 组织中的人因 ·················· 63
3.1.3 研究人因的必要性:SHELL 模型 ·················· 63
3.1.4 人因的应用 ·················· 66

3.2 管理考虑的人因 ·················· 66

3.3 维修中的人因 ·················· 68
3.3.1 人为差错及其对 RAMS 参数的影响 ·················· 69
3.3.2 人因对维修性的影响 ·················· 69
3.3.3 行为的影响以及 RAMS 中的人为差错 ·················· 71
3.3.4 人的可靠性模型 ·················· 73
3.3.5 维修中行为的特征:个人与小组 ·················· 75

3.4 转包和与维修企业战略合作的效果 ·················· 81

3.5 维修管理中人因的度量 ·················· 82

3.6 维修中的知识管理 ·················· 83

3.7 人因:维修变革中的重要因素 ·················· 84
3.7.1 人因的重要性 ·················· 85
3.7.2 问题与建议 ·················· 87
3.7.3 组织的成熟性 ·················· 88

第4章 维修费用模型:财务指标基础 ·················· 91

4.1 LCC 考虑因素 ·················· 92

4.2 维修的经济管理 ·················· 97
4.2.1 维修的经济重要性 ·················· 97
4.2.2 维修的经济目标 ·················· 98
4.2.3 维修费用分类 ·················· 99
4.2.4 维修总费用 ·················· 99
4.2.5 维修总费用的计算 ·················· 103
4.2.6 使用单元 ·················· 109
4.2.7 确定费用的基础文件 ·················· 109
4.2.8 维修费用与投资 ·················· 110
4.2.9 外部修理:分包 ·················· 111
4.2.10 静态相对资产总费用 ·················· 111

4.2.11　动态相对资产总费用 ……………………………………… 111
　　　4.2.12　维修总费用的度量和控制 …………………………………… 112
　　　4.2.13　维修生产率 …………………………………………………… 113
　　　4.2.14　维修预算及误差 ……………………………………………… 114
　　　4.2.15　生产和维修的可疑费用 ……………………………………… 115
　　　4.2.16　维修费用：冰山一角 ………………………………………… 115
　　　4.2.17　基于上一年度实际费用确定设施年度维修预算 …………… 115
　　　4.2.18　备用和冗余设备与维修费用 ………………………………… 116
　　　4.2.19　MAPI 方法实际应用 ………………………………………… 117
　　　4.2.20　机器改造 ……………………………………………………… 119
　　　4.2.21　机器和设施寿命、损耗和过时淘汰 ………………………… 121
　　　4.2.22　估算故障费用的 Vorster 模型 ……………………………… 122
　4.3　维修费用估算 ……………………………………………………………… 126
　　　4.3.1　数据库维护 ……………………………………………………… 126
　　　4.3.2　费用记录和核算 ………………………………………………… 128
　　　4.3.3　费用分析系统 …………………………………………………… 133

第5章　RAMS 参数：维修效能指标 ……………………………………… 135
　5.1　引言 ………………………………………………………………………… 135
　5.2　系统效能 …………………………………………………………………… 136
　5.3　效能度量 …………………………………………………………………… 137
　　　5.3.1　可靠性 …………………………………………………………… 138
　　　5.3.2　维修性 …………………………………………………………… 139
　　　5.3.3　可用性 …………………………………………………………… 140
　　　5.3.4　安全性 …………………………………………………………… 140
　5.4　可靠性、可用性和维修性的分析 ………………………………………… 141
　　　5.4.1　引言 ……………………………………………………………… 141
　　　5.4.2　RAMS 分析的一般模型 ………………………………………… 141
　　　5.4.3　RAMS 分析的结果 ……………………………………………… 144
　　　5.4.4　RAMS 参数之间的关系 ………………………………………… 144
　5.5　可靠性 ……………………………………………………………………… 146
　　　5.5.1　引言 ……………………………………………………………… 146
　　　5.5.2　可靠性函数 ……………………………………………………… 146
　　　5.5.3　平均故障率 ……………………………………………………… 147
　　　5.5.4　瞬时故障率或风险率 …………………………………………… 147

	5.5.5	可靠性函数与风险率的关系	148
	5.5.6	故障率和风险率的区别	148
	5.5.7	浴盆曲线	148
	5.5.8	平均寿命	149
	5.5.9	概率分布	150
	5.5.10	参数估计	154
	5.5.11	分配方法	158
5.6	维修性		159
	5.6.1	引言	159
	5.6.2	预计维修性的必要性	160
	5.6.3	维修性度量	161
	5.6.4	维修性函数	161
	5.6.5	恢复时间百分率	162
	5.6.6	平均修复时间	162
	5.6.7	基于工时的度量	162
	5.6.8	基于维修频率的度量	163
	5.6.9	基于维修费用的度量	163
	5.6.10	影响维修性的后勤因素	163
	5.6.11	数据分析	164
	5.6.12	维修性分配	165
	5.6.13	维修性预计	166
5.7	可用度		170
	5.7.1	引言	170
	5.7.2	可用度分类	170
	5.7.3	可靠性术语	176
	5.7.4	故障时间	177
	5.7.5	时间定义	178
	5.7.6	计算可用度的方法	179
	5.7.7	用于监测和诊断的时间参数	180
5.8	安全性		181
	5.8.1	引言	181
	5.8.2	安全性结构	181
	5.8.3	风险分析	183
	5.8.4	安全可靠性分析	186
5.9	故障分析的信息管理		188

5.9.1　引言 ··· 188
　　5.9.2　故障信息的研究 ·· 188
　　5.9.3　工单数据管理系统 ··· 188
　　5.9.4　利用帕累托原理进行故障报告 ··· 189
　　5.9.5　定量记录：MTBF 记录板 ··· 190

第6章　维修指标和记分卡 ··· 192
6.1　引言 ··· 192
6.2　管理指标 ·· 193
　　6.2.1　管理者的指标 ·· 193
　　6.2.2　管理指标的益处 ·· 194
　　6.2.3　管理指标的特征 ·· 194
　　6.2.4　管理指标和战略规划 ··· 195
　　6.2.5　管理指标的要素 ·· 195
　　6.2.6　指标的类型 ··· 197
　　6.2.7　指标选择 ·· 197
　　6.2.8　持续改进 ·· 199
　　6.2.9　平衡记分卡和管理指标的平衡 ··· 200
　　6.2.10　指标体系的实施 ·· 202
　　6.2.11　UNE-EN 66175：2003 指标实施指南 ·· 203
6.3　记分卡 ··· 206
　　6.3.1　历史背景 ·· 206
　　6.3.2　平衡记分卡 ··· 208
　　6.3.3　四个视角 ·· 209
　　6.3.4　财务视角 ·· 211
　　6.3.5　客户视角 ·· 212
　　6.3.6　内部过程视角 ·· 213
　　6.3.7　学习与成长视角 ·· 214
　　6.3.8　综合视角 ·· 214
6.4　制订 BSC ··· 216
　　6.4.1　规划 ··· 216
　　6.4.2　信息收集 ·· 217
　　6.4.3　战略的确定 ··· 218
　　6.4.4　指标确定 ·· 219
　　6.4.5　BSC 构造 ··· 221

	6.4.6	沟通	222
	6.4.7	激励政策	224
6.5	制订指标的文件管理		225
	6.5.1	知识管理	225
	6.5.2	维修实施	226
	6.5.3	工单	226
	6.5.4	信息和档案	229
	6.5.5	设备分类和代码	230
	6.5.6	手册、指南和规程	232
	6.5.7	维修手册	232
	6.5.8	规程、教程和维修范围	233
6.6	维修绩效指标的经典模型		233
	6.6.1	世界级指标	234
	6.6.2	广泛使用的经典指标	235
	6.6.3	UNE-EN15341:2008 推荐指标	242
6.7	指标层级		249
	6.7.1	多层组织中的指标	249
	6.7.2	BSC 推荐的维修组织结构和指标	251
	6.7.3	财务视角	253
	6.7.4	客户视角	260
	6.7.5	内部过程视角	267
	6.7.6	学习与成长视角	274

第7章 维修审核 · 279

7.1	引言		279
7.2	维修审核		282
	7.2.1	内审与外审	282
	7.2.2	维修审核模型	283
	7.2.3	结果的评价与报告	284
	7.2.4	审核实施过程	286
7.3	将高层与维修战略联系起来		297
7.4	第1层演化		300
7.5	第2层演化		307
	7.5.1	维修储存和采购管理	307
	7.5.2	WO 系统	311

  7.5.3 计算机化维修管理系统 ·············· 314
  7.5.4 人员管理和转包 ·············· 317
 7.6 第3层演化 ·············· 329
  7.6.1 基于状态的维修 ·············· 329
  7.6.2 生产与维修的相互关系 ·············· 332
  7.6.3 RAMS 和 RCM 分析 ·············· 335
 7.7 第4层演化 ·············· 342
  7.7.1 费用模型和财务优化 ·············· 342
  7.7.2 生产人员实施的维修 ·············· 346
 7.8 第5层演化 ·············· 347
 7.9 维修考察的李克特量表 ·············· 351
  7.9.1 用李克特量表衡量态度 ·············· 351
  7.9.2 构造阶段 ·············· 353
  7.9.3 项目分析 ·············· 357
  7.9.4 李克特量表的不足 ·············· 357
 7.10 结论 ·············· 358

第8章 审核模型应用与企业记分卡:结果与结论 ·············· 359

 8.1 引言 ·············· 359
 8.2 公司使命与愿景:第0层 ·············· 359
  8.2.1 部门在待审核组织的角色 ·············· 359
  8.2.2 公司的结构 ·············· 360
  8.2.3 公司的参访 ·············· 361
  8.2.4 第0层或管理层承诺 ·············· 362
 8.3 第n层审核研究案例:第1层演化 ·············· 367
  8.3.1 获得不同层的数据 ·············· 367
  8.3.2 维修演化层审核 ·············· 368
  8.3.3 第1层调查:实施与验证 ·············· 370
  8.3.4 计划与执行中有关人力资源时数的指标 ·············· 381
  8.3.5 有关完成任务的指标 ·············· 384
  8.3.6 经济指标 ·············· 387
  8.3.7 效能的技术指标 ·············· 390
  8.3.8 指标及评估总结 ·············· 402
 8.4 第n层对平衡记分卡及其不同视角的贡献 ·············· 405
 8.5 第n层次审核研究案例:第2层演化 ·············· 411

  8.5.1 维修仓库和采购管理 …………………………………… 413
  8.5.2 WO 系统 …………………………………………………… 422
  8.5.3 计算机维修管理系统 ……………………………………… 426
  8.5.4 人员管理和分包 …………………………………………… 429
 8.6 较高层级的记分卡发展 …………………………………………… 440
  8.6.1 第 1 层记分卡 ……………………………………………… 440
  8.6.2 第 2 层记分卡 ……………………………………………… 444
  8.6.3 控制面板分层及指标确认 ………………………………… 448

附录:完成调查的说明 ………………………………………………… 453

参考文献 ……………………………………………………………… 476

第1章
维修指标的必要性

1.1 引言

维修职能是生产所固有的,但人们并不总能理解或量化维修活动。本章使用的两个术语"部门"和"职能"可互换,因为维修的一个特点就是维修活动需要多组人员或多个车间协作,远超传统意义上的部门范围。

制造业中维修的范围可以通过各种定义来说明。英国标准学会将维修定义为使设备、装置和其他实体资产处于理想工况或使之恢复到理想工况所需的各种技术活动及相关管理活动的组合。澳大利亚维修工程协会(MESA)认为,维修就是在一定的经济或商业环境下,实现资产要求能力的有关活动。在Tsang等看来,维修包括为优化设备的规定"能力"而需要的所有工程决策及相关活动,其中能力是在一定性能范围内完成规定功能的水平,与产量、速率、安全性以及响应特性相关。Kelly也有类似的表述,维修的目的就是在系统环境和安全性约束之内,以最小的资源消耗实现约定的产出水平和工作模式。理想的生产量是通过高可用性实现的,而高可用性反过来又受设备可靠性、维修性和维修保障性的影响。

维修是技术系统安全以及工厂设施保持良好状态的部分影响因素。可以将维修目标总结为以下几类:确保设施功能(可用性、可靠性、产品质量等);确保设计寿命;确保设施和环境安全;确保维修的费用效益;并确保资源(能源和原材料)的有效利用。对于生产设备来说,确保系统功能应该是维修的首要目标,维修能够提供生产系统所要求的可靠性、可用性、效率和能力;确保系统寿命是指确保设备保持良好状态,达到或延长设计寿命,在这种情况下,必须对费用进行优化,以达到预期的设施状态;设施的安全性是非常重要的,因为故障会带来灾难性后果;必须最大限度地降低维修费用,同时需要将风险控制在严格的限度内,并确保满足法定要求。

长期以来,维修工作都是由工人自己进行的,维修组织比较松散,并不急于将机器或工具再次投入运行,但情况已经改变或正在改变。

首先,需要确保更高的设施可用性。随着规模经济成为全球经济的主导,对产品的需求正在增加。然而,公司在扩张、购买工业建筑和生产设备、收购同一行业的公司等方面遭受了经济损失。必须最大限度地保持生产能力,而各组织却又开始担心跟踪参数可能会影响其设施和机器的可用性。

第一个问题又导致了第二个问题的出现。在开始优化生产成本并构建生产成品的费用模型时,组织开始对维修费用质疑。维修职能已经发展到包括资产、人员等,占组织总预算的很大一部分,在企业制定精简成本的政策时,会出现维修预算的问题,以及预算是否成功落实的问题。企业开始考虑可用性和质量参数。

历史上,一直困扰着维修的问题是如何以最低费用实现可用性最大化。为了解答这一问题,Al-Najjar指出,目前正在制订各种方法、技术和一系列指标用于观察改进所带来的影响。

1.2 度量维修效果的必要性

各个组织都承受着不断提高为客户创造价值的能力和提高运营费效的压力。在这方面,巨额投资的设备维修曾认为是"必要之恶",而现在则认为是提高运营费效,进而通过为用户提供更好、更具创新的服务来创造更多价值的关键所在。

随着组织战略构想的变化、外包数量的增加以及原始设备制造商(OEM)和资产所有者的分离,度量、控制和提高资产维修效果越来越重要。目前,随着技术的进步,各种维修策略逐步发展起来,包括视情维修、预测性维修、远程维修、预防性维修和电子维修。大多数组织面临的主要挑战之一是选择效率最高、效果最好的策略,以增强和不断提升运营能力、降低维修费用,并在行业内形成竞争力。因此,除了制定资产维修的政策和策略之外,通过度量绩效来评估这些维修策略的效率和有效性也同样重要。

将维修绩效度量(MPM)定义为"从整体业务角度衡量和验证维修投资所创造价值,策略性地符合企业股东需求的多学科过程"。在理解维修所创造的价值、重新评估和修正维修政策与技术、验证在适应维修服务新趋势和新技术方面的投资、修改资源分配、了解维修对其他功能和利益相关者以及健康和安全的影响等方面,这已经作为一个重要的因素。

遗憾的是,这些维修指标常常被误解,并且被许多公司错误地使用。公司不应将这些指标用于显示工人没有做好工作,也不应用于满足任何人的自我感觉,即显示公司运作良好。如果使用得当,维修绩效管理(PM_m)①应当突出改进的机会,同时还需要发现问题,最终帮助找到解决方案。

Mata 和 Aller 给出了维修概况、存在问题以及充分量化指标的必要性。在他们看来,行业内已经将维修视为组织必须承担的无法避免的事情、费用或损失,进而保持其生产过程的正常运转。因此,许多公司的工作重点不一定集中在资产维修上,而是集中在生产上。利用客观指标来评估这些过程可以帮助改进不足并提高工业设施的产量。许多指标可能涉及维修设备与生产或销售的费用,其他人则可以确定可用性是否足够,和/或应该改进哪些因素来实现增长。

这种历史的维修观点与 PM_m 的传统问题混淆,并在制定和实施一整套维修绩效管理方面产生了问题,包括选择度量指标中的人因、指标的应用以及对生产度量指标的使用、度量过程中的责任划分必要性。

1.2.1 数据太多、信息太少

通过引入现代化的、强大的硬件系统和软件,数据采集变得相对简单和经济。然而,大量的数据,即数据过载,本身就是一个问题。如果数据收集既简单又低成本,那么没有理由不收集数据,但需要通过复杂的数据挖掘算法才能获得有用的信息。正如 Charnes 等所主张的,需要确定整个企业的价值和特定的组织层级是否符合所付出的努力和费用。这要通过确定组织各层级所侧重的内容来实现,即分析从企业目标出发针对每个组织层次的目标。一旦充分了解了用户需求,可能需要确定维修策略,以及实现该策略所需的组织、资源和系统。

1.2.2 绩效指标的数量、数据的所有权及其涉及问题

各类人员或部门采用指标的数量应该通过确定关键特征或关键因素来加以限制,包含大量指标却不明确其用户或负责人员的记分卡实际上会妨碍工作的开展。

为了管理记分卡,处理数据所有权的问题以及与组织其余部门合作的必要性是非常重要的。维修部门经常不堪重负,所以无法收集数据。此外,因为缺乏历史数据,因而无法创建某些指标。在多功能组织中,其他部门可能会收集一些关键数据,生成这些参数,并且会共享这些数据。例如,对于生产部门来说,收集有关可用性或可靠性的数据可能相对比较简单;职业安全与健康人员需要掌握安全设备,成为了解事故率或监测率的理想来源,这与 EN 15341 一致。

---

① 译者注:缩写词 PM_m 在全书及索引中均未加注释,根据书中使用场合,应该是维修绩效管理(performance management of maintenance)。

1.2.3 度量的目标

在某些情况下,同一企业内部不同部门之间在设备维修方面存在利益冲突。创建目标的目的是确保部门的努力与业务需求一致,正如 Gelders 等所讲,这些目标应该是针对用户量身定制的切实可行的目标,并且不存在歧义。如果管理层成员只在最高层次设定目标,或者未能确保将其目标正确转化为较低层次的子目标,就会出现问题。如果管理层确保将较高层次的目标转化为较低层次的目标并与其度量联系起来,而不是让中层管理人员自由解读,就可以避免含混不清的情况,也能避免部门间由于错误解读目标而发生摩擦。

目标应当在企业的所有部门之间由上而下逐级传递,并且应按照已确定的度量采取后续步骤,确保每个人都朝着同一个方向前进。

1.2.4 行动与监测结果之间的时间差

有时候,在政策变化与实现其相关利益之间会有延迟,而在结果显现和度量时间之间还会出现第二个延迟。必须针对各个目标单独处理这些问题,并且需要考虑到技术层次指标的变化可能会比公司层次指标的变化更快,因为关键绩效指标(KPI)和策略评价指标会在获得明显结果方面会有更多的时间延迟。一旦确定了某一目标和层次的度量并实施了该度量,就必须针对所涉及的因素(如物理因素、人因、财务因素、组织因素等)确定其数据收集的方法和频度。

1.2.5 数据收集的费用和原因

任何度量系统都是在数据收集的基础上取得成功的。输入报告系统的数据不佳或不正确将导致结果不佳,价值不大。数据收集包含人的因素更为可靠,因为这些数据与其所有权及责任指标密切相关。只有在认为值得的情况下,技术人员和作业人员才会收集数据。最后,应该可以免费咨询和使用相关结果。

如果从报告的数据中得出的指标有用来针对人的风险,那么几乎可以肯定的是,这些数据的收集方式并不适当。另外,如果随着时间流逝,并未将数据用于任何用途,人们会不可避免地感觉这是在浪费时间。他们只会积极地收集能够表示收集层次信息来源的数据,尤其是在他们理解并认可度量目的的情况下。

大量的数据收集会为收集者带来未知的指标,并且可能会带来惩罚性负担,因此这将会使其对所收集的数据产生不信任感和感到恐惧。

度量应当涵盖内部职能以及与外部参与者的相互作用,尤其是与客体间的关系,维修客体可能就是所修的机器。这些都应该遵循管理层的目标,在审阅完这些指标之后,他们会提出改进建议。

1.3 度量传感器及其布置

度量是给属性或特征赋值的行为,目的是量化情况或了解所观察到事物的影响。度量绩效对于任何业务的管理来说都是至关重要的。持续改进是不接受现状的过程,Levitt 与 Wireman 一致认为维修职能的先决条件是持续改进。

目前,有许多研究来确定维修绩效和生产或运作系统可靠性之间的关系。Kutucuoglu 和 Atkinson 等认为,度量的目的是规划、选择、监测和诊断。根据 Mitchell 的观点,为了确定竞争范围、优先分配资源、确定改进措施的进展和有效性,需要进行度量。PM_m 是控制维修的方法,目的是降低费用、提高生产力、确保过程安全,并符合环境标准。PM_m 为持续改进提供了基础,因为没有度量就无法确定改进的必要性和方向。PM_m 是一种有效的方法,它允许工程师和管理人员计划、监测和控制运营/业务。维修绩效度量的目的是帮助预测未来的行动,并根据过去的数据提高效果,但必须选择适当的指标,否则绩效度量的结果可能会具有误导性。

根据"培训资源和数据交换"(TRADE),绩效度量用一个数值和一个度量单位来表示,数值表示程度,单位表示意义。实施度量也可以用多个单位来表示,可以将这些度量表示为两个或多个基本单位的比例,从而表征一个新的单位。PM_m 指标是在一些应用中开发的,因此,一个指标是一组 PM_m 的组合。关键绩效指标确定了绩效的关键目标,它由多个指标和度量值组成,用于合理化过程。为了确定维修的绩效水平,必须考虑优势和劣势,因此,关键绩效指标要涵盖管理层感兴趣的要素。

维修绩效度量(MPM)的一个重要方面是制定维修绩效指标(MPI),将维修策略与整体组织策略联系起来。用户试图获得显示进展的整体绩效指标。不论系统有多复杂,最终用户都希望将执行活动都集中在尽可能少的指标上,并能监测整个系统的变量。相关文献揭示,已经在尝试将维修绩效度量归纳为建立具有效率高、效果好 MPM 系统的手段。维修绩效度量的主要问题与维修绩效指标的制定和选择有关,维修绩效指标必须符合组织的策略,并且能够为维修管理提供有关维修策略的效果和实现组织目标的能力的定量信息。

Hernandez 提出了一系列主要来自系统可靠性和功能安全性的指标,作者将指标或指数定义为数值参数,该数值参数提供有关组织、过程或人员所确定的关键因素的信息,或在费用、质量和期限方面提供顾客感知的期望。这些指标应该很少,并易于理解和度量,通过这些指标能够很容易地了解到事情进展和原因。此外,还必须确定维修的关键因素,建立可定期计算的数据记录,便于为这些指标设定标准值,据此对目标进行标记,并对检测到的偏差采取适当的措施,做出决策。Hernandez 特别强调了这些指标的排序,这在构建大量指标时,需要重点考虑。

许多研究者一致认为,第一步是构建一个适当的维修绩效指标,也就是说,必须确定与可度量物理特性相关的关键因素的数值参数。Besterfield 等列出了可用于度量效果的 7 个基本特征:数量、价格、速度、准确性、功能、服务和美观。

1.4 指标类型:领先与滞后、"硬"与"软"

绩效指标用于度量系统或过程的效果,它是多个度量(指标)的产物。当用于度量某一方面或活动的维修效果时,可以将效果指标称为维修绩效指标(MPI)。可以应用绩效指标,设法减少停机时间、费用和浪费,更高效地运行,并获得更多的运行能力。通过度量当前情况与所需情况(目标)之间的差距,即"距目标的差距"评估,绩效指标将实际情况与一组特定的参考条件(要求)进行比较。绩效指标有很多,并且每个组织对绩效指标的选择都会根据其策略目标和要求而有所不同。绩效指标大致可以分为领先指标和滞后指标。

领先指标用于事先警告用户目标未达成。从经济角度来讲,这是统计数列之一,可在总体经济发生波动之前就相当可靠地上下波动。因此,领先指标可作为绩效驱动因素,支持组织的相关负责人确定目前状况,并将其作为参照。如果想要知道明天或明年会发生什么事情,需要软度量或知觉度量,如利益相关者满意度和员工承诺。知觉度量通常是领先指标,因为它可以高度预测财政状况。如果现在跟踪了这些度量,就不需要再担心将来的预算了。

滞后指标通常会在经济转向后才会改变方向,因而使其无法预测。例如,建设项目完成时其价值就已过时,因为它表明了效果产生之后的情况。单位维修费用或投资回报(ROI)的计算也是滞后指标的例子。

在滞后指标和领先指标之间建立联系可以控制过程的效果,但要根据所选维修策略来选择指标。

实施某些度量的障碍是其复杂性,这反过来会减少其使用频率。在维修中,可以直接度量许多过程。时间或费用是度量和系统化相对较容易的因素,但很多过程只能通过最复杂的方法来度量。例如,维修车间的充足性、维修团队的规模和类型,或者在工具方面的投资等。这种差异表明,可以将指标分为两大类,即"硬"指标和"软"指标。

"硬"指标包括通过提取和利用简单数据库[计算机维修管理系统(CMMS)和企业资源规划(ERP)]、采购订单、区域能耗等可度量的指标。Arts 等说明了 MPM

系统利用CMMS的发展情况,他们通过维修职能的操作视图对效果度量定义了多个指标,但这些指标没有考虑与维修效果相关的战术和策略因素。这种情况出现时,指标的数据收集和计算是快速的,而且这些过程的度量不会影响维修团队的日常工作。可见,通用数据库可以作为维修管理决策的重要工具。

"软"指标包括那些令人关注但在度量方面存在疑惑的指标,原因可能是缺乏资料来源或其客观性不强,或者其不可靠。除了工作人员和车间的分级之外,该组指标还包括所有与具有重要人因有关的度量。例如,培训活动对维修质量的影响、诊断和改进的时间,在任何记录中通常都没有量化。由此看来,度量的选取及指标的利用会受限于文件来源的可得性,受人因影响的软指标尤为重要。

操作设备的人是信息的来源,在某些方面将作为决定性因素。由于人因对维修有影响,可以将人因配置成维修度量中必不可少的要素。由人报告的数据将构成审核的主要来源,但为了评估维修系统的总体状况并修正某些关键点,需要更多的客观工具。例如,可以通过数学模型和一些指标评估一个小组正在检查、维修或修理设备的可能性,以及维修实施后该设备发生故障的平均时间。

由此可见,MPM中有两个角色:人和过程数学模型。一方面,人会提供有关公司的信息,包括士气、培训、技能和信心;另一方面,可以从模型中获得与费用或时间相关的效能与效率。这两个度量相结合就可以实现Katsllometes指出的三个卓越目标,即效率、效能和员工参与度。

从相关文献中可以找出不同类别的维修绩效度量/指标。20世纪80年代推出的全员生产维修(TPM)给出了一种称为设备综合效能(OEE)的量化指标,用来度量制造设备的生产力,可以确定和度量制造业主要要素的损失,即可用度、性能/速度和合格率。这有助于提高设备的效能,从而提高生产力。OEE概念已经越来越受欢迎,并且广泛用作度量工业设备性能所必需的量化工具。Arts等利用时间范围将维修控制和性能指标分为三个层次:策略、战术和操作,用于操作控制的建议指标包括工作时间内的计划工作小时数、工单计划表内执行的工单(WO),以及整个维修时间内的预防性维修(PM)小时数等。

Parida提出了MPM的多标准分层框架,由各管理层次(策略、战术和操作层次)的多项标准指标组成。可以将这些多标准指标分类为与设备/过程相关的指标(如设备使用率、OEE、可用性等),与费用相关的指标(如单位生产费用中的维修费用),与维修任务相关的指标(如计划和全部维修任务的比例),与客户和员工满意度相关的指标,以及与健康、安全和环境(HSE)相关的指标。每个管理层次均应给出每类指标。

Campbell将常用的维修绩效度量按其重点分为三类:设备性能度量(如可用性、可靠性等),费用性能度量(如维修、劳动力和材料费用),以及过程性能度量(如计划和非计划工作的比例、符合进度表等)。Coetzee论述了四类维修绩效度量,且每类都有详细的指标。其给出的类别是:维修结果类,包括可用性度量、平均故障前时间(MTTF)、故障频率、平均修复时间(MTTR)和生产率;维修生产率类,有人力利用度量、人力效率和总生产费用中的维修费用;维修操作目的性类,包括按计划强度度量(计时的计划任务时间)、故障强度(计时的故障占用时间)、故障严重程度(总维修费用中的故障费用)、WO(工作指令或工单)周转、符合进度表和任务积压;维修费用合理性类,包括按维修费用强度度量(每单位生产的维修费用)、库存周转,以及重置价值中的维修费用。

Ivara公司根据实物资产管理和资产可靠性过程的需求开发了一个用于定义管理维修职能的关键绩效指标框架。他们提出了26个关键的维修效果指标,并将其分为领先指标和滞后指标两大类。领先指标监测执行时会"导致"结果的任务(如计划发生或者计划工作按时完成),而滞后指标监测已经形成的结果或成果(如设备故障次数和停机时间)。领先指标分为工作确定(如已完成的主动工作的百分比)、工作计划(如计划工作的百分比)、工作进度安排和工作执行(如符合进度表);滞后指标分为设备性能(功能故障次数、安全和环境事故、与维修相关的停机时间)、费用相关度量(如每单位产出的维修费用、超出重置价值的维修费用、超过生产费用的维修费用)。

Dwight根据维修系统对业务影响的隐含假设将绩效度量划分为一个层次结构,他定义了五个层次:明显的(可见的)底线影响(如直接维修费用),利润损失和可见的费用影响度量(如总故障/停机时间费用),瞬时效能度量(如可用性、OEE),系统审核方法(如计划工作和工作积压的百分比),与时间相关的预防性维修PM(如寿命周期费用和基于价值的PM)。Dwight的主要发现是活动与其结果之间的滞后变化。

维修绩效相关文献表明,不同研究者有不同的维修指标分类方式,还可以发现他们选择指标的差异。但他们也都认识到一些指标和指标类别对维修职能的管理是至关重要的。例如,在设备性能方面,以故障次数/频率、MTTF、可用度和OEE为重点。同样地,与维修费用有关的度量也认为是重要的。许多作者认为,尽管他们经常采用不同的术语来描述,但对维修工作的度量也是非常重要的,如维修生产力和运营目的的一致性、维修工作或维修工作管理。此外,许多作者还提出了关键绩效指标列表,但并没有提供选择或推导关键绩效指标的方法论。用户可以根据自身情况决定相关的关键绩效指标,而我们的目标之一就是调查维修关键绩效指标的来源和选择。

综合相关文献建议,可以将常用的维修效果指标归纳为两大类,将维修过程或工作指标定义为领先指标,将维修结果指标定义为滞后指标(图1.1)。按照Weber和Thomas的定义,领先指标监测正在执行的任务是否将发生预期的产出,而滞后指标则监测已经发生的产出。关于维修过程指标,Muchiri等认为,有三类指标:工作确定、工作计划和工作进度安排,以及工作执行;维修结果也有三类指标:设备性能、维修费用以及安全和环境指标。图1.1给出了每个类别的建议绩效指标。

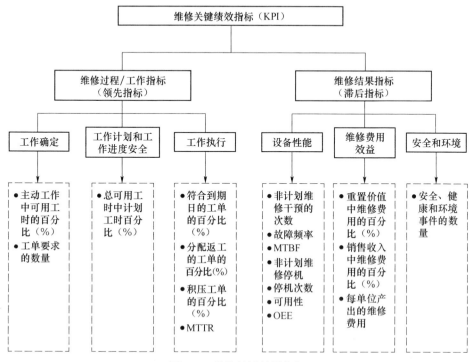

图1.1 维修关键绩效指标

可以通过调查来研究这些指标在工业中的使用情况,建立最常用的指标,并研究这些指标在维修管理中如何有效地使用。

1.5 指标分组:框架和记分卡

这里的重点是绩效度量系统,而不是单个绩效指标。本节概述目前最常用的绩效度量系统以及各自的优缺点,系统的不同之处在于指标选择和表示方式。

(1)总体绩效指标。实践中,维修绩效往往是根据一个指标来判断的,通常会采用具有不同权重的复杂比例将一些相关因素结合起来,材料、劳动力、转包与年度预算的比例最具代表性。由于巨大的组合,使用起来相当棘手,还会影响某些效果,如劳动力费用的增加和材料费用的降低在指标中并非显而易见,并且很难确切地知道究竟发生了什么。

（2）绩效指标集。这里使用了很多绩效指标,每个绩效指标都强调了维修活动的某一方面,De Groote 对这种绩效指标集进行了详细的讨论。例如,维修店通常使用以下指标:库存价值、库存物品数量、营业额、新/废弃物品的数量,以及进/出活动的数量。这固然提供了更加完整的维修绩效视图,但由于缺乏结构化框架,不能确保进行明确的评估。

（3）绩效指标结构化列表。可以同时评估不同方面的维修活动,并且每个方面都采用一组指标。可以将熟知的全员生产维修（TPM）设备性能"六大损失"度量看作该类的一个特例。

最受欢迎的指标集或列表是记分卡。具体地讲,很多研究者采用平衡记分卡（BSC）对维修关键绩效指标进行分组,反映不同方面的维修职能。平衡记分卡是一种通过对财务度量和非财务度量进行分组来度量绩效的整体方法。任何组织中,目标都是在保持其愿景和宗旨的基础上制定的。制定企业策略是实现企业目标的途径和手段,企业的平衡记分卡是企业度量绩效并将其与企业目标进行比较的策略的一部分。可以将企业策略的这些平衡记分卡转化到不同的事业部门和员工层次,以便在各个层次进行判断和评估。

同样地,从不同的平衡记分卡角度来看,可以将维修绩效指标转化为事业部、部门、科室和员工层次的指标。维修目标与关键成功因素（CSF）、关键结果领域和关键绩效指标相关联,CSF 为实现维修目标提供支持,关键结果领域是成功域,可以将关键因素用于实现维修目标。

Mather 提出了术语"维修记分卡"（MSC）,修改初始平衡记分卡来适应以资产为中心的行业,如发电和配电行业、水处理行业、石油和天然气行业、采矿行业、铁路行业和重型制造业。根据 John Moubray 提出的 RCMII,尤其是对功能度量和监测机器性能的说明,以及 Kaplan 和 Norton 提出的传统平衡记分卡方法,MSC 确定了对策略行动的需求以及如何更好地定义所需的介入形式。细化公司管理层次的指标是一种常见的做法,可以有效应用于维修活动的前沿。

Mather 提出构建记分卡应用于维修管理,并监测维修效果。MSC 用于制定和实施资产管理领域的策略,也可以将其用于确定过程早期阶段的策略改进措施,以及这些措施聚焦的领域。MSC 是一种基于绩效度量的方法,围绕管理指标的使用而建立,用于制定和实施一项策略。

Lehtinen 和 Wahlstrom 提供了一种不同的度量方法。他们认为,利用记分卡度量性能可以把重点放在安全和环境上,并作为维修活动的必要部分。作者认为,质量管理体系、风险防范和环境问题需要在维修部门落实指标。

1.6 指标的层次结构

制定各层次的指标是很常见的,每个层的指标可用于某些目的和各类用户。传统上,最高管理层的用户通常关注影响公司整体业绩的方面,而功能层的用户则负责处理资产的物理状态,在系统和子系统层上采用多种性能度量有助于解决各种问题。如果公司指标出现问题,则应该定义下一个层次(下级)的指标并阐明引发问题的不足。

Mitchell 等认为,所有与业务目标相关的不同参数层次结构对于成功施行管理公司实物资产的计划来说至关重要。许多研究者从多个方面就维修和指标的必要性取得一致,可衡量维修与公司策略的关系,这些指标应该用于特定层的现有组织结构。"培训资源与数据交换"(TRADE)提出了典型组织中绩效指标层,如图 1.2 所示。不同的组织具有不同的绩效度量层次结构。

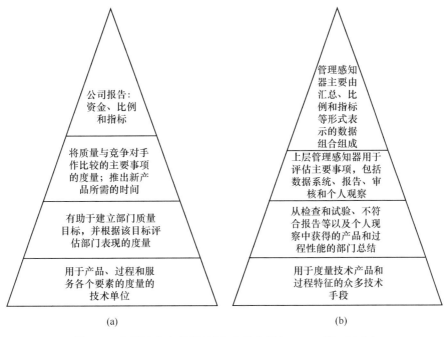

图 1.2 公司层次金字塔(摘自参考文献(TRADE 等,1995))
(a)度量单位;(b)传感器。

与参考文献(TRADE 等,1995)类似,Grencik 和 Legat 对指标及其分类层次的一致性进行了全面分析。选择相关维修度量指标的第一步是确定公司各个层次要实现的目标。在公司层次,确定如何管理维修来提高整体业绩(利润、市场份额、竞争力等);在生产层次,将通过事前分析确定的性能因素确定目标,如提高的可用度,改善的处理费用、安全、环境保护,改进的维修库存费用、服务合同控制等。

Kahn 提到了维修关键绩效指标,提出了一种用于量化维修职能中创新改进的分层方法。为了使预期效益形象化,他表示应该对过程变化和趋势进行监测,应对关键绩效指标进行控制,并制订适当的持续改进计划。Kahn 认为,关键绩效指标是一个可追溯的过程指标,可以通过决策制定来实现既定的业务目标,维修关键绩效指标应包括公司层次的指标,如 OEE 或财务指标,这些财务指标应该确保组织对维修改进项目的支持。作者也提出了五个层次的关键绩效指标,每个关键绩效指标都有其自身的要求和目标受众,从而通过维修费用、设备可用度、OEE、生产费用和性能在组织层次上强调了指标的划分。

Campbell 将绩效度量分为三类:设备性能度量、费用度量和过程绩效度量。Kutucuoglu 等通过列出五类平衡绩效度量提出了另一种分类:与设备相关的绩效度量和任务相关的绩效度量、与费用相关的绩效度量、与直接客户影响相关的绩效度量、与学习和成长相关的度量。

Wireman 还定义了一组指标,区分为公司、财务、效率和效能、战术及职能绩效(图 1.3),各项指标与公司愿景及使命相适应。图 1.3 所示的层次结构可以促使较低层的指标与操作和功能指标共同发挥作用,同时将经济指标提高到最高管理层,从而形成区分,将指标分为一类和二类。这就是常常将维修指标与 RAMS 参数相关联的原因,因为这些参数是待度量性能的一部分。很少有人将费用纳入其中,将公司指标整合到维修职能中的研究者则更少。

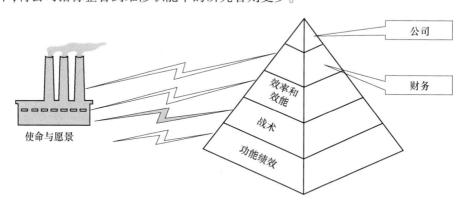

图 1.3　Wireman 的维修指标层次结构(摘自参考文献(Wireman,1998))

绩效指标的上述分组和层次结构并不明确,也并非由用户定义,不仅混淆了分组,缺乏最终用户的识别,也没有负责人参与持续改进措施的组织层次,因此在实施中应该有多层次的指标。Wireman 认为,第 1 层是公司策略层,第 2 层是财务绩效指标,第 3 层由效率和效能指标组成,第 4 层和第 5 层分别是战术绩效指标和职能绩效指标。金字塔的五个层次显示了绩效指标的层次关系。应该指出的是,各项指标总是从上至下进行确定,并且公司指标衡量的是高层管理人员认为什么会满足所有利益相关者的需求。

Parida 和 Kumar 认为,应从多层次的角度考虑三个层次的指标,第1层对应公司或策略层,第2层对应战术或管理层,第3层对应功能/操作层。根据组织结构,也可以有三个以上的层次。

公司绩效指标因公司而异,取决于当前的市场状况、公司生命周期、公司财务状况等。首要规则是,所有绩效指标都必须与公司的长期经营目标挂钩,如果选择是有效的,绩效指标会满足使用和维修过程的需求。关键策略范围因公司和行业而异,但通常包括财务或费用相关问题,健康安全和环境相关问题,过程相关问题,维修任务相关问题,以及学习和成长、创新相关问题等,换言之,涉及公司内部和外部两个方面。

度量系统应涵盖组织的所有过程,不同指标之间必须有逻辑联系,能够对数值进行说明,从而得出良好的结论。这意味着可从两个方面来处理指标的层次结构。一方面,必须根据组织其他部门的影响力范围划分维修指标,维修部门与财务部门、人力资源部门、采购部门,当然还与生产部门进行交互,共同努力实现公司目标;另一方面,这些指标对应组织结构的不同层次,具有层次性。

Caceres 认为,PM 必须是全面的,并且需要适当的记分卡,不能仅从传统的财务角度衡量管理,而应从整体上衡量管理。维修不应简单地以可用度和可靠度、平均修复时间等维修参数为基础,应整合维修的所有视角,包括组织和技术方面,以及内部过程、客户和公司视角与财务视角。

Bivona 和 Montemaggiore 认同 Caceres 的观点,并且认为日常维修目标与 PM 系统采用的经营策略之间缺乏联系。最常见的绩效指标适用于监测运营管理和维修活动,忽略了维修策略对公司业绩的影响及其对其他部门的影响。其他作者也指出,基于公司不同部门之间关系的 PM 系统会有助于将公司策略传达到维修组织的各个层次。

为了使维修与运营目标保持一致,大多数作者建议通过采用平衡记分卡的方法来制定维修策略,这不仅需要对指标进行分组,还需要建立一个层次结构。平衡记分卡的系统性视角实际上支持管理层分析子系统维修与其他业务领域之间的各种关系,可避免其他部门执行费用包含维修效果管理收益或损失。

平衡记分卡方法最初由 Kaplan 和 Norton 建立,后来由 Tsang 等改进并用于度量维修效果。从以下四个角度度量维修效果是一种有效的方法:财务(投资者的角度)、客户(客户评价的成效属性)、内部过程(实现财务目标和客户目标的长期和短期手段),以及学习和成长。该项技术能够将维修策略与整体商业策略联系起来,并制定与公司成功相关的维修效果度量。

Alsyouf 批评了 Tsang 等提出的平衡记分卡技术,因为采用基于四个非层次化的视角,没有考虑扩展价值链自上而下的绩效度量,即忽略了供应商、员工和其他利益相关者。Alsyouf 提出的扩展平衡记分卡包含了基于 7 个方面的绩效度量:公司业务(财务)、社会、顾客、生产、保障功能、人力资源和供应商方面,如图 1.4 所示。

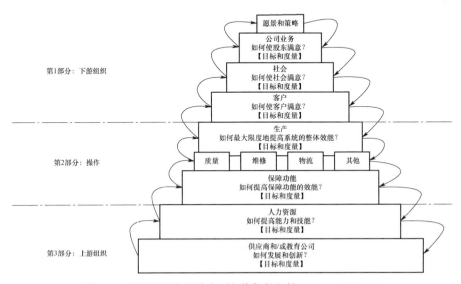

图 1.4　扩展的平衡记分卡(摘自参考文献(Alsyouf,2006))

任何规划和开发活动会有多种备选方案,必须选择最合适的方案。决策者的目标通常是用各种标准来表达的,如果有很多标准,就会出现多准则选择问题。如果掌握关于标准相对重要性的信息,就可以解决这个问题。构成各种绩效标准(如生产能力、效能、效率等)的因素或变量的选择,是开发 PM 系统的一个重要步骤,本质上是多准则决策。

MPM 系统有很多需要从不同利益相关者角度考虑的标准或目标功能,可以将这些标准划分为维修指标,如平均故障间隔时间、停机时间、维修费用、计划维修任务和非计划维修任务。需要将这些维修指标从操作层整合到策略层。从愿景、目标和策略的角度出发,根据外部和内部利益相关者的要求制定并确定组织的维修效果指标,如图 1.5 所示。

在构建维修绩效度量(MPM)框架的过程中,除了维修标准外,还需要考虑 Kaplan 和 Norton 提出的平衡记分卡的四个基本视角,从组织角度考虑健康、安全、保密和环保(HSSE)以及员工满意度,使 MPM 系统保持平衡和功能的整体性。

图1.5 从愿景、目标和策略的角度制定维修效果指标(摘自参考文献(Parida,Kumar,2006))

1.6.1 多层级

维修绩效指标必须考虑组织的多层级。第1层对应公司或策略层,第2层对应战术或管理层,第3层对应功能/操作层。根据组织结构不同,可以有三个以上的层次。功能层的维修指标与战术层或中间层的维修指标相结合,有助于管理层在策略或战术层进行分析和做出决策,但将自上而下和自下而上的信息流整合为维修效果指标具有一定挑战性。

另一个重大挑战是确保所有员工都参与到维修绩效指标的制定过程中,并且每个人都采用相同术语。要将策略目标细分为实际维修管理人员的客观目标,可以作为维修团队的绩效驱动因素。当运营层 KPI 的客观产出与策略目标相联系时,主观性将随着客观产出的整合而得到改善,进而获得更高层或策略层的关键绩效指标。如图1.6所示为三个层次 MPM 模型。

1.6.2 MPM 框架

MPM 框架是维修绩效管理(PM_m)系统的重要组成部分,构建和实施 MPM 框架的必要性已经非常明确。需要 MPM 框架为 PM 提供一个解决方案,将其直接与组织策略联系起来,并且要考虑财务和非财务指标。目前,很少有文献涉及维修中 PM_m 系统方法的开发,包括策略、战术和操作等各个层次的维修,但 Kutucuoglu 等的工作是个例外。

MPM 系统的开发与整个 PM_m 系统及公司策略密切相关,在考虑 MPM 框架的同时,必须研究 PM_m 系统的缺陷,尤其是仅仅基于财务度量的系统。

Tsang 等于1995年在美国对200家公司进行了调查,结果表明,尽管采用的层

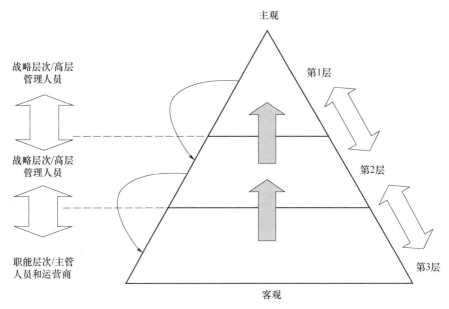

图1.6 三个层次 MPM 模型

次相当高,但通常会将非财务度量和目标与策略目标分开处理,并且没有定期对它们进行审查,也没有将它们与短期计划或行动计划联系起来。在另一项研究中,Tsang 等发现,PM_m 系统可以对跨组织的活动实现垂直对齐和横向整合,但维修组织还没有意识到采用结构化过程确定绩效度量的管理,绩效度量主要仅用于运行控制。

Coetzee 提供了一份完整的维修绩效指标和比例列表,并按照机器/设备维修效率、任务效率、组织效率和利润/费用效率四个类别确定了21项指标。作者未明确组织的具体层次,这些维修绩效指标可能会有用,但并没有清晰地将其与公司策略联系起来。Riis 等给出了一个框架,可体现维修管理的跨层次和功能整合,试图将维修与制造策略联系起来,但没有考虑设计、财务和高层管理人员等其他客户和供应商,以及 HSSE、员工、公司策略等问题。

Kutucuoglu 和 Sharp 等为了提高维修绩效,确定与维修相关的 CSF,对全员生产维修(TPM)和全面质量管理(TQM)进行了改进。Dwight 说明了另外两种方法:"系统审核方法"和"事件评估方法",主要根据价值系统的变化来界定绩效,并将价值定义为系统可能的未来收益。

Tsang 和 Ahlmann 改进了 Kaplan 和 Norton 提出的平衡记分卡,为 MPM 提供了策略方法。Kutucuoglu 等利用质量功能展开(QFD)方法的矩阵结构开发了维修 PM 系统。Murthy 等提出了一种称为战略性维修管理(SMM)的方法,主要基于两个关键理念:维修管理是一项至关重要的核心业务活动,对于公司的生存和成功至关重要,必须进行战略性管理;有效的维修管理要以维修与生产等其他决策相结合的量化商业模式为基础。

SMM 的多学科活动涉及数据收集和分析,评估设备的性能和状态,从而建立定量模型用于预测维修及其对设备性能退化的影响,并从战略角度管理维修。严格来说,这种方法是不平衡的并且没有进行整合,因为它没有考虑到所有的利益相关者。Kumar 和 Ellingsen 提出了一个基于平衡记分卡模型的 PM_m 框架、一份挪威石油和天然气工业项目的主要指标列表,框架考虑了费用,操作,健康、安全和环境(HSE),以及组织的理念,但是没有包含维修和员工满意度。

1.7 指标分类

1.7.1 财务指标

财务度量通常被认为是高层管理人员定期使用的位于层次结构最高层的度量系统,反映了组织获得良好资产回报和创造价值的能力。该层次的指标可用于战略规划,是整个组织的基础,还可以用来比较组织内不同部门和业务部的表现。

财务数据是滞后指标,在度量过去决策的后果方面要优于将来的效果度量,示例指标包括投资回报率(ROI)、资产回报率(ROA)、单位产品的维修费用、与制造费用相关的总维修费用等。为了克服滞后指标的缺点,已经提出了面向客户的度量(如响应时间)、服务承诺和客户满意度,可作为组织的领先指标。

Vergara 提出用维修的净现值(NPV)作为财务指标之一,这包括了解如果所有的收入和支出都是立即估算,那么可以从投资中获得多少利润。利用 NPV 确定投资是否合适,用在了公司许多部门和领域,但很少涉及维修职能。Tsang 等提出了一项更好的 PM 技术,考虑了维修活动对组织未来价值的影响,而不是将重点放在短期价值上。但这项技术也将重点放在了 PM 的财务方面上,实施难度相当大。

Hansson 提出利用一系列财务指标来研究维修部门的发展结果。他建议对维修职能进行适当的标杆管理,需要考虑销售额变化百分比、ROA、销售回报率、总资产变化百分比、员工数量变化百分比等度量。通常认为这些指标是财务结果的指标,其与战术层维修指标的相关性研究可揭示维修与公司策略间的趋势。

Coelo 和 Brito 建议在维修管理中可以利用财务指标支持公司的财务分析,讨论了组织的财务业绩指标整合及和谐平衡的必要性,提出了战略愿景如何影响维修行业效率的问题。

Caceres 分析了维修关键绩效指标的财务前景,认为所有的计划系统都应该显示出财务目标所表明的战略和公司定位,将它们与客户、内部过程以及员工本身的行动联系起来。该观点的重点在 ROI、组织的附加价值以及降低单位费用上。在维修中,需要对每项活动的费用、每单位产品维修费用的发生率以及有关资产价值的维修费用进行监测,从而显示其全局地位。

1.7.2 人力资源相关指标

与人力资源有关的度量属于另一个类别。维修组织依靠员工的工作绩效达成目标,但不能直接衡量员工的维修服务质量。因此,了解员工的工作经验、教育背景、培训情况和技能是至关重要的,但很少有组织会在维修中度量人的优势,或者该因素对维修职能绩效的影响。此外,通常以方便为基础选择组织绩效的度量、过于狭义或宽泛的度量均不便于使用。

人力资源度量示例有使用间接或直接劳动力、储备劳动力、实施培训及加班比例等。Caceres 认为,在维修中引入有关人力资源的关键绩效指标应该涵盖组织动态学视角,其中重点是组织的人员和文化。可以将因果图用于确定支持内部目标的关键技能,从而真正反映公司在维修环境中的劳动环境。

企业拥有的智力资本是衡量人力资源的指标。Fernandez 和 Salvador 在知识管理的一般范围内,讨论了智力资本(IC)在维修团队中的重要性,他们认为这是许多组织的关键问题,因此将有关这方面的关键指标纳入其构建的平衡记分卡中。

在维修中的人力资源范围内,须特别注意预防劳动者伤害,许多作者提出了有关设备安全性的指标。大量的维修作业人员受到了工作场所事故的影响,远远超过了生产工人。维修工作人员更容易受到电击、重物掉落、接触化学品等高风险因素的影响。对于生产人员来说,事故的原因通常是用于防止违规操作,进而引发事故和鲁莽操作的障碍发生失效。在任何情况下,无论原因如何,事故都会对员工的士气造成负面影响,使生产中断,并影响设备的可靠性。满足安全设备和环境要求,并配合监管机构的工作是维修的职责之一。在制定和执行安全程序时,以及在障碍出现后保持良好工作状态时,必须严格开展维修工作,以防止事故发生。

1.7.3 部门内部过程相关指标

一些作者将有关内部过程的指标称为功能度量,按照惯例这类指标包括与效率相关的过程,并且在维修过程中进行度量,如工单系统、库存和采购以及管理信息系统。

Caceres 认为,关键绩效指标的四个视角之一,内部视角或过程视角与工作过程相关,尤其与追求完美过程中如何实施改进相关。这类指标旨在了解能为公司增值的过程,确定推动公司目标的杠杆。在具体的维修管理中,通常将指标设定为修理时间、加班时间、认证过程、活动安全等,也包括计划和方案的执行等。

1.7.4 技术指标

有些作者将这类指标称为技术层的性能指标,其首要目标是度量设备(资产)的性能,即与维修职能的客户有关。Mitchell 表示,"这些数字在技术层面用来监测某些过程、系统、设备和部件的性能"。换言之,该层的指标与维修工作的效果有关。

1.7.4.1 功能安全性作为客户关键指标

Cea 提出功能安全性的总体指标作为客户的关键绩效指标,是客户对资产的期望,他认为功能安全性是指用户期望由系统获得的服务所决定的要求实现的目标,且质量和安全也应达到用户可以接受的程度。

Blanchard 等认为,功能安全性是"系统在任务开始时可用的情况下,系统完成任务的可能性"。功能安全性是系统状况在一个或多个点上的度量,其数值受系统可靠性、维修性及质量的显著影响。可靠性与合规性功能及系统性能相关联,维修性与设备停机时恢复功能的状态有关。根据 Blanchard 的观点,功能安全性的直接和间接指标是生产系统的 RAMS。系统必须具有一个基于效率和反馈指标的信息子系统,这是一个有效的工具,用户可以充分认识到拥有"安全运行系统"的好处。

为了评估直接指标是否在可接受范围内提供了价值,可将其反映在资产的使用性能和所生产产品的质量上。Cea 认为,RAMS 参数是关键指标的基本组成部分,功能安全性是整个维修指标系统的基础,并将 RAMS 参数作为构建整个记分卡的主要指标。

1.7.4.2 改变 RAMS 参数的作用

长期以来,RAMS 参数是纯技术上的或从使用角度度量维修绩效的唯一指标,当前的趋势是赋予它们特殊作用,即作为建立服务指标的技术基础,但还仅限于维修职能为其客户提供的服务质量。

Killet 强调采用专注于操作使用方面的维修绩效指标。近年来,由于维修指标和记分卡倾向于简单的操作方面,这一问题受到越来越多的人的关注,关注使用对客户来说非常重要,但是失去了公司内部维修的全局视野,Killet 指出在不低估这些指标的同时,需要制定公司指标。

根据 Martorell 等的观点,并结合 Blanchard 的观点,主要有两类指标:第一类指标包括与使用操作数据收集直接相关的直接指标或基本指标,如维修作业次数、维修活动类型以及费用;第二类指标是间接指标,如可靠度和可用度。直接指标可以与功能需求相关联,而间接指标可以与非功能需求相关联。

2007 年发布的标准 EN 15341 将维修指标分为三类:技术指标、经济指标和组织指标,与大多数研究者之前提出的一致。三类 70 多项指标又分为三个不同的层次,但这些层次并未与组织层次结构相对应,只是将更高层次的指标逐步分解为更加具体的指标。技术、经济和组织指标的分类基本上是指效能(耗时的任务)和效率(费用和人力)两个方面,效能属于技术指标,效率属于财务和组织指标。由于人员因素在维修职能中的重要性,组织指标需要发挥独立作用,但也有一些研究者认为它们是附加在费用上的。

所有研究者都认为 RAMS 参数是创建更复杂的效能指标的基础,为维修记分卡提供了更多的效率指标。

1.8 绩效度量的表达

PM 系统获得成功的最重要因素之一是充分表达这些指标,如果不能充分表达这些指标并向用户说明,就可能会出现指标使用不当的情况。Mitchel 写道:"要充分利用指标的益处,并且指标必须清晰可见。"这些指标值通常要产生积极的效果,能鼓励每个人在所度量的功能范围内达成目标。

Kaydos 指出,要让每个人都能看到绩效度量有两个好处。首先,每个人都可以为已经达成的目标感到自豪;其次,在没有达成任何目标的情况下,其他部门工作人员施加的压力对实现目标有积极影响。可以通过多种方式表达绩效指标,并且表达方式可以因所需信息类型和用户类型而异,图表、图形、图案或数字都可以用来给出绩效指标。

Lehtinen 和 Wahlstrom 强调了指标的视觉效果和简单性,这也是制定指标的关键。指标应该在报告和通报中突出显示,并对问题进行适当的量化和校验。他们还说明了这些指标的不同性质,解释了以吸引维修和生产过程参与者视觉且强冲击方式表达这些指标的必要性。

与性能指标呈现相关的另一个问题是频率。一些指标需要不断地收集数据,另一些指标则可以按照每月一次的频率收集数据,不按照实际所需而过度频繁地进行度量不会有任务优势,只会增加费用。

利用现在的技术,可以针对个人需求通过在线图形用户界面呈现和监测指标,讨论层次位置如何,通过一个系统就可实现。用户需要知情时,信息自动发送到移动设备或邮箱可以进一步提高效率。

1.9 绩效度量的功效

度量必须是可以理解的,针对用户的需求制定,而且可以由管理人员通过工作活动进行控制。Kutucuoglu 等认为,为了建立一个具有效果且高效的 PM 系统,应该清楚指标的必要性、度量内容、度量方式、时间安排以及进行度量的人员。Manoochehri 认为,有效制定指标的三个障碍是指标的错误识别、数据收集的不严格以及公司管理人员对指标的不当使用。Besterfield 等认为,为了使度量有用,指标应该是简单的、可以理解的且数量较少的。

1.9.1 指标数量以及所采用指标的来源

根据 Woodhouse 和 Besterfield 等的观点,Killer 阐述了应包含的指标数量以及每个指标的性质。Woodhouse 认为,要量化某一事项,人类的大脑只能处理 4~8 个度量结果,因此每位主管/管理人员最多处理 6 个度量结果才合理。为了实现这一目标,他提出只度量关键特征,从而限制所使用的信息量和提取这些信息的来源。在多职能组织中,其他部门很可能会收集和分享一些相同的数据。例如,生产部门收集有关可用性和可靠性的数据可能比较简单,劳动风险防范部门是监测工伤发生率的理想人选,人力资源部门的工作人员则更适合提供有关旷工趋势的数据。这支持了 Besterfield 关于数据所有权的论断,即向负责部门寻求数据,而不是从外部计算数据。

结合 Woodhouse 的观点,Shreve 针对基于状态监测(CBM)的具体指标,提出选择 6~8 项高层次绩效指标,用于分析 CBM 计划在工厂中的作用。可将性能指标用于生产和维修,以显示计划的进度,实施 CBM 计划之前就应确立监测 CBM 结果的参数。

作者强调,度量应聚焦对改进影响最大的因素,可忽略 ROI 较低的方面。如果没有经常性地提出绩效,计划可能会有一个成功的开始,但会一直停留在初步成果上,而不是日益成熟。真正主动的度量应该是监测计划的目标,应该在问题出现并对生产力和产品质量产生负面影响之前就发现问题。Shreve 和 Woodhouse 都认为有必要找出各层次度量的影响最大的指标,但不应仅关注短期结果。

1.9.2 数据准确性

如果输入正确的数据,好的性能模型就会给出正确的输出,正确的输入数据会始终如一地产生正确的输出。处理输入数据取决于模型的准确性和一致性,模型的处理能力必须足够强大才能接受必要的数据输入,然后才能获得实现特定任务所需的信息。

"垃圾进,垃圾出"对任何数据系统模型都适用。要实现模型评估结果的正确性,自然而然的条件是输入数据必须正确。为了避免从一开始就出现错误,模型用户必须确保输入数据的正确性,从而确保计算得出的数据的正确性。必须检查这些值的单位、读数、计算等的同质性。

将不正确或损坏的数据导入 PM 系统会产生非常不利的后果,这只会导致错误的决定和损失。因此,用于数据准确性监测的指标是必需的,但好的 PM 系统并不需要很高的精度。在大多数情况下,需要了解的是如何发现问题,而不需要非常准确的 PM。更重要的是,需要了解趋势是上升还是下降,以及与历史度量相比,价值是如何变化的。为了避免趋势受到影响,不断重复指标计算是至关重要的。此外,Kaydos 强调了信任和可信度的重要性,如果用户不相信组织而产生度量,整个系统是没有用的。

Barringer 和 Weber 表示,要利用的数据往往是稀疏的、不方便收集的,或者其真实性是可疑的,他们提出解决问题的第一步是理解如何管理数据的可靠性。Tavares 认为,MTBF 或 MTTR 等指标对数据准确性特别敏感,具体地说是数据的准确性与所观察项目的数量和观察期有关。可用的记录越多,预期值的准确性就越高。在没有很多项目的情况下,或者如果希望分别获得每个项目的平均故障间隔时间,要获得可靠的结果,必须有较长观察期(5 年或更长)的大量工作。

1.9.3 用户对指标的理解

用户能够根据运行情况和结果评估 MPM 系统的性能。更重要的是,用户必须知道如何评估、分析和说明最终计算结果,发现嵌入 MPM 系统运行中的知识,这就是重点关注用户培训的原因。用户要具有正确使用 PM 系统所需的知识水平,学习了数学、物理、编程、统计等领域的课程,了解模型的程序和应用,并且在有组织的训练环境中接受过相应培训。作为培训的一部分,必须对用户进行评估,以确定其达到的能力水平。

Manoochehri 认为,绩效度量的有效使用应该对用户的教育情况有要求,如果出现误解,就可能导致错误的决策。可能导致系统绩效度量失败的主要问题包括缺乏真正的管理承诺、缺乏对业务目的和目标的关注以及更新绩效度量不正确。

未在组织中正确使用绩效度量可能是由于没有克服与实施一套新的绩效指标相关的挑战。要确保成功,团队坚持不懈地实施指标是非常重要的,尤其是在开始使用一系列指标时。如果没有坚持和决心,团队就会对新系统失去希望,自愿参与系统开发的情况就会减少。

必须将系统的绩效度量设计成符合组织的需要。Wireman认为,应该具有多个与不同层次相关的指标:一层指标可以在公司层次;另一层指标可以在部门层。层次会因公司规模不同而有所不同。

此外,为了成功实施PM系统,不应进行大量的度量。同时分散到太多的领域会导致信息过载,会增加将有限资源用于更高价值活动的难度。大多数PM系统面临的挑战是变化,作为制造业务的一部分,度量系统不应该受到生产特性变化的影响,但必须要适应这些变化。简而言之,指标可能会过时并且需要进行更改。

1.10 基准

有两类度量属于参考度量,即基准:检查表和调查表,每一类基准的性质都是定量的。顾问会广泛使用检查表,这是"临时应急的"绩效指标。例如,过去两年内没发生变化的MRO项目(维护、修理大修项目)的比例不得高于3%。每个指标都有一个"理想"值或一个范围。通过检查表比对,可以快速而粗略地了解所查找的信息。查找"理想"值的过程中,用户会遇到很多困难。调查表通常会在钢铁、铝、玻璃、塑料、陶瓷、家具等具体工业领域查找公布的维修调查结果,并查找参与这些结果使用的研究团队。Pintelon和Van Puyvelde指出,维修调查结果通常包括维修费用占总费用的百分比,根据Woodhouse的观点,研究表明工业界一般为10%~15%,制药行业通常达到2%。研究过程中,可以在具体的经济领域内进行较低关键基准测试,与平均值有较大偏差不一定意味着绩效不佳,要进行更加详细的评估才能进行判断。

必须制定基准,为度量系统提供最大可能的含义,指标的正向或负向变化必须对作业人员有意义。基准是每个指标的目标或限制,用作用户的参考,能确定用户指标与各种性能层次指标的距离。基准可以是内部基准,以便比较同一设施单位的改进情况;也可以是外部基准,用于与其他组织进行比较。在持续改进的基础上应用指标,并适当选择要付诸的行动,将有助于实现卓越维修,根据Katsllometes的观点,有必要制定符合世界级标准的指标。

世界级制造(WCM$_f$)或精益制造的新趋势并没有给出完整的答案,以世界级维修(WCM)或世界级可靠性(WCR)为目标听起来颇具挑战性,但这一级别的维修还没有获得任何机构的正确定义。大多数情况下,可以采用定性资料。例如,WCM$_f$组织需要每周提供一致的正常运行时间,最大限度地减少对生产的影响,按计划交付工作,并制定"完全正确"的预算。虽然组织可能会非常积极,认为这会激发对于维修过程更加专业化的态度,但它仍然不知道自己与这一级别的差距,以及达到这一级别的时间。缩短设备的正常运行时间对商业(经济)的影响是什么？如果组织接受每周工作日程安排的90%而不是将目标定在100%，维修费用会便宜多少？这些问题以及其他常见问题仍未得到解答。即使像六西格玛(six Sigma)这样能够获得较高回报的定量方法在维修方面也没有带来突破性的成果，这主要是由于维修数据不佳而无法应用这些统计技术。

精益维修是另一种比较流行的维修管理框架，是在成功实施精益制造之后构建的，目标是消除浪费，从而区分增值和非增值的维修活动。与精益制造中如何取消非增值生产活动的详细描述相矛盾的是，在精益维修中，缺乏对需要取消的活动以及需要保持的活动的定义。为了简化维修流程、消除浪费，并在客户重视的领域取得突破性进展，一些公司尝试应用了Hammer和Champy提出的业务流程重组(BFR)。

在前面提到的方法中，只有世界级维修得到了广泛的发展。Maskell提供了一套指导方针，可用于设计世界级制造系统的MPM，这在当今高度动荡和竞争激烈的商业环境中带来了出色表现。世界级维修保证了在100%的运行时间内几乎达到100%的运行能力。该指标还处于初级阶段，但给出了获得认可的一些关键指标，以及一些改进的基本基准。该指标来源于世界级制造，主要贡献是对组织全面认可的6个指标的定义和计算提出了建议，包括MTBF、MTTF、MTTR、可用度、维修费用与营业额之比、维修费用与更换成本之比。De Jong认为，最后一个指标是在中小型企业(SME)最受欢迎的指标。他的另一个贡献是为一些指标提出了参考值。这些通常是期望值，要成为"世界级"的公司就必须实现一些较高目标，在维修方面，这些参考值通常是在具有良好实践和结果的组织之间进行基准测试的结果。

A. T. Kearney公司在20世纪80年代进行了一项具有里程碑意义的研究，产生了"大量的维修和使用数据"之后，就已经接受了确定世界级维修管理的基准。现在许多研究人员已经将基准数据纳入旨在评估维修活动并帮助组织追求卓越的计划中。早期研究的一个直接结论是，维修操作"风格"与整体设施性能之间存在很高的相关性，综合效率最差的设施也往往具有"反应"特征或"修复和修理"方法。这方面的一个极端是，世界上拥有最高生产能力和产品质量的最好制造商总是能够展示出精心策划、全面整合和主动的维修。

维修卓越还有一个特点是PM和计划维修占总维修工作的高百分比。就最好的设施而言，至少有80%的维修任务是提前一天或数天预先规划好的，这意味着可以预先为这些设施准备好正确的材料、技能、工具和部件，以在最适当的时机实施维修。

Lemos提出了这些指标的基准来源，他认为指标值可以利用市场上的类似设备生成，即由类似设备的使用经验中获得，由制造商提出，可用作执行相同作业所用设备的值。

  Kahn 和 Olver 认为,有必要比较公司内部以及类似工厂或部门的指标。当公司打算比较内部或外部维修效果和可靠性时,需要一个预定义指标的通用平台,作为比较相同变量和生产单位的手段。欧洲国家维修团体联盟(EFNMS)和维修与可靠性专业学会(SMRP)完成了这项任务的一部分。近年来,这两个组织一直在努力协调,比较两个机构支持的现有维修和可用性指标之间的相同和不同之处。例如,他们比较了 SMRP 指标和欧洲标准化指标 EN 15341,目的是系统且广泛地使用共享指标,作为提高资产性能的基础。该协调项目正在推动参考值的分配,进而为采用这些指标的公司提供指导。Svantesson 是参与该协调项目的主要专家之一,他根据各行业和部门的大量实例,通过经常在食品和制药行业公司内部进行大规模调查提出了一些指标。

  绩效度量有意义显著的基准,这一点很重要,如果没有这些基准,指标是无用的。如前所述,基准可以是过程必须持续关注和瞄准的目标,也可以是这些过程不能超越的限制。限制可以是最大限制或最小限制。MTBF 等具体指标比较复杂,需要借助类似机械的经验或者参考制造商的数据以及维修技术人员的专业知识制定。

  基准始终取决于各种约定或商业类型以及各部门的指标顺序。例如,Silter 给出了风险资产管理模型(RIAM),为支持有关设施的决策,量化了绩效指标,不仅能够以尽可能最佳的方式实施投资选择,而且能够更好地优先使用某些设施资源,并最大限度地提高过程的安全性。采用 RIAM 方法时,为了确保安全获利,性能指标包含了"费用规避"思维。在某些公司,可用性和维修性指标,以及技术层次的指标,如振动或温度,不会具有与其他公司相同的参考值。RIAM 方法并不提供领先经济指标,而是提供金字塔顶层的安全性能指标,因此层次结构有所改变。

  获得与每个指标相关的适当阈值和目标值是至关重要的,否则,度量性能的 MPM 团队将面对一系列毫无意义的数字上下波动,没有任何目标值,也不知道其临界条件。目前,基准点已包含在行业要求中,汽车、航空、能源等工业部门都要求供应商提供质量参数,也需要与世界级维修接近的效率总体指标。

  2007 年 3 月发布的标准 EN 15341"维修关键绩效指标",由欧洲标准化委员会(CEN)319 技术委员会第 6 工作组(WG6)于 2003 年 9 月至 2007 年 2 月设计和开发,目标是实现指标体系和体系结构,作为在全球范围内度量维修效果的共同基础。WG6 研究了许多跨国工业公司的文献、指导方针、程序和经验中的所有维修指标,并选取了三组关键绩效指标:经济、技术和组织指标。EN 15341 是实现 SMRP 文件和 EFNMS 文件协调的可靠基本参考,是一个以同等方式度量和制定维修效果的全球标准,但需要考虑和处理外部和内部影响因素。

  当组织打算比较内部或外部维修和可用性时,需要一个预定义指标或度量方面的通用平台,以便进行比较。当计算基数不一样时,指标比较会毫无结果,是非增值活动。SMRP 和 EFNMS 已经满足了这一要求,他们共同比较和记录了维修和可靠性性能的标准指标。

如果组织使用了标准化的指标或度量,如 EN 15341 中的指标或 SMRP 指标,可获得如下价值:

(1) 维修管理人员可以借助术语表和定义支持的一组预定义指标;
(2) 采用预定义指标可以更容易地比较跨边界的维修和可靠性性能;
(3) 公司构建一套公司指标或记分卡时,可以根据预定义指标简化制定过程;
(4) 可以将预定义指标纳入各种 CMMS 软件和报告中;
(5) 可以采用也可以修改预定义指标,以便更好适应公司或分公司的具体要求;
(6) 没有必要对指标定义进行讨论和辩论,并且已经消除了不确定性。

SMRP 定义了 70 个最佳实践指标,用来度量维修和可靠性。这一进程始于 2004 年,目前仍在继续。2000 年,EFNMS 定义了一组指标,用来度量维修效果,现已纳入了 EN 15341 "维修关键绩效指标"。如前所述,2006 年开始联合 EFNMS-SMRP 协调工作,其目的是记录 SMRP 指标和 EN 15341 标准(图 1.7)的相同和不同之处。

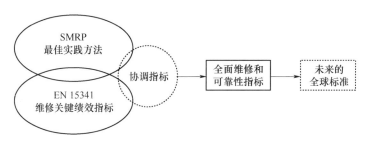

图 1.7 协调指标项目过程

随着全球化程度的不断加强以及公司在国际范围内生产商品和提供服务,对度量维修和可用性指标有共同理解变得至关重要。毫无疑问,这一活动最终将在制定维修指标的全球标准指南方面发挥作用。

获得协调文件的一个目标是为维修组织提供一组预定义指标,供需要在全球范围内度量维修和可靠性性能的组织使用。所有需要度量、跟踪、报告和比较维修和可靠性的组织都可以使用这些指标。

另一个目标是为度量维修或可靠性性能规定范围,但在文件范围之外仍需要提供推荐指标值和阈值。指标或度量由一系列指导方针和计算示例支持,这为维修专业人员提供了一份简易使用指南,能了解各个指标,以及指标计算的包含或排除内容。

协调指标文件的目标群体由维修管理人员、资产管理人员、设施管理人员、操作管理人员、可靠性工程师、技术管理人员、总经理、参与基准测试或维护人员,以及可靠性效果度量的人员组成。两个组织同意组建一个 EFNMS-SMRP 联合工作组,解决 EN 15341 指标与 SMRP 最佳实践委员会正在制定的指标之间的差异。他们对指标公式和术语定义进行了对比。欧洲术语的基础是 EN 13306:2001《维修术语》和标准 IEC 60050-191:1990《可靠性和服务质量》;SMRP 定义包含在对每个指标(度量)的说明中,并汇编在 SMRP 术语表中。

由此生成了两个范围广泛的列表,许多术语和公式都为这两个列表所共用。如果一个指标具有相同的基本公式,或者可以普遍适用,则可以确定这个指标是通用的。对于通用指标,首先需要确定消除差异,是否会对指标的目标产生影响;如果不能消除差异,则差异是否符合条件或者是否对差异进行了说明,这是协调过程的本质,如图 1.8 所示。应该指出的是,指标的分组是不同的,EN 15341 将这些指标分为经济、技术和组织指标集;SMRP 按其维修和可靠性知识体系的五个基础对指标进行分类:商务与管理、制造过程可靠性、设备可靠性、组织和领导以及工作管理。

联合工作组取得了良好的进展,2007 年 1 月公布了第一次协调结果,2008 年 4 月发布了首版《全球维修和可靠性指标》。迄今为止,已经协调了 29 个指标。在协调指标时,需要在 SMRP 指标说明中明示有关影响。此外,EFNMS 建议将 SMRP 指标用作计算 EN 15341 指标的指导原则。

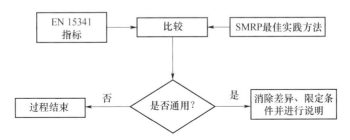

图 1.8 协调过程(摘自参考文献(Svantesson,2008))

协调工作将继续进行下去,直到彻底完成拟定 SMRP 指标列表的全部指标研究。此外,还需要与泛美工程师学会联合会维修技术委员会(COPIMAN)、澳大利亚维修工程协会(MESA)等其他类似国际维修组织进行协调。在试行计划中,这些指标将作为国际标准来使用。同时,正在与 CEN/TC 319 进行讨论,考虑提出协调指标作为全球标准或准则。

该协调过程的目标并不包括找出适当的基准值作为阈值或目标值。很多维修管理人员阅读了 EN 15341 或 SMRP 最佳实践,并提取有价值的信息用于计算参数,但他们并不知道确切的期望值,因为这些期望值部分或全部适用于各自的领域。这是发展世界级维修的一个很好的理由,由于个别公司具有经验,许多行业已经提出了很多数据,WCM_f不仅要提出通用的参数计算方法,而且还要提供实际的数据作为公司要达成的目标。

1.11 维修审核

将预测转换为具体的实际数值需要付出巨大的努力。作为备选方案,可以通过关注系统及其属性而不是具体结果来满足各项原则,这就是"系统审核方法"。维修审核是对维修系统进行审查,检验维修管理部门是否围绕其目的和目标正在落实任务,遵循适当的程序,并有效且高效地管理资源(图1.9)。

这表明,维修审核的重点是维修系统本身,而不是量化其输入和输出。可以预料的是,采用这种方法准确性会与可获得的实际绩效信息保持一致,虽然效果度量的主观性不会得到解决,但是这种主观性会变得更加透明。

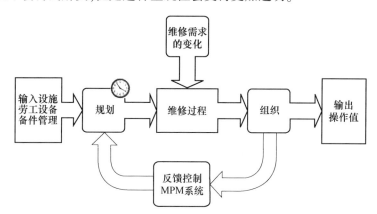

图1.9 维修转换的输入输出(摘自参考文献(Duffua等,1998))

作为一项通用技术,可以将审核分为两类。第一类是采用基于共同假设标准的普通审核,指定了构成"良好系统"的内容。这是一个很受欢迎的咨询工具,因为它可以确保良好的维修系统具有一致的标准。虽然这通常不能反映对组织业务的深刻理解,但它允许插入完全理解和掌握的重要属性,这些属性的重要性会因组织而异。这种审核是对维修系统的各个方面进行彻底和全面的审查,如组织、人员培训、计划和进度安排、数据收集和分析、控制机制、度量、奖励系统等。为了获得客观的结果,审查人员不对所核系统的绩效负任何直接职责或责任。

通常采用问卷调查的形式进行审核。问卷能提供维修系统的概况,其结构针对系统的关键要素,可以采取以下形式之一答复调查问卷:选择"是"或"否";选择一个或多个可选选项;采用李克特式量表列出各个项目,如 1~5 表示不同程度的同意或不同意。也可以为不同的问题赋予不同权重,以反映对系统性能的相对影响。

尽管可以采用先进的评估框架或方案,但系统审核所依据的理论本身是模糊的。Dwight 提出了一个程序,将系统要素的状态,如"来自使用或运行的反馈",与它对系统整体性能的影响联系起来。可以通过汇总所有系统要素观察状态对商业成功的影响,确定维修系统的整体性能,这些系统要素会对相关资产故障产生影响。该程序必须确定影响业务成功的故障属性,同样的要求也适用于对故障属性有影响的系统要素。

比较典型的系统审核往往将重点放在系统设计和执行方面符合标准模型的项目上,并假设该标准普遍作用于实现优良性能。Westerchamp 和 Wireman 基于这一概念提出了维修系统审核问卷调查。这种系统审核方法并没有认识到不同组织具有不同的经营环境。产品、技术、组织文化和外部环境是组织经营环境的一些关键变量,这些变量处于不断变化的状态,只有当组织内部状态和过程完全适应具体的经营环境时,才能实现优良的性能。社会技术系统(STS)分析提供了一种用于设计系统的方法,通过设计可以实现系统匹配。因此,典型审核调查问卷设计会隐含标准参考模型的基本假设是存疑的。

第二类审核技术最初与技术和业务约束的分析有关。通过这项技术,可以确定系统各种要素的相对重要性和所需属性。然后可以针对理想系统分析实际的系统属性,并根据系统具体活动的卓越性要求进行调节。这种方法往往是定性的,它试图量化人员对维修系统、组织要求、系统要素的了解与判断,从而度量性能。虽然这意味着它不符合客观度量,但为了缓解纯粹客观度量的困难,可以接受这种妥协。

维修系统审核对制订改进行动计划是必要的。根据 Kaiser、De Groote、Mann、Duffuaa、Raauf,以及内部审核师协会的观点,审核有助于管理层实现以下目标:

(1) 确保维修部门正在执行任务并实现目标;
(2) 建立一个良好的组织结构;
(3) 有效地管理和控制资源;
(4) 找出问题并解决问题;
(5) 提高维修效果;
(6) 提高工作质量;
(7) 使信息系统自动化,提高效率和生产力;
(8) 建立持续改进的文化。

审核过程通常在现场完成,主要目的是审查关键要素,包括以下步骤:与组织的关键人员进行面谈;进行现场检查;审查流程,描述维修职能及控制;审查相关文件;说明系统应用程序;参加重要会议;获取结构式问卷的回复;验证设施和设备性能以及维修效果。对面谈结果和结构式问卷的答复进行分析,制订改进行动计划。

Westerkamp 制订的审核方案,涵盖了影响维修生产力的 14 个因素,并主张将审核过程自动化。该审核中包含的因素有组织的人员配置和政策、管理人员培训、规划师培训、技能训练、激励、谈判、管理控制、预算和费用、工单计划和进度安排、设施、储存、材料和工具控制、预防性维修和设备历史、工程、工作度量以及数据处理,还建议通过为每个因素设定一组问题来获取信息。

Kaiser 对维修管理过程中的关键因素进行了维修管理审核,其审核的基本构成包括组织、工作量确定、工作计划、工作成就和评估,并且每个构成部分都有 6~8 个因素。通过结构化说明和赋权,可以得到维修系统的总分,并且可以在审核过程中确定改进措施。

Duffuaa 和 Raauf 研究了利用结构化审核对维修生产力持续改进,提出了结构化审核方法,目的在于改进维修系统。他们的审核因素包括组织和人员配置、劳动生产力、管理人员培训、规划师培训、技能训练、激励、管理和预算控制、工单计划和进度安排、设施、储存、材料和工具控制、预防性维修和设备历史、工程和状态监测、工作度量、激励措施以及信息系统。还建议通过层次分析法(AHP)确定因素的权重并计算维修审核指标,提出通过根因分析法制订改进行动计划。

Duffuaa 和 Ben-Daya 提出采用统计过程控制工具来提高维修质量,而 Raouf 和 Ben-Daya 则提出了全面维修管理(TMM)框架。TMM 的一个重要组成部分也是结构化审核。

De Groote 主张采用基于质量审核和维修效果指标的维修效果评估方法。质量审核分四个阶段进行:调查影响参数;分析收集到的数据,得出结论并提出建议;制订改进措施计划;根据费效验证提出的改进计划。评估包括五个主要因素:生产设备、组织和维修管理、物质资源、人力资源和工作环境。

美国普华永道公司制订了一份调查问卷,用于评估维修计划。问卷包含 10 个因素:维修策略、组织/人力资源、员工授权、维修手段、可靠性分析、绩效度量/基准测试、信息技术、计划和进度安排、器材管理、维修流程重组。该问卷有关于各个因素分值的说明,取值范围是 0~4。

Al-Zaharani 审查了各种审核项目,并对沙特阿拉伯政府和私营组织的管理人员和工程师进行了调查,目的是评估影响维修管理审核的因素,制订合适的设施维修审核表。他提出了 6 个主要组成部分:组织和人力资源、工作确定和绩效度量、工作计划和进度安排、工作成就、信息技术和评估以及器材管理,每部分含 6~8 个与维修系统性能相关的因素。

Westerkamp、Kaiser、Duffuaa、Raauf 和 Al-Zaharani 确定了维修系统审核结构化

及5个程序。审核程序由维修系统中的关键要素组成,可以通过一系列说明或问题进行审查,每个说明或问题都对应于一个分值和一个权重。然后在审核的基础上,形成一个总加权分值,并与理想分值进行比较。可以根据这些分值制订改进措施计划,定期重复此过程,确保持续改进。

除了 BSC 技术之外,Tsang 等根据 STS 分析(用于预测未来的维修效果)和数据包络分析(DEA)(非参数定量方法,用于比较组织与其竞争对手的维修效果),提出了"系统审核"技术。De Groote 通过定义性能指标的比例而不是绝对值,采用四阶段质量审核方法建立了一个用于确定维修效果的系统。

很多作者认为,有必要获得定性和定量结果。Clarke 认为审核必须提供维修雷达图,也称为蜘蛛网图,维修的所有经济因素和人力因素都可以体现在其中。他还提出,维修过程审核的产品必须具有良好的操作性和技术实践。Tavares 利用审核的维修雷达图来表明维修职能在不同方面的影响和依赖性。许多作者一致同意,可以通过大量的调查生成雷达图。这些雷达图没有包含维修系统的有关数字数据,人员因素体现得明显。

Galar-Pascual 等制订了属于后一种情况的审核,提出将来自问卷的定性因素与通过维修关键绩效指标获得的权重结合,实现关键绩效指标与问卷答案的密切关联。该模型可以反映问卷与指标趋势之间的关系,也可以突出两者间的不一致,实现了定性度量和定量度量的合并。

1.12　绩效度量系统的优势

Kutucuoglu 等分析了质量功能展开(QFD)技术固有的优势,包括易于实施、绩效指标与企业战略一致,以及具有保持主观和客观度量的能力,并利用这些优势制订了有效的维修职能绩效度量系统。该 MPM 系统可以包括维修效果度量所需的所有关键特性,即维修系统的平衡视图、跨职能结构、绩效指标的纵向一致等。引入绩效指标的作用包括:明确策略目标、将维修部门的目标与核心业务流程联系起来、将重点放在关键成功因素(CSF)之上、记录发展趋势,以及确定可能的问题解决方案。

不同的工业部门都可以从其维修部门引入指标中受益。Espinoza 在英国铝业工作期间表示,为了获得超越竞争对手的竞争优势,该行业正在使用一系列的维修效果指标,通过这些指标可以持续监测效能,包括设备的可靠性、可用性和使用情况。本书作者认为有效维修的目的是改变非计划活动和计划活动之间的比例。Espinoza 表示,在这个行业中,预定工作量的增加表明维修策略是有效的。其他作者,如 Racoceanu 和 Zerhouni,也制订了具体的记分卡,通过不同系列的指标可以提高其在机床行业的竞争力。

根据 Wireman 的观点,一旦将指标引入组织层次结构中,就会给组织带来各种好处,包括维修模型的适度发展、演进和进步。为实现适当的维修管理,他提出了顺序实施的 11 个步骤,包括预防性维修,库存和采购,工单系统,计算机化维修管理系统(CMMS),技术培训和员工关系,员工参与运作,预测性维修,以可靠性为中心的维修(RCM),全员生产维修(TPM),费用优化,持续改进。该作者认为上述每种活动都代表了维修管理过程的一部分,如图 1.10 所示。该图阐明了其观点,即在进入金字塔的下一层之前应该实施预防性维修计划。在考虑 RCM 的应用、预测性维修计划和工作人员参与维修职能之前,需要适当的工单系统和管理良好的维修资源,通常运营商和员工的参与都属于 TPM 计划阶段。最后,利用优化技术完成建立持续改进所必需的组织结构。

部门重组以特定技术为基础的认识是错误的。当部门比例或指标处于"停滞"状态时,应该意识到维修理念发生剧烈改变的必要性。重组是一个可能的解决方案,但还要认识到,当维修演进沿成熟度金字塔向上移动时,向下一层的转变可能是复杂的。Zaldivar 提出,当员工和管理人员在面向流程的环境中履行职能时,组织可以根据他们创造的价值来衡量他们的表现并确定他们的薪酬,对于在重组基础上进行大规模革新的组织,员工的贡献和业绩是报酬的主要依据,这在多数情况下都是成功的。

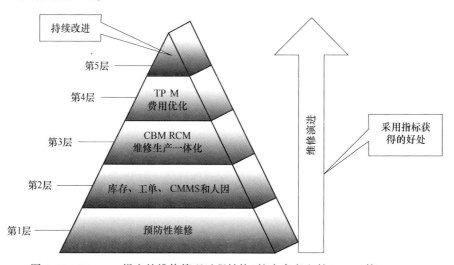

图 1.10　Wireman 提出的维修管理过程结构(摘自参考文献(Tsang 等,1999))

关心质量保证和产品可靠性的组织将决策的重点放在维修管理的效率和质量上。在维修领域应用重组过程会影响到组织的其他过程,不再需要更多的人来保证质量和效率。Zaldivar 指出,由于管理人员和管理层级变得较少,扁平式结构的优势、稳定的性能以及各项技术经济指标的质的飞跃都达到了前所未有的水平,也就接近金字塔顶部的位置(图1.10)——持续改进。

这些依序发展都是以每个层次的适当指标为基础来实现的,包括从每个团队的操作到金字塔顶端的组织策略。正确度量每一层的成熟状态有助于进行下一层的度量,如Gonzalez所述,非系统性的CBM实施或孤立、不协调的策略通常不会获得更好的结果。金字塔形维修重组的发展是必不可少的,组织不能跳过某些步骤或忽略正确的顺序,需要强调综合维修计划的顺序发展金字塔与关键绩效指标层次结构之间的对应。

Schneidewind分析了为确保产品质量而保持维修过程稳定性的必要性,研究了维修过程在实施后达到成熟状态的能力,即金字塔上升的过程。在维修过程中利用指标可以预测可靠性和风险,因此可以达到期望的稳定性。他还强调需要加强组织的每个层次,朝着成熟状态发展,以便跳转至下一层次,不得在没有实现与某一层次过程相关的必要成就时促使或加速维修过程的演进。

1.13　电子维修

目前,有竞争力的制造取决于制造商为客户提供精益服务的能力以及寿命周期费用(LCC)具有可持续价值的能力。电子维修正在将维修职能转变为服务业务,通过互联网、网络无线通信和技术,随时随地支持客户。电子维修使具有预测智能/嵌入式感知器的公司能够通过网络无线通信监测资产,以防止出现意外故障。该系统可以通过全球网络系统比较产品的性能,重点在于退化监测和预测。

这些信息将为管理层提供制订业务决策所需的支持。性能度量支持决策的主要问题是缺乏相关的数据和信息,而信息和通信技术(ICT)以及其他新兴技术的最新应用有助于简单且有效地收集数据和信息。最重要的两个度量应用是,确定在发起新投资之前改进现有设备和设施的机会,促进供应商绩效的改善。MPM已成为采矿业决策制订过程的一部分,其中状态监测发挥着重要的作用。

电子维修是一种维修管理概念,可以通过计算机软件,包括智能感知器、数据库、无线通信、互联网、在线GUI等,对设施和机械进行监测和管理。Levrat、Muller、Thun、Campos、Cao、Jantunen、Jeong以及Jun等都提出了采用无线通信技术审核制造绩效监测,并提出了对维修效果影响的研究。目前,凭借独特的电子维修解决方案,生产和加工行业将从基于服务器的软件应用程序、最新嵌入式互联网接口设备以及最先进的数据安全性中受益。电子维修借助用户、技术人员/专家和制造商建立了一个虚拟知识中心,实现流程行业的运营和维修。电子维修为加工行业希望降低总费用、通过设备综合效益(OEE)节约资源、维修投资回报(ROMI)最大的那些用户提供了解决方案。

已有的电子维修解决方案将提供基于服务器的软件、设备嵌入式互联网接口设备(健康管理卡),在运营中心提供全天候(24/7)的实时监测、控制和警报,它们将数据转换成信息,并实时预测设施和机器的性能状况,供所有涉及决策的人员使用。这使维修系统能够与电子商务和供应链要求相匹配。

1.14 总结与探讨

为了处理与实施有效 MPM 系统相关的问题,从而为组织创造价值,已经进行了很多尝试。正如相关文献所示,研究人员考虑了如何确保组织策略与维修职能策略保持一致、如何将维修绩效度量与组织的不同层次结构联系起来,并建立有效的沟通,以及如何将操作层次的维修绩效指标转换为企业层次的维修效果指标,从而为整个组织及其客户创造价值。虽然多数研究人员根据财务(有形)度量构建了框架,用于提供答案,但也已经有人开始采用非财务(非有形)度量构建框架。

1.12 节的开始部分,我们讨论了 Kutucuoglu 等提出的有效的高效 MPM 系统所需的一些关键特征,同样,Alsyouf 也提出了整体绩效度量系统的特点:

(1) 能够评估维修职能对战略目标的影响;

(2) 可以发现所实施维修策略的缺点和优点;

(3) 可以通过定性和定量数据为综合维修改进策略奠定坚实的基础;

(4) 可以重新评估基准测试所采用的标准。

有效的 MPM 系统应重点度量全面维修效果,包括内部和外部效果。当利用这些标准判断以前的框架时,会发现,仅通过财务影响来度量维修效果的框架可能有助于改善维修职能的内部流程,但不能说明维修策略对维修职能外部其他功能产生的影响,如生产、物流、客户、员工和组织目标等。同样,其他框架,如 Liyanage 和 Kumar 提出的采用 BSC 的价值框架、采用 QFD 的框架,可能会考虑维修策略的财务和非财务影响,但不能保证在战术和战略层次提高维修绩效,也不会考虑维修策略对扩展价值链,即供应商等的影响。

相比之下,采用扩展平衡记分卡的框架则更加完整,因为它既提供了维修策略的定性和定量影响,也提供了对组织不同层次结构的控制,还能够实现内部和外部效果。多标准多层次框架对于 MPM 也是非常有效的,因为它融合了整体维修绩效概念与 Alsyouf 和 Kutucuoglu 等描述的各种特征。最后,它还可以表示不同组织层次的性能指标与基于财务和非财务性能指标之间的因果关系。

根据相关文献综述中确定的框架的价值主张,考虑采用扩展平衡记分卡框架和多标准多层次框架有效工具来评估和度量 CBM 与预测性维修的效果,同时可以将 BETUS 工具视为电子维修和远程维修效果评估的有效工具。

在维修运行相关文献中,利用有效的财务和非财务度量评估维修策略的绩效一直备受关注。为了度量维修策略的绩效,已经开发了不同的技术和框架,但很少有研究将这些框架应用于实际环境中,通过更加实践的方式验证这些框架。

本章已经确定了用于制订绩效指标进而度量维修效果的各项技术。但是,MPM 技术属于一般技术,有助于确定正确的绩效指标集,但它独立于维修策略,不能用来确定评价哪些是 CBM、远程维修、RCM 或电子维修的最佳技术。

本章还辨识了不同的框架和模型,说明如何实施 MPM 系统,如何为组织创造财务和非财务价值。相关文献讨论的案例研究表明,当 MPM 框架用于采用基于状态的维修、基于振动的维修和以可靠性为中心维修的组织时,会创造出什么样的价值以及如何创造价值;但当这些框架用于依靠电子维修或远程维修的组织时,通过审查不确定如何创造价值。

正如相关文献所指,设计框架或模型时并没有对考虑两种不同的维修策略方面做出尝试,也没有针对不同策略的效果和效率比较进行任何研究,更没有人试图将 MPM 框架与特定的维修策略,如 CBM、远程维修和预测性维修联系起来。

基于现有知识的这些差距,下面给出未来潜在的研究方向:

(1) 为特定的维修策略,如 CBM、远程维修和电子维修寻求最佳的 MPM 框架;

(2) 采用特定框架,如基于扩展平衡记分卡的框架或多标准多层次框架,比较不同维修策略,如 CBM、远程维修和电子维修的效果;

(3) 将多层次多标准框架与扩展平衡记分卡框架相结合,整合多视角、多标准、多层次的特点;

(4) 应用多标准多层次框架,评估电子维修的效果。

第2章
维修指标及相关问题概述

2.1 引言

2.1.1 基于绩效的工业：一个新时代

对制造公司绩效的关注，尤其是在资产管理和控制领域，正在以越来越快的速度增强。在提高生产力的同时降低成本方面，资产管理人员面临的压力越来越大。在一些公司中，由于采用了更加灵活的结构，情况变得更复杂。这些结构是扁平型不分层的，工作"团队"的自主性越来越强，控制成本和设备可用性不再仅仅是维修经理的责任，而是需要大家共同承担。

"自我管理团队"和"团队合作"等趋势已经改变了工厂层"财产和所有权"的概念。管理人员的角色正在转变为受托人，工人在日常工作中拥有了更大的自主权。为了满足对自主权的需求并巩固这一概念，需要设置一张记分卡，清楚地说明整个组织的情况。在资产管理建设方面，主要采用了 Jones 和 Rosenthal 提出的三种方法：

（1）通过调查进行咨询和审核。通常以官方报告的形式提供，专门为管理团队使用而生成。审核人员经常通过问卷调查的形式进行此类分析，可以通过多种类似的审核进一步完善这些问卷调查。

（2）进行标杆管理，量化和比较其他设施的数据。这种类型的分析通常比外部审核更加具体，既可以在内部进行，也可以在同一制造部门或业务集团的多个工厂之间进行，Dunn 的一项研究表明，42%的公司有正式的标杆管理流程。该方法包括获取"情况"或"目前情况"的当前状态，与相似设施对等项目的过程和服务进行比较，发现优势与不足。

（3）内部度量标准或"自有"度量标准（费用、可用性等）。这是一套绩效指标或度量标准,旨在将设施反映为一系列具有产品资源投入和产出的过程。它存在于组织的各个层面,其质量取决于相关部门所提供具体活动指标数据的准确性。

这些方法适用于不同的场景和情况。外部审核为审核员提供了企业在某一时刻的客观公正的印象,审核员拥有许多其他公司的专门知识。但这些报告往往是费用昂贵,并且是专门为公司的高级管理人员编制的,即专门用于上级而非下级的文件,更不会面向机器操作人员。此类文件对于在特定时间评估维修部门的整体情况是非常有用的,而且在强制进行较大的组织结构改变时,通常也都是这样做的。

标杆管理作为类似公司之间的比较工具是非常有效的,可以用来分析任何层面上的详细信息,可以在多个具有同等生产性的工厂或企业内部使用,也可以作为企业的"同类"比较。加利福尼亚州的丰田和通用汽车工厂之间的合资公司就是维修领域标杆分析的范例,加利福尼亚州有全员生产维修方面的知识和最佳实践的转让,具体可见参考文献(Keller,1989)。该方法依据的思想是采纳审核员认可的那些良好做法,这些做法已经在原发起公司取得成功,可在适当的范围推行这些方法。采用这种技术的关键是体现"同类",为了推断出各种度量和方法,必须确保跨公司的对比领域与资产是类似的。一些职能上可比较的度量可能在一个领域是有用的,而在另一个领域则是不起作用的。

前面介绍的两种方法是评估组织策略,即维修策略职能优缺点的评价工具,但不适合于确定监测内容或数据报告的频率。第三种方法是建立并保持一套完整的度量,以显示组织的当前位置和状态,并建立趋势。正如参考文献(Wireman,1988;Woodhouse,2000)所述,几乎所有行业的每个部门都有数百个绩效度量标准和指标。许多作者提出通过采用记分卡的方式来促进组织的动态控制,尤其是维修部门,但现实中这些信息是巨大的,而且往往是相互矛盾的。

2.1.2 控制维修部门的必要性

由于技术和经济原因,不可能存在"无维修"且没有任何故障风险的设施。例如,需要维修的计算机往往比其所属的设施具有更短的预期寿命,并且在其所连接设备的整个使用寿命期间必须进行多次更换或修理。复杂设备的维修计划可包含数以千计的维修或更换决策。为了确保设施的可靠性和可用性,维修组织是必要的,它由所需的资源(主要是工人、工具和备件)组成,由企业负责人/行政管理人员或负责该领域的经理进行控制。

直至最近,比较普遍的现象是大型公司拥有的设备维修资源往往高出所需,而另一个极端是由于资源的稀缺,许多公司的设备几乎无法满足其工作量。这两种情况都说明公司高层管理存在短板,比如不掌握维修部门的情况。在有些公司,维修负责人完成了所有的事情,在维修资源上开支有效;而在另一些公司,由于管理人员不了解维修职能在公司内部的重要性,导致收益损失,这些情况在汽车、化学品和食品等过程行业中非常普遍。

可喜的是情况正在好转,有效策略和高效维修组织的好处日益为人们所认识和接受,不再被归为"必要之恶"。负责设备管理的领导者越来越愿意投资高费用的维修计划,尤其是当这些好处能够明显地补偿成本时。

本章以实际可行的方式定义了一整套度量标准或指标,落实到位后,可以为管理人员提供所需的证据。采用了参考文献(Kelly,1997)所述的BCM(以业务为中心的维修)模型和概念、TPM以及以可靠性为中心的维修(RCM)方法。

2.1.3 绩效度量的方法描述

首先,需要了解维修部门的目标及其想获得控制和度量的主要原因,必须找到一种能够从头到尾指导这一过程的方法,本章给出了适当的模型和示例。

(1)职能。尽管维修部门的职能是通用的,即对设施可靠性和可用性的控制,但情况并非总如此。这一说法比较适合制造过程,但不包括服务公司或航空航天设备。因此,制订策略的第一步就是阐明维修部门在公司内部的职能。

(2)目标。管理团队必须采用高层信息,即业务目标和交易数据,来明确一组清晰的维修目标;以维修组织的业务需求为基础,以分层的方式呈现,以理解组织的各个层次。通过确立公司对管理的期望,可以构建符合这些期望的策略。

(3)行动。维修策略会产生维修工作量,进而产生资源需求并决定必要的管理结构。资源效率和策略的有效性反过来会影响公司的绩效,如生产能力、安全和环境控制。因此,采取适当的度量标准会确保达到维修目标,为了实现这一目标,公司需要找到并利用维修指标。

在这个过程中,各部门之间可能会出现复杂的相互作用,从而影响整个组织和系统。因此,度量和"传感器(sensors)"应在战略上强调影响维修目标的主要关系。

现实中,鲜有能通过合理方式来实施目标的情况,建立和传达明确的目标和指标对于持续改进策略的组织显得至关重要。在描述维修组织的复杂性、培训及启动的相关问题之前,先要考虑与本部门绩效度量相关的一些问题。

2.1.4 绩效度量的主要问题

Woodhouse列举了与制订和维护一整套绩效度量标准有关的6个主要问题。如果公司打算实施强大的度量系统,则应单独处理这些问题。

1. 数据太多但信息缺乏

维修软件的实施,如采用 CMMS 管理工单、CBM 作为振动诊断工具,可能会对绩效度量造成严重障碍,由于这些软件价格昂贵且技术复杂,大多数维修作业人员无法访问。这些系统存储了大量的数据,只要知道要查找什么和在哪里查找,稍加努力就可以进行检索。很多时候,问题既不是数据的获取,也不是数据的处理,而是对必要且适当数据的理解和迁移。

2. 绩效指标数量及其影响范围

Woodhouse 认为,对于维修采用大的绩效指标集合是低效的。人类的认知能力限制了他们对每个项目只能应对 4~8 个指标,这意味着在分层结构中,每个层次中超过 6 个度量标准是不合理的。通过明确的指标将所有业务领域与维修职能联系起来更重要。最大的问题是哪些指标最适合公司具体情况,哪些指标对于任何服务都通用,哪些指标又是针对相关业务领域的。

3. 目标与度量之间的冲突

实施有效的维修及经费投入计划必须由资产维修人员和使用人员共同拟定。TPM 创始人之一的 John Moubray 认为,为评估维修而建立的任何目标和指标必须得到公司维修职能相关各方面的同意和支持,尤其是为客户提供优质服务的部门,即生产职能部门的统一和支持。所有部门必须保持一致,改善一个部门的结果可能会对另一个部门造成不利影响,如果这样,个别措施的整体作用可能会对整体情况造成不利影响。追求跨部门的共同理想以及寻求明确、合理的一致目标对于现代公司的成功来说是至关重要的,"一个团队,一个目标"。

4. 措施与后续结果监测之间的时间

这个问题有两个关键点。首先,通过监测过程可以发现当时发生的事情,并收集规定时间内(或之后)发生情况的信息。如果监测频率足够高,就可以检测出过程中发生的变化,只有这样才可能做出适当的管理决策。其次,维修策略中的许多措施,其执行结果只有在比较晚的后期才能显现出来。TPM 等策略中,在计划开始之后,可能需要经过 6 周才能看到结果。度量时必须仔细考虑这一时间延迟,尤其是在航空或能源等行业,很有可能多年之后才能对实施的改进作出全面评估。如图 2.1 所示,当设备处于浴盆曲线底部时,即处于成熟期时,故障率较低,很难看出任何改变所能产生的影响,总体来讲就是很可能会以巨大的成本产生微小的作用。

5. 可观察征兆与潜在风险之间缺乏关联

具体工作岗位所涉及的风险很少是按照事故的实际数量来考虑的。研究工作应针对预防和预测点主动积累足够的数据,这些点的度量与过程及该过程中工作人员的不安全相关。需要强调的是,在度量过程中必须保证作业人员的安全,尤其是在安全护挡关闭的情况下,或者在涉及振动、阻力等物理度量时。设备状况、设备完成的工作质量、客户的印象以及公司的公众形象等因素也可以帮助搜索信息,但

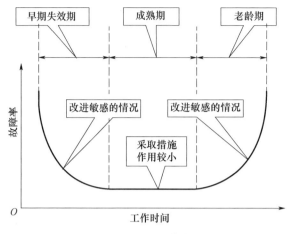

图 2.1 浴盆曲线

这些因素可能是难以衡量的,如果不能通过维修生成,需要从其他部门寻找信息。

6. 数据收集人员的费用与激励

通常很难让车间工作人员相信收集高质量的数据是非常重要的。如果在公司内部形成了"文化罪恶感",会更加微妙。如果服务工程师知道这些数据将在以后用于针对他们或他们的同事,那么他们不太可能提供数据,这种情况下,所有返回的数据可能是不充分的或歪曲事实的,隐藏了问题的真正原因。还应关注某些数据采集形式的高成本及使用收益,如果简单建立良好作业制度是最有效且最经济的时候,那么购买昂贵的系统来控制和监测小型公司的照明、电力消耗、电话等的使用就显得荒谬。

2.1.5 对生产绩效的职责

造成机器生产能力低下和机器状况不佳的三个主要因素是:维修不当、操作不良和设计不良。这里所列并不详尽,但说明设施绩效不仅仅是维修管理的责任,各部门必须共同努力,最大限度地提高生产力。

2.2 维修策略

2.2.1 引言

用于维修决策的主要工具包括 RCM 方法、TPM 方法和 BCM 方法,图 2.2 所示为 Kelly 称为"策略性思考过程"的 BCM 方法。BCM(以业务为中心的维修)确立正确的行政管理原则为基础,提供合适的框架来确定、分类并随后审核任何维修管理系统的要素。Kelly 从 RCM 和 TPM 等方法借鉴想法,将这种方法加以扩展,使其具有全局视野。

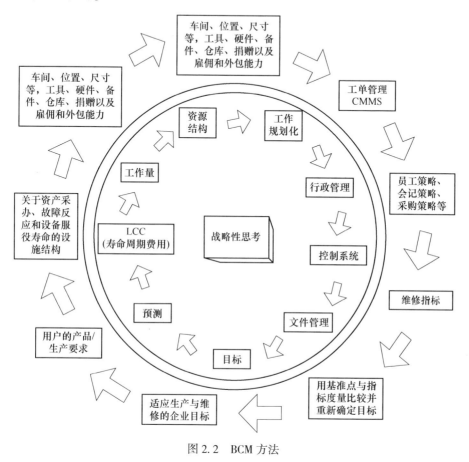

图 2.2　BCM 方法

任何有维修部门管理经验的人都了解其动态性以及与生产、质量、工程等其他部门的相互作用。若缺乏对组织内的这些系统进行分析的结构化方法,则几乎不可能完成监控任务。维修管理方面表现优异的这些公司很可能在 TPM、RCM 和 BCM 的方法上投入了资源,因为这些方法可以展示企业部门或系统之间的关系,特别是维修部门与其他组织部门之间的相互作用。

2.2.2　维修策略制订

下面阐述在设计或改进现代维修部门时必须加以考虑的因素,说明形成具有最少浪费和有效维修策略的高效组织所需要的决策。Willmott 和 McCarthy 指出应用维修领域的指标来消除浪费是首要行动之一,讨论了维修 KPI 对消除浪费的作用。这些关键绩效指标特别适合研究 TPM 的效能和效率(图 2.3)。

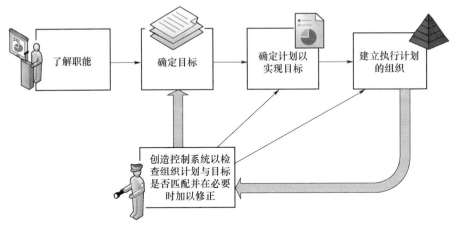

图 2.3　管理过程的基本步骤

1. 职能

如上所述,创立维修部门的第一步是定义其在公司内的角色,Moubray 建议由五个方面组成:

(1) 在实物资产整个寿命内保持其功能;

(2) 满足并充分响应所有者、用户和社会的一个整体需求;

(3) 选择和应用费效最佳的技术;

(4) 进行故障管理;

(5) 积极支持生产性资产涉及的所有人。

显而易见,以上各项的重要性可能随工厂不同而变化。例如,工业过程中的维修职能可能是"以最低的费用确保并监控成品的可用性和质量"。如果部门的一些职能比较危险,就会使安全性成为一个特别关注点,维修的角色可能是"以合理的费用确保设施的可靠性和安全性"。

2. 目标

公司的总目标可以转化成维修部门的整体目标,并受公司高层的控制。该过程应使用诸如销售数字、市场营销和其他的关键设施要求信息的支持,如资本价值和设备服役寿命。稍后讨论目标设定,因为这是维修方法的关键要素。维修目标应直接与企业目标相关联,并且必须在所有层次得到清晰的解释和理解。系统化确立目的和目标要区分同层次的资产,要使所涉及的部门及其员工形成清晰的图像。

3. 策略

工厂或企业制订运营策略后,维修部门就可针对系统中的各要素拟制计划和进度。这些计划的主要任务是确定预防工作的性质与强度,它们将直接影响修复性的工作量。此类分析有各种技术,但选择合适的技术取决于许多因素,如行业类型以及需要的细节层次。

BCM 采用了相对简单且实用的技术:"自上而下和自下而上"(TDBU)。顾名思义,TDBU 注重通过自上而下/自下而上来研究了解用户需求,这种简单分析旨在确定需要维修活动的所有设备,并决定各自的策略,但它并未提供与 RCM 相同水平的故障分析,而后一种方法还对措施进行了分类和优先化。

RCM 通过回答 7 个基本问题来研究每件设备。其中第一个问题旨在确定故障如何影响公司,分析故障的模式及其影响,通常称为故障模式与影响分析(FMEA)。这一系统性方法的目标与 BCM 不同,它试图确定设备的关键故障模式,最终目标是提高可靠性,但有时候该过程会失去业务视角。

TDBU 和 RCM 都为评价维修设备最佳方式提供了合适的方法,并且可在必要时加以结合。不论选择哪种方法,结果都将归结为定义各资产的维修计划、工作量以及必要资源,以满足用户需求。应用人工或借助 CMMS 将这些计划纳入整体方案,并且必须与生产职能协调并达成一致。按以往看,人工方式需要更多劳动力来控制更新,而由于 CMMS 维修管理方案的引入,情况得到极大改善。即便如此,在这些计算机系统中更新和检索信息仍需消耗大量的工作时间。在基础层面,方案必须包含关于维持计算系统的方式的信息;在更全局的层面,必须考虑影响设施与设备关系的所有因素,例如,生产模式改变、设施中的冗余,以及机会窗口等。没有高层管理、设施牵连部门的帮助,几乎不可能编辑此信息。

4. 组织

维修方案将影响工作量的大小和性质,包括预防性维修、修复性维修及改进性维修,与设施设计等因素共同对维修组织的设计产生显著影响。组织取决于决策的三个关键因素,即可用资源(含人力和资产)的结构、行政机构及必要的控制系统。第一个要素是可用资源的结构,包括劳动力、零件和工具的地理位置,以及设备及其功能、组成、尺寸、物流等方面的信息。第二个要素行政结构是指决策人员配置与培训,可视为按照决定应何时以何种方式进行何种维修工作的权力和责任分类的工作规则层次。

有许多关于如何设计维修组织的理论,包括从高度分层结构到最近提出的自主团队。TPM 聚焦自我维修是一个重要贡献。TPM 采用允许操作人员控制维修任务的 7 个步骤,具体见参考文献(Willmott,McCarthy,2001)。与所有方法一样,该方法也兼具优点和缺点。优点是能消除部门屏障并增加劳动力灵活性,缺点是为求多功能性而稀释资质和专业水平。

5. 控制系统

维修组织设计的第三个要素是必要的控制系统或"工作系统规划",是对计划、预定、分配和控制工作方式的明确。控制系统的主要职能是通过记录这些目标的实现程度来确保维修组织达成其目标,未实现目标时,系统应协助管理层制订计划来改善情况。Kelly 提出了三种方式来实现此目的:

(1) 控制维修生产能力,确保满足维修的预算水平并达到需要的设施生产能力;

(2) 监督维修的效能,确保实现长期和短期可靠性预期,即寿命预测是有效的;

(3) 控制维修的组织效率,控制运用人力、材料和工具的效率。

生产能力通常视为后两点的结果,因为有效的策略和效率必然会提高生产能力。然而情况并非总如此,为了达到最高产量,可能会考虑到修理效果差或缺少预防性维修,而以资产寿命为代价来满足生产能力目标,此外维修费用也可能会很高。关于维修中效能和效率的有关费用,本章后续予以讨论。

控制系统设计的基本要求是确保节约大于实施和维护系统的费用。应将维修组织视为协同体,即整体大于各部分之和,这一概念要求能理解维修在组织内具有的重要作用。

6. 文件

图 2.2 所示方法的最后一个要素文档系统,旨在利用维修部门所有要素运行而对必要信息的收集、存储、分析和显示,涉及时间进度、手册、图表和报告等。文档管理无论是手动的还是信息化的,在结果度量中都扮演着重要的角色,是控制系统的神经中枢。

2.3 调整维修目标和有关绩效度量的认识

2.3.1 目标的共同认识

虽然本章的主要目标是维修绩效度量,但该过程的第一阶段是确定合适的度量,这要通过确立目标来实现。业内与学术界在目标对组织至关重要这一观点上看法一致,均认为所有的维修目标都必须与企业目标直接相关,同时这些目标均应可理解和可信任。即便具有这样的共识,也很难找到善于设定维修目标的组织。

2.3.2 维修目标分类

维修目标主要分为两种类型:维修效能和组织效率。下面只给出基本阐述描述,稍后进行详细讨论。

维修效能是指设施满足用户要求的方式,即选择合适的策略。组织效率是指对资源进行优化以使其符合上述策略。适合企业的总目标结构如图2.4所示。许多企业采用了这些概念,如汽车行业使用服务和资源管理效能的概念,具体见参考文献(RGP Rover Group,1997)。它们的策略、行动计划,以及由这些计划衍生的文件,常常引用这两类目标。

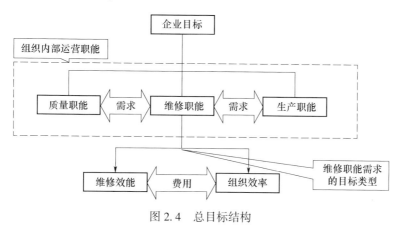

图 2.4 总目标结构

尽管在讨论组织效率之前,首先要讨论建立维修目标和度量效能,但实际上这些概念是紧密交织的,不存在顺序关系。理解这一关系十分重要,研究维修费用更是如此。

2.3.3 维修效能:设定目标

1. 用户需求

前面已经指出了理解维修部门在公司中角色的重要性,例如,可以表述为"以最低费用确保和监控生产设备的可用性和成品质量。"

大部分时间,为确保满足要求,我们必须应用一项维修策略。维修策略的职能一般是以最低费用满足用户需求,即工厂生产因素、安全等级、设备服役寿命、质量、废弃物、能量消耗等方面的需求。各用户对上述要求的注重程度随行业和用户而变化,如在化工行业,安全性是关键因素。以下是一些普遍性的要求或用户需求：

(1) 有关运作方法的关键信息：时长、轮班、裁员、假期、可用性水平等；

(2) 产品与生产质量：内部和外部废品率、每小时生产数量、最低与最高速度等；

(3) 设施条件：设备服役寿命、外观、状态等；

(4) 安全标准：事故数量、法律法规等；

(5) 费用：预算等。

生成行业需求总清单是不可能的，企业需求与企业本身一样具有独特性。

2. 业务需求

必须向下传达该信息，以确保各雇员理解公司需求。为此，维修部门应建立分层的综合目标集，并进行有效沟通。图 2.4 提出了一种自上而下的办法，利用上述五方面的需求，维修部门的整体目标可描述为："在保持资源费用尽可能低的同时根据既定模式确保设施运行、保持产品和生产质量在可接受阈值内，并遵守安全规则。"

目前看来，该表述是不充分的，因为并未指出"运行模式"或其如何影响组织的其他部分。生产设施的更具体的目标可以是：更高的可用度（如 95%）；每小时生产件数；批次最低废品率；设施最大寿命；无事故；最高预算。

一旦明确了各领域的目标，就必须决定下一层级是否需要应用于当前等级的子目标或目的，对应特别重视点给予强调是有益的。显然，对于拥有大量人力和材料资源的工厂，为各单位明确目标是一项复杂的任务。

3. 确立目标的关键因素

设定目标时要切记两个要点：

(1) 高级管理层承诺。高层次目标必须由管理层团队设定，并且应准确描述公司对各部门在市场中更具竞争力有何要求。一旦设想足够具体，必须开始明确部分部门目标的任务，是必须实现的业务目标。这一过程自上而下推动，部门领导不可跑偏，而高级管理层则必须确保以连贯且可理解的方式确定目标。

(2) 部门间沟通。必须以来自所有部门的信息输入为基础来制订目标，这些信息可能会影响设施运行，也可能受设施运行影响。完整的一组说明必须满足所有需求，如生产组织处于设定性能目标的最佳位置，质量团队可以提出合理的废品率，维修部门有责任评估实现这些目标的最佳方式或协商相关修改。

2.3.4　度量维修策略的效能

一组稳定的度量将允许组织根据其自身目标或类似组织比较的方式来监控其绩效。可对任何部门进行深度分析，进行管理决策或改动现行政策，生产性资产管理者则必须清楚地了解实际在发生什么。因此,建立的度量应是设施的现实愿景与忠实反映。改进对经营至关重要的关键领域,也是改进会增加获益的那些活动。

前面指出维修目标分为两种主要类型,即维修效能和组织效率,实施的度量也应据此分类,以确保与目标一致。与绩效相关的维修活动更容易度量,并且往往与生产直接相关,诸如停用水平、事故率、产品质量差的关键问题在任何行业都可以见到,并且很容易确定。数据收集通常来自其他部门,如生产和质量部门,他们直接接触设施,并是这些数据的保管者和官方收集者。若设施正常工作,公司所有人的日子都要好过些,从而可形成非常积极的劳动氛围,也有助于部门间的数据交换。但组织效率的度量并非如此。即使是一些最基本的度量,如人力、培训、分包数据等都难以度量,并且要服从工会协商、集体协议或企业政策。

各目标与用户需求的关键因素直接相关,两者必须协调,独立生成度量总清单是不可行的。

2.3.5 维修效能度量

虽然必须针对目标生成专门的度量,但一些指标在整个行业已经被普遍接受,这些指标包括以下四种度量:

1. 可靠性

可靠性定义为产品在所有相关条件下,在所需要的场合或在时间间隔期,在用户请求时满足所需功能的可能性。在许多行业,尤其是安全性至关重要的行业,如航空和能源,特别是核能领域,这是一个重要步骤。可靠性度量可分为时间依赖型或时间独立型,即预测的基础可以是使用小时、启动时间、航线时间等。

2. 维修性

维修性是指与生产性资产的设计和安装密切关联,且不过于依赖使用本身的特征。当按照规定程序和资源进行维修时,其表述为在给定时间将产品恢复或保持至某一状态的可能性。维修受设备寿命早期阶段(即设计和安装)的影响极大。它对时间有一定影响,从而影响整个寿命周期相关的成本。这就使得在设计阶段更多地强调如何以简单方式将机械恢复到原技术规范,并越来越多地采用诸如"模块化"和"通用化"的原理来减小最短修复时间。

3. 设备综合效率

设备综合效率(OEE)是与全员生产维修相关的主要度量,不仅关注维修部门的努力,还关注公司对于生产性资产的整体策略。OEE的三个组成部分是:

(1)可用度:设施可用于生产的时间百分比;

(2)绩效:实际绩效与设计预期绩效之比;

(3) 质量:合格成品百分比。

OEE 是一个度量,本身并不能帮助确定问题的根本原因,它仅仅是一个数字,可绘出时间趋势并进行分析。这三个组成部分及用于其计算的信息是理解和诊断故障所必需的主要数据源。OEE 是跨部门指标,因其可提供关于生产、维修和质量的信息,可上升至组织层供管理者使用。任何一个组成部分下降都会造成设备综合效率下降,Wireman 认为如果一个指标表现异常,直接位于该层之下的指标应能解释其中的原因。

4. 可用度

可用度是重要度量,并且在行业频繁使用。其定义为:当在规定时间段内需要时,设备、组件或系统准备就绪的可能性。可用度是指由可靠性和修理时间表征的函数,而修理时间又决定了维修性。

2.3.6 维修部门目标

维修部门的主要任务是平衡必需资源与工作量以满足其目标(图 2.5)。任何组织内的资源都是昂贵的,主要涉及劳动力、工具和备件,必须进行有效控制以使盈利能力和用途最大化。

我们已经概述了监控维修策略效能的方法,该方法能确保设施满足其用户需求,必须与组织开展工作的效率相平衡。例如,不论状况如何,每周更换汽车刹车片是保证刹车不会由于磨损而失效的一种方式,即这是有效的方法,但并非高效的解决方案,即使方案提出根据情况更换刹车片,仍然有必要评估所需时间和劳动。

图 2.5 平衡必需资源与工作量

这一简单示例强调了维修组织中互相影响的主要要素,这些要素可以重申为:
(1)资源结构:进行任务所需的工人、工具和备件;
(2)管理结构:分配和控制组织工作;
(3)系统:规划工作费用、报告等。

资源结构的形式、组成和地点在很大程度上取决于行业和后续工作量,包括主动维修、修复性维修等。在某些情况下,结构必须是动态的,并且能够应对不断变化的需求;而在另一些情况下,如在汽车车间,它可能就较为稳定。

管理结构必须设计成适合于企业及其现行组织政策,在认可扁平组织的公司设计多层次分层结构是不合适的,其维修具有很大的灵活性和多变性。

用于控制组织的结构必须盈利并且可行,如果系统中只存储少量的图纸和手册,那么购买昂贵的文档管理系统不是个好主意。

2.3.7 维修组织设计趋势

近40年,各种显著变化已经影响了维修组织的传统结构,下面讨论的问题概要说明了这些变化的起源和目的。

1. 传统组织

20世纪70年代,在大中型企业工厂附近很容易看到分包商,这些分包商负责一切应急工作以及某些辅助工作。工作量最大时会利用这类分包商,其存在确保了所需技能随时可用。企业车间则作为负责主要任务的中心预置区。这两个支持群组在严格控制下执行具体任务,管理结构通常是集中的且分层的,维修职能严格区分,即生产部门经营工厂,而维修部门管理和保证生产。组织效率不仅受到资源过度分配的不利影响,还受到过度管理结构的影响,资源重复许多,并且公司内存在横向敌意和纵向敌意。Rey认为只有努力打破这些屏障的企业才能够在与日本的竞争中存活下来。

随着特殊资源和工程人员的集中,在20世纪70年代中期进行了一些改善此情况的尝试,目的是在任何时间、地点减少工厂内的重复,进而减少所需要的资源量。此外,设备工程师变得更加依赖生产人员,并与其密切合作。这两种行为对于组织效率有显著改进,但均不利于改进横向摩擦和纵向摩擦。总的来说,情况变得更糟。自20世纪80年代起,另外三种变化极大地提高了维修组织的效率。

2. 任务执行的灵活性:专业技工消失

随着人员办公灵活性增加,20世纪70年代普遍存在的任务的明确界定逐渐消失,为了有效解决动态工作量,需要一个同样的动态资源结构。

技能和能力的多样性,通常称为多变性,在各种技能的劳动力联合培训理论体系中扮演重要角色。尽管人们仍然倾向于有共同特质的职责,如焊工、钳工和电工,他们一旦能胜任,也能在其他专业有效地工作。经常可以看到"机电工程师"的岗位描述,因工作量原因预期会作为电工、钳工、工程师或控制员。如 Monchy 所言,机械、液压、电气、电子或计算机领域之间的界限在集成机器中并不明显,为避免这类机器诊断故障的困难,多能化是当务之急。

这在很大程度上影响了有关维修职能的培训中心。电气、电子和机械工程师等经典专业给出了专业复合工程师的方法,如机电一体化。工业组织正试图给予工程师更广的范围,以应对更复杂的技术和组织要求。毫不奇怪,对灵活性的新要求是对典型的高度专业化的学科和知识领域的一种危害。

改善劳动力利用的另一个方面是作业人员的工作时长和地点的灵活性增加。现在许多企业具有各种轮班,或要求它们的工程师和技术人员接受工厂内的灵活性和机动性,并不时地调换至其他设施。

3. 生产设备和维修合并

在过去 20~30 年,世界许多企业采用了 TPM 作为提高设备生产能力的理论体系。虽然企业的需求明显不同,但存在一些无关行业应用的共同观念和关联利益,包括采用"多面手"和"自主维修",详见参考文献(Smith,Hawkins,2004)。

这些概念在不同部门的相互作用下在企业的最底层共同发挥作用。如果工厂要获得最大生产能力,这些接近设施和机械的人责任最大,并且需要时间和培训。在一些企业,这一概念在主题"操作人员-维修人员"下得到进一步发展。简单地说,在 TPM 中,生产工人受到必要培训,使其在不执行生产职能时能进行设施日常维修。

4. 采用承包

利用承包商来帮助应对最大工作量或特殊工作并非新概念,采用维修承包变得更加普遍和全面。现在一些公司采用 100% 承包负责其客户的维修,而企业可以专注于其核心业务。此类"交钥匙"协议将所有的设施和生产维修责任置于外部控制下。不可用性或缺乏可靠性造成的收入损失将导致对承包商收取高额罚款。好的服务与合同的可观经济利益相互联系,显而易见,将维修部门和设备的盈利能力最大化符合客户与承包商的利益。

2.4 目标与组织行为

2.4.1 对目标与组织行为的需求

即使我们为实现维修目标已经实施适当维修和工厂绩效策略,仍有必要追求效率最大化,但所需努力程度随企业而异,这取决于许多因素。例如,在核能设施中,无论费用如何,安全检查非常重要,而在其他行业,优先考虑快速完成测试,实现产量最大化。核能设施必须强调工作质量系统和所有控制系统的鲁棒性,设施管理应有关于所需时间和资源的信息,任何安全方面的重要性都超过可能的效率损失。

优化组织效率的主要原因在于将部门生产能力最大化,进而最终实现公司生产能力最大化,这就要求采用最低费用需求的维修策略。在许多情况下,维修策略的效率往往比组织的效率更重要,但通过更好的控制来减少浪费仍然是维修管理目标与任务的重要组成部分。本节研究如何采用类似于维修效能中所描述的原理来设定目标。

2.4.2 人因

人的因素(以下简称人因)在动态组织的运行中扮演重要角色,人因可描述为整合在人们共事的任何团体中的情感和关系。更正式的定义参见参考文献(EASA/JAR145,2003):人因试图通过系统化应用类似心理学和生理学的科学来优化人们与其活动之间的关系,并整合在系统工程的框架内。

没有默认的因素清单(表2.1),并且每个人、部门或公司在每次尝试比较和提取一个闭合的因素集时都会改变,表2.2定义了此类情感驱动和关系。应注意,尽管对情感驱动和关系进行了划分,但实际上这种划分并不存在,如沟通既是驱动也是一种关系,并且几乎存在于任意人因清单中。

表2.1 典型组织中的情感

士气	友谊	诚实	信誉
尊重	自信	灵活性	成员关系
激励	承诺	激情	自豪

表2.2 组织中情感的产生和激励

工资	工作满意度	宗教	稳定性
领导力	专业	培训	沟通
投入	安全性	文化	晋升

前面列出的所有因素在某种程度上都会影响维修组织的运营,但直接影响维修部门趋势的常见因素涉及以下几个方面:

(1)教育和培训。缺乏必需技能的任何个人或团队不可避免地会缺乏自信,必须再次接受培训,培训后掌握专长的优秀团队将赢得其他部门的尊重。

(2)拥有。设施专业化将促进技术员或操作人员对其辖区任何机器产生责任感,还将有权提出改进和修改。

（3）参与。维修工人应理解构成设施的过程和系统,这样他们会感到受重视并提出改进。

（4）沟通。这在任何系统中都是重要组成部分,尤其是在涉及人时。

（5）灵活性。这将提高组织效率并且促进团队协作与友爱。

许多因素和驱动不限于维修组织,将在适当时候讨论这些问题。

2.4.3　组织中的相互关系

在所有组织层次中,现有关系可以以一种形式或其他形式妨碍或促进各部门。对于生产系统的情况,角色关系为:操作人员按规定在设施中操作并制造产品,反过来又为公司提供收入;维修工人保持工厂以默认工作水平运行,公司视其为消极但却是基本的要素;工程师编写采购新设备或对现有设备进行修改的说明和要求;质量相关员工保持跟踪产品以确保其满足客户要求。可能发生摩擦的一些领域显而易见,稍后会列举。

1. 工厂层

（1）薪酬。整个公司的薪级和福利很少是统一的。生产操作人员往往比其他部门收入低,并且需要体力的任务更多些,这会产生怨恨。工资差别通常由培训水平来解释,在生产部门工作的人通常比诸如在质量控制、财务、采购、工程或维修部门的人接受的培训较少,公司培训很少关注生产。

（2）利益冲突。虽然公司内所有部门有相同的利益和目标似乎是合理的,但情况并非总这么简单。许多情况下,维修技术人员需要时间在计算机上工作,但不能从生产中脱身,这对按准时生产(JIT)政策工作的生产人员尤其微妙,维修人员常常指责生产或车间主任不允许停止车间进行维修。当双方没有就原因进行沟通时,情况会变得更糟。如果双方职能符合组织的策略,生产与维修之间貌似矛盾目标的冲突就会减少。

（3）纵向两极化。前面提到发生摩擦的两个方面是部门间横向的,在高级职员、主管和经理之间也会发生纵向摩擦。当"错误"的人晋升到高层岗位或者其他人不喜欢某个职员或职员群体时,会出现问题,这在全员生产维修中尤其明显。团队领导的选举常常会造成上下摩擦。

2. 管理层(主管和经理)

工厂层遇到的问题可以延伸到整个层级。摩擦最常见的原因涉及责任和地位。

（1）责任。在有"归罪文化"的传统结构中,部门主管和经理可能会彼此不信任,发生问题时,总是倾向于将责任归于其他人。

(2) 地位。生产经理可能没有正式文凭,并且因此感觉比不上相同层次的工程师和技术员。相反地,工程师可能觉得自己比生产人员更优秀,因为他们接受过培训。这类摩擦经常发生在维修监管与高资历工程师之间。

若放任不管,上述问题会不可避免地对公司内个人或组织业绩产生负面影响。管理者必须设计一种指标来精准可信地控制这些因素。解决问题的唯一方式就是用积极的情况来抵消消极情况,要切记没有办法评价由于情感而产生的冲突。例如,小团队活动、自主权或灵活性的惯例有助于消除障碍和减少摩擦。丰田和本田等大型日本公司使用了"改善"(持续改善)和"自我维修"的概念。日本公司夸口说它们为所有职工提供相同的决策机会,从而减少了工作场所的摩擦。但 Nikko 研究中心进行的调查表明一些情况完全不同。根据这些调查,引以为豪的日本系统只是个幻想,由领导作出或出于队友压力的决策,只会使摩擦最大化而非最小化,详见参考文献(Sakiya,1994)。

2.4.4 维修组织的关键组成部分

维修组织的组成部分当然随着行业不同而变化,甚至在相同行业的不同公司之间也不相同。如上所述,设施的维修需要一个模型,同样的道理也适用于需要进行维修的部门或组织。图 2.6 描绘了传统组织的典型组成部分。

图 2.6 中描述了信息和工作如何在工厂内流通,尽管是简化,但表明了典型组织的规模与复杂性以及其职能。图中未给出反馈和相互关系,因为传统组织中不存在这些关系,信息仅自上而下流动,不会自下而上流动。必须按采用与工厂绩效相同的方式来评估这些反馈关系和相互关系及其重要性。此外,必须对各车间的模型进行评估及对其关键组成部分进行研究。

换言之,问题是什么,或问题是否存在,如低层到高层的信息贡献,是生产和维修团队成功"关键要素"。但许多联系是隐藏的,并且许多因素(如人因)在该模型中并未出现,而且各要素(如信息系统)自身也会生成复杂的模型,如信息系统。

2.4.5 目标调整与组织效率度量

应专门设定维修目标来度量和提高组织效率,以使其对生产能力的贡献最大化。必须结合满足维修效能的目标来进行,并且应考虑公司规定的其他任何目标,这样就优化了选择指标的效率,消除了效能度量中的浪费和重复,如大多数公司会根据公司的整体价值度量类似缺勤和薪资等共性指标,因此维修部门再计算这些指标就是多余。

图 2.7 描述了从管理层角度来看的维修组织优化。维修管理试图保持效能和

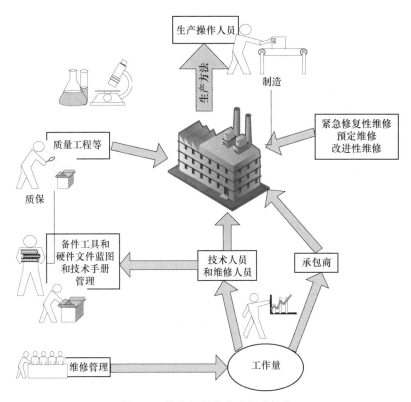

图 2.6 传统组织的典型组成部分

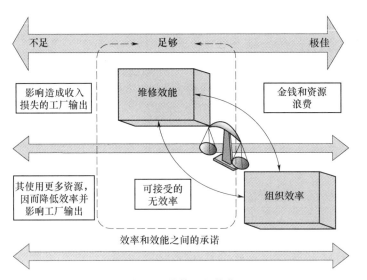

图 2.7 维修组织优化

效率参数,其中维修效率角度认为在不浪费资源前提下满足维修目标是可能的;组织效率角度认为,虽然目标是使效率最大化,但不妨碍维修效能更重要。

对于有效维修,我们以前认为可以利用分层的目标和度量结构满足用户需求,但这不适用于组织的效率。管理层应在不妨碍维修效能的情况下将资源利用最大化,可以通过确定对组织作用最大的要素和系统来实现,例如:

(1) 人力资源费用:缺勤、加班、培训等;
(2) 承包商:承包商负责工作的百分比;
(3) 存储:存货价值、存货费用、废弃费用、配送时间和使用率;
(4) 管理结构:直接人工指标和间接人工指标;
(5) 信息和工具:用途、费用、更新和损失;
(6) 工作计划和控制:工作延误、平均修复时间和员工绩效。

最后一点是目前最有争议的目标之一。重复性任务所需要的时间很容易计算,但此类计算在维修领域非常主观,并且有时候是不可能的。时间度量方法(MTM)和生产中的其他度量与测时方法较为简单,也获得极好的结果,详见参考文献(Arenas,2000)。在重复性任务中,如测定插口紧密度,或进行目视检查等预防性维修任务,或进行振动预测分析,其度量结果常常表明将要发生的事情,即产生可靠的预测从而影响修复性维修任务。

若工人因未经证实的指标受到惩罚,关系可能很快恶化,如收集数据的员工相信其工作符合组织内所有人的最大利益这一点至关重要,否则这些数据将劣化或无用。

同事的压力与有效管理的一些基本原理相结合可以提高个人或团队的绩效,可以通过给予组织较低层级"拥有和责任"来形成有效政策,进而提升团队文化和劳动灵活性。

2.5 组织目标和策略的组合

2.5.1 匹配策略和目标

本节所建议的方法可指出维修效能与组织效率之间的差距。与维修效能相关的最低费用阈值是关键考量,因为总维修费用实际上是效率和效能两组目标的合并,如图 2.8 所示。

总维修费用是实现维修效能所需费用和维修效率低下造成损失费用的总和,因此,费用是两个目标的关键链接。维修部门应争取将与职能相关的总费用最小化(图 2.9),或如 Mitchell 所指出的,应以最低费用满足所有目标与目的,从而使生产能力最大化。

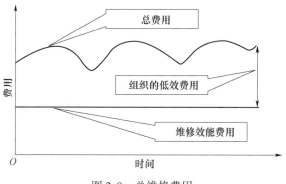

图 2.8 总维修费用

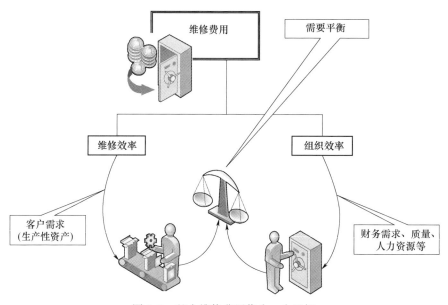

图 2.9 整个维修费用作为一个目标

2.5.2 维修费用

只有在公司具有健全的数据收集系统时,才能通过形成分层费用中心来控制上述目标。这些中心可以按照某些特点分组,如机械、项目、部门,也可以是它们的组合。这种结构通常由财务部门提出,一旦形成,就很容易确定和表示各中心内的所有费用。费用中心不总是向下关联具体资产或人,虽然某些关键人或团队可能具有核算中心,更常见的是停止向下分权,或由数人组成工作团队。

维修管理的需求常常造成这样的结果,为了准确确定如何分配费用,一直关注到系统的最低层次,但这必然要求管理大量的数据、大规模的复杂文件系统。近年来,通过引入计算机维护管理系统(CMMS),这种情况有所改善,这种软件已经在行业内广泛传播,并用于收集、存储和处理海量数据。此类系统的实施使得公司可以收集与资产诸多特征相关的大量信息。

能源和石化行业最新开发出了复杂决策支持工具用于管理资产,参见参考文献(Van Rijn,2007),系统有助于设备故障的图形模拟,从而能够对故障费用和故障类型模拟进行详细分析。这一点十分重要,因为故障费用可以与维修或替换费用直接进行比较,这些复杂的数据挖掘系统以丰富的质量数据为基础。但是,即使安装了此类系统,评估维修职能的实际费用仍然十分复杂,在解决此问题之前,有必要确定何种类型的支出发生最频繁并且对维修部门的总费用影响更大。

1. "硬"成本与"软"成本

"硬"成本很容易确定和度量,"软"成本则要难以定位和确定。财务管理者对于以工人、工具和备件等资源使用或消耗,以及由于停机所造成收入损失表示的"硬"成本更感兴趣,它们更容易确定,从而使维修效能的成本转换比较简单,这些信息也是设计软件收集的对象。

可避免成本就代表"软"成本。举例来说,财务部门通常不了解振动分析可以节约的成本就是"软"成本。此外,"软"成本与技术性部门相关,没有维修部门主动支持财务无法计算。

2. 维修费用公式

正如预想,与组织效率相关的费用往往更难度量,从而使得它们成为"软"成本。此外,一些费用隐藏在"硬"成本内,使得问题更复杂。例如,培训不足会使在故障诊断工作中发生技术故障,即导致停机率高,与诊断或判断迟缓相关的实际费用难以确定,但故障的总费用相对容易计算。

另一个复杂之处在于总维修费用受到组织控制之外的因素的直接影响,如故障和设计。由于设计不当或错误生产方法导致的带固有缺陷的机器,不可避免地会以某种方式与维修部门关联。只有将费用与常规工作量分离且不与浪费混淆时,利用维修资源来确定和解决这类问题才是可接受的。这些类型的费用必须分散到影响设施生产和资源维修的主要因素中,包括设计、运行及维修。

3. 理解低效率成本的需要

维修中"软"成本的评估很复杂,它们往往与"硬"成本相互关联,很难区分。这又引出了低效率成本的准确性问题。如果设施按照既定参数工作并且总维修费用已知,很可能不必全面了解"软"成本。如有必要,可以通过规程或计算机程序对项目分别进行分析。例如,如果设施非常复杂并且需要全面的员工培训,可能就有必要确定由于缺少合格人员所产生的各种费用。

2.6 结论

2.6.1 与维修绩效度量相关的问题

1. 数据太多、信息太少

(1) 问题。由于引入了强大的硬件和软件系统,数据获取变得较为简单价廉,但海量的数据本身就是一个问题。

(2) 解决方案。如果数据收集简单价廉,没有任何理由不收集它们。这需要安装软件、选择基础数据并且在执行工单时尽可能自动填充字段。如果可以通过监控与数据采集系统(SCADAS)和 CBM 将数据自动并入系统或与 ERP 设施连接,数据存储和处理将变得廉价。即使不具有即时效用,这些信息也可用于数据挖掘,以发现关系和趋势,或为具有隐藏原因的问题提供解决方案。

当数据难以收集时,有必要决定其是否值得付出努力和费用。要作出这种决定,有必要确定对于企业而言什么最重要,即分析其目标层次。一旦完全了解用户/公司的需求,就有可能确定维修策略、维修组织和进行维修的系统。度量要落实到位,确保与策略目标实施相关的机制适当发挥作用。进行相关度量必需的信息是所要收集数据的关键。例如,如果生产设施对于公司至关重要,必须对所有影响生产设施的因素进行监控,如果收集数据只是面向设施过程的输出,即生产的成品,那么很难依据这些数据分析系统检测到任何缺陷,尤其是涉及随时间变化的参数。

2. 绩效指标数量、数据所有权及涵盖方面

(1) 问题。需要多少指标来有效地监控维修部门的表现? Woodhouse 分析了超过 40 个指标的记分卡,提出组织的每一层可以有 6 个指标。

(2) 解决方案。关键特征或关键因素的确定限制了指标数量。6 个指标只是一个建议,更重要的是对部门绩效的所有关键问题进行跟踪,同时要考虑有限数量指标的涵容量与管理。也就是说,记分卡指标过多实际上会妨碍工作。

确定数据所有权和整个组织的需求对构建控制台很重要。维修部门经常由于缺乏形成指标的足够历史数据而不知所措,但在多职能组织中,其他部门可能正在收集关键数据,并且能够生成共享参数,对于生产部门来说,收集有关可用性或可靠性的数据可能相对比较简单。

3. 目标与度量

(1) 问题。在某些情况下,同一企业的各部门在设备维修上存在利益冲突。大企业中资产管理系统的选择就是典型的例子,财务部门、维修部门和信息与通信

技术(ICT)部门对软件、硬件、平台、合同维修、升级、咨询师等有不同的需求和观点。

(2)解决方案。实现目标的目的是确保部门的努力符合企业的需求,这需要无歧义的明确目标。当公司停止设定最高层目标或者不能确保目标能够顺利转化为低层次子目标时,就会出现问题。如果董事会确保整个公司的目标转化为较低层次目标,并且不借助中层管理人员解释时,导致部门间摩擦的歧义就会消失。目标应向下转化并由各部门内化,合适的度量应确保所有人相向而行。

4. 措施与后效之间的时间

(1)问题。有时候,政策变化与出现明确结果之间存在延迟,结果出现和进行度量的时机之间还会存在另一个延迟。

(2)解决方案。这些问题必须单独处理,提出一个通用的答案是不现实的。一旦确定目标并实施度量,数据收集的方法和频率必须适应所涉及的具体因素,包括物理量、人因、组织或财务因素等。

针对振动分析选择度量系统时常发生这一问题。公司可选择利用便携式收集器的度量法,或者专门设计传感器和线路形成永久或持续监控系统。措施的选择由两个关键因素决定,即作业人员收集数据过程中的安全性和异常振动触发故障的速度。根据要求度量的频率和设备及设备使用者的风险,可以对度量及其相应传感器给出良好的解决方案。

5. 可观察征兆与潜在风险之间缺乏相关性

(1)问题。某些风险可能是不可接受的,但它们又依赖事后获得的信息。

(2)解决方案。建议采取主动措施降低风险。当设备故障代价昂贵或危险时,有可能通过根本原因分析(RAC)或综合前置系统(AMFE)找到对策。即使设备故障不是公司的主要问题,仍然有必要评估雇员的安全性,应找出涉及风险的所有任务和情况,这需要主动性。例如,对于UNE-EN 15341:2008提出事故指标,我们不能只是安装传感器,然后等着统计某一时期发生事故的数量,尽管该指标对所有记分卡都有用,也可以引用该指标,但实际上隐含着要求采取对策解决问题。

6. 数据收集者的费用和激励

(1)问题:任何度量系统都是在数据收集方法的基础上取得成功的,数据缺乏和不准确会导致报告质量差。当需要工人参与时,数据收集变得更加困难。

(2)解决方案。只在物有所值的情况下收集有关信息[①],并且结果要能免费使用。如果收集的数据会对工人不利,几乎可以肯定工人会不高兴。类似地,如果在某段时间后数据未获得采用,也没有良好的沟通反馈,那么数据收集代表时间浪费。

---

① 译者注:原文为收集人员信息,与下文不协调,疑似错误,译作相关信息。

2.6.2 绩效度量的模型

维修绩效的度量信息和对维修绩效度量的引用经常会相互矛盾,而且总是发生在创建这些度量的企业内部。绩效度量必须使整个公司的目标与部门目标一致,如图 2.10 所示。

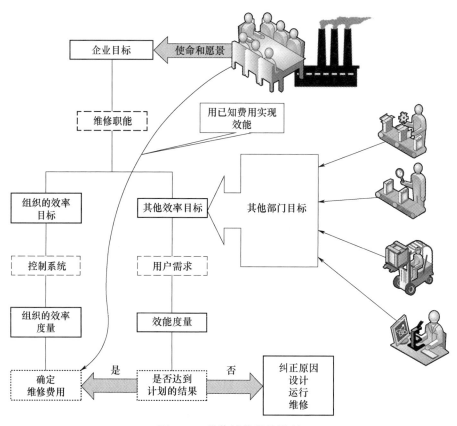

图 2.10 维修绩效度量模型

图中的模型并不针对具体行业或产业,这保证了其通用性。利用该过程,企业应能够整合维修职能与其业务需求。虽然模型是围绕维修职能设计的,具有一定程度的抽象性,但适用于现代企业内的任何职能。按层次顺序的目标设定需要企业内的所有职能间的合作。Williamson 认为维修不是一个部门而是共同的责任,这一维修观念越来越普遍,强调了以下观点:企业所有职能应适当配合协同工作,共同设法提高绩效和降低费用,即效能和效率的量化提高。

2.6.3 结论

（1）绩效度量的问题。绩效度量的问题相当普遍，虽然解决方案随设施不同而变化，但造成复杂化的原因往往是类似的。

（2）人因。人因或人素是复杂的，在组织绩效中扮演着重要角色，TPM 和 TQM 等方法已经认识到此因素的重要性，并尝试解决这一问题。

（3）数据。如果数据缺乏或不正确，会产生用处小或不会引起关注的报告。将数据收集系统设计成使用的好处超过使用不便这一点至关重要。类似地，必须充分激励数据收集者只提供有效的信息。

（4）职能。理解企业内维修组织的具体职能是对其实现控制的关键步骤，这一理解有助于将设施作为维修的用户，由部门描述公司的需求。

（5）目标。现代组织是灵活的且动态的，应不断评估和修正目标和行动，以便与企业需求保持一致。目标和度量必须自上而下传达，并且得到组织中所有层次的支持。各部门和个人均应有机会参与确定各目标下的需求。

（6）度量。使度量与主要目标保持一致十分重要。如果不能控制或度量绩效，那么设定提高绩效的目标没有任何意义。与组织效率有关的指标往往难以度量并且具有主观性，这就是财务人员往往关注使用资源造成的费用，即与维修效率有关的"硬"成本。利用设计 CMMS，通过 CMMS 对工作时间、备件采办和招聘等的管理，可获得大量相关信息，能使度量容易很多。最常用的组织指标有人的使用、额外工作时间、直接或间接员工比例。与"软"成本相关的无形因素，如响应能力、技能、团队工作难易程度等，其度量更加复杂。

（7）费用。维修总费用是维修效能相关费用与组织的低效率所造成损失的总和。

第3章
维修绩效度量中的人因

3.1 引言

当前,所有公司都能实现技术发展,但好公司与优秀公司之间的差别不是技术而是人力资本。尽管技术对生产来说越来越重要,但公司仍然需要人员使用与维修机器,必须在最短的时间内将那些不可避免的与人相关的差错减少到最低水平。

在资产管理中,影响系统可靠性的因素有很多,人因几乎排在第一位,可以将人因定义为"人的身体和心理能力、接受的培训和经验及其作业所处环境,这些因素影响系统管理资产维修,进而确保发挥预期作用的能力"。在安全性和可靠性至关重要的领域已经就人因对维修的影响进行了研究,这些领域发生的事故导致人员和经济损失,包括石油、石化、天然气、发电、核能、水泥、航空以及其他领域,安全、卫生和环境因素必须优先于其他因素。

人因在过去的50年里变得越来越重要,以它们为基础的领域发展得相对较快。本章考虑了人因对维修绩效度量的影响,重点强调在活动绩效度量中的人因,以及维修管理和维修职能中更为普遍的人因,这两方面的结合决定了在组织中进行维修度量的方法。

虽然很快就能建立度量系统,但应当着重强调一下,员工往往不会接受对组织进行绩效度量,因为出发点通常是试图进行改进、引起变化,也就是说,假设可以将事情做得比现在更好。绩效度量包括由组织外部人员进行的外部评估或审核和包含三种可能形式的内部评估,即自我评估、由下级进行评估、由上级进行评估。

维修中的人因与全员生产维修密切相关,尤其是当企业的维修职能历史与组织变化时,维修职能获得了或多或少的关注,从而直接对维修部门的个人造成了影响。从生产中融合维修到通过分包实现同一职能的外部化,各种改变都不尽相同。根据变动的不同,工人的士气、积极性和/或归属感都可能受到影响,这些影响了组织内相当有争议的部门绩效度量,且通常认为对成本或服务感知有负面影响。

3.1.1　人因概述

人因就是人类固有的特征和品质,包括影响特定任务执行能力的身体和心理行为。对人因的分析包括但不限于以下几方面:
(1) 安全文化,确定创建安全文化所必需的要素;
(2) 人为差错,确定差错和可能的一系列失误;
(3) 人的行为及局限性,确定感官、知觉、记忆和积极性不足;
(4) 环境,确定环境影响;
(5) 程序、信息、工具和做法,确定日常工作的具体情况;
(6) 有效沟通,注意沟通中可能导致任务失败的问题;
(7) 集体和/或个人责任,确定集体、决策、责任和领导的作用。

3.1.2　组织中的人因

组织由相互依赖的人类系统构成,而人又反过来影响着组织的结构和运作。人际关系的管理需要考虑组织内部个人和集体的特征与相互关系,以及他们对组织设计和管理的影响。

在研究维修中的人因时,必须考虑以下相关方面:人员之间的人际关系、管理层的参与、独立工作组、个人行为、人因建模、行为理论。以下两点至关重要:一是生产系统必须是安全的,安全是众多公司的首要任务,尤其是在能源生产、化工、医院服务和航空航天行业;二是如果员工意识到自己的弱点,就有可能减少出错的可能性,从而节省时间和经费,同时还可以避免受挫。

3.1.3　研究人因的必要性:SHELL 模型

研究人因的目的主要有:获得包括人因的复杂主体的理论基础的能力;给出一般性说明,并适当采用典型示例;利用详细的程序以切实可行的方式应用知识;了解工作完成情况。

SHELL(软件、硬件、环境和人)是人因研究中广泛使用的模型,由 Elwyn Edwards 教授于 1972 年首次提出。1975 年,Frank Hawkins 提出了用一个改进的图表来描述该模型。SHELL 模型的组成包括软件、硬件、环境和生命件,分别对应于程序、设备、环境和人员,图 3.1 给出了各组成模块之间的联系。

如图 3.1 所示,人(L)、硬件(H)和软件(S)在环境(E)中相互作用,图中不包括发生在人因之外的相互作用,例如设备-设备、设备-环境或保障-设备。模型强调,大部分相互作用不仅仅发生在公司中的人与机器中间,还发生在公司中的人与人之间。这些与他人的相互作用可以成为创新、创造力、有效性和效率的源泉,也可能造成摩擦和低效率,尤其是在人因的重要性尚未适当量化的情况下。

人因中的"人",即人员,是模型的中心。通常认为人是系统中最关键、更加灵活的组成部分。但是,人的行为有相当大的差异,并且有许多局限性,其中大部分是可以预见的,至少在最常规的方面是可以预见的。因此,必须对系统的组件进行仔细调整,以避免在系统组件中产生压力并导致关系断裂。

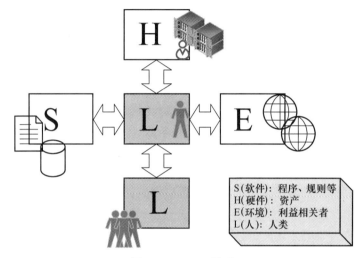

图 3.1 SHELL 模型

为了构建一个平衡的 SHELL 模型,必须对下面的特征有深入了解:

(1) 大小和物质形态。在工作场所,尤其是在使用设备时,人的绩效会因年龄、种族、性别等因素而有所不同,必须在设计过程的第一阶段确定这些因素,可以在社会学关系和产业关系中找到相关信息。

(2) 生理需求。人的基本需求,如食物、水和氧气,对绩效来说是至关重要的,有关这方面的信息来自人体生理学和生物学。

(3) 作用特征。人具有不同的感官系统,能够编译关于外部世界和自己内部世界的信息。收集到的信息有助于对事件做出反应并执行必要的任务,但是所有的感官都会因某种原因而退化,这方面的知识来源包括心理学和生理学。

(4) 数据处理。在这方面,人的功能同样具有局限性。通常,报警仪器和系统的设计会有不足,考虑人的处理数据能力与局限性可能不足,这又反过来影响压力、积极性、短期和长期记忆等因素,心理学和科学提供了这方面的基本知识。

(5) 对信息的响应。一旦检测到信息并进行处理,人就会做出决定,并将信息发送给肌肉触发响应。响应可以是一种物理运动或一种交流方式,生物力学、生理学和心理学提供了这方面的基本知识。

（6）环境范围。温度、振动、压力、湿度、噪声、每天各时段、曝光量和重力等环境因素会影响绩效和健康，高度、封闭空间、无聊或紧张的工作等因素都会影响人的行为和绩效或操作，医学、心理学、生理学和生物学都为此提供了有用的信息。

人体生理和心理能力的这些固有特征将影响包括维修在内任何活动的绩效度量。因此，维修技术人员的年龄、性别等身体状况、周围环境的健康影响等因素都会影响其绩效，因为人接收信息、处理信息、传递信息的能力会影响维修，所以良好的管理应将人员因素考虑在内。下面对 SHELL 中最频繁发生的相互作用进行讨论。

1. 人员-设备（L-H）

人机界面的质量依赖用户的信息处理能力。优势在于人是适应性的，但用户可能意识不到界面上的不足，即使这些不足可能会导致灾难性问题。工效学在很大程度上关注了人机界面，如设计适合于坐姿人体特征的座椅、适应于感官特征的屏幕等，但并不全面。正如有时会看到的那样，维修与人机界面直接相关，会影响系统的可用性和安全性，使用难以修复、令人不舒适或需要花费大量体力的机器将会导致诸多问题。

2. 人员-软件（L-S）

这是人与系统非物质要素之间的接口，如规程、手册、验证清单和计算机程序。这类接口的问题可能比 L-H 接口（人员-设备）问题更不明显，更难以发现和解决，如对符号或验证清单的错误解释。人与 CMMS 系统的相互作用、安全要求的严格履行、遵循公司内部程序都会影响到这种联系。此外，维修人员管理保证、合同、采购等，这些均要求技术人员与保障系统发生交互或关联。这类接口也包含绩效度量，不可避免地会成为冲突的来源，后文有详述。

3. 人员-环境（L-E）

人员-环境界面首先在能量学和航空学领域得到检验，其度量包括旨在适应人的需求的环境改造，如空调和隔音。维修部门频繁发生事故和伤亡事件，如果对周围环境进行改造、营造良好的通风环境、消除不舒适的位置，就可以减少工作风险，明显降低维修人员的危险性。

4. 人员-人员（L-L）

这是人与人之间的界面。按照惯例，对每名维修人员都要进行单独评估，一个小组中的每个成员都适合时，就可以认为整个小组也是适合的、高效的。但整个小组的成员并不是其各部分之和，并且人们越来越关注小组是如何运作的。保障系统以小组开展工作，并按组确定绩效。在该界面中，有必要考虑领导因素和小组成员之间的合作、各自的任务以及个性的相互作用。人与人之间的关系会产生更多的冲突，这对绩效度量来说至关重要。

3.1.4 人因的应用

维修领域的人因研究会促进设计和实施各种行动计划,包括:设计企业目标并将其纳入各级行动计划中;根据周围环境制订内部和外部策略;评估人与人之间的相互作用,人际关系会决定成败;精心设计更好的方法,最大化人力资本;在共同目标上产生变化;设计安全系统、可靠性和可用性,确保幸福和繁荣。

部分理论和模型研究考虑了人与人的关系。机械师模型用于监测和控制如何从最底层完成工作,包括方法、编程和指导;行政管理理论将结构管理的原理和功能应用于组织的设计及其运作;人际关系管理研究组织内部个人和集体的特征和关系,并将这些应用于设计和管理;决策理论利用决策的程序和定量模型来解决管理问题;管理系统研究对周围环境起反应的动态系统,系统愿景同时考虑技术和管理来分析系统及子系统中的干扰;意外事件管理认为组织的特点必须适应内部和外部环境,由于环境可能发生变化,所以从动态的角度来看待组织结构非常重要。

从系统或机械师角度对人进行建模的尝试在人机交互方面取得了良好的效果。例如,为了使人适应需要一定体力的重复性工作,可以基于年龄、身高或性别创建个人模型,也可以量化和预测运动,从而优化工作,并避免受伤或工作效率低下。

3.2 管理考虑的人因

人际关系研究的首个重要发展是 Mayo 理论,即心理和社会因素对于工人的满意度和生产能力都非常重要。1950—1970 年,通过参考文献(Maslow,1954;Herzberg,1968;McGregor,1960),人们对工人动机的理解取得了长足进步。

马斯洛(Maskell)以金字塔形式确定个人需求,并进行分类。高层需求:5—自我实现;4—自主性;3—自我尊重。基本需求:2—社交能力;1—安全性。

如图 3.2 所示,Herzberg 也将人的需求分为基本的(生物)需求和更高的(个人成长)需求,旨在确定和量化影响这些需求的因素。他认为,成长是影响最高需求的因素,它影响工作满意度,也因此产生作用。例如,动机是一种内在刺激,能使个人在工作中感到满足,从而影响工作的质量,并因此成为衡量过程的重要组成部分。相反,影响基本需求的因素会引起个人对工作的不满。

McGregor 提出了两种理论,其中第一种理论——X 理论坚持一种传统观点,即工人必须因其天生厌恶工作而受到控制和指导;而第二种理论则认为,如果大多数工人对工作感到满意,就可以对他们进行远程控制。这些理论之所以重要,是因为

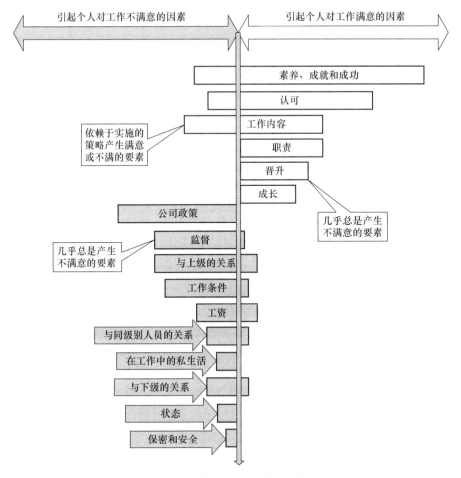

图 3.2 影响职场态度的因素

它们提醒管理人员,在制订目标时需要考虑工人的特点。

先前的理论,特别是 McGregor 理论,已经在维修部门得到广泛应用。事实上,TPM 就是应用 X 理论的一种尝试,其基本思想是赋予工人自主性从而提高生产力。

Maslow 的金字塔在维修领域的三个基本方面仍然有效。一是当没有涵盖金字塔的下半部分时,即工人没有基本生活工资时,很难培养出自豪感和主人翁意识;当满足基本需求时,主人翁意识/自豪感就会变得更加明显。二是运用工作组赋予了工人更多的自主性,从而增加了自尊和外界认可感。但转包会阻碍工人对公司产生主人翁意识,同时也降低了社交能力,从而阻碍了个人成长。三是在进行特殊维修时,使用缺乏足够安全措施的机器会增加事故的危险性,应采取适当的安全措施,确保员工感受到被保护。

Herzberg 和 Herzberg 一致认为,生理需求应该优先于个人发展。在维修部门,工作的物理条件是很重要的,如果维修人员缺乏合适的工具或后勤保障,会对维修绩效造成不可逾越的障碍。

在早期的分析中,工业社会学家的普遍观点认为,工作已经变得过于受控且无聊。K. Matsushita(日本人事管理人员)在 1982 年访问英国时对主流哲学提出了批评:

"对于英国而言,管理的精髓在于从管理人员的头脑中获取想法,并将这些想法付诸工人、办公室和部门的行动中。而对于我们日本而言,管理的精髓在于,它是一门调动全体员工的智力资源,并将这些资源付诸公司服务的艺术。由于我们比你们能更好地评估经济和技术挑战,因此我们知道,管理团队的智慧还不足以确保成功。"

认识到过度分层的结构缺乏创新的位置,最终引发管理理念产生如下变化:
(1)阐明明确目标,而不是提供详细说明;
(2)增加工人的责任,使计划、组织、指导和控制成为与其他员工共同的职责;
(3)研究工作组织,更好地满足人的需求;
(4)聚焦能力发展交流受控活动,包括利用导师、同事或顾问;
(5)设计出合适的配置,在员工的技能范围内建设有效的设备。

在过去 20 年里,这种方法已在工业中得到广泛应用,其中一些主要应用集中在自主性上,重点是小型的、自我维持的工作组。在瑞典,管理部门和工会共同合作,运用并基于经验改进了许多特定设备有关的工作理念,具体详见参考文献(Tagiuri 等,1968)。

在 20 世纪 70 年代,英国试图培养工人参与管理的类似经验尽管并未完全失败,但取得的成功有限,主要是因为英国的工业环境与北欧国家有很大的不同,其传统管理方式与"新的参与潮流"不相符,详见参考文献(Johnson,1968)。这种社会变革历时 20 年,20 世纪 90 年代,英国的产业政策最终引进了参与式管理,重点是自主性和专业成长,这体现了日本的设备一线工人自主性观念。

最近,随着人员裁员和建立新型联盟,尤其是转包,工业环境又发生了变化,因此人因的管理方式也在不断地演变。在维修工作的某些方面,这意味着倒退一大步,例如,可能会滥用转包合同,也可能会对员工的能力/多样性产生误解。

3.3 维修中的人因

前面讨论了有关人因的研究,这些研究集中在找出工作能使员工满意的因素,从而使组织更有效地实现其目标。本节从不同的角度分析人因,确定能使组织实现维修目标的主要因素。对在修设备的主人翁意识就是一个例子,该因素与可靠性和绩效有关;积极性是另一个例子,该因素影响资源的有效利用。重要的是要了解,管理人员可以采取措施来改善人因,如在工厂组建工作小组可以提高对设备的主人翁意识。

确定人因时,以下几点是重中之重:
(1) 区分人因和影响它们的措施是很重要的;
(2) 人因可以相互作用,例如,士气影响工作积极性;
(3) 某些人因,比如对企业的善意,相较于其他因素更重要;
(4) 有些绩效指标可以衡量人因,例如,缺勤率就是士气的一个指标。这些指标很容易计算,2.6 节指出缺勤指数是易于获得的 ERP 参数,因此很容易量化缺勤的程度,而其他参数就不能如此快速地获得。

对维修部门进行审核时,审核人员要了解人因是如何发挥好作用或副作用的。在没有分析相应人因的情况下断言策略、结构和体系的好坏并没有多大意义。

3.3.1 人为差错及其对 RAMS 参数的影响

人因影响可靠性、可用性、维修性、安全性(RAMS)参数,反过来 RAMS 参数也影响维修行动,换句话说,维修的人因要素,即技术人员,影响事故或故障发生率。

维修性及可靠性和安全性的许多问题都与以下因素相关:
(1) 因空间受限而出现令人不舒服的姿态,当工人缺乏合适的脚部支撑时,会感到疲劳并出现差错;
(2) 移动沉重的部件,会造成脊柱损伤;
(3) 缺乏工具或使用不正确的工具;缺乏清晰的能见度。

导致差错的常见因素包括:难以理解任务(工作指令、工作手册等);任务期间的中断,如打电话或停下来吃东西会导致疏忽,造成严重后果;照明不当或不足;由于设计原因而难以处理的机器和/或部件。

3.3.2 人因对维修性的影响

某些因素会在维修实施期间影响安全性。除安全性外,还需要关注可靠性和可用性。修理和执行修理所需的时间将影响系统的可靠性和可用性,这里值得关注的变量是维修性,它与安全性一样均是 RAMS 参数,其中人因非常重要。通过度量维修性,可以做出准确的预测,从而优化维修时间和成本。

问题是,为什么不同的人需要不同的时间来执行相同的维修任务?要回答这个问题,有必要分析影响维修中人因 KPI 的所有因素,有三个影响最显著的因素:个人因素,表示相关人员的能力、积极性、经验、态度、身体条件、观点、自律、成长、责任和其他类似特征的影响;条件因素,代表作业环境的影响和在实际条件下产生故障的后果;环境因素,包括温度、湿度、噪声、光照、振动、一天中的时间、一年中的时间、风等因素对维修人员的影响。这些因素直接影响完成维修任务所需的时间,因此维修任务的性质也依赖于这些参数的可变性。一方面由于各组参数数量众多;另一方面由于其可变性,根本不可能找到一个规则来说明维修性这种复杂关系;另外,对维修性分析必须求助于利用现有数据来确定其概率。这 3 个方面中最重要的是在修理过程中人员因素和人机交互,不仅极其强烈地影响维修性的量化,还会提高或降低设备可靠性,进而对可用性形成影响。

简单地说,日常维修任务均受身体和情感因素的影响。在考虑用户和维修人员与系统的对接时,必须考虑其生理特性。按 Maslow 理论和 Herzberg 理论,工人必须能够在符合价值金字塔的物理条件下进行工作。因此,维修性人体测量分析的主要目的是从身体尺寸和体力方面考虑人类行为的限制,人因是维修的关键和不可替代因素,必须对系统通道、位置、设置、重量和修理时间进行评价,并将人的特性作为设计参数。

分析必须核实系统的设计是否允许维修人员在系统和周围环境范围内有效地安装和操作设备。人体测量评估确定了设备的位置和配置要求,以便为维修人员提供充足的通道和足够的工作空间。这类评价要识别出因为限制或妨碍了维修人员的运动,而可能不利于完成任务的设备结构特征,也要对用户人体比例的统计数据与工作空间及设备维修时预想配置进行比较,考虑因素通常包括力量的生物力学和人的运动。方案阶段就要开始考虑人体测量,并在设计和开发过程中继续予以考虑。尽管在评价完成前,系统必须足够详细和成熟,但从项目方案开发阶段就要开始评价子系统。在确定工程设计之前,也需要进行一定的人体测量评价,目的是确保设计要考虑到维修人员的人体测量和生物力学特性。

评价考虑的因素通常包括:用户人群的人体测量特性;系统的设置、位置和重量;进入、拆卸、安装和校准程序;工作空间的面积、高度、拥塞和限制;有利于维修的人体工程学特性(抓握、步骤、登记册、带说明的图册等);维修人员观察的清晰区域和角度;工具、配套的特殊设备及装置;危险、预防措施、防护服和疏散区域等。

人体测量评价始于用户人群的人体测量说明、子系统的功能说明、工程设计的程序、设备装配的设定以及维修任务的分析。

无论是在设计设备时,还是在设备使用组装时,为了对安全和有效的维修创造必要的条件,人体的测量都是非常重要的。图 3.3 中,Blanchard 等给出了维修性中的人因概念,涉及设计阶段到使用的整个过程。

此外,设计人员必须考虑设备修理人员的以下典型行为:

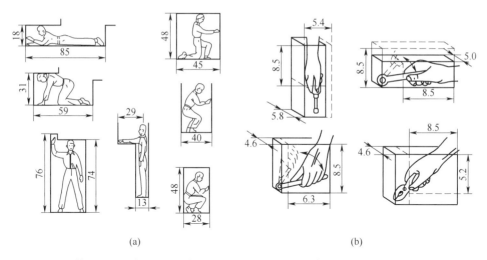

图 3.3 维修性(图中单位为 in(英寸),1in≈0.254m,摘自参考文献(Blanchard 等,1995))

(1) 人们通常在执行受领任务时会思考其他事情；
(2) 人们倾向于用手工具；
(3) 人们通常没有耐心花费必要的时间到采取预防措施；
(4) 人们通常不能正确阅读说明书和标签,或阅读太随意；
(5) 程序完成后人们通常没有意识到检查错误；
(6) 人们通常在紧急情况下做出非理性的反应；
(7) 人们通常太固执而不能承认错误；
(8) 在长时间正确操作危险物品之后,很多人开始过于自信,会掉以轻心；
(9) 人们通常不愿意承认自己看不清或听不清,但两者都有可能是外部环境所致；
(10) 人们通常不能很好地估计距离、速度、照明或重量。

这些数据是体力因素和智力因素的混合,是维修任务执行过程中的内在因素,会影响到 RAMS 参数和安全性。

3.3.3 行为的影响以及 RAMS 中的人为差错

如前所述,维修性与人的实体特性有关,包括力量、设计、身体可达性或其他变量,但诸如行为等非实体特性在确定 RAMS 参数方面也很重要。

运行可靠性明显受到人及其差错的影响。Rasmussen 提出了工业任务中各种过程的分类。该方法是用于识别作业过程中常发生错误类型的有用工具,分类体系以技能、规则和知识(SRK)为基础,在许多出版物均有说明。

技能、规则和知识与个人如何进行其活动有关,表3.1所示为两种极端情况。

表3.1 与世界互动的方式(摘自参考文献(Reason,1990))

基于知识回归意识的方式	基于自动能力的方式
新手用户或临时用户	熟练的用户
新的环境	熟悉的环境
慢	快
非常努力	无须努力
需要相当多的反馈	几乎不需要反馈
错误的原因:	错误的原因:
过载	顽固的习惯
缺乏知识或使用方法	经常使用不适当的使用规则
对后果缺乏了解	情况发生变化并不能改变习惯

在以知识为基础的活动中,个人以完全自觉的方式执行任务,这种情况可能发生在新人首次执行任务或者有经验的个人处于全新情况时。在这两种情况下,工人必须付出相当大的精力来处理这种情况,并且决策将趋于缓慢。动作在每次受控之后,工人需要在进行下个动作之前评估其工作的结果,这减慢了整个过程。

执行基于能力的任务需要非常熟练的身体动作,而个人并不总能意识到自己的动作。最初是由一些特殊事实产生基于能力的动作,例如:当警报响起时,必须遵循一定的程序;随后的操作是在无意识的情况下实现的,这些人在执行过程中很有经验,而且觉得很简单。

图3.4明确了另一类信息过程,应用规则确定动作。由于与过程交互,可以通过培训或与经验丰富的人员一起工作来获知规则。意识水平介于基于能力的行动和基于知识的行动之间。

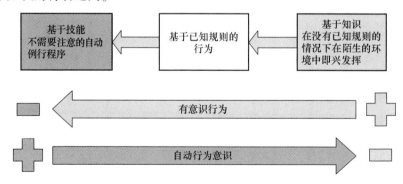

图3.4 意识和自动行为间的连续性(摘自参考文献(Reason,1990))

维修工作的执行和进行维修时的动作会对 RAMS 参数产生影响,含有压力成分的工作产生了心理负荷指数,在此基础上增加任务难度会导致其需求增加,从而降低绩效。图 3.5 显示了心理负荷与工人绩效之间的假设关系,区分了三种可能的情况。A 级代表的第一种情况包括中低负荷水平,其特征在于存在高绩效水平,在此区域内,增加任务的复杂性不会产生工人绩效水平的变化,因为有足够的剩余能力来补偿增加的负荷;在 B 级,高心理负荷水平超过了工人的能力,从而降低了其绩效;在 C 级,负荷过高,绩效处于非常低的水平。

Dalmau 对简单任务和复杂任务进行了区分。对于前者,任务的心理负荷是根据单独任务的绩效来评价的;而对于后者,分析关注具有相同或不同特征的人同时执行一项任务时所产生的心理负荷。当主体必须同时执行两项任务时,这种情况称为双重任务或双任务。被评估的任务是主要任务,未被评估的其他任务是次要任务,这可能是维修职能的卓越指标,但是其用途仅限于空中交通指挥员等某些职位,以及核能部门和航空部门等。

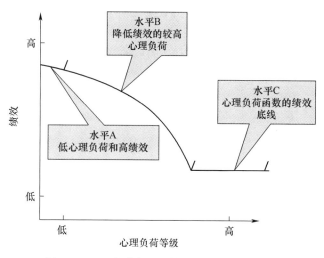

图 3.5 心理负荷与工人绩效之间的假设关系

3.3.4 人的可靠性模型

要评估系统的可靠性,重要的是要记住,人不仅有消极作用(如是差错源),而且能预见问题所在、处理系统的非预期偏差和与技术故障有关的事件、确定并纠正自己和他人的差错。事实上,人类以下列方式超越了大部分技术设备:
(1) 在不可预见的情况下适应能力强,能灵活地修改策略以达到既定目标;
(2) 在新环境中学习的能力,构建可能的解决策略并使之适应未来的环境;

(3)在动态环境中预测事件并据此修改初始策略,避免不良后果,形成纠正差错的能力。

当操作安全性研究以人类活动的定量因素为基础时,可能就很难定量确定人的可靠性。只有仔细分析系统中人员活动,才能揭示活动的特性,并能够在不损害可靠性活动的情况下寻求减少不可靠来源的解决方案。

在对系统安全性的分析中,将技术可靠性的研究方法应用于人的可靠性研究,也许听上去很诱人,但这样做会忽略人的某些特性,如学习和适应能力、纠正或恢复人为差错与技术故障的能力。同时,有必要考虑个人的行为差异及人与人之间的差异,这些差异与疲劳、体力、心理、情感、态度、培训和经验等相关,表现为通过人员选拔和培养难以控制的不可靠因素。为此,可以增加"极端"的环境条件,如放射性、深度/高度、气候条件等。

简而言之,将技术可靠性分析中使用的技术用于分析人的可靠性的发展潜力是有限的,有必要设计同时考虑人为差错和人为贡献的方法来分析人的可靠性。人的可靠性模型的应用在很大程度上取决于所制订的策略。图3.6显示了基于管理知识应用人的可靠性,创建了一张从操作和人为的角度来诊断和减少故障的策略图,力图实现积极操作的可靠性。

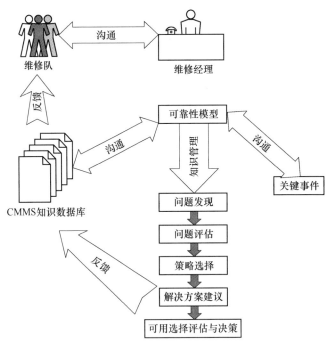

图3.6 人的可靠性模型

目的是确定每个领域中出现问题的原因,所有工作组都要参加到这一实践中,从事件、各种数据库和工作组收集数据,阐明问题的原因。数据包括流程图、方法、平衡负荷和产能的尝试、资产负债表和财务报表、缺陷行为、分区域的功耗、过程等。

该阶段要求的团队整合有助于找到解决方案。尽管对问题的认识可能来自不同的利益相关方,但个人和小组也有责任实现最优的工作可靠性,为具体问题寻求技术和经济上的正确解决方案。

如果将功能看作部件的一个属性,就意味着功能可能会失效,这从本质上区别于作业可靠性。需要一个模型来预测人机系统的故障,模型必须考虑环境或背景是如何决定人的操作的,并与分布式认知的概念相对应。Hollnagel 提出的情景模型是这些思想的具体表达,将人的职能和技术描述为统一体系,而非人与机器的交互,强调了人机合作是如何基于"世界的认知"而不是"脑中认知"来维持平衡的。

3.3.5 维修中行为的特征:个人与小组

在考虑与维修管理相关的主要人因时,下面这一定义非常有用:人的特征决定了个人或小组在工业环境中的行为方式,包括维修部门是如何工作的,这些特征会影响个人或小组,包括整个企业、部门或工作组的行为。下面讨论个人行为特征。

1. 对设备的拥有和职责

拥有因素指的是工人对机器或工厂某一区域产生拥有权意识的程度。这个因素对可靠性极其重要,当工人们感到设备属于自己时,往往会更好地操作和维修该设备。

TPM 的主要特点之一是组建由 7 名设备操作员组成的小型独立团队负责工厂特定工艺或区域,对设备进行简单的维修,如润滑、调整和较小规模的修理任务。该团队由受过基本维修培训的操作员和受过更专业培训的操作员组成。在工程师的帮助下,鼓励团队设计并进行改进,提高、持续改进或改善所负责设备的使用性和可靠性,这种行为产生了一种很强的主人翁意识,工人们把设备当成自己的物品一样关心。

2. 积极情绪/好感

该因素反映出对人、事业或公司的积极情绪,与忠诚密切相关,但要求更高,该因素在许多方面都被认为是一个关键因素。当工人们对工厂产生好感时,似乎能更高效地解决问题。这种氛围需要长时间来构建,要与管理层和公司建立多年的良好关系和信心,将伴随公司尊重对待员工方式的改变而变化。

3. 积极性

积极性是迄今为止最常见的研究因素,人们只有在做他们真正想做的事情时才会有积极性。一般来说,如果产业工人仅仅把工作看作获得金钱的手段,以此来满足自身的需求,那么多数时间,工人并不会在工作中产生积极性。此外,工作的性质通常使得很难确定哪些变革会激发积极性。

将这些想法用于维修并不困难,在某种程度上,维修任务具有许多必要的符合Herzberg提出的关于工人满意度和积极性的理论,即当企业制订自主性TPM政策时,工人们享有自主性、对工作质量感到自豪等。

维修工人是能在日常活动中保持相当大自主性的少数人之一。例如,很难查证是否已对预防性维修进行了巡回检查,也很难确定是否已进行了良好的修理,或从企业的角度看备件利用是否最佳。维修人员知道他们的操作通常不会出现立竿见影的结果,维修中出现的差错稍后才会出现,且难以归因。对于维修工人来说,其积极性水平的指标包括:了解自己要做的工作、了解所需的努力程度,以最小的外部控制来确保目标。

试图在维修部门影响、理解或审核积极性时,必须考虑的因素包括:工厂内关系史、当前状况与不足之处;影响工作性质及其周围环境的因素;社会和政治环境及其影响,能确保内部变革的可能性;工人对维修目标的理解,这是积极性中最重要的因素。

4. 士气

士气是指个人在其信心和幸福方面的精神状态。有人认为,生产力不跟随士气的变化而变化,因此士气在维修审核中并不是一个重要的概念。然而,个人或工作小组缺乏士气会影响到维修的数量和质量。对于维修部门的人员来说,士气是指人对自己工作的积极或消极的看法,以及其如何影响公司的成败。

影响士气的消极因素包括:公司糟糕的经济效益;系统组织不力或执行不佳,导致产品质量出现问题;近期有很多的裁员和威胁。

5. 怨恨

怨恨可以定义为一种强烈的不满,在人际关系和维修中很常见,往往会发生在升职时,尤其是当升职似乎没有花落最佳人选时,就会产生怨恨。未获升职的人的沮丧情绪会影响到工作质量,甚至会导致怠工,从而给组织带来严重的经济损失。

6. 保护主义

在维修背景下,可以将保护主义定义为对共享知识和信息的抵制。保护主义可能会受到其他人因的影响,如不安全感和士气低落,典型的例子是,年龄较大的技术员经过多年的时间,累积了相当多的特定设备有关知识,认为自己是工作所需知识的唯一拥有者,不愿将知识进行文档记录或将知识传授给其他员工。这是维修管理中比较严重的问题之一。

7. 狭隘主义

狭隘主义是指眼界狭小,许多中层管理人员把以敌意为主导的管理形式强加给组织的其他成员,认为除他们部门或他们工厂之外的任何事情都不干。当任命新员工或建立新部门或工厂时,这种短浅目光尤为明显,特别是分权化组织管理人员、地理位置分散的各地组织管理人员。狭隘主义还造成了与人因有关的其他问题,如两极分化。组织设计必然会形成部门之间的界限,管理人员必须努力将狭隘主义的不利影响降到最小。

8. 猜忌

当人们缺少别人所拥有的东西时,包括分配的工具、办公室、家具、计算机等,就会产生戒备。在某些工厂,维修人员和生产工人之间存在着"戒备"问题。传统上,生产工人操作设备而维修人员进行设备处置。当设备状况处置期间,生产工人试图了解一点技术时,维修人员会要求该生产工人离开,或者认为这是维修技术人员的专有特权而不愿费心教生产工人。想象一下如下场景,生产工人请教专业维修人员:"你是怎么修好它的?"维修人员回答:"这是专业机密。"这种态度使得生产工人不能获得更多关于设备的知识,生产工人以后也就不会尝试进行修理。

9. 进取心

树立进取心是维修绩效的根本所在。TPM 的独立维修强调在工作场所使用标准,这样的工作实践使得维修人员和生产工人均能以认真态度来对待维修程序,并且每个人都了解使用和改进这些实践做法的必要性,这使独立维修成为公司持续转型的有力策略,并使组织适应新的市场需求。因为人们了解这些过程,所以就产生了遵守和尊重规范与程序的积极工作倾向。

10. 嫉妒

嫉妒建立在人的冲突基础之上,并不是某一特定社会或某一特定公司所独有的,而是起源于人的心理的一种普遍的、非理性的现象。在职场上,其通常是指对于存在个人或职业竞争的某人,通过无视、轻蔑或试图抹黑对方来表现出嫉妒。

这种行为表现在有自卑和自恋倾向的人身上。自卑、缺乏创新能力的人会感到挫败且愤恨,有些人会试图阻碍能力强者的努力。相反,自恋者分辨或识别不出别人的强项,感觉世界围绕他们自己所构建的规则运转,忽视他人的努力或认为无关紧要,这就导致了深层仇怨和内部斗争。

嫉妒是维修的影响因素。有效维修需要快速诊断和持续创新来达到改进的效果,但是嫉妒会抵消对故障做出反应的能力,从而影响 RAMS 参数和每次故障所需费用。如果从一群认为自己更优秀的人中提拔某一个人,这种情况就会变得更糟。

11. 抵制改变

改变适用于为了提高效能而对某些结构、程序和行为进行替换变化的任何情况。推动改变的难点之一是,一些人会受益,而另一些人则利益会受到损害,或者他们认为自己利益会受到损害。抵制改变的人通常会在变革过程中感到紧张、不安和焦虑。

障碍包括使改变难以实施的环境因素,感觉安全受到威胁也会导致抵制变革。在某种意义上,这是积极的,因为还可以预测这种行为。抵制改变可能是冲突的根源,但当有利于预测个人和小组行为时,也可以用于处理某些危机。

维修经常会发生不喜欢引进新的工作方法的情况,如在设备或系统中运用计算机。采用 TPM 或引进 CMMS 通常会在开始导致抵制,如果只有一小群人有这种情况,而不是普遍情绪,就容易克服。

Robbins 认为,抵制改变的根源既有个人原因,也有组织原因。个人抵制改变的原因在于人的基本特征,包括感知、个性和需求,它们会因为经济因素、习惯、安全问题、对陌生事物的恐惧,或者是对信息的选择性处理而产生抵制。同样组织也因其本身性质而主动性地抵制变革,组织是由许多个人组成的,个人反对力的倍增效应会减慢组织的变革能力。但重要的是组织要变革,如果不这样做组织将无法生存。

12. 自豪

维修人员很少得到高层管理人员甚至其他部门的明确认可,即便如此,他们还是为自己的工作感到自豪,因为他们看到了立竿见影的积极效果。此外,按照5S①引进新方法,维修人员对自己的工作环境感到自豪。Mendoza 认为,航空业已经在工作场所和 5S 政策方面培育出了自豪感,例如,确保工具在修理后不留在飞机中,不会导致事故。对情况和周围环境以及拥有某些工具的自豪感减少了疏忽,并使工厂处于最佳状态。

13. 偏见

偏见是对某一事物先入为主或片面的看法或立场,而且往往是错误的。维修工人和生产工人往往对各自的工作有先入为主的观念。维修工人说:"是他们弄坏的,但由我们进行修理。"而生产工人的典型回应是:"他们不理解我们的目标。"

Sexto 认为,人们普遍将维修看作脏活、累活。而事实上,维修是建立在科学和实践标准基础上的,并且综合了现代工程框架内的统计学、计算机科学、经验、诊断学、会计学和创新。对机器的干预处理必须是基于数据、维修应用技术和常识的一系列决策的最后一个决策。

裁员会导致偏见,例如,当一家公司决定将一项服务转包出去时,先前实施该服务的部门和人员会受到明显影响。这通常是基于这样的一种观念,即转包会导致工资下降、工作条件差、管理层会裁减内部工人,进而转化成对"局外人"的偏

---

① 译者注:5S 是整理、整顿、清扫、清洁和素养的缩写,是指在生产现场对人员、设备、材料、方法等要素进行有效管理。

见。很少人认为转包会增值,须谨慎处理。

14. 文化

Rosenzweig 和 Rosenzweig 把文化定义为同一个环境下的人所具有的共同的心智程序。文化不是个人特征,而是许多有着相似人生经历的人的特征,在对工厂进行审核时,了解并理解周围的文化非常重要。在维修部门,文化包括技术文化及其对质量、成本、竞争力和环境的影响,包容社会文化变迁以及考虑传统文化价值在多大程度上影响创新技术转移到维修上同样重要。

15. 团队精神

这是一种在某个特定公司或团队中的归属感,在这种归属感中团队比个人更重要。这一概念起源于军事,并在 20 世纪 70 年代被日本企业采用,在日本很难找到不具备团队精神的组织。为了使每个单位都产生团队精神,建议将大型组织分解成半独立的生产单位,但这往往会造成狭隘主义和保护主义,产生这种问题的组织运行很难。

带有社群主义和家长式风格的公司政策往往会遭到工人强烈的抵制。管理层可以尝试在情感层面和心理层面影响人员,如通过宗教,但这样的举措很少能成功。

(16) 横向分化

横向分化是指与同级其他部门持有不同的意见和态度,即部门间的摩擦。图 3.7 以金字塔显示管理结构中的横向分化。

矛盾主要集中在生产、维修、工程、仓管等主要部门的边界,而在电气维修和机械维修等子部门的矛盾较少。

生产部门与维修部门之间的矛盾经常作为矛盾的研究对象。维修工人抱怨:"是他们弄坏的,但现在必须由我们来修理。"言下之意,"生产工人没有很好地进行操作"。对生产工人而言,他们认为维修工人不理解他们的目标。关闭机器进行设备预防性维修或改装的请求始终是矛盾产生的根源,尤其是在没有事先计划关机的情况下,在这种情况下,维修工人应该清楚地说明设备关机的原因。由不同部门负责这些职能时,维修部门和仓管部门之间往往存在矛盾。例如,公司希望减少备件的数量,以减少运营和库存的成本,维修部门试图将备件库存维持在高水平,而仓管部门试图降低库存水平,由此产生的矛盾使各部门分化成"我们"和"他们"的感觉,完全丧失了两部门之间的沟通和对彼此工作的理解。

17. 纵向分化

组织内不同层级之间可能存在对对方有强烈的反感,特别是存在很多层级结构的情况下,如图 3.8 所示。

工厂工人和各级主管之间往往存在对对方有较大程度的反感,因为他们的目标和态度可能相互矛盾,会影响沟通以及个人行为的某些重要特征,如好感和动

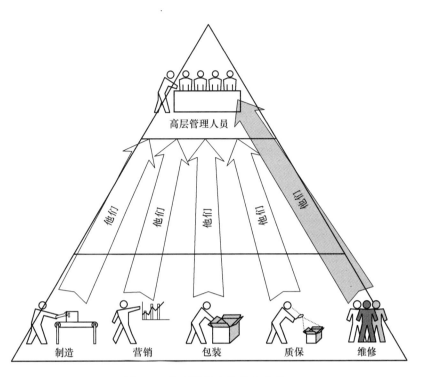

图 3.7 管理结构中的横向分化

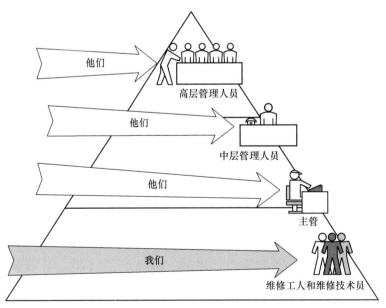

图 3.8 单一结构企业的纵向分化

机。维修中存在的另一个上下摩擦是维修主管与工程服务总监之间的对接。维修主管一般都是办公室职员,他们不具备工程学位,只有很少人是高层管理人员,对于工人来说他们代表了更低和更容易接近的管理层。此外,与有很多门路的工程师不同,工人在组织内部的活动往往更少。

最近,由一控制角色直接管理工人的做法受到了引进独立设备的威胁。在许多行业,该角色已经演变成为技术顾问、策划者或团队领导。公司领导并不总是设定新角色,而低层级的人也不总是相信新角色是真实的,还会认为新角色可能就是为了实施新的方法所虚构的职位,而新的方法通常是强加的。

这导致了新的矛盾和两极分化。"我们"和"他们"的症状在大型组织中更为明显。这些组织在高层结构上是高度分层的,管理人员和经营者之间有着长长的指挥链。这种组织的两极分化可能导致完全缺乏沟通、组织收缩和体系失败。

3.4 转包和与维修企业战略合作的效果

在传统组织中,除最大用工量期间外,所有的维修都是由组织内部的人员进行的。维修领域应正确应用和控制合同服务。当正确应用合同服务时,转包不仅可以针对困难情况提出经济节约、迅速解决的替代方案,还能保证处理大量工作。合同服务通常对以下情况有作用:

(1) 需要专门人员、工具、材料的特殊技术设备;

(2) 具有固定成本的非连续性的服务,如园艺、建筑物和设施的喷涂等;

(3) 与公司主要活动无关的服务,如安保、供应、清洁等。

从理论上讲,转包有以下好处:将客户解放出来关注基本活动、获得特殊技术、提高服务质量、减少运营成本。减少公司人力并不一定意味着增加失业,但这是工人们普遍害怕的,因为他们将外包与失业联系在一起。在订立新合同或延长外包服务之前,应考虑以下两点:

(1) 对维修需要的服务、维修的类型和程序、备件、处置规则、服务保障、技术人员资质以及解决方案实施的速度作出明确的定义;

(2) 拟定最好的合同,使承包商严格履行所负责的义务。

相互沟通对于主管和工人是必不可少的,要使工人不会将转包视为对其工作保障的直接威胁,或者视为赤裸裸降低成本的尝试。如果不把维修主管的参与和责任作为合同的监管内容,那么规范和合同再重要,也改善不了服务。

最近的趋势是转包给多家专业维修公司,组织与其结成联盟,从而产生第二份和第三份工作合同。

经常发现,将仓库管理转移给联盟后,仓库管理会产生人员的混合,既有公司

自己的人,也有承包商的人员。这一做法引入了一些非常负面的人因问题,包括:

(1) 人员士气低落,工人们表现出对变革的强烈抵制,因为他们发现自己的职位不那么安全,感到自己和合同商的工人几乎没有共同点;

(2) 新来的人员对设备知之甚少,也不会对公司产生好感;

(3) 很难将对设备的主人翁意识灌输给合同商的工人。

这类联盟的积极因素包括以下几种:

(1) 提供了关键绩效的量化指标,促进维修度量方法的快速发展。承包商明白,如果服务达不到预期的安全性、可用性、可靠性等要求,合同就会被终止,这使得其积极性增加。

(2) 承包商提供自身在工程及工作规划方面的经验,提高效率和安全性,从而鼓舞士气。

(3) 合同能保证供应商获得服务的技术知识和专业知识。

培养对设备的主人翁意识是必要的,因为承包商的工作人员很少具备这种意识。Tavares 认为,有些公司与他们的承包商成功建立了联盟,无须做出重大的改变就能确保服务质量的连续性。有些公司提供了不改变人员编配的转包关系,实际上是给自己的维修服务加强人力,确保了第一代员工能继续提供高质量服务。联合过程可为公司的运营提供合适的物流、管理、计算及法律方面的支持。

如果相关的转包商失去他们先前的利益,联合过程就面临风险。此外,置身组织之外可能会产生不安全感。这些摩擦促使企业就转包的条件进行协商,以保证必要的保障和减少因无知而带来的风险。

(1) 确保做法的一致,即采用母企业的标准程序;

(2) 引导和激励学习,因为可能要与转包公司进行知识交换;

(3) 促进新技术的发展;

(4) 传播公司价值观和组织文化的知识;

(5) 保持悉心照管的意识,只有在服务快速、有效和高效的情况下,转包的做法才有效。

3.5 维修管理中人因的度量

人的行为会对组织的绩效产生强烈影响。尽管可以确定人因,但很难客观地对其进行审核,甚至更难对其进行量化。在对这些因素进行量化的维修调查中,有如下典型的提问:

(1) 对自己维修的设备是否具有拥有感?

(2) 生产工人对他们所操作的设备是否具有拥有感?

(3) 对公司和公司的发展方向是否具有积极情感或好感？
(4) 认为自己士气高吗？
(5) 是否有动力去实现公司的利益？
(6) 和生产工人与上司之间的关系是否良好？
(7) 是否认为仓储服务有效？

这些问题是审核中一个相对较小的部分，这里列出的问题是针对维修经理的问题。审核人员必须考虑针对维修相关操作人员、主管和工程师的不同问题。此外，审核人员必须解释所指的"拥有感"是什么及其度量标准。任何情况下，答案都会反映出人因，例如：我们是跨国集团，我们没有拥有设备的感觉；工厂的运作与拥有感、特殊专业知识的生成相背；对于生产设备无拥有感。代表性的答案样本应纳入审核报告。

团队行为的特征需要一个不同的方法。第6项提问旨在确定生产和维修之间的意见、态度、合作和沟通，针对生产部门的提问会询问他们对维修的看法。

审核大型组织时，民意调查必须包含关于人因的问题。人因审核的主要目标是识别影响维修绩效的因素，包括积极的因素和消极的因素。是积极因素时，要就如何加强和保持提供建议；是消极因素时，要就如何消除或减轻提供建议。如果在传统组织中管理人员和工人没有所有权的意识，那么通过为一线操作人员设计一张混合的设备管理卡片就能获得显著改善，卡片赋予了自主性。如果既不希望也不可能采取这种结构改变，就必须在传统结构中寻找替代方案，如设置负责特定设备预防性维修的维修经理。

尽管结构变化可以改善主人翁意识，但也可能会产生如狭隘主义的消极后果。必须强调的是，组织变革需要对人因和体系作复杂的决策，但在作决策前，必须清楚地了解现有的情况。

3.6 维修中的知识管理

维修的一个特别有价值的部分是知识管理，良好维修背后的知识资本决不能随其拥有者的流失而消失。Steward 将知识资本定义为"智力材料、知识、信息、知识产权、可用于创造价值的经验"。知识资本是一种无形资产，包含了产生经济价值所需的隐性知识和显性知识。

具体来讲，如图 3.9 所示，知识资本包括公司所属工作人员的教育、经验、技术诀窍、知识、能力、价值观和态度。组织的知识存在于知识资本中，但不是公司的财产，而是属于工人，他们能随身把知识带回家。知识资本是人力资本的一个方面，人力资本包括允许创造新知识和个人学习的能力、才能、领导能力、价值观和文化。

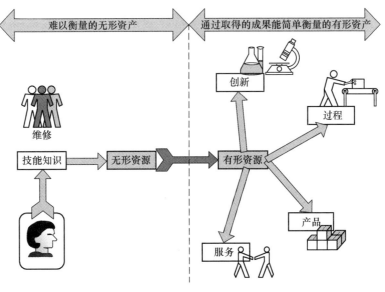

图 3.9　知识资本

如果人力资本,特别是知识资本使用得当,就能带来包括维修职能的创新,这反过来又能让公司维持或获得竞争优势。如果知识资本集中在对资产维修的战略性改善项目上,这将形成对公司"未来核心业务"理解的发展,由此,组织可以确定将哪些工作职能转包或外包出去,并与供应商和其他公司建立协议和战略合作。Duarte 等认为,知识资本是无形资源,但智力资本产生了真正的价值,必须将其实实在在地纳入指标或衡量体系。

3.7　人因:维修变革中的重要因素

任何新工作方法的引入,对于组织中的许多人来说都是一种宣泄。当新方法涉及绩效度量时,变革就会影响到人因。将新方法引入像维修这样传统上不对绩效进行度量的部门时,尤其如此,那么最可能的是,引入维修绩效度量就是一个重大改变,成功取决于其执行人员。

成功与否取决于参与者的人数以及他们的努力程度。如果工人们看到良好结果,将会进行合作,但如果他们不合作,就会对这个过程失去信心。该过程通常呈螺旋状,上升和下降一样多。甚至看到其他部门的不好结果,人们也会对本部门失去信心,当行动没有取得预期结果时,就开始质疑这个过程,因此注定失败。很显然需要采用一种实用且前所未用的指标来实施人员管理,这些指标直接面向人员,对它们的处理直接决定了项目的成功或失败。

3.7.1 人因的重要性

Kaplan 和 Norton 认为,综合控制面板(CMI),即平衡记分卡 BSC 是一个管理系统或行政系统,在评价公司发展时,超出了财务视角,能根据企业愿景和战略来度量公司的活动,使得管理人员对业务有了全局观。综合控制面板显示了企业及其员工何时达到战略计划所确定的效果,也是帮助企业实现目标并采取必要措施实现其战略的一种工具,可以激励人们实现企业的整体任务,将员工的精力、能力和具体知识瞄准战略目标,指导当前行动,实现未来的目标。

CMI 模型或 BSC 模型在维修中采用四种度量:

(1) 财务。为了实现高效,在满足分配预算和降低维修费用的同时应如何管理资源?

(2) 内部过程。为了满足客户需求和实现公司业务愿景,需要在哪些生产过程中实现卓越维修?

(3) 客户。什么样的维修理念能保证维修作业有效并实现生产目标?

(4) 学习和创新。为了达成公司愿景,怎样才能保持人的能力不断改变和提高,以应对经济和技术环境的不断变化?

该模型强调学习和成长的价值,因为这使得组织能提高、学习和改变。一般来说,这个因素普及率较低,而且公司在这个领域还没有真正取得进步。BSC/CMI 控制面板将学习和提高的构成分为:人的才能及能力、信息系统、学习与行动的文化-环境-动力。

尽管人们对学习和成长的研究较少,但它们是组织成长的基础(图 3.10),也就是说人是维持组织变革的源泉和主要动因。有些人可能认为,机会和变革每天都在发生,但实际上不可能不断地进行变革。有些变革很大,甚至会使整个组织发生变化,而其他变革则没有足够的力度来说服公司的执行层来启动它们。必须存在一个特定的点,能在公司现状处于"饱和"、"过度成熟"或"老龄化"时,产生革新的必要性。

许多情况下,特别是在竞争的环境中,不能将组织效能评价归结为财务或非财务绩效的定量度量,还必须包括无形因素。因此,需要双倍考虑人的因素。首先,在引入度量系统之前,要避免由于参与者个人条件造成的绊脚石。这些人必须在变革中协作,而且多数情况下已经开始变革,这样组织才不会变得毫无生气。其次,有必要度量人的影响,即收集关于心理、形成性状态等信息,以了解人员会对变革做出什么样的反应以及将会如何影响变革。

重点应放在创造一定的工作氛围等方面,而不仅仅是达到财务或经营目标。

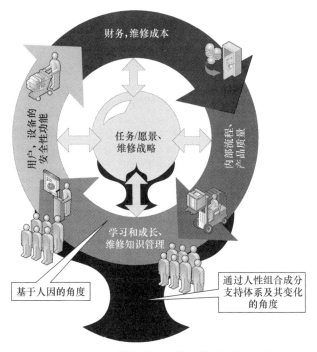

图 3.10　用于维修管理的综合控制面板组成

有研究者强调了解变革障碍的重要性,而且同意考虑变革如何影响工作文化的重要性。转型过程取得成功的必要条件如下:

(1) 领导必须参与该过程;
(2) 必须有令人信服的变革理由,而且要适当沟通交流;
(3) 员工必须参与查找问题、寻求解决方案并付诸实施;
(4) 必须与受变革影响的员工进行良好的内部沟通;
(5) 必须减少职能和层级障碍;
(6) 必须清晰地预想所需的文化,而且要与预期行为和结果相关;
(7) 必须认真考虑变革的领导人关键团队;
(8) 必须对强化预期行为的结构和系统进行适当调整;
(9) 必须对初步成功的反馈进行交流;
(10) 各级领导必须表现出坚韧、坚持和奉献精神;
(11) 这一过程中的领导者和参与者必须具备更多的自主性;
(12) 行动、度量和结果必须服从特定的方向;
(13) 必须制订解决问题的程序;
(14) 必须考虑外部和内部客户的需求;

(15) 变革的领导者必须知晓公司内部人员和外部人员。

无论是创新还是持续改进的过程,领导者与操作者之间的平衡都是转型过程的关键要素,如果他们之间没有协同,项目就不会成功。要在持续改进维修管理系统的同时避免或减少错误的可能性,某些因素非常重要,其中值得一提的因素包括:

(1) 确保组织各个层面参与到变革过程中,从而积极参与查明问题并消除改进的障碍;

(2) 就可能出现的问题和所需关注的领域达成共识;

(3) 创造条件让改进项目的参与者感觉他们是过程的主导者;

(4) 对变革过程的所有方面进行有效的沟通,包括公司的新愿景、找出障碍和问题、确定短期目标、指出改进;

(5) 确定短期目标和利益。

就变革的必要性达成共识并进行有效沟通是有效实施改进的基本原则。参与式变革只有在变革理由明确且被参与者接受的情况下才会有效。

3.7.2 问题与建议

确定和实施维修管理的新理念不可避免地会带来一系列变革。组织变革或转型有助于一些公司适应不断变化的条件,提高其竞争力和更好地为未来定位。其他情况的结果会令人失望,如资源浪费、对变革者失去信心、对相关人员非常不满。此时,管理人员很难识别、优先化和调整其资源,进而形成坚实、稳固的组织转型。

在任何组织或职能变革的过程中都会出现一些问题,提议一项创新项目时,必须谨慎处理以下问题:

(1) 变革是否有明显的理由?这是第一个也是最重要的问题,答案必须具有说服力,这需要仔细研究维修组织的现状及其不足和优势,评估竞争企业的维修状况,了解维修如何支持企业并为其成功做贡献。

(2) 生产和保障系统的工作人员能否充分理解这个理由?如果要实施得当,人们必须就变革的理由达成一致;仅管理人员知道变革的必要性是不够的,必须以数字和事实为依据向他人阐述理由,以使所有人员都支持新理念。

(3) 公司关键人物是否把它视为变革的好理由?如果维修主管得不到公司领导的支持,项目就不会得到组织各级领导的资源和帮助,项目将不会成功。

(4) 如果理解并接受理由,是否清楚将变革哪些生产区或维修过程?最好选择一个具有更大发展潜力和更大影响力的关键领域。在整个系统中实施变革并不是一个好主意,最好优先考虑一个领域。此外,要保持凝聚力和士气,迅速展示所取得的成功也很重要,即使是很小的成功。

（5）所有相关人员对公司的情况有清楚的认识,并就必须变革的问题达成共识。决策者必须理解和正确解释这个问题,要用通用语言来解释事实是很重要的,这样能使各级管理人员充分理解。

（6）谁将成为领导实施变革过程的推动者？在维修过程中担任领导职务的人应该是目前的维修主管,但前提是要具备最新技术知识以及管理财务资源和人力资源的经验。

（7）维修绩效度量之前要考虑替代方案会涉及哪些层级？维修变革的实施必须由代表所有与维修相关的领域的工作小组来完成,但公司主管参与项目的实施和评估非常重要。在实施阶段,需要高层管理人员协助项目相关部门与受项目影响的部门进行合作;评估新维修实践的结果时,高层管理人员需要知道从中获得的利益,也要对任何冲突解决方案做出贡献。

（8）工人应该参与吗？这是一个关键问题,如果一个项目要在拟定和后期应用中取得成功,所有受影响的人员一定要感到项目是自己的,即"我的参与是重要的,没有我的帮助,项目是不可能向前推进的"。维修领域的项目需要多方面的信息,如技术人员掌握设备的使用和能力方面的信息,而每个工人都有自己的独门"技术诀窍"。如果操作者在其所知道和理解的项目中进行合作,则更有可能保持运作和不断更新。

其他同样重要的问题涉及技术和工具的知识、资源的可用性、设备的工作能力、管理冲突的能力、评价变革效能以及与上级管理层的良好关系。每个问题都代表项目成功的风险,必须在计划和执行过程中予以考虑。

对于一个公司来说,仅有充分的理由来进行变革是不够的,受影响领域的人员必须有充分积极性、愿意主动变革并渴望成功。必须认真规划转型过程,预见可能出现的问题和质疑。

3.7.3 组织的成熟性

当提出一个新概念时,如设计新的维修方式时,对组织内可用技术和人力资本的无知或仅仅是模糊认识会是一个可导致问题的重要因素。如果忽略或遗忘此类资本,就无法制订有效的计划,公司也不会达到预期目标。

要理解组织的所有单位在追求卓越的过程中都要经历自己的成熟过程,维修机构也是如此。衡量一个组织的成熟性就是分析其现状与目标理想水平间的关系,成熟的维修部门将达到其目标。

成熟维修部门的绩效度量会展示行动(行动和决策能力)、态度(参与欲望和拥有自豪感)和知识(了解绩效度量的需求)的组合。为了评价维修职能的成熟性,有必要衡量5个方面:认同、社会和文化因素、沟通、工具和方法以及相互作用

(图3.11)。具体到维修,这5个方面具体含义以下:

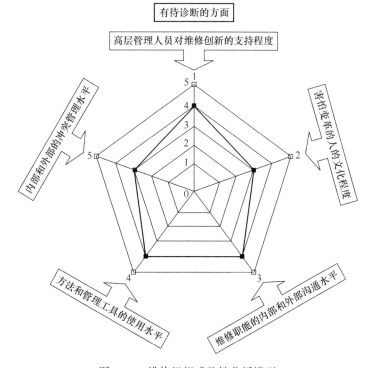

图3.11 维修组织成熟性分析模型

(1) 认同。这是接受变革作为维修策略不可分割的部分、与组织目标保持一致的能力,也包括对组织全局目标的接受程度,因为该目标影响了跨部门工作小组的形成。认同包括为确保项目的有效性而提供适合的资源,以及所有与维修有关的各层级人员均参与项目的所有阶段。

(2) 社会和文化因素。其主要关注作为变革要素的人,涉及人的行为、对变革的看法和态度,包括维修、生产、人力和财力资源、后勤保障及计算机科学系统等部门的人员参与项目的程度以及对项目的支持程度。

(3) 沟通。内部和外部沟通的各个方面都很重要,必须对新项目中要发生的事情、利益以及维修职能如何变革进行有效沟通。

(4) 工具和方法。要点是维修项目的管理方法,但过程和绩效作为比较方法同样重要,还包括了变革所需的潜在(隐含)知识,促进知识应用以及外部培训的方法等。

(5) 相互作用。任何新方法都不应该与已经存在的其他方法产生负面的相互作用。有必要在正常的运作和发生的变革之间保持平衡,保证新职能或例程的发展不会损害现有职能,还必须在公司各部门的成功因素之间保持平衡。

一个组织在维修管理方面可能是成熟的,但仍然不够优秀。要求卓越不仅限于成熟。组织在开发成熟系统和过程时,还会产生两个额外利益:一是以最小的环境变化完成工作;二是通过与公司的任务和愿景保持一致,在过程中产生最少的问题。

卓越是效能和效率的完美平衡,对于维修而言,可以对其做如下描述:

(1) 工人的才能和能力。与其他员工相比,维修人员进行正常培训,并将知识传递给使用设备的人员,以减少计划外的维修。工人们认识到提高自己和贡献知识的必要性,从而改进资产。员工的轮流替换不常发生,信息在他们之间很容易交流。

(2) 管理培训。维修经理的培训通常是针对这一特定职能,能在维修职能间轮换,以拓展他们的经验。

(3) 质量。维修人员必须始终将维修部门的服务和程序与客户的需求、生产中使用的设备保持一致,长期致力于服务质量,并将可用性、维修性、可靠性和安全性的概念应用于公司生产的产品上。

(4) 工人的参与。不同部门间、工人和管理人员之间有一种信任文化,由此产生的连续信息流使维修活动更有效,人们共同分析维修并决定何时、如何进行维修,它们相互补充,共同创造了维修职能的全面认识。

(5) 持续改进。维修对设备改进的贡献主要在于提高生产率、安装自动化设备、参与新设备的选择以及决定何时更换设备。

(6) 逐步改进的方法。维修必须利用信息技术取得进步,以便能够使用准确的数据来评估绩效,并在其绩效不佳时提出并实施补救措施,快速反应、灵活性和经济节约是由此带来的益处。

(7) 每个成熟阶段会给管理带不同的条件。最不利阶段,也是混乱为主导的阶段,如果公司要实现目标,就必须纠正存在的缺陷和不足。在这种状态下进行变革或说服员工达到更好的绩效水平非常困难,在这个阶段公司董事必须致力于维修职能的发展,此外保障系统也必须积极有效地参与度量和改进维修工作。实施度量体系时,工具和评价的选择方法要能扩展到整个组织。获得对过程的认同是最基本的,要明确一种实施度量的方法,并就部门需求进行有效沟通。

在维修部门成熟阶段,开发有管理维修费用和计划任务的系统,制订有改进设备性能的计划,人因不利影响已经消除。

第4章
维修费用模型：财务指标基础

本章介绍维修记分卡的第二支柱——费用模型。本章的目的并不是提出维修费用的优化策略，也不是对采用各种维修方法的模型进行详细的应用研究，而是介绍基于现实数据收集的一个简单模型，讨论对这些数据的处理，以创建维修指标，尤其是财务指标。

创建费用模型并不是最终目标，相反，应用程序产生的数据可用于提取财务指标，从而使组织能够定量评估维修职能的经济效益。前面已经对"硬"费用和"软"费用进行了区分，在定义费用模型时，要选择易于度量的模型，利用这些模型可以从复杂且无形的度量中提取出"软"指标，具体见参考文献（Arbulu, Vosberg, 2007）。传统的数据收集无法对诸如没有进行培训、缺乏振动状态监测设备费用的"软"指标进行度量，有必要寻找更容易观察的"硬"费用，以提供所需的信息。

为了分析维修财务效益，如果系统很复杂，必须满足以下三个要求：

（1）待评价和比较的设备、机器组和整个工厂必须具有相同的功能目标；

（2）必须确定技术性和非技术性利益因素的评价标准，换言之，费用模型还不足以拟制财务指标，还需要提供运作信息；

（3）必须有被评系统的大部分细节，或者以可预测各系统维修费用构成的方式进行评价。

正确定义系统的目标是第一步。当从获得的信息中无法知晓设计的固有目标或使用目标时，就无法建立系统的维修费用模型。例如，针对备用或冗余离心泵，系统的目标是其冗余条件，这与在关键领域使用的同样泵相比，由于使用条件完全不同，维修费用将完全不同。一旦确定了目标，下一步就是选择设备，并确定该设备的替代系统方案。最后，采用经济评估方法确定各系统的最优配置。设备选型阶段，构成寿命周期费用（LCC）的参数是费用模型以及性能指标推导的种子。

选择设备时，评价标准必须兼顾寿命周期费用和使用效能，这些准则如图4.1所示。从经验上看，利用制造商数据或借鉴相似设备的类似经验来建立效能准则比建立费用准则要更难，但这并不意味着费用估算很简单，只表明各种分类通常更容易理解。

维修费用是寿命周期费用的固有部分,不能脱离寿命周期费用的概念。如果不从方案设计阶段到报废处置阶段考虑维修费用,就无法估计系统维修性费用。费用模型必须涵盖系统的整个寿命周期,必须包括与研发、工程、设计、生产、使用、维修和处置相关的费用,如图4.1左侧所示。

RAMS参数用于衡量系统效能,包括可用性、维修性、可靠性等准则。虽然并非所有参数都是纯定度量量,其估算精度也较低,但它们对于描述系统效能是有用的。

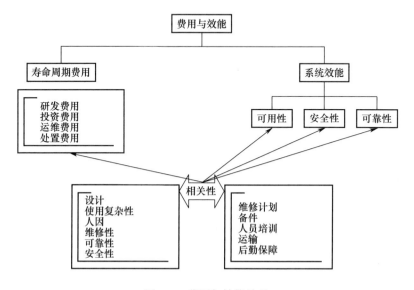

图 4.1 费用与效能关系

研究设备的费用与效能时,必须对各个系统的质量进行分析,按照其满足最重要标准的能力进行排序。如果特定备选方案的费用和效能都优于其他方案,选择是显而易见的;如果两种备选方案满足主要准则的能力相同或者几乎相同,并且费用没有显著差异,则可以选择任一种备选方案;如果系统的费用和效能有显著差异,那么方案选择必须优先考虑高层管理人员的目标,并要适用于维修部门。效能和效率之间的平衡取决于高层管理人员关于以什么样的平衡来实现公司目标的决策。效能并非总是更重要的因素,低费用和效能的组合有时也能满足公司要求。

财务效率和效能研究的最后一步包括记录其目的、假设、方法和结论。这一步要将信息传递给利益相关者。这一步必须谨慎执行,因为其将影响到未来使用的方法。

4.1 LCC 考虑因素

在机器的使用寿命期间,采取了许多技术性和非技术性措施。大多数因素,尤其是第一阶段的因素会影响设备的使用寿命,从而影响费用。LCC 的计算以使用寿命的概念为基础,要适用于特定系统。

1. 传统设计问题

传统工程主要聚焦于寿命周期的采办阶段,但产品或系统要想具有竞争力,必须在设计之初就进行充分协调和协作。因此,工程师必须在产品开发的第一阶段考虑使用可行性及其对整个寿命周期费用的影响,这意味着如果期望的是一个经济有效的设计方案,那么在寿命周期费用中应采用里程碑序贯方法。

能实现资产或整个系统的主要功能的优良设计常常会有间接的或没有预料到的影响,表现为使用问题。这是专门考虑主要功能所致,而没有着手处理设计阶段最具挑战性的任务,即设计应满足 RAMS 参数。这方面有很多专业知识,并且问题可以解决。Fabrycky 和 Blanchard 认为,难点在于已知方法的综合化和系统化应用。如参考文献(Thuesen,Fabrycky,1993)所述,经济考虑因素要应用于工程。对产品的使用寿命、生产、保障或维修方面进行综合时,经济考虑因素非常重要。

图 4.2 给出了寿命周期的不同阶段以及与每个阶段相关的最重要功能,见参考文献(Fabrycky,Blanchard,1991)。传统设计主要在后期介入维修,一旦确定需求并采取解决方案,所选择的维修性或保障策略将不会发生作用。这意味着在许

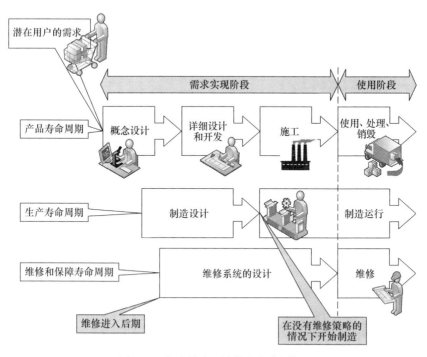

图 4.2　产品制造和维修的寿命周期

多情况下,如果不是为了应对紧急情况而迅速投入开发甚至投入运行新设备的情况,就能应用更优化的费用策略。

2. 费用可见性问题

消费能力下降、预算有限以及竞争加剧的组合已经对机器的总费用产生了影响。在当前的经济形势下,与确定系统实际费用有关的问题已经变得更复杂,体现在以下几个方面:

(1)系统的总费用是不可见的,特别是与使用和维修相关的费用。如参考文献(Blanchard,Fabrycky,1990)所述,费用可见性问题将导致"冰山效应",如图4.3所示。为避免"冰山效应",费用分析必须处理寿命周期费用的所有要素。

(2)费用因素的应用经常会发生错误,或个别费用识别错误,或归于错误类别,进而将可变费用视为固定费用,将间接费用视为直接费用,等等。

(3)会计程序不能始终对总费用进行真实且适时的评估,此外在功能基础上确定费用往往也很困难。

(4)预算实际做法往往不具灵活性,在将资金从一个类别转为另一个类别,或从一年转到下一年方面不利于购置费改善或发挥系统作用。

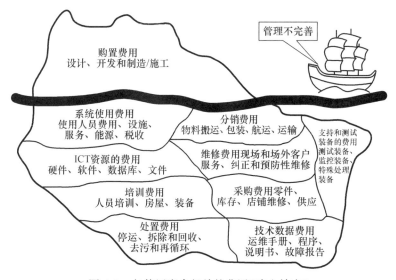

图4.3 与使用寿命相关的费用"冰山效应"

3. 费用分解结构

通常而言,寿命周期费用是根据组织的活动进行分类的,这些组成类别及其要素构成了费用分解,即费用分解结构(CBS)。根据参考文献(Thuesen,Fabrycky,1993),主要有以下四大类费用:

(1)研发(R&D)费用。初始规划、市场分析、产品调查、需求分析、工程设计、数据和设计文档、软件设计、工程模型的试验与评价、其他相关功能活动的费用。

（2）生产与建设费用。工业工程与运营分析、生产（制造、装配与测试）、设施建设、工艺开发、生产运作、质量控制和后勤保障的初始要求。后勤保障的初始要求有对客户的初始保障、备件生产、测试设备生产、保障。

（3）使用和保障费用。由用户或最终用户对系统或产品的使用、产品的分销（市场营销和销售、运输和航运）、产品寿命周期内的维修和后勤保障（如为客户提供服务、维修活动、与测试设备有关的保障、运输和装卸、工程资料、设施和系统的改装）产生的费用。

（4）停用和淘汰费用。在使用寿命期间淘汰不可修复的要素、处置系统或产品、回收材料，以及处置对后勤保障的要求，特别关注环境、健康和安全问题。

费用分解将组织目标和活动与资源联系起来，构成了对每个职能活动领域、重要系统要素、一个或多个通用或类似零星要素的逻辑分组。费用分解结构为资源初始分配、费用监测和费用控制提供了一种手段。

4. 寿命周期内的费用分析

一旦确定了系统费用分解并建立了费用估算方法，就应该将其应用于系统的寿命周期，由此产生的费用汇总必须考虑通货膨胀、学习曲线的影响、货币的未来价值等其他因素。可以使用各种程序来编制费用汇总，但据参考文献（Langdon，2007）所述，在所有程序中，以下步骤是必不可少的：

（1）确定在使用寿命期间将产生任何类型费用的所有活动。包括与规划、研究与研制、试验与评价、生产或施工、产品分发、系统或产品的操作使用、维修和后勤保障等有关的职能。

（2）将每项活动与特定费用类别联系起来。所有活动必须在费用分解结构的一个或多个类别中。

（3）针对费用分解结构中的每项活动，确定适当的固定汇率费用因子，其中恒定值反映的是做出决策时货币的一般购买力。以固定汇率表示的相关费用允许直接比较每年的活动水平，但在引入通货膨胀因子之前，价格水平的变化、供应商签订合同协议中的经济影响等因素会引起方案评估的混乱。

（4）在整个系统的使用寿命期间，将 CBS 每个类别内的单个费用要素转换到未来，使所有活动都具有可比价值，结果必然是相关活动的固定汇率费用流。

（5）对于每一类 CBS 费用和使用寿命的每个应用年份，引入适当的通货膨胀因素、学习曲线的影响、价格水平的变化等。修改后的价值构成了新的费用流，它们反映了实际费用，可以看作使用寿命逐年的预期实际费用。此类费用可用于编制未来的预算需求，因为它们反映了使用寿命每年的预期实际货币需求。

（6）汇总 CBS 主要类别中的各个费用流，编制整个费用的剖面。

评估整个使用寿命期间研发、生产、维修、使用和保障等各项活动的费用流是可能的,而且通常是有益的。将单项费用流累积起来可以编制每项活动总费用的剖面,最终可以从活动和经费逻辑流的角度观察到总费用的剖面,而且考虑了通货膨胀、货币稳定情况等因素。

5. 费用要素估算

在研制阶段,使用和保障费用是以寿命周期阶段规划的使用和后勤保障活动为基础的,通常难以确定。使用费用是系统或产品的要求及其运用的函数。保障费用基本上是可靠性和维修性等系统设计固有特性,以及整个预期服役寿命内所有计划性和非计划性维修活动需求的函数。后勤保障包括维修人员及其培训、供应管理(备件和库存)、保障和测试设备、运输和存销、设施、ICT 资源以及一些技术和工程资料。对系统保障费用的个性化估算是以预期的维修活动频率或维修平均值、维修活动所需的资源为依据的,是从可靠性和维修性预计、后勤保障分析、从系统或产品设计数据中获得的任何其他保障信息推断出来的。供应商或潜在供应商的建议书、目录、数据、设计报告和研究可以作为费用估算的数据来源。系统的主要构成要素通常由公司分类或通过某种类型的分包协议进行制订。潜在供应商将提出包括购置费用以及使用寿命费用预测的建议书,如果采用供应商的数据,分析人员必须了解其包括哪些内容、不包括哪些内容,避免费用遗漏和重复。

在系统研制和生产的最后阶段,系统或产品要进行试验或投入使用,其间所获得的经验是分析和确定性评估的最佳数据源。收集这些数据并用于分析使用寿命的费用,尽可能使用数据来评估设备或其后勤保障要素的任何修改对使用寿命费用的影响。

数据必须一致且可比较,才能在估算过程中有用。由于缺乏对定义的理解或不同解释、生产量的差错、缺少某些必要的费用要素、通货膨胀等,常常致使无法解读费用数据。不同实践做法需要对初始费用数据进行调整。组织以各种方式记录费用,提交公共机构的会计数据类别通常与内部用于 LCC 估计的类别不同,类别也不时发生变化。由于这些定义上的差异,费用估算的第一阶段必须将所有数据与所用定义相匹配。资产的物理特性和性能的定义也需要保持一致,当费用数据有多个来源时,对资产和费用要素的物理特性和性能进行适当定义非常重要,不同数据源的整合可使估算更准确。

生产费用的估算往往考虑经常性费用和非经常性费用,该领域需要一个明确的定义。经常性费用是生产单位数量的函数,而非经常性费用则不是。如果认为新产品的研发是当前的生产费用,那么它不会对新产品产生影响。这种情况下,会低估引入新产品的费用,而高估现有产品的费用。经常性费用和非经常性费用必须分开,由此降低现有生产费用、调整现有产品费用,并将现有研发影响转移给新产品生产,而不是对现有产品进行惩罚。

除了构建或生产新结构或系统所需的初始费用外,还有许多与使用、维修和拆卸有关的经常性费用。在使用寿命期间,能源、燃料、润滑油、备件、一般供应、培训、维修人员和使用保障是这类费用的构成。在估计许多复杂系统的使用寿命时,要考虑此类经常性费用,而且总数可能很高,远远高于初始费用。通常,使用和维修费用不受重视,主要优先考虑初期投资费用,这是错误的。考虑使用和维修(O&M)的系统寿命周期费用就是真正的系统价值。实际上,使用和维修要实现各种优化,需要进行合理的 LCC 估算,据参考文献(Langdon,2007)所述,预测系统的寿命周期费用是建立适当维修策略的唯一途径。

4.2 维修的经济管理

4.2.1 维修的经济重要性

工业设施越来越多地应用前沿技术,致力于实现完全自动化。可以预料这些设施具有更高的定性和定量生产可能性,并且能够提供更好的服务,但在设备上的投资也显著变高。鉴于投资费用高昂,公司管理人员试图优化生产能力,以使投资回报最大化。同时,重要设备故障会危及停产,使性能损失和费用增加。

在任何公司内,都可以将费用分为两类:可变费用和固定费用。

(1)可变费用取决于生产量或销售量,这类费用包括:与销售成比例的费用,涉及包装、人员、装运、金融活动(贷款)、未偿还债务;与制造成比例的费用,含直接人工、材料、能源及修复性维修。

(2)固定费用与销售量无关,这类费用包括:制造固定费用,涉及间接人工、生产机械和建筑物的分期偿还、预防性维修、设备出租、保险;管理固定费用,含材料、人员、税费、办公用品分期偿还。

从初始费用分解为两类维修费用,可以得出两个结论:一是固定费用会对其他方面的结果明显产生不利影响,Dohi 等认为必须将预防性维修视为制造固定费用,如果不确定预防性维修,进行经济分析可能会适得其反;二是作为可变费用,修复性维修影响了这些费用和毛利率的估算和分析。

因此,维修职能通过下列参数影响性能和收入:预防性维修费用(固定)、修复性维修费用(可变)以及机器的可用性费用(故障费用)。这 3 个参数对经济分析产生了重大影响。本章提出的简单费用模型结合了这 3 个参数,建立一个容易理解的方式来执行此类分析。

4.2.2 维修的经济目标

维修的目的是以最合理的费用将公司的设备维持在正常运转状态,从而将效率与效能结合起来。话虽如此,但关于经济目标通常有两个视点:

(1) 高层管理人员视点。高层管理人员必须决策是否安装新设备,做出决定的依据是设备的总费用(包括采购和维修)与其整个使用寿命产生的总量之间的关系。

(2) 维修人员视点。这些人员将负责资产的管理。设备此时已经存在于公司内,购置费用和生产费用是固定的,无法对这些变量进行修改。决策标准是总维修费用,包括:设备不能正常运转所导致生产减少(故障费用)对公司造成的利益损失;维修运作费用,含运作维修单位的费用(工具、设备和人员)、所使用的零件和备件的费用以及用于购置和存储的额外费用(除财务费用之外的备件)、维修业务外包给承包商的费用,尤其是需要价格昂贵且很少用于内部维修的专业技术的业务费用。

这些费用取决于所承担维修作业的重要性和性质、行为发生频率的多少、企业维修单位的组织和管理。

生产机器停机会引发两类公司费用:第一类是由机器故障引发的生产损失或不可恢复所造成的利益损失,一般发生在对生产过程高度关键的资产上;第二类是其他生产费用,如浪费、材料损失、维修人力等,这类损失主要取决于停机的时间和频率、技术严重性和关键程度,负责将损坏设备恢复到运转状态的单位的快速性和有效性,故障随机发生的多寡。

每个生产单位的收益与维修费用之间的关系都可以用图 4.4 表示。点 1 是由

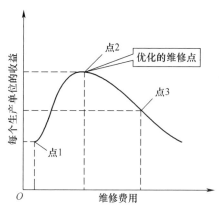

图 4.4　收益与维修费用

于缺乏维修而造成的低收益和由于设备故障造成的低产量,点 2 是最优维修获得的最大收益,点 3 是过度维修。简而言之,如果考虑到这几点,就可以初步分解维修费用。

4.2.3 维修费用分类

将维修费用分为四个不同的领域或范围,会出现在指标记分卡上。

维修费用的第一个范围由生产和维修人员的活动构成。要注意,并非所有执行维修操作的人员都属于维修部门,尤其是在实施全员生产维修(TPM)并且生产和维修之间的边界模糊的情况下。在这里可以细分为四个组分,分别对应维修活动、维修目的、会计原理及行业联盟/协会。

第一组费用是与维修活动相关的费用,包括:日常维修费用,如润滑、涂装等;通过目视检查、预测性维修、无损检测等控制和度量机器损耗的费用;设施的修理费用。

第二组费用与维修目的相关,这类费用包括修复性维修费用、预防性维修费用、改进性维修费用。有必要区分修复性维修费用和预防性维修费用,因为它们与公司的固定费用和可变费用有关,预测性维修应包含在预防性维修内。改进性维修费用适用于对机器进行改进,如全面大修、重新设计等。应单独考虑这些费用,因为它们的总费用通常会扰乱经济平衡。

按照会计原理,第三组费用包括材料费用、人力费用、分包商费用、故障费用、财务费用。在制订绩效指标时,维修预算必须把人力、备件和分包的费用看作容易度量的费用,把故障费用看作具有争议且相互冲突的费用。这也是评价和推导较为困难的费用之一。

与行业联盟/协会有关的第四组费用,可以分为机械、电气、电子和仪器、建筑与管道等专业。对于行业联盟/协会费用来说,必须妥善区分涉及的特定行业,因为每个行业的指令价格不同,与每个行业相关的安装机械的外观也不同,电气、机械故障等的关键程度也会不同。这些费用的区分有利于分包一些维修很少用到但单位小时薪资高的专业行业。

这 4 类费用取决于工厂规模和设施大小。可以将数据收集的管理复杂性和相关的费用中心分为三类,即机器层、分区或产品线层、工厂层。

4.2.4 维修总费用

维修总费用是公司所有维修管理的总价值。总费用较高的机器、装置、部门以及设施或工厂很可能是出现维修管理不善的地方。如果总费用较低,维修管理则良好,也就是说,能够提供设施所要求的效能。必须综合考虑整体费用来实施维修,并且总费用必须包括公司的收益和损失。

1. 定义

(1) 传统维修费用。该费用包含设施的生产费用,具有可变费用和固定费用两种形式。

(2) 特殊维修费用。即作为重大或轻微生产损失结果的维修费用,因备件不流动、分摊维修系统和设备冗余处理不当所消耗的费用。

(3) 可变维修费用。该费用属于传统费用,取决于设施或机器属于主要生产设备还是次要生产设备,包括直接人工或修复性维修人工、预防性维修人工、备件、外部修理等费用。

(4) 固定维修费用。该费用相当于固定制造费用,包括预防性维修人工,间接人工(主管、办公室工作人员和技术员)、润滑油、工具等,维修保险等费用。

(5) 故障费用。严格来说,除了固定费用外,故障费用还包括收益的损失。实际中可以将生产损失视为制造费用或预防性维修停机费用。其还必须加上设备故障造成的能源损失和维修引起的环境问题费用。必须强调,应考虑冗余设备对暂停生产没有影响,且故障费用为零。

借助这些定义,图 4.5 表明了整体维修费用方案。Lambán 等根据 ABC 模型提出了一个费用模型,并将其分为两大块,分别是直接费用和间接费用。为简化前述内容,根据该模型,可以将特殊费用直接计入设备的直接费用中。

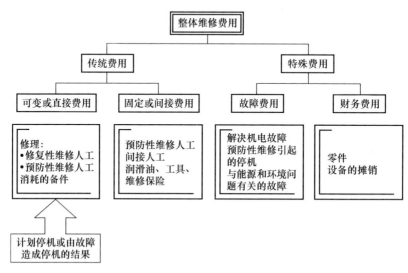

图 4.5 总体维修费用分类

资产的可变性和完全依赖性如图 4.6 所示,该方法需要考虑下面两点:

(1) 维修过程的原材料是指过程中利用的工时和消耗的备件,以及较少数量的其他配件。这在维修过程中尤其重要。在其他过程中,将人力视为运营费用,而在这里显然是一种资源。

(2) 由实施维修任务(预防性维修、修复性维修、系统性维修等)推导出的运营费与故障费用相关联,是维修活动对产品或服务的不良影响以及这些活动的后果。

例如,技术员利用便携式采集仪进行的振动分析消耗了直接的原材料资源(工时和设备小时),但不会停机,因此可计入的运营费用应为零。比较常见的例子就是暂停生产,在保修期内将机器带到制造商车间进行外部检修,这种情况下,分包大修会产生外部运营费用,并且缺乏生产性资产也会造成运营费用,但就所使用的原材料(备件或人力)而言,由于活动是由承包商进行的,因此内部维修费用为零。

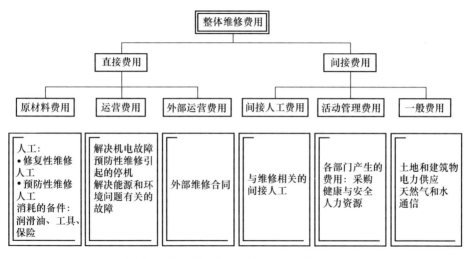

图 4.6 基于 Lambán ABC 模型的维修费用

2. 维修总费用的估算

如前所述,总费用可以按四个层次进行估算,即机器层、整套机器/机器分组、区域层以及工厂层。费用通常归因于机器或分组层次,如安装离心泵的厂房。机器分组按照与设施设置类似的方式分区安装,因此可通过求和得到费用。数据的收集还取决于财务指标所要求的层次,考虑到官僚主义的复杂性以及行政和文件管理的情况,用户希望从具有数百个资产、众多设备集合、具有多个厂址的工厂获得详细的机器指标。

3. 维修总费用优化

在数学上乍一看,当固定费用和可变费用增加,甚至是财务费用增加时,整体费用也应该增加,但是这种情况实际上不会发生,因为故障费用与其他费用相反,当这些费用增加时,故障费用趋于减少(图4.7)。

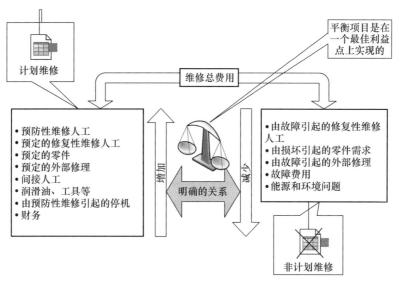

图4.7 预防性维修工作量与修复性维修工作量之间的关系

如果预防性维修费用增加(间接人工、计划停机、润滑油和工具等的消耗),修复性维修费用将会减少(直接人工、备件消耗和由外部公司进行维修)。维修的增加和减少要以维修各方面的预算为基础,要在计划维修和非计划维修之间找到适当的平衡。

可以为修复性维修制订计划,将其作为预防性维修的结果;修复性维修也可以是反应性的/无计划的,是故障停机的结果。图4.8所示为两种类型的维修,显示增加计划维修会引起费用上升,但损坏和故障费用会下降,当平衡最佳时,整体维修费用为最小值。

注意,计划维修的费用分块要利于优化整体费用。采取这种费用分块,可以实现对故障及其影响的控制,因为故障及其影响是计划维修过修或欠修的直接后果。

4. 其他因素

影响上述费用的权重或价值因素包括制造产品的市场、生产速率、产品的季节性,它们决定了故障导致的机器停机是否会造成经济损失。

在食品行业,生产通常集中在一年中的两三个月,其余时间可用于进行各种类型的维修和检修,或者购置、安装新的机器。这通常适用于易腐食品行业,如水果、蔬菜或鱼类,因为它们是在一年中的某些时间才会有原料,而且必须迅速进行加工。这种类型的生产取决于可用的原料数量,而考虑到气象、环境或竞争因素,有

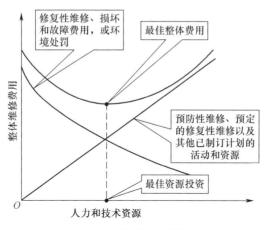

图 4.8　最优整体费用与资源的关系

些年份可能会有更多的原料和/或更多的需求,因此,每年的生产都会有所不同。市场也会对这些行业产生影响,如严格的质量参数会限制生产和/或增加费用,而产品出口到没有具体规定的国家将绕过这一点。

5. 故障费用的确定

维修实施的故障费用源于以下因素,包括损失的生产费用,事故费用,形象、销售和声誉损失的费用,由于质量原因而拒收的费用。每年年初必须确定机器损失的货币单位与不可用小时数的比例。

工单(WO)必须说明故障已经导致的不可用性、能源消耗增加或环境问题。作为不可用的结果,可能会出现以下情况:

(1) 由于预防性维修计划产生的能源节省:每年节省/12＝月比例或月折扣;

(2) 电力消耗的增加,例如从开始申请到结束整个 WO 期间的能源故障;

(3) 环境恶化:罚款或惩罚产生的费用。

6. 车间费用明细表

大多数企业都区分了在现场和车间进行的维修,相应的费用也是分开的。因此,可以将修复性维修的直接人工、消耗的备件等进行分解,以研究导致较高费用的因素(车间或现场)。

4.2.5　维修总费用的计算

根据 Komonen 提出的观点,可以将维修产生的费用分为两组:一是维修操作过程中发生的费用,包括管理费用、人力费用、材料费用、分包费用、储存费用和资本费用;二是生产机器停机或生产速率降低而导致的生产损失费用以及设备故障导致的产品质量损失费用。

这种分类强调了维修职能的两个主要目标,对应于所期望的效能与效率的平衡,即生产机器可用性费用要高,维修费用要低。

1. 维修总费用

根据文献(NOR,1984)的观点,维修总费用 C_g 是四种费用的总和:维修实施费用 C_i、故障费用 C_f、储存费用 C_s 和过度投资费用 C_{oi}:

$$C_g = C_i + C_f + C_s + C_{oi}$$

维修组织在各个方面的目标必须保持一致,确保维修总费用一个因素的降低不会导致另一个因素的增加。

可以针对特定机器、机器组,或整个工厂计算总费用。但是像 RCM 这种理顺维修观察和实施的策略,只要求计算部分设备的费用,这些设备的重要性或经济相关性影响了整个系统的总体性能,对整体费用影响最大的设备会受到更多的关注,成为更加详细的费用分析的对象。回顾前面章节提到的数据太多与信息太少不相匹配的问题。出于这个原因,费用模型为这组财务指标提供的数据将仅来自占用较高比例分配资金(即与维修预算相关)的关键设备或设备。

2. 维修实施费用

维修实施费用(C_i)也可以称为介入处置费,包括与预防性维修和修复性维修相关的费用,不包括投资费用,也不包括与生产直接相关的费用,如生产参数的调整、清洁等。

可以将维修实施费用分为以下三类:内部或外部人力费、为实施维修而专门购买的库存备件或零件费、维修实施所需的消耗性材料费用。

内部人力费用是通过实施时间乘以隐含人力的每小时费用计算得出的。如果采用分包形式,外部人力由合同费用或所需时间决定。

通常也是按照每小时的实施费用来考虑消耗性材料、设备摊销及工具费用,维修实施所需时间乘以明确的各种基础数据可计算得出费用。

因此,可以在实施费用内设置两类主要费用:人力费用以及备件和其他费用,将消耗性设备、分摊设备和特定用途所需的工具视为备件并与人工费用分开。

1) 按时间计算的费用

按照时间和工时确定维修实施费用的现实价值是非常重要的,它们会直接影响到需要尽量减少的整体维修费用。通常要对内部人力费用与外部人力费用进行比较,即使合同已经签约了外部人力,内部费用也会受到影响。因此有必要定义以下两类费用:按时间计算的实施费用,只包括直接实施费用;按时间计算的维修费用,考虑了直接和间接维修费用。

按时间计算的实施费用可通过下式确定:

$$C_i = \frac{直接费用}{总的实施小时数}$$

其中,直接费用只包括工资、雇佣服务、消耗性设备和备件以及与实施维修有关的能源费用。

按时间计算的维修费用 $c_{i,t}$ 可通过下式确定:

$$c_{i,t} = \frac{直接费用 + 间接费用}{总的实施小时数}$$

其中,间接费用包括实施维修的管理、规划和技术分析所需专家的工资,会计、ICT 服务、健康与安全、人力资源等按比例分配的服务费。

2) 备件费用

如果要进行技术经济分析,有必要区分可计算成本中的技术费用。技术费用相当于备件在使用当天的价值,该费用必须包含在实施费用中;会计费用相当于用于确定账面库存的价值,出于经济原因,可以通过折旧来减少。这些数据是计算仓库中备件库存的实际价值并提取与这些价值相关的指标、设备的重置费用或投资回报的基础。

3. 故障费用

这些费用相当于因维修问题而降低生产速率所导致的利润损失,由以下原因引起:预防性维修不明确;预防性维修执行不力;修复性维修使用劣质或低质量的备件、时间过长、执行不力。

需要强调的是资产故障费用相当于运营层面的损失,背后原因是可接受质量的生产损失假定有误。

两难之处在于,费用是由前述原因造成的还是由下面两条原因造成的:一是引起资产损耗的使用错误或误用;二是资产制造商规定的正常工作条件以外的环境条件。

这些费用必须由生产部门、采购部门甚至工程部门承担,而不是维修部门。通过将故障费用分摊到各职能单位,而不仅仅是维修部门,每个单位的负责人都可以采取纠正措施,并在某些情况下承担费用的全部责任。无论是何种原因并且无论是谁来负责,都不应采用将所有停机和故障费用都划归维修部门管理的政策。例如,对于因所购设备可靠性差发生的故障,不应将维修失败看作维修失误,因为购买或重新设计设备的决定并不取决于维修部门,而是由生产能力准则决定,将该费用转移到维修部门是荒谬的。

考虑有工程部门的组织,该部门利用可靠性、维修性、安全性等较低的资产实施项目或进行生产性改进,它们在项目的任何阶段都不会咨询或考虑维修问题。维修部门并不参与这些决策,因此不对任何由此产生的问题负责。但通常认为这些费用应该归维修部门,各部门在故障费用的归责方面存在分歧,这实际上是由于一开始做出的糟糕决定而造成的。

可通过下式计算故障费用：
$$C_f = 未觉察到的收入 + 额外的生产费用 - 未用的原材料$$

各组成部分如下：

（1）未觉察到的收入。该因素将取决于通过重新安排或周末工作等来恢复生产损失的可能性，但在连续生产的情况下，没有机会进行损失恢复。因此该时间段的产量以及在停产期间可能产生的所有收入必须归入上式第一部分。

（2）额外的生产费用。如果有可能在其他临时时间段内恢复部分生产，将产生额外费用，包括生产所需的能源、原材料、可消耗的材料，涉及质量、采购、维修等的服务。

（3）未使用的原材料。当不可能恢复生产时，未使用原材料的费用将从故障费用中扣除。虽然没有使用原材料，一旦生产计划得以恢复还可以用于消耗，除非是必须弃掉的易腐产品，但可能会消耗部分额外的储存费用、运输费用或与材料降解有关的费用。

当存在完全或部分承担维修资产任务的生产性资产时，用于计算故障费用的最受欢迎的模型是本章后面将要介绍的 Vortex 方法。该方法可用于计算维修费用和其他财务指标。

4. 储存费用

根据 Diaz 和 Fu 的观点，库存约占典型公司资产的 1/3，这是各类公司和商业活动的典型特征，无论是行业还是服务。但在维修费用方面，70%的预算通常是人力，30%是备件。Nahmias 指出，1980 年美国军队的库存价值是 1000 亿美元。这样的库存并没有逐步废弃，但随着技术更新换代，旧技术设备可能会突然被废弃。废弃设备及其备件几乎没有任何会计价值，可当作废铁处理。

储存费用包括融资和运作维修职能所消耗备件及其他材料必要库存所产生的费用，包括固定库存品的财务价值，管理和处理库存所需的人力，运营仓库的费用（能源、维修等），辅助系统的摊销（叉车、计算机、软件），保险费用，备件折旧。

储存费用以每个时刻可用备件的水平为基础，用单位时间的费用 $c_s(t)$ 度量，仓库人员产生的费用按时间计入其中。注意，不要将仓库人员的工资考虑在维修实施费用中，而应将该费用计入储存费用中。

如果在给定的时间间隔 T 内估算储存费用，则
$$c_s(t) = \int_0^T c_s(t)\,dt$$

5. 过度投资费用

在设计设施时，选择能最大限度地降低使用寿命期内维修总费用的生产设备是明智的，这种设备需要较高的初始投资，尽管与较便宜的设备有相同的生产能

力,但维修实施和备件储存的费用将会降低。为了将过度投资纳入维修总费用分析中,可以在设备使用寿命期内分摊最初的价格差异,从而确定最大程度地降低费用其他组成部分所需的额外投资。

6. 参考值

在设计或重新设计维修部门时,重要的是要了解维修总费用组成部分的参考值,这取决于工厂规模、行业类型等标准。为了建立维修实施费用的参考值,有必要对各个公司进行比较,用基准测试指标。可以利用多个变量进行比较,包括工厂的设备价值、生产量、附加价值。

1) 维修实施费用与设备价值

可以直接迁入财务指标的参考值是维修实施费用与设备价值的比较。具体地说,这是设备维修相对设备更换价值的比较,目的按照要求的维修是研究生产性资产的最佳更换时间,掌握其使用寿命期内的实际情况,进而优化 LCC。

设备价值(V_e)相当于购买执行相同功能的设备所需的费用,不考虑运输、安装、维修,以及退役或处置等其他费用。C_i/V_e 是用来建立基准的最有意义的指标之一,它与更换或翻修现有资产有关。

2) 维修实施费用与生产量

生产量(V_p)是对设备使用水平的度量。利用该指标可以考虑设备在使用寿命期内对类似设备或设施进行比较;凸显设备的冗余或设备超出规模会增加维修实施费用。

参考值 C_i/V_p 非常高表示设备老化或使用条件恶劣,即恶劣环境或低技能作业人员误用或损坏设备加速了设备的老化。

3) 维修实施费用与附加价值

附加价值(V_a)是常用指标,不考虑使用条件。自动化水平不会影响 C_i/V_a,因为最终用户获得的设备数量和主要生产力(附加价值)变高,维修实施费用也会增加。

对于故障费用,可以将关机时间/运行时间、可接受的生产量/额定产量作为比较变量。避免故障费用会为功能维修带来矛盾,因为这样做意味着增加维修实施费用。因此,设备使用水平稳定,即在资产需求不变的情况下,对维修总费用的控制是一个反复迭代的过程。

对于储存费用,可以采用以下指标:

$$仓库管理费 = \frac{仓库费用}{库存费用}$$

工业领域储存费用的参考值大约为 30%。为了使其与故障费用、故障发生风险密切关联,有必要将备件库存水平和基础设施考虑其中。备件库存的平均价值可通过下式确定:

$$库存平均价值 = \frac{库存价值}{资产更换价值}$$

库存价值在设备价值(新)的 1.5%~2.5% 之间变化,储存费用占 C_i 的 4%~6%。因此,在维修总费用的管理中,这并不是主要关注的问题。

7. 维修总费用组成部分的全费用计算

既然已经提出了模型,将直接费用和间接费用分开,并将总费用的概念应用于前文列出的组成部分,也应该分析完全的费用计算如何影响总费用概念:

$$C_g = C_i + C_f + C_s + C_{oi}$$

维修总费用的组成中,最后三项相当于直接费用,故障费用更具相关性且更加难以量化。仓储费用是维修职能的直接费用,保留大量昂贵的备件意味着会花费更多的维修费用。实际上,维修可能是因不受控制和不明智的购买而受到的惩罚。最后,过度投资费用与设备直接相关,尤其是通过投资更昂贵的设备来降低故障费用。实施费用是维修总费用的独特要素,将直接费用和间接费用合并在一起,纳入了可见实施费用和间接维修费用,如下式所示:

$$C_g = C_{direct} + C_{indirect} = C_i + C_f + C_s + C_{oi} = C_{i\_direct} + C_{i\_indirect} + C_f + C_s + C_{oi}$$

其中,间接实施费用为

$$C_{i\_indirect} = c_{i\_indirect} T$$

式中:T 为维修实施所需工时数;$c_{i\_indirect}$ 为每个时间单位的维修间接费系数。因此

$$C_{i,t} = \frac{计入维修的间接费用}{维修实施总小时}$$

必须在会计期开始就确定该值,这样不会造成太大的经济负担。在正常的生产设施中,最需要考虑的因素是较高的间接费用会使系统更加缺乏效率,从而增加维修费用。

采用 Lambán 等提出的模型:

$$C_g = C_{direct} + C_{indirect} = C_{Mat} + C_{Op\_proc} + C_{Op\_ext} + C_{labor\_indirect} + C_{Gest\_proc} + C_{Gen}$$

其中

$$C_{direct} = C_{Mat} + C_{Op\_proc} + C_{Op\_ext}$$
$$C_{indirect} = C_{labor\_indirect} + C_{Gest\_proc} + C_{Gen}$$

对于总费用,采用以下具体定义:

$C_{indirect}$:表示实施费用中以工时计算的部分。

$C_{Op\_proc} = C_{failure}$:表明维修过程作业费用源于生产能力的缺乏,故障费用将视为运营费用。事实上,故障费用通常是最相关的参数,因此,本章会特别说明故障费用,并对 Vorster 方法进行讨论。

C_{Op_ext}:包括外包大修、预测性检查或无损检测的费用。

$C_{\text{Mat}} = C_{\text{oi}} + C_{\text{s}} + C_{\text{intervention\_direct}}$：与故障费用一样，这是最相关的参数，包括实施维修所需的资源(材料)、人力(占费用的70%左右)和备件(约30%)。设备的过度投资和库存备件产生的存储费用都归入本部分的原材料中，因为它们都是为减少特定设备的故障影响而专门采购的物质资源。

4.2.6 使用单元

使用单元(UU)是会计和维修术语，可以通过它控制维修费用，并减少备件库存，从而带来财务利润和积极的统计数据。可以将UU定义为用于公司不同部门的机器模型、设备、设施或机组，属于可数单位，但可以包含一个或多个产品。如果某家公司拥有50台相同的离心泵，且这些离心泵在相同或相似的条件下运行。对于维修人员，一起处理这些离心泵的事故、费用、故障以及机器产生的各类信息更加简单，而不是针对每台离心泵单独进行工作。拥有几十个完全相同的离心泵是很容易的，图4.9所示为波纹钢铁厂的两个冷却泵房。

(a)　　　　　　　　　　　　(b)

图4.9　波纹钢铁厂的两个冷却泵房

可以按模型或场所来确定UU，以便对相同机器的总体情况进行全局管理。如果考虑的是总体情况而非单独个例，那么维修管理人员经常使用和分析的统计数据就更有价值。也可以将组成机器的某些部件看作UU，如齿轮箱、电机、联轴器、汽轮机、风机、阀门等，也就是说，可以将某台机器划分成多个UU。UU对于拥有许多机器且品牌和型号重复性很高的企业很有帮助。

4.2.7 确定费用的基础文件

确定费用时，每台机器或每个UU都必须考虑在内。所需要的文件包括设备的当前价值、工单、工单申请和生成的所有报告(作为工单的结果)、仓库保证金、备件和分摊维修系统的当前价值。

图 4.10 所示为维修文件生成流程示例。特定机器的工单来自计算机维修管理系统(CMMS),但要做到这点,必须将维修团队的生产告警或外观检查告警引入系统。工单会引发反应,由试图重新启动或维修机器的预防性维修工人(作业人员 1)进行外观检查。如果进行外观检查无效,作业人员 2 必须进行修复性维修,如有必要,作业人员 3 将在车间内修理设备。两者都将时间消耗在维修上,并且必须根据与其专业类别相对应的每小时价格进行费用估算。

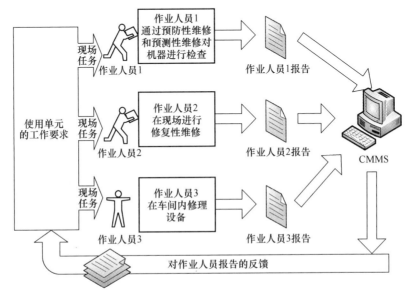

图 4.10 维修文件生成流程示例

4.2.8 维修费用与投资

工程部门进行的改动和改进、扩展现有设施的新工程,会包括组装、拆卸、调整和施工等工作,维修工人也会参与其中,但错误的做法是常将这些项目纳入维修预算。这种费用概念是混淆的,为避免混淆,应考虑以下原则:

(1) 机器的改动、改进以其设计为基础,只是采用了另一种质量的材料、加固了零件、改变了形状,即实施了改进性维修,那么相应费用必须归入该 UU,因为并没有直接导致产量增加或固定资金增加。

(2) 如果需要在工程方面进行修改,如扩大安装、修改结构或改变工艺条件,相应费用可以不归到 UU,而由投资相关的费用中心承担,因为产量和固定资产都增加了。

4.2.9 外部修理:分包

当需要在外部设施或机器制造商的车间内进行维修时,文件记录系统必须显示正确的申请,表明要执行的工作和需要收取费用的 UU。其可能发生以下三种不同的情况:

(1) 机器或其中一部分需要在外部车间进行修理。这种情况下,应向相关外部的公司发出正式订单,并按照外部修理的会计原理对 UU 收取发票上标明的总费用,含人力、材料和一般费用。

(2) 需要人力。如果需要其他公司的维修人员,并且在不确定完工日期的情况下按小时向这些人员支付了费用,则需要对受影响的 UU 记入由此产生的人力费用。注意,这些费用通常高于内部维修人员的费用。

(3) 外部维修人员承包了某些具体的维修工作。这种情况下,合同可以包括人力和材料,或者可以不包括工具,但是需要详细说明要执行的具体工作。必须按照外部修理的规定将相应的 UU 记入由此产生的发票费用。

在许多情况下,由于作业的专业性(一些公司专门从事某类工作)、设备(只有某些公司有昂贵的工具)等,在外部的车间进行修理比内部进行的修理更便宜。经济因素导致了维修分包的增加,而且内部人员和分包商之间往往存在摩擦。

4.2.10 静态相对资产总费用

从维修管理的角度来看,以机器的绝对价值来谈论整体费用是没有意义的。但是,机器的当前价值可以是一个指标:

$$静态相对资产总费用 = \frac{资产总费用}{更换价值}$$

该基本指标体现了机器年度维修费用或相对当前更换费用的累积年度费用,通过该指标可以决定是否更换设备。可以将此概念扩展到其他层面,即部门和工厂层面甚至公司层面。

4.2.11 动态相对资产总费用

静态相对资产总费用没有提到机器的运转情况,也就是说,机器是否大量或少量生产,为此,提出了另一个指标:

$$动态相对资产总费用 = \frac{资产总费用}{资产产生的年营业额}$$

如果将该动态参数限制到一台机器上,评估该动态参数将会变得更加困难,但是如果以全局的方式将该动态参数应用到整个工厂或公司,其应用将会非常有趣。现实地讲,如果能够很容易地从 ERP 系统提取出发票数据,那么就整个工厂而言,很容易度量该指标。而分离由一组泵、风机或压缩机产生的营业额则要复杂得多。

该指标结合了生产能力和维修的数据。通过增加质量参数,将该指标逐步向 OEE 转变,并且该指标已经成为世界范围内公认的部门间指标,是世界级制造(WCM)的标志。

4.2.12　维修总费用的度量和控制

为了使维修负责人能够控制费用及其组成部分的变化,要生成两份报告,且均来源于 CMMS。这两份报告展示了 UU 的月度费用和从年初开始的累计价值(图 4.11)。

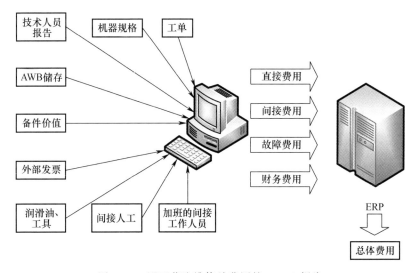

图 4.11　用于获取维修总费用的 CMMS 报告

这样,维修管理人员能够核实有助于其做出正确决定的信息。不能遗漏维修费用中的重要经济数据,即每台机器的价值,必须在报告中给出该参数。机器的当前价值不一定是关注的焦点,因为机器的使用降低了其价值但提高了维修成本,这为更换机器提供了理由。如果更换了机器,新机器的初始价值(会计)会占比显著,这种投资最终带来的是一定的维修费用比例,通常是机器制造商提供预防性维修,从而节省了修复性维修的费用。因此,必须根据通货膨胀和费用期限对购置或购买的显示价值进行修正,与机器的实际工龄无关。

费用评价所需数值的来源包括:工单以及操作人员和技术员的工作申请;描述使用单元构成数量以及具有类似特征的新机器价格等的OEM信息和技术文件;会计和投资数据、购买价格、安装费用以及启动费用;当年工业价格的平均指标(来源于公共资源,通常是政府公共资源);人工费用和固定开支(来源于ERP)。

4.2.13 维修生产率

维修管理人员通过下式计算工厂已完成生产费用和维修总费用之间的商:

$$维修生产率 = \frac{工厂已完成生产费用}{维修总费用}$$

生产率数值始终是相对的,也就是说,类似活动在年份之间的比较。管理人员还必须注意某种内部或外部原因导致生产中断或减少的时期。利用该公式,可以观测到工厂完成的生产与其对维修策略、停产以及其他维修后果的依赖性之间的关系。

图 4.12 强调了仅由物流问题导致的停产(深灰色),它们通常是提供原材料或能源方面的问题引起的。这完全不在维修范围内,不应该将其归类到维修费用中心。

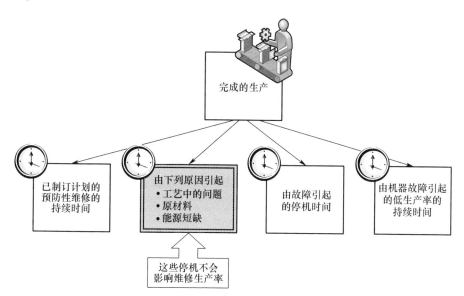

图 4.12 导致停产的停机分类

所以,在停产期间,为了计算维修生产率,必须将设施视为处于正常运转状态。在许多公司,"完成的生产"这一概念毫无意义,最好使用"提供服务"或以货币单位表示的销售。现今,后一种表述的重要性正在增加,因为建筑、医院及其他与制造无关的基础设施维修的影响越来越大,而其产品是提供服务。这些设施的维修生产率是最近遇到的技术挑战,激发了大量的研究和开发,标志着维修人员的角色和要实现的目标的完全转变。

4.2.14 维修预算及误差

费用计算中分析会计越来越多的应用,提出了严格控制费用变化和偏差的问题。基本思路是安排经济活动中发生的费用,然后再核实实际费用。这种差异就相当于损失或收益,或者说维修部门或职能的管理不善或良好管理。

在经济期/活动期间,可以变更两个经济参数:一是人力和备件的数量;二是人力和备件的统一价格。前者是维修职能的责任,后者是采购部门的责任。有必要按照年初确定的价格开展工作,以尽量减少各部门之间不希望出现的偏差和摩擦,明确在特定情况下的责任部门。

1. 预算

每年年末,维修总部要在维修预算中说明以下内容:间接人员数量和类别;直接人员数量和类别;每个类别的年度使用时间;每个类别预测的额外时间;未恢复假期;参与各服务领域(机械、电气、仪表)的间接人员(部门主管、管理人员等);润滑油的预计年消耗量(根据之前活动的消耗量计算);工具、服装和防护设备的预计费用;基于过去的结果,由于故障和预防性维修导致的停机时间;仓库中用于各使用单元的备件预计数量。

为了度量各修复性维修服务(机械、电气、仪表)的生产率,必须将每项服务在一年内使用人员的时间编入预算,从而确定维修发票中标明的总人工费用。

2. 预算差错

一个简单的预算差错可能会导致重大偏差,从而影响维修活动。维修负责人应该与所有维修层级的人员,包括主管和技术员,密切合作,共同编制年度预算。同样重要的是,需要考虑前几年的统计数据,因为这些数据可以反映各种费用的趋势。故障、外部维修或过多的备件可能会增加维修预算。间接维修费用的变化必须由维修主管进行监测,因为该费用可以作为总费用的相关部分。

详细地编制预算,既需要花费一些时间,也需要了解维修职能的职责。有时,一年内备件价格会大幅上涨,或者人工工资会高于人事部门预期的水平,这些偏差不一定会引起维修负责人的警惕。维修负责人不对价格协商、工资谈判或工资法律等方面的管理工作负责,只需要关心消耗的备件和人力,而不是单价的变化,因为这种变化可能来自社会或经济方面的外部因素。其他部门负责此类协商,并保持单价接近原来的价格。

4.2.15　生产和维修的可疑费用

制造费用或运营费用包含维修费用,进行生产的人员和用于生产的资产也会产生人力、原材料、能源等费用,但这些费用与维修费用是有区别的。尽管如此,在某些情况下还是会将这些费用混淆,并错误地从维修部门收取。这些费用多数与元件耗损相关,可以按以下两个标准来区分:

(1) 归因维修的费用。耗损元器件的更改或替换由维修工人执行;元器件的使用寿命很长且不确定。

(2) 归因生产的费用。更改或替换由生产工人或维修工人执行;元器件的使用寿命较短且可以确定;由于耗损元器件的影响,直接对所制造的产品进行修改,即作为质量不佳的结果所进行的修改。

4.2.16　维修费用:冰山一角

一方面,维修会产生明显可见的费用,包括人工、分包商、备件、材料、筹组以及部分行政费用,这些费用都包含在了维修预算中;另一方面,如果没有适当的管理,还会产生上述之外的维修费用。例如,维修不善会产生隐性费用,包括以下原因导致的隐性费用:生产损失、产品或服务质量差、交货延迟、存货过多的资本费用(备件和正在加工的产品)、能源损失、安全问题、环境问题,以及预期外的额外投资,即昂贵的维修实施,或由于设备和设施使用寿命异常短而提前更换设备。

Sueiro 采用经典的冰山图形表示了各种隐性费用的大小,他认为,可见部分(显露部分)是直接费用,而看不见的部分(水下部分)包括间接费用。就像一个较大的水下冰山,隐性或间接费用比直接或可见费用高出 5~10 倍。直接费用的投资有助于减少甚至消除间接费用,从而取得成功。冰山一角显示出了直接维修费用、间接维修费用、财务费用。冰山的水下部分隐藏了故障费用。

冰山的中心是总费用。如果公司维修不力或者维修不足,水下部分要比显露部分大得多(图 4.13)。具有良好维修水平的公司构成了一个较小的异常冰山,该冰山的水下部分非常小。Sueiro 的比喻得到广泛采用,他提出的费用模型将故障费用确定为直接费用(尽管是隐藏起来的),从而将间接费用转变为传统费用。

4.2.17　基于上一年度实际费用确定设施年度维修预算

许多维修主管在必须提前计算机器或具体设施的年度维修费用时总有诸多疑问。预测这类费用难度很大,尤其在可用信息是当年维修的实际费用时。

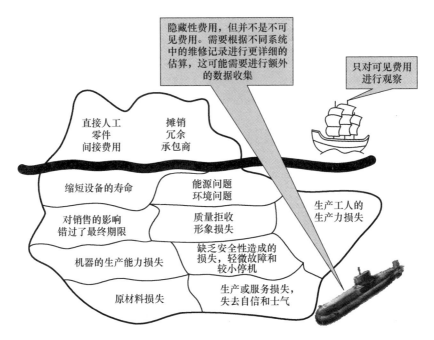

图 4.13 维修费用(冰山一角):显露部分与水下部分

采用简单的方法,例如,维修费用与生产费用等比例增加,会导致在年底发生巨大误差。如果维修费用毫无规律,预测的可信度就会不复存在,例如,可能多年内费用都很低,但预料之外故障的发生可能突然需要进行全面且昂贵的大修。

确定整个工厂的维修预算并没有特别的困难,如果以后需要获得使用单元内一台设备或一组设备的部分财务指标,为每台机器分配财务指标是唯一的困难。

预算估算的起点是机器在当年的维修费用。即使如此,在下一年的预算中,也可能会修改数个因素,如使用寿命费用(通货膨胀),机器的使用,由于过早老化、灾难、修理以及年内改造或修改导致的资产状况变化。由于这些变化是可查证且可知的,所以公司可以建立当年费用的加权系数,利用这些变化准确而真实地估算下一年的维修费用。

4.2.18　备用和冗余设备与维修费用

在利用重复设备增加设备安全性的决策中,必须将维修列入考虑范围内,也就是必须在整个使用寿命期内适当估算包括重复资产在内的维修费用。

企业对重复或冗余资产进行投资时,相关会计核算要包含购买费用、相应分期偿还费用和维修费用。作为维修负责人,能够回答以下两个问题:

问题一，应该何时获得冗余设备？

问题二，如果已经决定使用这类设备，哪种方式更好？当"持有设备"出现故障时，是将其作备用并启动，还是选择交替运行，即一台设备在某些时间段运转，另一台在其余时间运转，共同达到所要求的生产能力？

冗余设备会给维修带来问题，具体地说，新设备的年度摊销值要纳入维修，因为购买设备的目的是降低故障费用。冗余设备即使不工作，也会由于周围环境的影响而逐渐损耗，从而引发维修费用。虽然并不总是如此，但普遍接受的是设备的使用与传统维护、修理、备件消耗及设备耗损的费用成一定比例。

关键问题是如何处理设备，因为它是冗余设备，不能尽可能地运行使用，但又需要进行维修，尤其是预防性维修。其他间接费用仅仅是由于"闲置"资产的存在而产生的。Monga 和 Zuo 分析了冗余和预防性维修这一常被忽略的考虑因素。如果公司拥有冗余的设备，则可以减少该使用单元的备件库存，最终可以将仓库中的库存减少到零。话虽如此，要谨慎减少库存，而不是消除库存。

从所有这些数据中可以推断出包括冗余费用在内的维修总费用。企业可以核实可用性的增加是否能解释由于需要维修设备的增加而导致总费用增加的合理性。中世纪，哲学家 Ockan 提出："不存在非必要的多重统一体"，或者"如无必要，勿增实体"，现在简单地将其称为"奥卡姆剃刀定律"。

Ockan 的妙语相当于说，理论是一回事，实践或现实是另一回事。同样，很多维修负责人都认为：

（1）设备有冗余时，几乎总存在一台机器的运转情况比另一台机器更好的情况，更方便的做法是使其保持连续运转，即待机冗余，因为冷备份冗余会产生许多机电方面的问题。事实上，备用设备经常无法在需要时启动和运行，但没有人注意到这个问题，因为冗余机器只是放置在那里，只有当作业人员尝试启动时才会发现情况。

（2）对于某些设施，如泵或锅炉，如果必须交替运转冗余设备，可能会导致可用性混乱。频繁启动和停止泵或锅炉将导致热疲劳和损失惨重的故障。

因此，当在相同条件下使用两个设备时，可取的做法是一台作为冗余备用设备，并且经常性地启动和关机，资产间切换时有极短闲置时间，这不会损坏设备，也不会影响生产计划。

4.2.19　MAPI 方法实际应用

MAPI 方法由美国机械及联合产品研究所于 1956 年提出，在经济工程领域对机器、设备和设施的探讨做出了杰出的贡献。其理念和方法基于以下概念："防御者"是指可用或正在运行的设备或机器，"挑战者"是提议用来替换"防御者"的设备或机器。

运营劣势表示为机器实际生产与新式机器生产之间的差额,以货币为单位计算。由于设备耗损和故障,机器不能完成与新机器相同数量或质量的工作,运营劣势会随时间累积。同时,随着新机器的发展,因其能更快、更好地完成工作,运营上的劣势也在累积。总之,运营劣势是机器的老化和陈旧引起的。

资本费用是通过利息收回的年度资本价值平均值。不利最小值是机器资本费用和经营劣势平均值的最小金额,"不利"这个词表示运营劣势和资本费用不理想的概念(费用)。不利最小值不是机器所固有的,而只是在某些工作的特定生产条件下才适用。最后,年度劣势的梯度变化是"挑战者"运营劣势的年度积累金额。

尽管 MAPI 方法以图 4.14 原理为基础,但其数学演化比较复杂且不实用。

当机器或装置在预定维修和运营费用范围内正常运行(防御者)时,显然该资产正在为公司创造收益。市场上出现的新机器(挑战者),它也带有通过潜在收益平衡的某些费用。随着技术的不断变化,挑战者会随着时间的推移而过时,现在或者从现在起一年内就必须预测出它的劣势。简而言之,MAPI 试图在一个瞬息万变的世界中解决棘手的替换问题。随着计算机硬件价格的降低,通过这种方法估算了 2 年和 3 年的不利的最小值。即使设备可能处于完好状态,过时也是不可阻挡的,延迟一年购买并不是一个好主意。

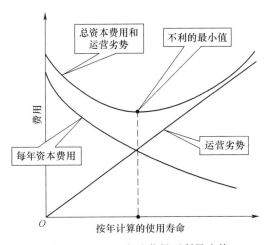

图 4.14　MAPI 方法获得不利最小值

De Garmo 和 Canada 认为,MAPI 方法过于死板,将其并入制订决策所需的图表过于复杂,无法进行计算,对于没有扎实经济教育基础的人来说很难理解。尽管如此,大多数作者认为 MAPI 方法是考虑退化和耗损变量时用于制订决策的适当方法。

4.2.20 机器改造

当一台机器已经使用了很多年,尽管进行了良好的维修,但仍不可避免地会产生耗损,因此需要对其进行处置或改造,以使其能够继续正常运转。改造或翻修工作必须符合以下条件:

(1) 未来的维修必须与之前的维修类似;
(2) 生产能力至少要保持不变,不得减少;
(3) 可以引入技术改进,使机器更加有效;
(4) 可靠性和维修性必须得到改善;
(5) 机器必须已经分期摊还。

必须将成套设备、机器或设备的翻修看作购买新设备的替代方案,必须根据正确的技术经济分析做出决策。必须仔细计算翻修费用,与更换费用进行比较。通常情况下,如果全面大修的估计费用超过新机器费用的50%,应该购买新机器,除非改造机器的优势超过新机器的优势。

4.2.19节已将MAPI方法描述为估算费用和比较可用替代方案,确定最佳选择的有效方法。问题在于正确估算翻修费用。为了实现这一目标,维修部门必须利用来源可靠的数据。翻修总费用包括人力费用、备件及材料费用、大修过程中由生产损失引起的费用以及一般费用和临时额外费用。

1. 人力费用

可以根据必要的工作量和机器的复杂程度来衡量人力。由于设备和设施千差万别,除了一些熟知的标准化资产(如机床)外,人们还未对该领域进行深入的研究。

Grothus对维修类别进行了分类,针对改造机器或执行彻底翻修的需求,为每个"复杂程度"单位分配60个工时。例如,复杂程度为8的机器需要480个工时。显然,在计算之前,必须根据复杂程度对每种类型的机器进行分类。一些研究人员认为,全面大修所需的工时与其他主要类型的维修、检查、校验和简单修理所需的工时之间有一定关联。因此,复杂程度决定了改造或全面大修所需的工时以及日常维修所需的工时。

作为一般指导性原则,表4.1列出了跨工业部门的平均复杂程度。

表4.1 跨工业部门的平均复杂程度

行业	平均复杂程度
机床行业	7.00
重型机床行业	8.00

续表

行业	平均复杂程度
仪器/工具行业	5.00
精密机械行业	7.50
轿车/汽车行业	8.00
造纸行业	8.00
农用机器和拖拉机行业	7.00
工程机械行业	9.60
运输资产行业	9.80
家用电器行业	6.00
化工行业和炼油厂	6.00

2. 备件及材料费用

从机器历史记录中收集的信息能说明出现过较多故障的部件以及需要进行改造的部件,有助于减少故障概率。此外,一次全面的检查也显然有助于确定备件的必要性。如果不能在内部生产备件或备件费用昂贵,那么必须向机器制造商订购备件。只要对日常性修理、修复性维修和预防性维修的费用进行了适当控制,并且费用记录可用,备件费用才比较容易计算。

3. 大修过程中由生产损失引起的费用

正常由一台机器制造的产品,在改造期间必须由另一台机器生产,这会引起更高的费用。还有,为了减缓大修的影响,提前就进行了生产积累,这意味着具有相应价值的库存,这个预测可能是昂贵的。Arditi等认为,环境条件和设计复杂性会导致更大的风险,这两个因素都会影响由生产损失引起的大修费用。

4. 一般费用

必须增加间接费用,如办公室和人员费用、能源和水费等。在决定是大修机器还是购买新机器时,有一些评估技术可供企业选择,但都是基于对下一年度使用和维修费用的预测。维修服务必须有助于此费用的计算,经验表明,如果大修正确,那么改造后第一年的维修费用要低于同一品牌和型号的新机器。这主要是由于为降低运行费用,改造(改进性维修)期间采取了一系列的措施,如安装集中润滑系统、采用更耐久的备件、使机器元件标准化、购置更好的修理或故障检修(预测性维修)设备。

研究证明,改造后的机器具有较低的公差水平。在改造过程中,很容易实施改进,以减少工作时间、提高产品质量、增加处理能力等,换句话说,在决定进行改造之前,必须考虑所有可能的改进。增加生产带来的节约费用或收入也必须考虑在内。经过正确大修和改进后的旧机器肯定会增加价值,可根据MAPI估值和当前价值对其进行准确估值。

改造机器的决策基于两点考虑：一是机器出现问题导致制造的产品质量不佳；二是较高的运行和维修费用。Pathmanathan 将这两点与工人疏忽和恶劣服务条件联系起来，即质量不佳的运行和维修将人因与大修需求联系起来。

许多行业和公司都建议在技术上可行的时候进行大修，而不是更换相同或类似的新机器，因为这往往意味着机器设计的改进。为确保能够降低大修费用并确保改造机器质量良好，必须认真规划、安排和跟进翻修过程。这并不是说检查和大修耗损机器而不更换新机器始终更可取。必须研究和分析替代方案的优缺点。另外，维修和生产职能部门必须能够达成共同决定，生产部门单方面决定更换或改造设备不一定是最好的决策，因为可能缺乏维修职能部门的重要信息。

4.2.21 机器和设施寿命、损耗和过时淘汰

机器或设施有以下几种类型的寿命：有效寿命或使用寿命、经济寿命、所有权寿命、责任或财务寿命以及实际寿命，参见参考文献（Bravo,2006）。虽然有效寿命或使用寿命乍看起来似乎是最重要的，但是基于会计观点或过时情况，设备还有其他寿命，也就是说，在一个国家或一个生产部门没有价值的资产可能在其他地理位置或另一个部门具有实际价值。

（1）有效寿命或使用寿命，它是设备具有实用价值，可以完成促使其购买的功能的时期。LINE-EN 13306:2002 将使用寿命定义为，在给定条件下，从某个特定时间开始，当故障率不可接受时或者故障或其他相关因素导致组成部分无法修复时的时间间隔。

（2）经济寿命在这里有两个适用定义：

第一个定义，经济寿命是设备最大限度降低等量年度成本（EUAC）并接近净现值的时期。EUAC 通常由两个因素组成：资产初始费用在其寿命期内的分摊（"资本回收"年金）以及年度修理和维修费用。资本回收应包括资产残余价值的扣除（如果有的话）。适当情况下，年度修理费用应包括对在用过时机器的缺陷进行排除所产生的费用。考虑随着使用期变长，第一个因素会下降，而第二个因素会上升。通常两者的总和会有一个最小值，也就是 EUAC 的最小值，在大多数情况下与资产的经济寿命相对应。

第二个定义，经济寿命是经过经济技术分析后，将设备更换为另一台设备之前的时期。

（3）所有权寿命，这是售卖或处理掉设备或机器之前的时期。在购买资产的决策引起费用时，所有权寿命就开始了。该费用可能包括在实际到货或资产使用开始之前发生的费用，如贷款、计划费用、运输费用或安装费用。当资产停止引发

费用,并且不再产生任何持续的财务影响时,所有权寿命结束。这意味着已经支付所有处置或停止使用的费用,并且不再出现在公司资产负债表的资产账户中。

(4) 责任或财务寿命,这是财务部门根据公司会计程序选择计算折旧的期限,对等术语是折旧寿命,可将其正式定义为资产应计折旧的期限。在折旧寿命的每一年,可采用标准会计方法计算和申报资产的折旧费用,这笔费用降低了资产的账面价值(资产负债表价值),降低了公司报告的收入,创造了税收节减。折旧寿命结束时,可以认为该资产已完全折旧或完全支出。如果资产超过了这一点,可以将其账面价值称为剩余价值或残余价值。资产剩余(或残余)价值通常是资产初始购买价格的一小部分,甚至可能是零。对于某些资产,管理层可以根据资产的预期使用寿命简单地选择折旧年限,但对于其他类型的资产,折旧寿命是由国家税务机关规定的。

(5) 实际寿命,是机器在不能进行任何工作之前的时期。这个寿命比前述任何类型的寿命都要长。一台机器可以有多个所有者和多个使用寿命,但从一开始直到结束或损坏只有一个实际寿命。可以将实际寿命看作资产在物理上不能为任何人生产产品或提供服务之前的潜在使用寿命。资产通常在物理上能够继续运行,其代价是使某些用户的资产失去经济价值,但可用于其他用户。与实际寿命相对的经济寿命在评估资产时最重要。

在上述寿命中,考虑到将要使用资产的工业部门,可以事先确定的是责任或财务寿命,过去,更换决策一般是基于财务标准而不是使用或维修做出的。

4.2.22 估算故障费用的 Vorster 模型

用于拟定财务指标的模型主要针对一组类似设备所执行的任务,即 UU,如一组相似/相同的离心泵。

1. 故障费用的分析

为了正确估算设备的故障费用,有必要将其与组(泵、风机、齿轮箱等)内执行类似功能的其他资产联系起来,这样的分类利于故障情景的考虑。设备发生故障并停机时,其他设备部分或全部承担故障设备正在执行的任务。Vorster 和 De la Garza 提出,当 UU 发生故障时,不应该暂停生产,而应用类似设备替换故障设备,或者如果故障设备的生产任务更重要,就停止执行某些不太重要的功能,由其完成这些任务。但是,生产损失并不是唯一的隐性费用,与故障设备直接或间接相关的资源也会有隐性费用,会导致工人空闲、原材料费用或承包商被迫停工。

根据一系列变化因素,如生产水平、季节性、其他生产领域的需求等,设备可以执行各种不同的生产任务,因此,合理的做法是对设备发生故障的各种使用情景进行定义,不同情景会对相关故障费用产生不同的影响。建立故障费用的不同类别有助于优先考虑和改善费用分析,对于给定的设备组,可分为组、场景或相应类别,也可以将设备故障模式包括在内,但这可能会使分析过于复杂,最好选择较少但又相关的数据。估算故障费用的能力取决于是否有信息可利用,这些信息如果能说明资产出现故障时会发生什么样的情况,那么就需要创建各种场景来确定设备的任务以及发生故障时的情况。采用这种方式,通过定义参考框架来说明故障的经济影响,可以使分析聚焦于期望费用。

许多资产执行多个独特的任务,并在不同情况下发生故障。在不同情况下解决故障所需的时间和资源通常是不同的,这就是在考虑故障费用时必须权衡和增加各种可能场景的原因。

2. 故障费用的分类

为了简化分析,故障费用采用四种分类(图4.15),即对相关资源的影响、设备的财务费用、对设备组的影响、对备选方法的影响。

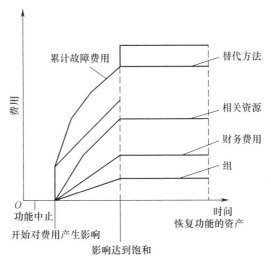

图 4.15　累计故障费用的组成

1) 对相关资源的影响

这类费用表现为资产故障对人力或其他资产等相关资源的影响,通常会在故障发生后立即出现。这类费用与故障的发生直接相关,且与故障次数呈比例。当机器停止运行并且没有其他任务可以执行时,最明显的是与损失的工人生产时间相关的费用。维修的情况下,最明显的是相关技术人员损失的生产时间费用,这期间他们必须处理停机问题,而不是正常工作。这类故障费用还包括当某一资产的故障影响另一资产的生产能力时所发生的费用。

根据 Monchy 的观点,确定这类费用是比较困难的。他认为生产停产或放缓的隐性费用具有主观性,因为无法量化某些影响,如客户满意度或品牌形象。如果企业运行有敏捷信息系统,如 SCADA、ERP 或 CMMS 等,并且在停机或放缓时触发资源闲置的即时预警;那么作业人员在空闲时间还比较容易确定。这种情况下,可以适当、准确地量化这些资源的闲置时间。

2) 设备的财务费用

设备的财务费用定义为能够和/或必须估算的费用,因为购买这些资产的公司希望资源能尽最大限度地用于运作,这里资源代表对生产性物资的资本投资。这个概念是建立在惩罚机制的基础上的,可以激励管理人员实现在任何需要的时候都有可用于生产的设备。

这些费用在许多方面与储存费用类似。有些研究人员认为,只在机器出现故障时才计算这类费用过于武断,而储存费用是在 100% 的时间都要考虑的。那么,关键的问题就变成是否只在故障发生时才考虑哪些是持续支付的费用。

3) 对设备组的影响

这类故障费用与设备组有关。当设备组内一个或多个资产出现故障时,就会发生费用,因为要迫使其他资产在更差的条件下完成更高强度的工作,以达到期望和预期的需求水平,但这样通常会降低效率。加快生产线的生产或提高旋转机械的速度米恢复损失的生产,会使机器在恶化的条件下运行,而这又增加了新的停产风险。

4) 对备选方法的影响

这类故障费用发生在机器故障迫使从采用最佳方法改变为采用具有较高运行费用方法的情况下。该费用通常只会在长时间的故障之后发生,而且通常意味着需要额外的费用来调动备选方法所需的资源,包括冗余设备或临时电气或机械装置(电线、电池、发电机等)的临时安装。

3. 故障费用的估算

要估算各类费用,必须遵循详细的程序。

1) 对相关资源的影响

图 4.16 给出了这类费用发生的时期以及该费用的临时变化。这些费用发生在正常运行停止时间与正常运行恢复时间之间的某个时刻。一般来说,与故障设备相关的每个资源都会以不同的方式受到影响,并且需要经过一段时间后才能显现。在此期间,故障的影响并不明显。

每个相关资源在停机期间都会产生费用。如果不能重新配置生产资源以及由于停机引起的闲置资源,影响的持续时间就等于停机资产重新启动之前的总持续时间。如果可以将在此期间受到影响的资源重新配置到另一个任务上,则可以大大缩短影响的持续时间,从而避免由于资源不工作而对费用造成负面影响。

由于每个受影响相关资源的持续时间和延迟是不同的,所以故障费用的累积

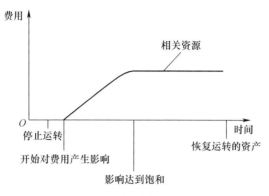

图 4.16 对相关资源的影响

曲线具有不规则的形式。

2) 设备的财务费用

考虑延迟和持续时间,这与前述情况非常类似。为了估算设备的财务费用,需要按时间单位计算财务费用,这是从资产的初始投资中获得的(图 4.17)。

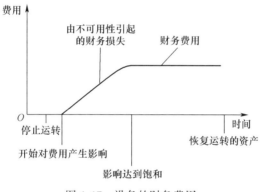

图 4.17 设备的财务费用

3) 对服务水平的影响

当设备组中的一个或多个设备发生故障,导致其余设备承担该故障设备的工作量,从而需要花费更多的费用来维持所需的服务水平时,就会出现这种费用。

对这些费用的量化取决于两方面的因素:一是服务的需求水平与满足需求的可用设备;二是设备组的工作能力由给定数量的设备的条件决定,且以设备组中各设备的可用性为基础。

这种费用的计算通常是非常复杂的,考虑到需求和可用性的结合,蒙特卡罗模拟是一项解决此类工作组问题的方法。

4)对备选方法的影响

当设备组中某一设备发生故障迫使改变设备使用方法或产品制造方法,并且承受了与采用方法(最优方法和备选方法)间费用差异呈比例的额外故障费时,就会出现这种费用。一旦发生故障,可以在图 4.18 中看到这种费用的变化。此时,新方法的采用意味着费用会立即垂直上升,代表了用于配置新方法的费用;新方法使用期间的单位时间费用是原方法与备选方法之间按时间单位计算的费用之差;备选方法使用结束时的第二次垂直上升反映了返回到原方法所发生的费用。

图 4.18 反映了在对原始设备进行修理时使用备选方法所隐含的三部分费用。第一阶段表明在原始设备运转结束后不久对新方法进行配置,并且决定使用备选方法;在配置和部署完成之后,相较于原方法,备选方法通常表现不佳,从而产生费用;一旦对原始设备进行修理并且恢复了原方法,则会产生与原方法恢复和备选方法停用相关的额外费用和最终费用。

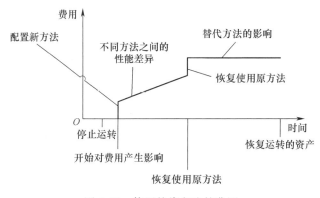

图 4.18 使用替代方法的费用

4.3 维修费用估算

一旦定义了构建模型依赖的基础费用,就必须以持续改进的循环维持经济视角的维修管理的,从度量到控制,再到模型的重新构建,完成一次又一次的循环。要应用任何费用模型,尤其是这里建议费用模型,必须具备数据库维护、费用记录与核算及费用分析系统等要素。

4.3.1 数据库维护

费用系统会产生大量的数据和信息,它们可用于区分维修过程中不同类型的费用,提供相关信息帮助管理人员做出更好的决策,为规划、控制和度量效率提供信息。

必须用合理编码和分类的费用对数据库进行维护,这样才能根据上述要求检索相关数据。适当的编码系统利于按照预期的目标费用(如预防性维修、修复性维修、承包商、生产区域和不同的费用中心)进行累计,并将其划入适当的类别。数据库典型的是按照按消费类别(直接材料、直接人工、间接费用)和费用类型(固定费用或可变费用)对费用进行分类的。未来费用(估算和预测)以及过往费用对于决策来说都是必要的。总之,数据库中的费用必须在不断变化的价格和策略环境下进行检索和分析。

分类对于其他方面的评价来说也是非常重要的,例如,财务对调整工厂规模(无论是扩大还是收缩)决策的影响。但在数据库中,并不是按照这种方法进行分类的,因为这种相关性是相对的。实际上,一旦检索到费用数据,就能根据组织所面临的情况获得对维修用户、生产用户等有价值的信息。

任何情况下,数据库中维修费用的适当文件管理,对后续处理都很重要,也是准备维修记分卡的"原材料"的基础。

要注意,数据收集必须简单、客观,即无须解释、不会难以操控,无篡改。通过这种方式,后续处理不会因为质量分析不佳(如采用方法的使用对工人的善意有依赖)的数据收集而受到削弱。总之,数据收集中必须尽可能地去除人为因素。

建立费用模型的目标包括准确了解维修职能产生的费用,并构造可以在不同组织层面进行监督的指标记分卡。费用项目的目标必须包括将维修总费用降低到与健康的生产水平、高质量和维修良好的设施相适应的最低水平,或保持在一定的期望水平。目标必须切合实际,否则就被看作不可能实现的目标。

可以详细阐述具体的机械、机器组、辅助设备、辅助功能或设施的费用目标。机械费用的目标以用于机器维修的人力或物力的货币价值来量化,或者以工时来量化。可以专注于某些领域(部门)或具体活动的费用目标。费用目标可以是每月最低维修费用,可以是5年以上在某一领域实现,也可以是3个月、4个月、10个月的最佳费用的平均水平。这些费用也能按照度量单位表示为维修工作所用人力或物力的货币价值。

在阐述费用目标时,需要分析过往的费用。这些记录必须准确,否则目标将会受到曲解且变得不可靠。不仅会计记录要准确,而且与人力和维修设备相对应的内部记录也必须可信。由于费用单位通常以货币单位表示,因此有必要修改以前通过人力和物力计算的数量,使其水平保持不变。当前更新通常以当年数据为参考,并对历年的数据进行调整,以反映基准利率水平与历史记录对应期间差异。同样还需要对物力价格进行调整,以考虑研究期间的变化和通货膨胀率。

参考文献(Tavares,2006)详细说明了要想实现正确度量和维修费用的进一步

处理,需要对 CMMS 采取以下措施:

(1) 根据公司的内部组织和最终用户可能需要的其他关系类型,连接不同的费用中心;

(2) 记录设备的采购费用;

(3) 在不同费用中心自动记录已规划和未规划的工单;

(4) 与会计系统相关联,并建立账户(正式会计与账簿)和费用中心之间的协调;

(5) 获取用户在特定时期内选择的不同资产的人力费用;

(6) 获取用户在特定时期内选择的不同资产的合同签约人力费用;

(7) 获取用户在特定时期内选择的资产的材料费用;

(8) 估算每个活动和申请人的维修费用;

(9) 计算在用户确定期间结算的维修费用指标;

(10) 依用户定义期内的设备采购费用,计算累计的维修费用指标;

(11) 计算第三方人力费用关于总人力费用(厂内劳动力不含第三方或承包商)的指数;

(12) 通过 CMMS 的备件管理系统能够获得零件和工单通用材料的费用。

4.3.2 费用记录和核算

大多数 CMMS 仅仅考虑维修的直接费用,即"硬"费用。考虑"软"费用则要困难得多,只能通过复杂的数据挖掘程序进行计算,其难点在于必须提供数据,而不是软件或嵌入的算法。

CMMS 通过正确和有效地利用时间、材料、劳动力和其他服务来控制维修的直接费用。实现这一点,就可以每年准备一份预算,其中包含对维修费用的适当判断。这种直接费用以更加可见的方式与维修实施费用密切相关。涉及的直接费用包括人员费用(内部人工)、外部或外包人员的费用、维修仓库的备件和其他消耗材料、清洁费、差旅费、审核费、外部维修(外包)费、维修车间和仓库的翻新费、租赁费、专利费、税收、保险及分期偿还贷款。

在计算维修实施费用时,间接费用不太明显并且常常会被遗忘。其估算需要将一系列数据输入 CMMS 中,这要求沟通透明,维修管理人员试图让维修工人参与提供数据,而这些数据只有除维修总部之外极少数人知道。而且为了对维修产生积极影响,他们可能会试图影响这些费用。即便如此,改善维修效率的真正影响还是来自直接费用和故障费用。

在所有费用中心之间分配的内部间接费用包括土地和建筑物、电气供应、天然气、水和通信。外部间接费用包括技术获取、健康和安全、医疗服务、人事部门、高层管理人员。

为了使选取的费用模型正常发挥作用,必须创建费用中心。费用中心是一种组织结构,它允许根据共同的地理位置、品牌或功能对生产过程、辅助服务或仅仅是一组资产的所有费用进行分组。必须将生产设施的维修人员分成内部维修和外部维修(图4.19)。内部维修由中心的内部人员和分包公司的人员派驻实施。根据年度合同,这些分包公司通常按照维修小时数每月结算,价格在之前就与公司完成了签约协商。

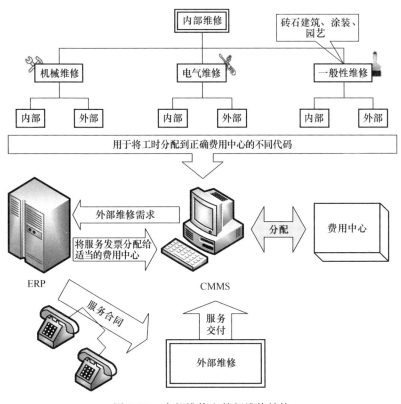

图4.19　内部维修和外部维修结构

外部维修由执行特定和具体维修任务的外部公司进行。对于这种类型的维修,应在之前协商好的预算下开展工作;发票不是取决于工作时间,而是取决于所执行的任务,包括人力、材料、差旅费、住宿费用,任务甚至可以由承包商要求的第三方其他合作伙伴来执行,但前提是发票不增加,而且任务正常执行。

可以将内部维修分为电气维修、机械维修和一般维修。任务可以由公司人员来执行,即自身维修,也可以是外部人员,即承包商来执行。按职能/专业化区分,每个维修组要分配一组不同的维修任务,以确定每个专业完成的小时数。

（1）机械维修任务。机械维修所需的人员一般是训练有素的专业机修工,执行的任务包括:涉及任何类型机构(齿轮、传送带、活塞、润滑、外形变化、内燃机、锅炉等)的维修任务;机床(车床、钻床、材料去除机械等)的使用;管道、管路、钢板等的安装;焊接。

（2）电气维修任务。人员需要接受电力和/或电子方面的培训,执行的任务包括:涉及任何电气/电子系统的任务(电气接线、变压器、照明、电气连接器、开关、数据PLC用电缆、电动机、属于供电和自动化系统的所有工件等);电子测量系统的使用(示波器、电流表、电压表、网络分析仪、频谱分析仪等);对机器人和其他自动化设备进行编程(PLC、工业网络等);电力电子装置的使用。

（3）一般维修任务。这些任务所需的人员应接受在职培训,包括涂装、砖石建筑、园艺以及其他不需要特殊培训的一般性任务。

在各单独领域工作的人员不能执行所有不同类型的维修。修理或处置必须由具有特定培训和/或技术的人员进行。公司进行维修工作时,相关费用中心必须提供维修订单,说明所要完成的工作。还必须明确规定和详细说明进行费用估算的费用中心。一旦工作完成,外部维修公司就会发出已完成工作的交货单,然后供应部门会将订单转换成发票,以便公司对维修付款。

可以将任何外部维修发票直接计入已完成维修的费用中心。外部维修对费用中心相关的任何特定资产没有特别的影响,只会直接影响成本部分。这使基于UU的预算分类变得复杂化,将预算处理转变成了维修黑洞。

对于外部维修,将工作费用直接计入已完成工作的费用中心。维修部门的年度预算涵盖了所有的内部费用,因此,必须确定维修人员的小时费率,这样就能按照商定的小时费率将自身维修人员完成的小时数计入预算。但是,如果维修是由之前确定的特定领域的工人完成的,必须将消耗时间输入系统中,并作为实施该维修的费用中心的内部维修时间。可以根据UU划分不同费用中心的费用。计入了所有维修费用的维修费用中心必须计算维修职能中最棘手的问题之一:每小时的实际价格。通过将计入该中心的总费用除以花费的总时数,可以确定每小时的实际价格。这反过来又成为内部维修费用的一个关键指标,便于制订有关外包、大修或更换的后续决策。

通常只包括维修的费用中心必须以统计量化为目标,这实际上不是一个真正的、有用费用中心。相反,必须根据每个中心花费的维修小时将费用分配到相应中心。按照计入不同中心的维修小时所计算的费用总和必须与各费用中心的费用总和保持一致,这反映了整个维修职能。对于实施TPM公司,由于生产和维修之间界限模糊,这一点尤其重要。还要强调这样一种思想,维修作为一个带有费用中心的职能,收纳了公司的所有维修(图4.20),但它不是一个单独的整体部门。

以费用中心为手段来构建工厂,公司可以利用维修团队发出的报告和工单在

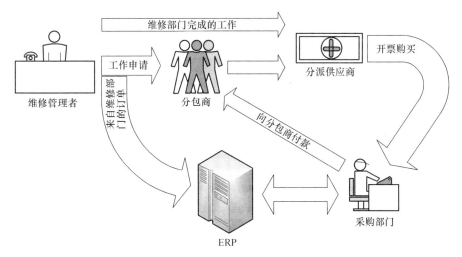

图 4.20 利用综合管理系统控制外部工作

每个中心消耗维修小时数。正如所预料的也是经过验证的,由于维修取决于资源的可用性、计划和非计划生产停产以及内部维修计划和执行,整年的维修小时数会出现波动。

对于所要进行的外部维修,必须订单化。将订单中反映的费用,如材料费用和/或必要备件费用,直接归入维修承包商所在的费用中心。如果因为某种原因,如公司未知的技术或者经济因素,选择了对机器进行外部维修,那么即使这台机器有缺陷并且需要进行过度处置,或者处置费用远高于平常水平,通常也不会反映在机器的维修费用上。一方面,维修费用的计入增加了该费用中心的外部维修费用,从而提高了该部分产品/服务的价格;另一方面,在不指明发生费用的具体设备时,这种异常费用会间接地影响该部门其他设备。常见且危险的做法是周围设备分担和掩盖了故障机器产生的异常费用,这反映了计算该费用中心相关 UU 的 LCC 的难度。

外部维修订单可有意保持开环,而不是将维修订单的费用归入费用中心。通过这种方式,即使在关闭工单后将费用归入费用中心,但单据仍可保留在 CMMS 中,并且有详细的已发生费用,用于进一步处理和计算不同 UU 的 LCC。

对于前面提到的费用,还需要增加维修活动的材料费用,如通用备件、耗材、特定备件、安全器材等。在维修活动的第一阶段,通常不会直接考虑这些费用或将其与特定修理相关联,但最终会将它们输入费用中心作为整体费用的追加维修费用,并且将它们与各种处置相关联,从而避免创建一种承担所有备件、材料等的维修费用仓库。备件与工单相关联,这是一种常见的做法,但并不是最佳的做法,因为工单可以包含多个子任务,并且有必要进行适当分析(图 4.21)。

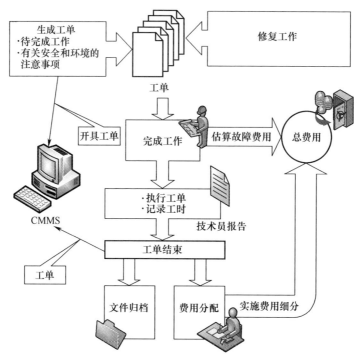

图 4.21 执行工单之前分配费用的过程

必须告知主管和管理人员工作日内工人的作业任务,以及每个活动的时间,主要有以下几种原因:

(1) 负责人必须了解已经发生的故障才能正确规划要求的任务。

(2) 工人必须记录工作日的所有活动,包括额外工作时间、看医生、培训和工会会议,以证明工资的合理性。

(3) 必须记录每个特殊领域(电气、机械、电子等)的维修时间,以准确计算每小时的费用。

(4) 维修管理人员和生产管理人员或厂长都必须了解需要更多维修时间的活动以及到什么程度(故障百分比、计划工作百分比等)。

(5) 在职工人的数量可通过病假、特殊活动、参加工会会议等确定。年度维修工人的实际数量必须以维修花费的总时数来计算,而不是以正式聘为维修队的工人的工作时间来计算。

(6) 必须了解需要较多维修的费用中心。

这些信息都将通过技术员所做的工作报告(主要是工单和所有生成的文件)反馈给公司,这将利于提取必要的数据。事实上,处理技术员提供的所有信息需要花费很长的时间,因为数据量是巨大的,而且数据的质量可能很低,这就增加了出错的可能性。必须处理两类文件才能进行费用分析,即工单和技术员提供的工作报告,如工作要求或技术分析,这些内容有时也作为工单的内容。在这些文件中,为了合理计算费用,在以下三类活动中必须至少区分两种类型的维修,即修复性维修和预防性维修。

(1) 故障。故障会导致生产过程意外停产或放缓,可能需要通过停止生产过程来执行维修任务。

(2) 修理。修理不会中断生产过程,不应该为了解决问题而停止生产过程,而应为解决问题事先规划必要的材料和其他资源。

(3) 计划的活动。包括预防计划中指定的活动或已经规划了必要材料和资源的修理,以及开展这些活动花费的时间。

4.3.3 费用分析系统

通过适当的费用核算(适当的数据收集),进一步的处理就能够构建期望的财务指标,显示维修职能的效率。如前所述,估算软费用的复杂性将很大程度受到所面临困难的影响,说明在分析LCC维修时特别需要对费用采取控制。

在维修决策制订过程中需要通过累计费用系统生成相关信息,主要原因有三点:一是很多间接费用与决策制订过程有关;二是要想发现哪些领域的费用上涨超出了计划的预算,就需要一个能合理触发告警的信息系统;三是某些维修活动领域变革的决策不是独立的,总是会引起各种反应和影响,有正面的也有负面的。

存在的危险是,由于易于收集和处理,决策时考虑的仅有归因于特定活动的增加费用部分。直接费用是透明可见的,可以认为它们明显受到了决策的影响,且变化也是明显可见的。间接费用也会受到决策的影响,但不透明,而且在显示上有一定的延迟,使其不太可能一目了然。

费用模型可以根据分配到费用对象的费用及其复杂程度而有所不同。通常,可以将费用模型区分为直接费用模型、传统的分摊成本模型、基于活动的费用模型(ABC系统)。

直接费用模型仅将直接费用分配到费用对象,费用对象是维修。在这里,对间接费用有贡献的那些费用直接计入了有关经济期间的消耗结果中。当按照需求波动,横向资源费用(服务和其他间接费用)不显著时,这种方法可以支持决策制订。必须更仔细地看待负面或低费用分担的项目。无论如何,必须在适当时间将决策制订相关的间接费用估算纳入分析中。直接费用系统的缺点是,它们不能核算间接费用并将其分配到费用对象(维修)。这就是只有当间接费用在组织的总费用中所占比例很低时才推荐使用直接费用系统的原因。如果这些费用不可忽略时应用了直接费用系统,就会描绘出一幅维修职能经济情况健全程度的错误画面。

另外,在传统系统和 ABC 系统中,可以将间接费用分配到费用对象。图 4.22 给出了传统的维修费用模型。第一阶段,可以将一般费用和所有费用(包括间接费用)分配到费用中心;第二阶段,通过明确的分配基础将费用中心的累计费用转移到费用对象。传统的费用系统(维修中最常见的系统)在第二阶段使用了少量的分配基础,通常是直接工作时间或机器运转时间。换句话说,传统系统假定工作时间或机器运转时间对长期的一般费用有重大的影响。ABC 系统的不同之处在于,它在第一阶段有很多费用中心,在第二阶段有数量和种类都有很多的分配基础。

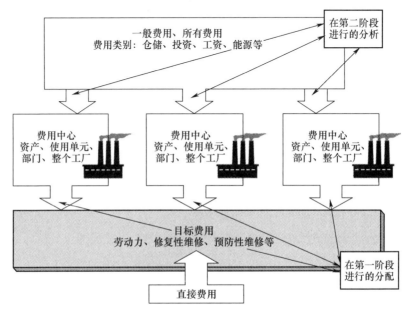

图 4.22 传统的维修费用模型

第5章 RAMS参数：维修效能指标

5.1 引言

本章讨论 RAMS 参数,即可靠性、维修性、可用度和安全性的组合,以创建维修指标的第三支柱与控制记分卡(详见参考文献(Galar 等,2009))。该重要支柱对系统效能信息指标起着坚实且一致的支撑作用(图 5.1)。这些参数共同表示系统的可信性水平,换句话说,如果系统的这 4 个特征比较好,则可以认为其是可信的。这个最近创造的术语也应用于维修工程和管理,用来表示功能安全性。这种情况下,可信性的确定严格遵循系统效能的技术标准而不考虑效率。

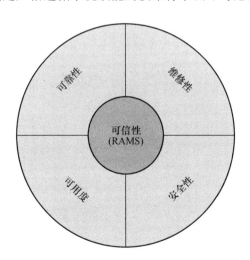

图 5.1 RAMS 参数

IEC 60300-1 中,可信性定义为"基于可用度及可靠性水平和对维修保障等影响因素来描述使用的一个总称"。该定义的主要假设是以可用度为真正目标,系统在需要使用时必须正确运行。为此,系统必须既值得信赖,又能够通过分配适当的资源而获得维护和修理。维修职能的具体范围是重要的,因为它构成了可信性的基础。尽管该定义显然不包括安全性,但正如已经指出的那样,这一点是可信性理论发展和应用的起点。

系统效能的通俗定义就是,系统效能是系统能够执行工作的能力。进一步解释,有以下两个定义:

(1) 系统效能是系统在规定时间和规定的条件下满足使用需求的概率;

(2) 系统效能是系统在一定条件下按要求满足使用需求的概率。

系统效能显然取决于系统或设备是如何设计和建造的,但如何使用和维修同样重要,因此下列人员或组织的成员可能参与并影响该参数,包括设计工程师、制造工程师、使用人员或用户、维修人员。

最后,效能还受保障使用的保障系统、人员行政管理策略、决定设备使用的标准以及其他行政性决策的影响。

5.2 系统效能

现代工业系统非常复杂,并且表现为巨大的经济投资,这两者都影响了系统的管理。就系统、工作人员和环境而言,安全性和质量是需要进一步关注的问题。这要求在考虑保障条件和安全性的条件下,对系统设计和使用技术规范(技术效能)进行综合说明。需要选择能够产生最佳设计、优化的使用/操作和维修保障的方法和程序。

为了实现这一目标,在系统的整个使用寿命期间可采用综合后勤保障(ILS),这不是一个新概念,系统工程中一直包含综合保障的所有考量。如果目标是人类活动、创造和运行的系统的效率和效能,那么必须考虑综合保障。

通过定义活动、确定活动的各种相互关系、监测并控制活动,ILS 确立了这些活动的框架。为了便于操作,后勤保障分析(ALS)将后勤保障指标的分析(ALI)与系统的工程活动统一在一起。后勤保障分析是指为确定系统保障的要求并影响其设计所进行的一系列有计划的迭代活动,实现按照规范提供系统及其保障,并在采购和运营两方面都是费用最优的。

后勤保障分析是系统开发第一阶段使用的设计分析工具,通常包括维修分析和使用寿命费用分析。其产生的结果是可以确定和说明综合保障所需的资源,包括备件的种类和数量、测试设备和辅助设备、人员数量和资格等。UNE-EN 60300-1:1996 规定,产品供应商必须提供有关可靠性和维修性的数据,以便进一步分析可信性以及有关保障需求的数据,从而便于计算寿命周期费用。获得可用的信息可以简化 RAMS 分析,以及维修指标的评估和由此引起的审核。

维修保障(MLS)也是综合保障的一部分,包括所有可重复的维修任务(ALM),这些任务的选择及其在具体应用中的范围和强度会因项目需求和限制而变化。根据 UNE 20654-4:2002,可以将这些任务分为两大类:使用(任务)和维修保障系统定义,备选维修保障系统的准备和评价。

在综合后勤保障内部,一些参数包含了对设计和保障因素的综合考虑,这些参数是系统及其保障的系统效能度量标准,因此在工程规范中可以将这些参数作为目标。

5.3 效能度量

效能度量,也称系统保障参数,是对质量相关概念的定量表述,Sols 和 Munoz 将效能与可用度等同起来,因而可以将这个术语扩展到可用度对可靠性和维修性的依赖关系。鉴于有必要在所有工业环境中增加安全性考虑,提议的系统效能参数应包括可靠性、维修性、可用性及安全性。这些参数是相互关联的,但是它们的重要性则因系统而异,任何效能指标都需要实现一定的价值或价值之间的特定关系。

根据不同的功能,一个系统对于不同的参数可以有不同的目标,这些目标还可以按系统使用剖面规定不同阶段进行更改。可以通过以下方式确定这些参数之间的关系(图 5.2)。

产品和维修人员之间的关系可以通过维修性来确定。它是指在规定的时间内,按期望的置信水平,由具有规定经验水平的人员,利用合适的技术和工具、测试设备、工程数据、维修手册,在特定环境条件下成功地完成修复性维修活动、预防性维修活动或这两类活动的概率;也指能够修理设备并将其恢复至规定状态的可能性,参见参考文献(Knezevic,1996),是按照修复机器要素的时间来计算的。

产品和制造商/设计师之间的关系受可靠性的约束。可靠性是指产品在为其设计的环境条件下运行时,在预期时间内完成预期功能的可能性,参见参考文献(Nachlas,1995)是按设备要素的故障次数计算的。

制造商和维修人员之间通过资产联系为一个整体关系,以可用度体现这种关系结构。它是在一定时间内正常使用设备的实际可能性,根据具体情况可以强调时间也可以不强调时间,平均故障间隔时间(MTBF)和平均修复时间(MTTR)是两个关键参数。为了确定设备在需要时能够运转良好的可能性,在稳定条件下,考虑的总时间包括运行时间、实际维修时间、不在编时间、预防性维修时间(在某些情况下)、管理时间以及后勤时间。

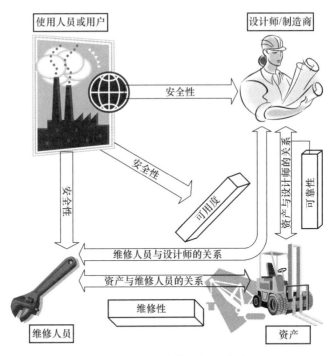

图 5.2　RAMS 参数之间的关系

5.3.1　可靠性

IEC 60050-191:1990 和 ISO 8402:2000 将可靠性定义为"系统在规定的时间内,在规定的工作条件下,能够正常运行的概率"。该定义强调了概率、正常运行、运行时间和具体的运行条件,这 4 个方面都对系统可靠性起着重要的作用。

概率是可靠性的第一个要素,通常采用简单的形式,如期望事件除以事件总数得到的分数或百分比。相同的产品在相似条件下运行时,故障可能会发生在不同的未知时刻。故障发生的"随机性"可以通过统计分析来表示。因此,故障可以表示为概率事件,可靠性的定义以概率论的概念为基础。

正常运行是可靠性的第二个要素。应定义正常运行的具体标准,通常情况下,需要综合定性和定量因素,以确定系统或产品必须完成的规定功能。

运行时间是可靠性的第三个要素。时间是度量系统性能最重要的因素之一。时间参数必须是已知的,用于评估完成任务或预定功能的概率,这个概率反映了产品在规定的运行时间内不发生故障的能力。以时间表示的可靠性指标有 MTBF、MTTF 和 MTBM。

具体的运行条件构成了可靠性的第四个要素。这些条件包括环境因素,如系统工作的地理位置、运行模式、运输、温度循环、湿度、振动以及其他影响因素。不仅在系统或产品工作时,而且在系统留待备用或从一地运输到另一地时,都必须考虑这些因素。从可靠性角度来看,运输、安放和储存有时比正常运行条件更重要。

可靠性是设计的固有特性,因此,定义系统时考虑可靠性,并在系统的全寿命周期内评估可靠性水平是非常重要的。当用户需要系统在一定时间内无故障运行时,就构成了系统的可靠性目标。如果寻找系统不可靠的真正原因,则可以发现大部分故障是由于以下原因造成的:人因,包括作业人员差错;设备使用不当;环境影响;软件问题;试验持续时间不足;制造过程中质量控制不佳;安装有缺陷;维修不当;规范(文档)不清楚。

在优化使用可靠性的计划中,必须考虑四方面的因素:人的可靠性、过程可靠性、设备维修性以及设备可靠性。正如参考文献(Woodhouse,1996)所解释的那样,图 5.3 所示的四个参数中任何一个发生变化都会影响系统的运行使用可靠性。

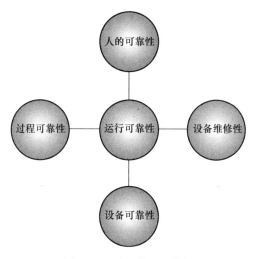

图 5.3 运行/使用可靠性

5.3.2 维修性

与可靠性一样,维修性也是系统设计的固有特性。理想情况下,系统的设计应该确保能够在不花费大量时间、金钱或其他资源(人员、材料、设施和设备)投资的情况下对系统进行维修。维修性是维修部件或系统的能力,其中维修是为了使部件恢复或维持在有效运行状态而采取的一系列措施。维修性既是设计参数,也是设计结果。

作为设计结果,维修性可定义为以维修频率、维修时间和维修费用等因素所表示的特性。这些术语适用于一些不同的指标或度量,因此可以将维修性定义为多种因素的组合。

(1) 是设计和安装的特征,表述为在维修执行既定规程、采用既定资源的情况下,产品保持在工作状态或在规定的时间内恢复到规定工作状态的概率。

(2) 是设计和安装的特征,表述为系统按照既定程序运行和维修的情况下,在一定时期内需要维修的次数不超过规定次数的概率。

(3) 是设计和安装的特征,表述为系统按照既定程序运行和维修的情况下,在一定时期内系统维修费用不超过规定金额的概率。

确定部件或系统的目标需求时,可以将维修性表示为达到某个特定值的要求。

5.3.3 可用性

可用度是系统效能的重要度量参数。通常来讲,系统可用度是系统需要工作时能够运行的概率。

对系统或设备绝对重要的这一要求与系统需要时和在一定环境下运行的能力相关。考虑环境因素,可以根据系统保障(备件、设施等)条件是真实的还是理想的来定义不同的可用性参数。

直接影响系统可用性的因素包括避免故障(可靠性)的能力和进行维修的能力(维修性),显然修复性维修会导致系统在需要运行时停机,预防性维修也可能会导致系统停机,从而影响可用度。

5.3.4 安全性

可以根据可用度并采用不希望事件发生的概率度量来表述应用系统的安全性。

安全性的实际处理要求确立风险事件并对其分类,还有具有确定其发生概率的能力。与相信估算或专家判断相比,利用数据库中包含的信息是更好的方法。通过概率量化风险,来分析识别系统的风险事件。发现引起不可接受风险的部件时,必须对其进行重新设计。核电厂是一个具有显著安全性要求(停止、减少事故等)的系统。

在系统质量的各种度量中,可靠性的评估是非常关键的。它在系统的整个使用寿命期间也是至关重要的,并且可以在综合保障框架内考虑。总之,在开发和运行现代系统时,必须了解和度量部件和系统的可靠性。可靠性分析依赖可靠的数学工具,还要求创建概率模型,但分析人员往往没有足够的数据来设计这些模型。

5.4 可靠性、可用性和维修性的分析

5.4.1 引言

通过RAMS分析,可以根据部件的配置与信赖度及维修理念来预测系统在规定时间内的可用度和生产。请注意,与大多数文献不同,UNE-EN 60300-1确定了四个RAMS参数。

分析建立在时间的选择上,该时间具有各种生产系统设备的特征,来自行业通用数据库、经验和专家意见。这些时间构成了早期的数据资料,随后从中提取参数和指标进行分析。

在仿真模型中,考虑了设备的配置、故障、部分修理和全部修理、停机和计划维修。一旦构建了RAMS模型,就可用于推断可用度和生产延期的影响,包括新的维护策略、设备维修性的变化、新技术的应用、生产过程中设备配置的变化、库存策略的变化以及新生产方法的引进等。

通过度量数据和可视化指标,可以发现RAMS分析和RAMS参数预计之间的差异,在此基础上根据审核结果提出的改进建议,能够预测系统的未来行为。控制记分板与预测结果的偏差将促进改进预测系统,使其在未来具有更高的准确度。

RAMS研究可确定各种变化过程的概率,这些过程影响到产品相关的设备、子系统和系统。换句话说,通过度量构建的参数,能够研究并预测系统的停机次数或故障次数,还可确定能减少停机或故障发生的措施,并考虑经济影响。最后,将现实情况与"最佳实践"进行比较,帮助制订最佳的维修策略。

这个过程促进了关重件清单的发展,通过清单可以确定它们对可用度和生产延期的影响,制订降低风险的措施,并优化经营业绩。

5.4.2 RAMS分析的一般模型

图5.4给出了RAMS分析的一般模型。分析从估算部件或设备的故障率开始。信息可以是特定的或通用的。美国国防部通过使用MIL-HDBK-217E,非常准确地确定了电子元件的故障率。对于机械元件,由于具有更多的信息,因此没有必要利用参考值来确定故障率,例如轴承制造商通常会根据运行负荷和工作条件提供寿命和退化模型。此外,在很多情况下,信息主要来源是证据,包括相似系统的故障信息,或在相似公司或部门建立基准的结果,将这些证据存储在数据库(如CMMS)中,以便利用这些数据对系统进行建模。

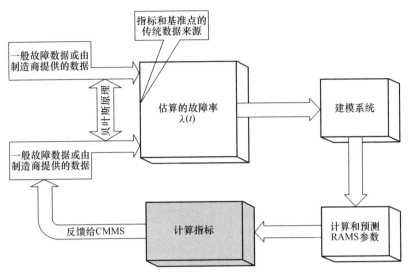

图 5.4 RAMS 分析的一般模型

这两种信息来源并非互不相容,可以将其整合以进行更丰富的分析。贝叶斯原理中,可以将结构化形式与数学支持形式结合起来,包括他人的经验(已有的知识)和公司自己的经验(证据)。作为结果,可获得专门针对所分析过程实际操作(改进或更新的知识)剪裁后的代表性故障率。

根据 UNE-EN 61078,可以将信息用于创建将系统体系结构和使用方案结合起来的可用度模型。进行分析时,需要与各参与部门的人员面谈,以验证模型的代表性。模型代表所有相关实体及依赖关系是非常重要的。

一旦建立了模型并且对数据进行了验证,可以对所建立的指标进行度量并将其与基准进行比较,并且模拟基于系统改进的各种情景。这些场景与体系结构的变化(设备的新配置、新技术的引入、设计的变化)、现有设备维修或优化的新计划、新的库存策略、购置设备、改善运行时间与现有设备故障率的新策略等相对应。通过模拟可以验证所提出的变化对系统可靠性和可用性的影响。

可分三个阶段进行 RAMS 分析,如图 5.5 所示。第一项活动(第一阶段)包括确定组成系统的部件或设备的故障率和修复率,以及计划和非计划维修工单,步骤如下:

(1) 历史数据汇总。许多寻求过程持续改进的公司都致力于收集有关故障(类型和频率)和修理方面的数据,这类信息的数量和质量是至关重要的,因为它们能降低分析的不确定性。

(2) 专家意见汇总。在数据不足的情况下,通过采用某些方法可以从专家那里获取到信息,在特定设备系统方面具有多年经验的技术员或工人是丰富的信息来源。这种情况下,正确的管理可以防止知识流失。

(3)搜索和调整一般信息。为了获得可靠的结果,利用公认的现有国际数据库中有关可信性的通用数据来补充公司关于其系统故障的信息是非常重要的。将这些信息与分析中的使用条件相适应也是非常重要的,只需在研究环境中选择可能发生的故障。

(4)数据库修改和验证。工作团队必须验证有关系统中各个元素可信性的派生信息。这个阶段包括与流程相关人员(作业人员、维修人员、分析人员、程序设计员、工程师)进行一系列正式面谈,通过面谈,可以修改功能图、流程图、运行记录和故障、维修计划和其他信息来源。

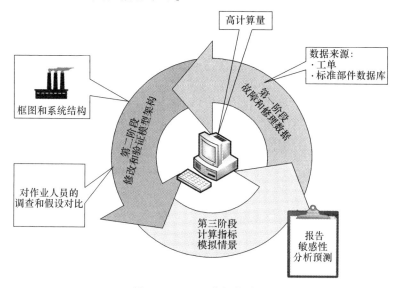

图 5.5 RAMS 分析的阶段

利用前面步骤中的信息,可以对系统或过程的故障率和修复率进行特别估算,利用贝叶斯方法能得到故障率的数学表达式。

第二项活动(第二阶段)涉及模型架构的修改和验证,包括以下步骤:

(1)构建框图。生产系统的配置必须以框图模型来表示,这需要详细修改在第一个阶段创建的功能图和流程图。UNE-EN 61078 提议框图要以系统成功为基础。

(2)修改模型的代表性。验证生产系统的框图模型的代表性,要在专家会议上对模型进行讨论。

第三项活动(第三阶段)结合了第一阶段和第二阶段获得的结果。将第一阶段获得的有关故障率和修复率的信息引入第二阶段获得的模型中。

最终的建模过程从模拟场景、计算组成控制记分板的指标,并进行敏感性分析开始,确定系统中各部件对可信性以及相关指标的影响。

5.4.3 RAMS分析的结果

该模型的结果是每个模拟可用度概率分布和相关指标。总之,通过进行RAMS分析可以生成如下结果:

(1) 规定时间内可用度的预测;
(2) 包含技术信息、运行数据和系统可信性数据的数据库;
(3) 系统的RAMS模型;
(4) 对可用度产生影响的设备和关键系统的分层列表;
(5) 降低风险和提高可用度的技术建议列表。

另外,在该模型中,可以进行敏感性分析,识别对不可用度有重大影响的设备和系统。这就为生产管理人员提供了所需要的由于计划和非计划维修引起的风险和维修实施费用的信息,以便他们可以提出缓解措施。

RAMS分析结合了各种传统的可信性方法,包括故障模式影响分析、基于风险的检测、以可靠性为中心的维修等。进行这些分析可以达成如下目的:

(1) 利用集成了过程、系统或设备等要素(如故障和修理历史数据、使用条件数据和工程数据)的信息进行整体诊断;
(2) 根据系统的配置、部件的可信性和维修理念,基于概率推断出了正常运行和意外事件期间所有可行的生产场景;
(3) 确定减少或降低意外事件发生的具体措施,并将风险降至可以接受的水平;
(4) 探究每个可能的风险情景、设计计划以及最佳策略的经济意义;
(5) 将维修活动或策略的费用与由该活动引起的风险降低程度或性能改善程度进行比较。

生产系统的RAMS分析是不容易进行的,它需要计算工具和方法,其复杂程度与分析过程相似。结果取决于模型的代表性,必须能模拟系统在使用环境中的真实行为。利用RAMS参数制订控制记分板是一大障碍,因为它需要复杂的函数和数学建模。模型或存储数据中的错误会导致对参数以及从中获得的所有指标的错误估计。最后,人因是数据收集和知识管理的关键。

5.4.4 RAMS参数之间的关系

综上所述,RAMS参数之间具有相关性。对于可修复系统,可用度、可靠性和维修性之间存在一定的联系,常数率也即指数分布下,这种关系可表示为

$$A = \frac{MTBF}{MTBF + MTTR}$$

如果 MTBF 与可靠度 R 成正比,且 MTTR 与维修度 M 成反比,那么上式转换为

$$A = \frac{R}{R + (1/M)}$$

该表达式产生了如图 5.6 所示的图形描述。

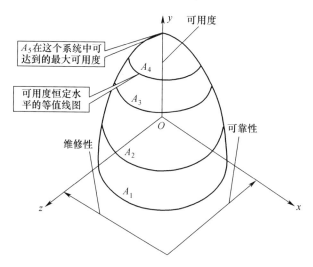

图 5.6 可用度与可靠性和维修性

图 5.6 中的等值线对应于常数值 A,如果从前面的等式中消除 M,则可得

$$M = \left(\frac{A}{1-A}\right)\frac{1}{R}$$

M 对 R 求导,可得

$$\frac{\partial M}{\partial R} = \left(\frac{A}{1-A}\right)\left(\frac{-1}{R^2}\right)$$

上式说明,给定可用度 A,如果 R 增加,则 M 与 R^2 呈比例地下降。

强调图 5.6 所示的 A_5 点或三维面的顶点很重要,这相当于原则上可以通过可靠性和维修性达到的最大可用度。换句话说,可以期望通过目前设计和后勤保障达到这个极限。从数学角度讲,这似乎很明显,但可用度不能无限增长,在确定指标和可用度目标时,应记住这一点。

图 5.7 所示为与前面恒定可用度并列的一系列等费用曲线与常数可用度。对于固定总费用,$B_i a$ 曲线是由产生该费用的可靠性和维修性取值构成的,显然这些曲线并不表示由 M 和 R 值所能达到的可用度。在可用度等值线上叠加等费用曲线形成图 5.7 所示形式。

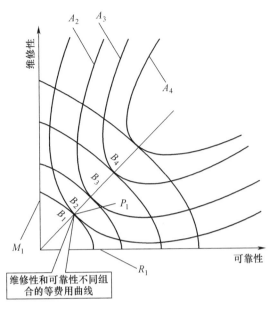

图 5.7 等费用曲线与常数可用度

请注意切点 P,它代表给定每个可用度的 R 和 M 最佳组合,例如,P_1 确定了能实现可用度 A_1 且经济最优的 R_1 和 M_1。因此,切点的连线表示提高可用度的最佳方法,也就是说,在概念层面上,要改进系统可用度的参数,其过程必须遵循对备选方案的分析。

5.5 可靠性

5.5.1 引言

标准 IEC 60050-191 和 ISO 8402-200052 中,将可靠性定义为"部件或系统在一定环境条件和使用条件下,在一定时间内,完成规定功能的能力"。根据这个定义,可以将系统的工作可靠性和故障发生后系统的变化区分开,或"不考虑可信性的两个方面,客体在一定条件下,在一定时间内,发挥要求功能的概率"。

5.5.2 可靠性函数

可靠性的函数 $f(t)$ 是变量"故障前时间"或者工作寿命时间的概率密度函

数,即

$$F(t) = \int_0^t f(t)\,\mathrm{d}t$$

分布函数给出了故障时间小于或等于 t 的概率。在可靠性分析中,可以将其称为不可靠度函数。通过产品在时间 t 之前不会发生故障的概率,可以得到可靠度函数:

$$R(t) = 1 - F(t) = \int_t^\infty f(t)\,\mathrm{d}t$$

对上式微分,可得

$$\frac{\mathrm{d}R(t)}{\mathrm{d}t} = -f(t)$$

该结果式可以用于风险函数。

5.5.3 平均故障率

通过可靠性函数,可以将在 t_1 和 t_2 间发生故障的概率表示为

$$\int_{t_1}^\infty f(t)\,\mathrm{d}t - \int_{t_2}^\infty f(t)\,\mathrm{d}t = R(t_1) - R(t_2)$$

将时间 t_1 和 t_2 间隔内的故障率定义为在间隔内发生故障的概率(t_1 之前没有发生)除以间隔长度的商,即:

$$\lambda(t;t_2 - t_1) = \frac{R(t_1) - R(t_2)}{(t_2 - t_1)R(t_1)}$$

5.5.4 瞬时故障率或风险率

将瞬时故障率定义为时间间隔趋于零时的平均故障率极限,因此可得

$$h(t) = \lim_{\Delta t \to 0}\left[\frac{R(t_1) - R(t_2)}{(t_2 - t_1)R(t_1)}\right] = \frac{-1}{R(t)}\left[\frac{\mathrm{d}R(t)}{\mathrm{d}t}\right] = \frac{f(t)}{R(t)}$$

这构成了可靠性分析的基本关系。如果已知 t 时刻的故障密度值和同时刻的可靠度函数,就可以确定那一时刻的风险函数。这种关系的重要性在于变量故障前时间的概率分布的独立性。根据之前的论证,如果风险率为

$$h(t) = \lim_{\Delta t \to 0}\left[\frac{\Pr(\text{已经工作到}\,t\,\text{的部件在}\,t,t + \Delta t\,\text{内发生故障})}{\Delta t}\right]$$

那么 $h(t)\mathrm{d}t$ 表示使用寿命为 t 的部件在间隔 $(t,t+\mathrm{d}t)$ 内发生故障的概率。

基于条件概率的概念,假设设备或系统到时刻 t 时仍然可用,可以试图确定在间隔 $(t;t+\Delta t)$ 内发生故障的概率。将该条件概率表示为

$$\Pr(t < \tau \leq t + \Delta t | \tau > t) = \frac{\Pr(t < \tau \leq t + \Delta t)}{\Pr(\tau > t)} = \frac{R(t) - R(t + \Delta t)}{R(t)}$$

现在,如果用 Δt 除以上式,就可以得到平均故障率。按照与之前相同的程序,可以得到相同的 $h(t)$ 表达式。因此,风险函数并不是简单地以时间变化为单位来衡量存活率的变化。

5.5.5 可靠性函数与风险率的关系

可以将等式

$$h(t) = \frac{-1}{R(t)} \left[\frac{\mathrm{d}R(t)}{\mathrm{d}t} \right]$$

改写为

$$\left[\frac{\mathrm{d}R(t)}{R(t)} \right] = -h(t)\mathrm{d}t$$

$$\int_0^t \frac{\mathrm{d}R(t)}{R(t)} \mathrm{d}t = -\int_0^t h(t)\mathrm{d}t = -H(t)$$

$$\ln R(t) - \ln R(0) = -\int_0^t h(t)\mathrm{d}t \Rightarrow \ln R(t) = -\int_0^t h(t)\mathrm{d}t$$

$$R(t) = \exp\left[-\int_0^t h(t)\mathrm{d}t \right]$$

由此,可以得出 UNE-EN 61703:2003 提出的基于故障率的可靠性的一般表达式。

5.5.6 故障率和风险率的区别

相关文献在一定程度上混淆了表示平均故障率的"故障率"和包括风险率在内的"瞬时故障率"。通常将这些术语认为是同义词,但实际上不是,并且使用故障率来指代这两者会引起各种问题。变量故障时间的概率分布模型的过渡可能是引起混淆的源头,尽管比例的数值相匹配,但并不意味着概念是相同的。

5.5.7 浴盆曲线

不可修复设备的特性与人类相似,两者的最大风险都发生在寿命开始(人类

婴儿期)和结束(老年时期)时期。顾名思义,该曲线外形似浴盆,表示了系统整个使用寿命期间或人类一生中风险率变化的情况。早期,由于意外的生产/设计缺陷,可能会出现问题,从这一点开始,比例会下降,直到故障(寿命损失)偶然发生(固定比例)。然后,随着系统老化或人类变老,风险率会上升。显然,最佳使用时期是在中期。UNE 200004-1 和 UNE 200004-2(图 5.8)提出了确定这一时期的方法。

可以通过多种方式来确定任何给定系统的浴盆曲线,其中最直观的是密度函数,即

$$f(t) = k_1 f_1(t) + k_2 f_2(t) + k_3 f_3(t)$$

式中:$k_1 f_1(t)$、$k_2 f_2(t)$ 和 $k_3 f_3(t)$ 分别对应早期故障、中期故障(偶然)或由于老化(耗损)引起的故障的概率。

文献(Arata,2002)表明,在复杂系统情况下,浴盆曲线所表示的故障率实际上是保持不变的。因此,进行 RAMS 分析之前,先对设备的各个子系统进行浴盆曲线分析,以区分其阶段,并选择该阶段的最佳维修。作为分析的结果,可以获得故障率。系统越复杂,故障率越稳定。

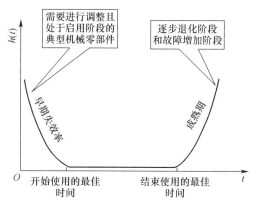

图 5.8　浴盆曲线

5.5.8　平均寿命

将 T 称为具有密度函数 $f(t)$ 的"寿命时间"变量,平均寿命的数学表达式为

$$\mu = E[T] = \int_0^\infty t f(t) \mathrm{d}t$$

下式将平均寿命与可靠度 $R(t)$ 联系起来,这是一个比较实用的平均寿命表达式:

$$\int_0^\infty tf(t)\,\mathrm{d}t = \int_0^\infty t\left[-\frac{\mathrm{d}R(t)}{\mathrm{d}t}\right]\mathrm{d}t$$

应用洛必达法则,可得

$$\mu = \int_0^\infty R(t)\,\mathrm{d}t$$

5.5.9 概率分布

本节讨论可靠性分析用到的概率分布模型。

1. 正态分布或高斯分布

该分布模型主要有两个应用:一个是分析由于耗损引起故障的部件,老化和耗损导致的故障分布比较符合正态分布;另一个是制造差异导致的部件特性的分布,具体地说,相同规格的元件可能会表现出不同的特性,对此,工程师要采取质量控制。这种分布服从中心极限定理,即平均值和方差有限的变量,大量变量之和服从正态分布。

正态分布的密度函数为

$$f(t) = \frac{1}{\sigma(2\pi)^{1/2}}\exp\left[-\frac{1}{2}\left(\frac{t-\mu}{\sigma}\right)^2\right]$$

式中:μ 为总体平均值;σ 为总体标准差。

作为故障时间的分布模型,该模型会表现出一定的异常。该分布是关于均值对称的,但理论上它的左尾应到负的无穷大。也就是说,在 $t=0$ 时就开始有故障次数。这一缺陷实际上并不严重,因为 t 的负值是不期望出现的。均值 μ 是标准差 σ 的 3 倍或 4 倍,这是一个常见的现象。

通过变量变化(标准化),将密度函数转换为标准正态分布形式,就可以查正态分布表得到结果。

$$f(z) = \frac{1}{(2\pi)^{1/2}}\exp\left(-\frac{z^2}{2}\right)$$

$$z = \frac{t-\mu}{\sigma}$$

$$f(t) = \frac{1}{\sigma}f(z)$$

在该分布中,均值为 0,标准差为 1,可以表示为 $N[0;1]$。

2. 对数正态分布

对数正态分布是指变量的自然对数服从正态模型或高斯模型的分布类型。该分布主要用于维修性分析,尤其是用于维修时间的分析。维修时间通常集中在平均时间附近,但可以进一步延长,可以通过分布的右尾来模拟这种情况。

在可靠性分析中,可以使用对数正态分布来描述可能遭受疲劳损坏的半导体和机械部件的故障情况。对数正态分布的密度函数为

$$f(t) = \frac{1}{\sigma t (2\pi)^{1/2}} \exp\left[-\frac{1}{2}\left(\frac{\ln t - \mu}{\sigma}\right)^2\right], \quad t \geq 0$$

其均值为

$$\exp\left(\mu + \frac{\sigma^2}{2}\right)$$

标准差为

$$[\exp(2\mu + 2\sigma^2) - \exp(2\mu + \sigma^2)]^{1/2}$$

式中:μ 和 σ 分别为变量 $\ln t$ 的均值和标准差。

如果变量 t 服从对数正态分布,且变量 $t' = \ln t$ 服从正态分布,则有

$$f(t) = \frac{f(t')}{t} = \frac{f(z)}{\sigma \cdot t}$$

式中:z 为变量 $N(0;1)$。

下面的实用表达式可用于计算可靠性:

$$R(t) = \Pr\left(z > \frac{\ln t - \mu}{\sigma}\right)$$

3. 与正态分布的关系

对数正态分布的中位数是 T_{50}(表示50%故障的点)。如果 t 服从参数为 (T_{50}, σ) 的对数正态分布,则 $X = \ln t$ 是均值为 $\ln T_{50}$,标准偏差为 σ 的正态变量。

通过这个形式,可以得出

$$E[t] = T_{50} e^{\sigma^2/2}$$

$$\mathrm{Var}[t] = T_{50} e^{\sigma^2}(e^{\sigma^2} - 1)$$

可以将其密度函数写成

$$f(t) = \frac{1}{\sigma t (2\pi)^{1/2}} \exp\left[-\frac{1}{2}\left(\frac{\ln t - \ln T_{50}}{\sigma}\right)^2\right], \quad t \geq 0$$

参数 σ 提供了如下额外信息:

(1) 高值($\sigma \geq 2$)表示开始时的高故障率,但是会随着时间的推移下降;
(2) 低值($\sigma \leq 0.5$)表示不断增高的故障率(耗损);
(3) 值接近1表示恒定的故障率。

4. 指数分布

指数分布是可靠性分析中最常用的分布类型,尤其是在电子元件和设备方面。由于该分布具有恒定的风险率,因此其适用性仅限于瞬时故障率与使用寿命几乎

保持一致并且早期故障已经消除的部件。该模型由于以下原因而被广泛应用：

(1) 参数 λ 容易估计；

(2) 数学处理相对简单；

(3) 它是一个可复现分布，也就是说，服从指数分布的变量之和也服从指数分布。

这种分布的实用性一直是讨论的重点，如果故障按指数分布发生，设备必然对使用寿命和使用情况不敏感。如果事实确实如此，没有发生故障，则部件仍然如同新部件一样。

保守而言，下列情况中该分布的适用性是合理的：

(1) 具有早期故障且寿命较长的薄弱部件，这些部件通常是电子元件（不含真空管）；

(2) 在耗损之前就已更换的薄弱部件；

(3) 没有主要冗余的非常复杂的可修复系统。

可通过下式得出故障密度。

$$f(t) = \lambda \exp(-\lambda t), \quad t \geq 0$$

式中：λ 为风险率 $h(t)$，即"故障率"。

可靠性函数为

$$R(t) = e^{-\lambda t}$$

式中：平均寿命为 $1/\lambda$，平均故障间隔时间 MTBF $= 1/\lambda$。

如果使用泰勒级数表示可靠性函数 $R(t)$，对于故障率较小的情况，可得

$$R(t) \approx 1 - \lambda t$$

因此，分布函数为

$$F(t) \approx \lambda \cdot t$$

如果考虑一定数量的样本在一段时间 t_0 内的故障次数比例 p，有

$$\hat{\lambda} \cdot t_0 = p = \frac{\text{故障次数}}{\text{样本总数}}$$

或

$$\hat{\lambda} = \frac{p}{t_0}$$

5. 伽马分布

如果发生了局部故障但不会引起严重故障，则可以在可靠性分析中采用伽马分布。也就是说，一系列部件发生故障不会使设备丧失功能。当故障间隔时间可以通过指数分布模拟时，该分布还可以模拟故障时间。

故障密度的形式为

$$f(t) = \frac{\lambda}{\varGamma(r)} (\lambda t)^{r-1} e^{-\lambda t}, \quad t \geq 0$$

式中: r 为形状参数; λ 为尺度参数,其关系可表示如下

$$均值 = \frac{r}{\lambda}$$

$$标准差 = \frac{r^{1/2}}{\lambda}$$

式中: λ 为整体故障的故障率; r 为引起整体故障的局部故障或事件的数量。$\Gamma(r)$ 是通过下式表示的伽马函数:

$$\Gamma(r) = \int_0^\infty x^{r-1} e^{-x} dx$$

当 $r-1$ 为正整数时(可靠性分析中最常见的情况),伽马函数取值 $(r-1)!$,然后就呈现埃尔兰分布,密度函数为

$$f(t) = \frac{\lambda \cdot (\lambda t)^{r-1}}{(r-1)!} e^{-\lambda t}, \quad t \geq 0$$

如果 $r=1$,该分布就是指数分布。

6. 威布尔分布

在可靠性分析中,威布尔分布具有普遍适用性,其中两个参数几乎可以适应所有的模型。

密度函数表示为

$$f(t) = \frac{\beta}{\eta} \left(\frac{t-\gamma}{\eta}\right)^{\beta-1} \exp\left[-\left(\frac{t-\gamma}{\eta}\right)^\beta\right]$$

式中: β 为形状参数; η 为比例参数或特征寿命(总体中 63.2% 发生故障的时间); γ 为最小寿命(仅考虑 $t \geq \gamma$。如果 $\gamma=0$,则故障概率从 $t=0$ 时开始)。

根据 Kelly 和 Harris 的观点,这是唯一可以用来表示机器三个典型时期中任何一个时期的分布,即早期故障(故障率下降)、寿命效用(偶发故障且故障率保持不变)和耗损(故障率上升)。

大多数情况下,参数 γ 为零(假设在 $t=0$ 时或开始使用时发生故障)。对于密度函数,存活率和风险率分别为

$$f(t) = \frac{\beta}{\eta} \left(\frac{t}{\eta}\right)^{\beta-1} \exp\left[-\left(\frac{t}{\eta}\right)^\beta\right]$$

$$R(t) = \exp\left[-\left(\frac{t}{\eta}\right)^\beta\right]$$

$$h(t) = \frac{\beta}{\eta} \left(\frac{t}{\eta}\right)^{\beta-1}$$

将均值表示为

$$\mu = \eta \Gamma\left(1 + \frac{1}{\beta}\right)$$

威布尔分布具有以下形式：
(1) 当 $\beta<1$ 时，是伽马分布；
(2) 当 $\beta=1$ 时，是指数分布；
(3) 当 $\beta=2$ 时，是对数正态分布；
(4) 当 $\beta=3,5$ 时，是正态分布（近似）。

这意味着可以用它来识别其他统计分布。参数 β 各种取值与瞬时故障率 $h(t)$ 之间具有以下关系：
(1) 当 $\beta<1$ 时，$h(t)$ 递减，就像在早期阶段或早期失效期一样；
(2) 当 $\beta=1$ 时，$h(t)$ 保持不变且等于 $1/\eta$，$\gamma=0$ 的分布是均值为 η 的指数分布；
(3) 当 $\beta>1$ 时，$h(t)$ 递增，就像在耗损期一样，$\beta=2$ 时，函数 $h(t)$ 是线性的。

5.5.10 参数估计

1. 非参数估计法

非参数估计法在可靠性分析中的主要优点是，不需要提出关于模型或概率分布形式的假设。另外，该方法的计算通常非常简便。

UNE 200001-3-5：2002 描述了估计可靠性的概念和方法，从故障时间或次数的截尾开始。假设数据来源于对 n 个相同部件进行的试验，其中需要记录各个部件的故障次数。数据集 $\{t\}$ 构成了该类型部件寿命分布的一个样本量为 n 的样本。显然，统计方法既适用于选择合适的概率分布模型，也适用于确定或估计其参数。

1) 截尾样本

截尾样本通常从寿命试验获得数据来估计概率分布的参数，这要求获得总体的一个样本，样本量 n，其使用条件和环境条件与真实情况最相似。如果在所有部件发生故障之前结束试验，则样本属于Ⅰ型截尾样本。另一种可能是，有 r 个部件发生故障（$r<n$）时结束试验，这种情况下样本属于Ⅱ型截尾样本。

在Ⅰ型截尾中，试验获得的故障次数各不相同；在Ⅱ型截尾中，故障间隔时间或试验总时间是不同的。还可将Ⅰ型截尾称为右截尾，当数据来源于实验室外部时，会发生这种情况。也就是说，样本包含部件在正常情况下的信息，但不包括寿命结束时的数据。这些信息的处理是非常有趣的。相较于将这些数据排除在外的样本，包含不完整数据（部件寿命的截尾时间大于或等于某个值），截尾样本提供了一个更加完整的样本。

也可以是两次截尾，也就是说，故障时间记录的左截尾和右截尾一样多。当收集的数据不是来源于实验室的受控试验，而是从历史数据和使用数据中获得时，会发生这种情况。

2) 寿命表法

寿命表法用于较旧的且使用比较频繁的部件。从统计学的角度来研究它们的性质,尤其是截尾数据。寿命表是对频率分配表的概括,并扩展了截尾数据。因此,在一定时间 t_i 内存活的产品的比例是对产品生存到时间 t_i 的概率估计。

通常根据样本中个体的故障次数以及退出使用的时间,按间隔对数据进行分组。将时间标度分为 $k+1$ 个间隔,$I_j = [t_{j-1}, t_j]$,其中 $j=1, 2, \cdots, k+1$,$t_0 = 0$,$t_k = T$,$t_{k+1} = \infty$,而且 T 是观测时段的最小上限。

3) 生存函数的非参数估计

通过 Kaplan-Meier 概率估计,可以将生存作为产品极限来估计。

假设有 n 个个体和 k 次故障。如果故障次数 k 之间的时间大致相等,可以将其称为 d_j。此外,如果个体 L_i 的截尾时间与非截尾时间一致,则可以平等地处理它们。如果个体 L_i 的截尾时间小于或等于记录时间 t_j,可以把它作为时间 t_j 的个体"风险"处理并将其表示为在时间 t_j 时 n_j 个体的风险。这样,生存函数为

$$\hat{R}(t) = \prod_{j:t_j<t} \frac{n_j - d_j}{n_j}$$

式中:n_j 为在 t_j 时存活个体的数量;d_j 为寿命等于 t_j 的个体的数量。

4) 威布尔分布的图形法

最大概率法可以用来获得威布尔分布的形状参数和尺度参数,但是由于需要通过求解一对非常复杂的非线性方程组来获得估计,所以过程是非常困难的。可以选择更直观的方法,如应用最小二乘法,而不是选择可以提供良好结果的纯粹的分析方法。

对于生存密度和可靠性函数,威布尔分布具有以下特征:

$$f(t) = \frac{\beta}{\eta} \left(\frac{t}{\eta}\right)^{\beta-1} \exp\left[-\left(\frac{t}{\eta}\right)^{\beta}\right]$$

$$R(t) = \exp\left[-\left(\frac{t}{\eta}\right)^{\beta}\right]$$

可靠性函数的两边取自然对数,则可得

$$-\ln R(t) = \left(\frac{t}{\eta}\right)^{\beta}$$

$$\ln[-\ln R(t)] = -\beta\ln\eta + \beta\ln t$$

如果应用最小二乘法,需要根据寿命试验数据估计可靠性函数。达到这一目的的一种方法是,随机抽取 n 台设备作为寿命的证据,计算每个时间间隔(一天、一周、一个月等)结束时幸存设备的数量。如果把 i 看作在总试验时间(或数据收集)内执行分区的对应间隔时间的指标,则在 i 时存活的比例估计为

$$\hat{R}(i) = \frac{n_i}{n}$$

式中:n_i 为第 i 个观测间隔结束时幸存产品的数量;n 为受试产品的总数。

现在,可以根据这些数据计算比例,并采用最小二乘法调整直线,即

$$\underbrace{\ln[-\ln R(i)]}_{y} = \underbrace{-\beta\ln\eta}_{a} + \underbrace{\beta\ln i}_{bX}$$

其中,调整的数据为

$$y_i = \ln[-\ln R(i)]$$
$$x_i = \ln i$$

如果把"a"看作 y 轴(截距),并且把 b 看作线的斜率,那么参数估计为

$$a = -\hat{\beta}\ln\hat{\eta}$$
$$b = \hat{\beta}$$

或

$$\hat{\eta} = \exp\left(-\frac{a}{b}\right)$$
$$\hat{\beta} = b$$

另一种方法是,在不使用第 i 个间隔概念的情况下获得故障时间,也就是说,直接使用有序的故障时间 t_i 进行工作。估计如下:

$$\hat{R}(t_i) = \frac{n_i}{n}$$

式中:n_i 为第 i 次故障后幸存设备的数量;n 为受试产品的总数。

现在,我们可以根据数据计算比例,并通过最小二乘法调整直线,使得

$$\underbrace{\ln(-\ln\hat{R}(t_i))}_{y} = \underbrace{-\beta\ln\eta}_{a} + \underbrace{\beta\ln t_i}_{bX}$$

其中用于调整的数据为

$$y_i = \ln(-\ln\hat{R}(t_i))$$
$$x_i = \ln t_i$$

显然,如果称 a 为直线在 y 轴的截距,b 为其斜率,参数估计为

$$a = -\hat{\beta}\ln\hat{\eta}$$
$$b = \hat{\beta}$$

或

$$\hat{\eta} = \exp\left(-\frac{a}{b}\right)$$
$$\hat{\beta} = b$$

2. 参数法

我们已经了解到,能够分析部件和系统可靠性的理论概率模型以数学表达式为基础,一旦部件或系统的参数值已知,就可以确定数学表达式。通过观测部件的行为(这里行为就是故障事件),可以推断出这些参数的值。问题是为了确保参数赋值的确定性而必须进行的观测次数,由于任何抽样活动都需要时间和经费,因此参数估计过程以对整个部件集(总体)的零件(样本)的观测为基础。

从 n 次观测,或者换句话说,从样本量为 n 的样本,以及所获得的变量值(通常是故障时间),可以建立某些函数。这些函数就叫作统计量,通过这些统计量可以推断未知参数的值。获得这些统计量的方法有很多。在许多研究人员的工作中,一个目标是确定新的函数,以获得此类数值。

另一个需要考虑的因素是样本量大小和总体大小之间的关系。更具体地说,对于无限总体,可能需要无休止地抽取大小为 n 的随机样本。如果能抽取到所有可能的随机样本,至少观测到的元素是有差异的,并计算统计值,就可以得到统计抽样分布。这是一个随机变量,因为其结果取决于随机试验。样本量大小 n 的重要性似乎是显而易见的。直观地说,样本越大,统计信息就会越多。由于这个原因,需要特别强调样本大小。通常,可以将 n 大于 30 的样本视为大样本。

1) 统计分布

已经将统计量的概念定义为抽样变量的函数。如果需要将统计量行为用作估计量,应该注意一些关于统计量行为的基本考虑因素。

将样本均值定义为

$$\bar{x} = \frac{1}{n} \sum_{i=1}^{n} x_i$$

式中: x_i 为样本中观测到的第 i 个值。

样本方差定义为

$$s^2 = \frac{1}{n} \sum_{i=1}^{n} (x_i - \bar{x})^2$$

样本准方差定义为

$$s_1^2 = \frac{1}{n-1} \sum_{i=1}^{n} (x_i - \bar{x})^2$$

当 n 取值趋于无穷大时,通常服从正态分布。如果 $n \geqslant 30, N \geqslant 2n$($N$ 为总体大小),且总体的平均值和方差有限,则可以认为样本服从正态分布。

2) 总体均值和方差估计量

一个重要性质如下:对于任何形式的总体分布,样本均值是总体均值的无偏估计量,样本准方差是总体方差的无偏估计量。所以,对于任何分布,可得

$$\hat{\mu} = \bar{x}$$

$$\hat{\sigma}^2 = s_1^2$$

其中,前者是估计的参数值,后者是估计量。

3) 样本大小 n

这是由变量值的 n 个观测对一个总体参数的估计值。基于这个观测值,可以通过特定函数(估计值)推断出未知参数的真实值。遇到的首要问题之一是确定样本大小 n,以便至少对估计质量提供一些保证。常常需要考虑以下几点:

(1) 置信水平:对规定条件下关于特定统计声明确定性的保证程度;

(2) 显著性水平:关于特定统计声明的不确定的程度,与确定置信水平的规定条件相同。

如果显著性水平用 α 表示,则置信水平为 $1-\alpha$

在估计参数时,需要确保准确性。因此,必须考虑两个方面:一是置信水平 $1-\alpha$,置信水平为 95%;二是准确性要求,基于参数真实值估计的最大偏差,可以用绝对值或相对值表示。

5.5.11 分配方法①

可靠性分配是部件和系统设计的初始任务之一。一般而言,应该共享可靠性的总体目标(实现的最低要求),或者将其分布到部件级或子集中。应该区分可靠性分配和配置。

可靠性分配是在系统设计过程中为子系统分配可靠性目标的过程,可以通过各种算法来完成这一目标。最受欢迎的方法是由 Lloyd 和 Lipow 说明的 ARINC 法。采用这种方法的主要困难在于分配任务以主观标准为基础。

提高系统可靠性的一种方法是选定部件进行冗余。也就是说,通过并行地更换具有两个或多个备用部件的单个部件来改变系统配置。将选择部件进行冗余的过程称为可靠性配置。

1. AGREE 法

AGREE(电子设备可靠性咨询组)法基于以模块定义的部件或子系统的复杂性,基本公式为

$$\lambda_i = \frac{N_i[-\ln R(t)]}{N w_i t_i}$$

式中:t 为任务持续时间;t_i 为每个子系统的运行持续时间;N_i 为第 i 个子系统中模块的数量;N 为系统中模块的总数($N = \sum N_i$);w_i 为第 i 个子系统的重要因数

---

① 译者注:原文为 methods of distribution。按照国际标准、美国军用标准以及中国标准,应该为 allocation。本书中的 allocation 可译作可靠性配置。

(范围:0~1),如果系统运行,子系统必须运行,则取 1,如果子系统的故障不会影响系统运行,则取 0;$R(t)$为任务持续时间 t 的可靠性目标。

第 i 个子系统的可靠性可通过下式确定:

$$R_i(t_i) = 1 - \frac{1 - [R(t)]^{N_i/N}}{w_i}$$

这种方法往往会在重要因数非常低的情况下得出错误的结果,但重要因素接近 1 时可得到良好近似值。

2. 利用参考信息进行分配

当可以利用具有相同特征的系统的可靠性信息时(子系统和部件的数目相等),根据所获得的可靠性值,可以通过以下公式进行分配:

$$R_i = \left(\frac{R}{R_{\text{ref}}}\right)^{1/n} \cdot R_{\text{ref}(i)}$$

式中:R 为系统的可靠性目标;R_{ref} 为参考系统的可靠性;$R_{\text{ref}(i)}$ 为参考子系统 i 的可靠性;R_i 为第 i 个子系统的可靠性;n 为子系统的数量。

3. 基于故障率的方法

对于连续和恒定故障率的系统,可以在类似部件的故障率信息可用时使用这种方法。定义如下因数:

$$\omega_i = \frac{\lambda_i}{\sum_{j=1}^{n} \lambda_j} = \frac{\lambda_i}{\lambda}$$

最大故障率目标为

$$\hat{\lambda}_i = \omega_i \lambda_{\text{目标}}$$

5.6 维修性

5.6.1 引言

可以将维修性定义为维护、修理部件并将其恢复到最初规定状态的能力的度量。维修由具有指定技能水平的人员按各维护和修理级别中规定的程序和资源进行。该定义已经用于开发预计维修性的程序,每个程序都会使用定度量量来表明系统的维修性。事实上,所有度量都与系统总停机时间的分布有一定的关系。

与可靠性一样,维修性是系统的固有设计特性,系统的设计应该确保能够在不消耗大量时间、费用或其他资源(人员、材料、设施和设备)投资的情况下对系统进行维修。维修性是指维修部件或系统的能力,维修是指为重新整合或维持单元处于有效运行状态的一系列活动。

维修性既是设计参数又是设计结果,可以用维修频率、维修时间和维修费用来表示。最后,可以将维修性定义为多种因素的组合,见5.3.2节。

UNE 200001-3-4:1999 要求在维修性要求规范中考虑以下因素,包括运用设备的操作条件和环境、负责设备操作和维修的人员的资格和责任、采用的维修策略、使用程序及维修保障。因此,维修性需要考虑与系统相关的各种因素,并且维修性度量典型地会采用以下度量的不同组合:

(1) MTBM:设备或系统的平均维修间隔时间,包括预防性维修时间(计划)和修复性维修时间(非计划);

(2) MTBR:设备或系统由于维修活动引起的平均更换间隔时间;

(3) M:平均实际维修时间;

(4) M_{ct}:平均修复性维修时间,这是在各维修任务上消耗时间的平均值,相当于 MTTR;

(5) M_{pt}:平均预防性维修时间,这是在不同预防性维修任务上消耗时间的平均值;

(6) M_{max}:最大修复性维修时间,在取值范围上侧的 90%~95%规定,置信水平为 90%或 95%;

(7) MDT:由于维修引起的停机时间,这是设备或系统不能执行其功能的平均总时间,包括半实际维修(M)、后勤延误时间(LDT)和管理延误时间(ADT);

(8) MMH/OH:系统/设备运行每小时的维修工时;

(9) MC/OH:系统/设备运行每小时的维修费用;

(10) MC/MA:维修活动的维修费用。

实践中,将维修性转换到目标系统/部件,会将这些早期度量表述为达到一定量值的要求。

5.6.2 预计维修性的必要性

根据 UNE 20863:1996,预计目的可能会有所不同,可以用于为起草规范提供基础,并用于分析设计或规划维修,也可以用于突出显示系统和维修组织的缺陷,并提出可能的改进建议。因此,预计目的以及预计与项目可靠性、维修性及可用度的其他工作之间的关系应该是清楚的。

必须收集进行预计所需的所有信息,包括系统或设备类型、保障、模块、部件和规范,维修后勤策略以及维修级别(在进行维修性预计的情况下)。当预计包括行为的假设和人员资质时,应对其进行适当说明并进行量化,以便对系统或设备进行良好的度量。就维修性来说,需要提供参考数据,例如,在不同级别的平均实际修理时间。

由于生产或服务长时间"中断"会产生不利影响,因此对系统或设备在维修期间处于不运转状态或"停机"的预期小时数的预测对于用户来说是至关重要的。此外,一旦确定了系统的运行要求,就必须尽快定量预计设计阶段的维修性,并在推进设计时应不断更新预计。

维修性预计的一个显著优点是,它为设计人员指出了维修性不足的地方,反过来又证明了产品改进和修改或变更设计的合理性。如果计划停机时间、人员数量和资格,以及工具和测试设备适当,且符合系统使用的需求,则通过维修性预计用户可以进行早期预算。这意味着在设计阶段进行维修性研究可以为维修计划和生产提供有价值的信息,既可以估计使用可用度,也可以量化保护设备资源所需要的人力和物力资源。

5.6.3 维修性度量

维修性预计程序依赖于可靠性和维修性数据的使用,以及类似系统和部件在相似使用和操作条件下的使用经验。通常可以假定"可转移性原理"的适用性,能够利用从一个系统中累积起来的数据,对处于开发或设计中的可比较系统的维修性进行预计。当可以合理地确定系统之间的相似程度时,该方法是合理的。

在寿命周期的早期设计阶段,通常可以概略地建立相似性。由于需要在寿命周期的最后阶段对设计进行重新确定,所以只有在团队层面上执行的职能与维修任务的时间、维修的级别(进行维修的场所)之间的比率较高的情况下(更不用说维修人员的培训水平了),相似性才是可接受的。

因发生故障而停机的系统的恢复过程只能从概率的角度进行描述,因此维修性由随机变量"恢复时间"或 TTR(恢复时间或修复时间)及其概率分布来定义。从这个模型来看,维修性典型地涉及维修性函数、恢复时间百分比以及平均恢复时间。

5.6.4 维修性函数

随机变量 TTR 的分布函数称为维修性函数,该函数表示在 t 时刻恢复系统运行的概率。如果用 $M(t)$ 表达维修性,可得

$$M(t) = \Pr(\text{TTR} \leq t) = \int_0^t m(t)\,\mathrm{d}t$$

式中:$m(t)$ 为 TTR 变量的密度函数。

该变量最常见的分布包括指数分布、正态分布、对数正态分布及威布尔分布。

5.6.5 恢复时间百分率

这是以概率 p 消耗的维修时间,数学上可以将其表示为

$$\text{TTR}_p = t \Rightarrow \Pr(\text{TTR} \leqslant t) = p$$

最常用的百分率 p 为90%和95%。

5.6.6 平均修复时间

平均或预期恢复时间用变量 TTR 表示,数学上将平均恢复时间表示为

$$E(\text{TTR}) = \int_0^\infty t \cdot m(t) \, dt$$

将这一度量称为平均修复时间或 MTTR。

在管理体系的所有指标中,有些指标非常突出,将这部分指标称为世界级指标,可以将 MTTR 作为世界级指标。

5.6.7 基于工时的度量

这些度量以变量 TTR 为基础,即以维修消耗的时间为基础,这在维修性的分析和评估中是非常重要的。显然,维修性目标是提供高效率和高可用度的系统。为了实现目标,必须最大限度地减少维修时间,并且不能忽略费用。也就是说,通常会通过增加维修人员来缩短时间,这不仅会影响直接费用,而且会影响对更多高素质人才的需求。因此,为了更详细地评估情况,应考虑使用以下工时度量:

(1) 系统运行每小时的维修工时(MLH/OH);
(2) 系统运行每个周期的维修工时(MLH/cycle);
(3) 每月维修工时(MLH/month);
(4) 每项维修任务的维修工时(MLH/MT)。

可以用平均值表示这些参数。如果把 MLH_C 看作平均修复性维修时间,则可以计算出下列实用表达式:

$$\text{MLH}_C = \frac{\sum (\lambda_i)(\text{MLH}_i)}{\sum \lambda_i}$$

式中:λ_i 为第 i 个单元的故障率;MLH_i 为修理第 i 个单元所需的平均维修工时。

5.6.8 基于维修频率的度量

将预防性维修纳入考虑范围,以建立修复性维修时间和预防性维修时间的联合平均值,其实际度量方法如下所述。

1. 平均维修活动间隔时间

平均维修活动间隔时间(MTBM)是指包括修复性维修和预防性维修的维修活动之间的平均间隔时间,计算公式为

$$\text{MTBM} = \frac{1}{(1/\text{MTBM}_C) + (1/\text{MTBM}_P)}$$

式中:MTBM_C 和 MTBM_P 分别为平均修复性维修时间和平均预防性维修时间。这些平均时间的倒数表示系统运行每小时的维修活动发生频率。

另外,如果考虑包括原发故障、二次故障、诱发故障等的故障率,MTBM_C 的值必须非常接近 MTBF 的值。

2. 平均更换间隔时间

平均更换间隔时间(MTBR)是决定备件需求的重要因数。MTBR 适用于需要进行部件替换的修复性维修和预防性维修。显然,改善维修性可以提高这个参数。

5.6.9 基于维修费用的度量

对于绝大多数复杂性较高的系统/设备,维修费用在寿命周期费用中是非常重要的。实践表明,在寿命周期早期阶段做出的决策对寿命周期费用的影响最大,因此必须将总费用视为系统/产品的设计参数之一。

可用于估计维修费用的指标有:每次活动维修费用(MU/action),其中,MU 是货币单位;系统运行每小时的维修费用(MU/H);每月维修费用(MU/month);维修费用与总寿命周期费用之比。

5.6.10 影响维修性的后勤因素

许多后勤因素会影响系统的维修性,必须考虑以下因素:
(1) 供应响应,度量为需要时有备件可用的概率;
(2) 测试设备和配套设备的效能,度量为设备的可靠性和可用度;
(3) 维修设施的可用度;
(4) 维修设施之间的运输时间;
(5) 维修组织及其工作人员的效能。

5.6.11 数据分析

在可靠性统计分析中,通常不可能对故障时间进行抽样,因为这是不经济的或者数据过大。在维修性分析中,获取数据要容易得多,并且所有统计方法都适用,但问题是需要获取相当大的数据集。

UNE 20654-3:1996 提出,可以从各种来源获取维修性数据,例如类似设备的历史数据、设备的设计和制造数据、设备验证和运行的数据。可以将这些数据表示为维修性基本度量的适当值(实际值、计划值、估计值、外推值)。稍后会指出每个数据源的考虑要点。

1. 历史数据

历史数据以经验(如使用、修理、计算机保障中心)为基础。如果要利用这些数据,需要知道它们所依据的设备以及数据收集的原因。有必要明确数据收集的方法和维修人员的能力和培训水平,还需要讨论可能影响数据应用于设备的差异。历史数据在方案确定和规范建立过程中使用,在设备寿命周期的后期阶段,可以将信息与设备本身的实际数据结合起来考虑。

2. 从设计或制造过程中获得的数据

如果在设计或制造过程中,如在研制、生产和装配过程中进行测试产生了维修性数据,则应规定数据的收集方法。需要了解如何选择和应用该方法、方法的局限性以及数据的准确性。

从设计或制造过程中获得的数据可以作为以下工作的基础,包括从维修性要求的角度来看设备的合格性和验收,评估历史数据的相关性和之前的维修性估计的有效性。

3. 从演示模型获得的数据

可以从实际或模拟环境下对演示模型、原型或生产设备进行的试验中获得维修性数据,或者可以在设备使用期间(如保障中心、修理、使用)生成数据。利用各种验证维修性的技术,将从验证试验中获得的数据与实际数据进行比较,这对于支持设备调试阶段的活动至关重要。

关于 MTTR 分析,UNE 20654-1:1992 指出主要目标是找出设备由于维修而停止运行的时间。很显然是希望将该时间减少到最低,根据具体情况,有各种选择来实现这一目的。

实际修理时间通常用来规定维修性,其时间构成要素包括:诊断(故障检测、查找原因等);技术延迟(传统的技术延迟包括交接、冷却、信息解释和组织、解释测量设备的读数等);修理(拆卸、更换、安装、调整等);最终评估(视情的确认核实程序)。

有时,分析人员只需要估计 MTTR,所以计算非常简单。在这种情况下,可以通过统计分析对平均总体参数进行点估计,即

$$\text{MTTR}^* = \sum \frac{\text{ttr}_i}{n}$$

式中:ttr_i 是来源于样本量为 n 的样本数据。

5.6.12 维修性分配

维修性分配是将系统要求分解并分配给各部件的过程,因此一旦组合了这些分配的要求,系统级的整体要求就会被掩盖。通过将这些系统要求分配到较低的层次,可以实现子系统和部件设计的目标,避免了不必要的工作并实现了规定的目标。如果不能实现上述目标,则有必要对分配进行审查,然后开始实施迭代过程。

该过程需要满足以下要求:
(1)要在系统的较低层次分配维修性要求;
(2)能使设计人员和承包商为各子系统和部件设定适当的目标;
(3)提供基准用于评估实现的维修性水平;
(4)防止或减少过度或不适当的设计工作;
(5)能以特定设计方法初步评估实现维修性要求的可行性。

虽然为系统的所有单元分配维修性目标集的方法较多,但实际情况是没有一个方法能够完全满足任何情况,所以需要进一步研究这个问题。UNE 20654-6:2000 提出了一种使用可用附加设计数据的方法,能对分配了故障率值的子集进行功能分解。这种方法可应用于任何系统,可以假设修复性维修时间服从对数正态分布,并且在定义阶段或结束阶段有足够的设计细节可用。应用这种方法时,需要明确规定实际允许的最大修复性维修时间。

在采用专家判断的不同方法中,Blanchard 提出的方法在系统单元的维修性未知与已知情况下均可使用。Blanchard 和英国标准 BS 6548 提议了一种分配维修性的方法,综合考虑了部件故障率对整个系统故障率以及系统维修性(通常为 MTTR)要求的贡献。该方法应用了一项通用原则,即对系统故障率影响较大的单元应有较低的 MTTR 目标分配。这样,通过用故障率对每个或每组等同单元的平均时间加权,来计算得到修复性维修的平均时间,因此有

$$\overline{M} = \frac{\sum_{i=1}^{k} n_i \lambda_i \overline{M}_i}{\sum_{i=1}^{k} n_i \lambda_i}$$

式中:k 为系统中不同单元的数量;n_i 为第 i 个单元的数量(单元 i 的数量);λ_i 为第

i 个单元的故障率；M_i 为单元 i 的平均维修时间。

根据英国标准 BS 6548，可以区分以下三种方法：

1. 方法 1：新设计

第一种方法用于处理新设计情况。在这种情况下，各种部件和单元的维修性特征尚不清楚。设 M 为系统平均修复时间（同时也是实际平均修复性维修时间）的目标，则第 i 个单元的这一目标的分配值为

$$M_i = \frac{M \sum_{i=1}^{k} n_i \lambda_i}{k n_i \lambda_i}$$

当 n 和 k 值很大时，通过这个方法会得出不切实际的值，因为 M_i 的数值会非常小。

2. 方法 2：部分新设计

这种情况下，假设在维修性领域，已经了解了至少 I 个类似单元或部件（$I<k$）的行为，则有

$$M_j = \frac{M \sum_{i=1}^{k} n_i \lambda_i - \sum_{i=1}^{I} n_i \lambda_i M_i}{(k-I) n_j \lambda_j} \quad (j = I+1, I+2, \cdots, k)$$

3. 方法 3：采用先前知识的设计

如果预先了解了 k 个系列的情况，则有

$$M = \frac{\sum_{i=1}^{k} M_i n_i \lambda_i}{\sum_{i=1}^{k} n_i \lambda_i}$$

这种情况下，需要核对其是否符合目标值。如果上述公式中 M 的计算值小于或等于目标值，则符合要求。否则，需要核对不同单元或部件的 M_i 的值。

这个公式也可以代替第一种方法。相当于 Blanchard 提出的方法，该方法通过采用专家判断来估计 M_i 的值，并确定这些值是否在目标值范围内。

5.6.13 维修性预计

维修性最重要和最有意义的应用之一是对早先提出的因素进行预计或估计。与任何预计活动一样，维修性预计中存在很多不同的困难，其中最大的困难是缺乏信息，即有关维修任务和子任务执行时间的数据，但这不会影响方法的应用。在寿命周期的早期阶段和/或在数据收集不佳的情况下，了解维修性发挥着重要作用。

显然，如果没有可用的信息，需要依靠专家经验或者使用其他系统数据作为参

考。下面提出了一种通常会得出良好实际结果的方法,并且该方法具有与用于可靠性分析的框图非常相似的优点。分析中,变量是TTR,针对一项或多项维修任务建立其模型。

1. 维修活动框图

和可靠性框图一样,可以将维修活动划分为任务或子任务组件。换句话说,可以用图的形式示意性地表示整个任务或维修活动,其中每个方块表示部件活动之一。如果可以根据UNE-EN 61078:1996提出的关键任务对维修活动进行建模,则可以通过标准中提出的分解方法将修理的成功开展和可靠性作类比。

有必要对重要活动进行分类,可以做以下区分:

(1) 串行活动。这类活动是全部维修活动的一部分,它们是相互依存的,并且必须按照预定的顺序执行,在活动框图中的表示形式与串行方框配置相对应。

(2) 并行活动。这类活动是相互独立的,并随着时间的推移以并行方式进行,其框图显示为并行配置。

(3) 组合活动。有些活动是按顺序进行的,有些活动则是同时进行的,这是最常见的配置,其框图是混合、序贯和并发模型。

2. 维修任务分析

我们知道,研究系统或部件维修性最好的方法之一是分析变量TTR。现在的目标是将该变量划分成能表示每个维修任务随机完成时间的各组成部分,然后再进行汇总。首先定义参与分类的变量:

(1) TCA_i:表示完成第i项活动的时间的随机变量;

(2) na:组成维修任务的活动的数量。

1) 并行任务的维修度函数

对于同时发生的任务,维修性定义为任务将在小于或等于时间t内完成的事件交集的概率,表示为

$$M(t) = \Pr(TTR \leq t) = \Pr[(TCA1 \leq t) \cap (TCA2 \leq t) \cap \cdots \cap (TCAna \leq t)]$$
$$= \Pr(TCA1 \leq t) \cdot \Pr(TCA2 \leq t) \cdots \Pr(TCAna \leq t)$$

2) 串行任务的维修度函数

当执行序贯任务时,总执行时间是每个活动的时间总和。因此,维修度函数为

$$M(t) = \Pr(TTR \leq t) = \Pr[(TCA1 + TCA2 + \cdots + TCAna) \leq t]$$

该式表示活动分量时间的na项卷积。

一般来说,这一表达式的计算是非常复杂的,尽管很容易将概率分布分配给变量TCA_i,但通过分析处理卷积将比较困难。

3) 组合任务的维修性函数

大多数维修任务都属于这一类。如前所述,该函数用维修框图来表示,并且可以视为任务的组合。

3. 寿命周期早期阶段的预计

在寿命周期的早期阶段，或者更确切地说在设计（如可行性分析）的早期阶段进行预计具有缺乏数据和无法进行维修性试验的特点。有必要通过专家估算或数学模型提供传统分析方法的替代方法。

在这里，提出了一个基于 MIL-HDBK-472 模型的系统。该方法的原理是假设系统修复时间可以表示为各个部件的修复时间的累积，而相同部件的时间大致是相同的，并且可以根据随机样本进行估计。也就是说，如果目标是确定平均修复时间，则可以从系统修复时间中抽取样本并计算算术平均值。样本的修复时间包括修复某些系统部件的时间。从统计角度看，样本的大小和组成应该是"总体"的代表，是系统行为组成和其部件故障的代表。因此，首先要决定的是样本大小 N，就像任何随机抽样过程一样。样本大小取决于希望在估计中实现的精确度 k。将关系表示为

$$N = \left(C_x \frac{z}{k} \right)^2$$

式中：C_x 为变异系数，即系统级的标准差与总体平均值之比；z 为以正态分布或高斯分布表示的置信水平；k 为预期的精确度，也用百分比表示。

现在，将样本大小分解成系统的代表性子样本。要做到这一点，首先要考虑不同类型的部件的数量和构成每个类别的相同部件的数量 Q。因此，每个类别或类型的部件的子样本的大小为

$$n_i = \text{Entero}(K_i \cdot N)$$

其中

$$K_i = \frac{Q_i \lambda_i}{\sum Q_i \lambda_i}$$

式中：λ_i 为构成类别 i 的部件的故障率。

由此，可以获得所需的样本，确定修复系统的平均时间。这个过程与指标的计算有关，因为生成不加区别的算术平均值会忽略总体统计及其有效性，从而会在数据采集和处理上消耗过多的资源。

最后一步是估算修复时间。根据 MIL-HDBK-472 中提出的 MTTR 方法，在几分钟内就可以得到 MTTR。MTTR 模型取决于三个参数 A、B 和 C，分别代表物理设计特性、保障要求和对维修人员的要求。

这些系数可通过相应的核查单来计算，其中为每个问题/标准分配 0~4 的分数，清单 A、B、C 如表 5.1 所列。

表 5.1　清单 A、B、C

清单 A　物理设计特性	
准则	说　明
（1）从外部接近	有关目视检查和处理的可达性
（2）外部支持	考虑外部紧固件是否需要特殊工具
（3）内部支持	考虑内部支持是否需要特殊工具或过多时间
（4）内部可达性	与维修中的目视检查和操作有关的内包装和可达性
（5）模块化和包装	易于接近需要拆卸或组装的零件
（6）更换零件	易于更换部件
（7）传感器和显示器	安装的显示器能否提供有关运行状态或系统故障的必要信息
（8）能力自测	设置指示灯和报警器，便于排除故障和隔离故障
（9）测试要求	需要通过检查点/测试来进行维修
（10）检查容易	易于使用和明确检查点
（11）标识	重要零件的清晰标识和标签，便于进行维修
（12）校准要求或调整	扩展要求/校准/调整
（13）便于检查	考虑为了测试/核实部件故障是否需要拆卸
（14）避免损坏的能力	考虑提供设备，以避免或最大限度地减少发生故障时的损坏（熔丝）
（15）人员安全	维修人员在任务执行过程中的安全
清单 B　保障要求	
准则	说　明
（1）测试设备要求	完成维修是否需要以及需要多长时间
（2）连接器/适配器测试设备	考虑进行操作的必要性和操作中需要使用的特殊工具
（3）操作用配件	需要提供配件或辅助设备（如支架、滑轮等），以便进行维修
（4）可视联络	考虑维修人员是否可以就任务进行视觉联络
（5）维修/操作人员	考虑维修和操作人员对互动的需求
（6）维修人员数量	执行任务所需的人员的数量
（7）对监理服务的要求	需要有合同规定的监督人员在场
清单 C　对维修人员的要求	
准则	说　明
（1）体力	执行任务所需的体力（手臂、腿、搬运工等）
（2）体力耗费	所需能量
（3）技能	对熟练和协调的要求
（4）视觉分辨率/敏锐度	需要具有视觉敏锐度，以便执行任务
（5）记忆力	需要熟知程序、工具等

续表

清单 C 对维修人员的要求	
准则	说明
(6) 逻辑与推演	在执行任务的过程中,维修人员需要具有逻辑推理和推断的能力
(7) 组织	考虑为维修效能规划管理任务的必要性
(8) 警戒	对警戒人员的需求和其可用性
(9) 耐心、专注和毅力	需要通过集中注意力等调整特殊心理状态,以完成任务
(10) 独立性和能力	需要维修人员具有主动性和独立性

5.7 可用度

5.7.1 引言

可用度是指部件/系统在特定时刻 t 可使用(运行)的概率,即时刻 t 前未发生故障或者故障发生之后已经恢复。可用度是考虑部件或系统的可靠性和维修性的可修复系统的性能度量标准。将其定义为"衡量机器和设备在需要时处于工作状态的程度的百分比"。该定义包括设备本身、执行的过程以及周围的设施和操作。在根据用途计算可用度时,有多种定义和方法。

5.7.2 可用度分类

可以根据分析所考虑的故障类型灵活地定义可用度。可用度分类包括瞬时或即时可用度、平均可用度、渐近可用度、固有可用度、可达可用度、使用可用度等。

1. 瞬时可用度 $A(t)$

正如 Smith 和 Hinchcliffer 所定义的,瞬时可用度是系统(或部件)在 t 时刻可使用(运行)的概率。这与可靠性函数非常相似,只是它给出了系统在给定时间 t 可运行的概率。与可靠性不同的是,瞬时可用度度量结合了维修信息。在任何给定时刻 t,如果满足以下条件,系统是可用的。表 5.2 为瞬时可用度 $A(t)$ 的相关函数。

表 5.2 瞬时可用度 $A(t)$ 的相关函数

使用/运行		修理	
故障分布(密度;分布)	$f(t);F(t)$	维修分布(密度;分布)	$g(t);G(t)$
可靠性	$R(t)=1-F(t)$	互补性	$W(t)=1-G(t)$
风险率(故障)	$h(t)$	风险率(维修)	$k(t)$

1) 至少到 t 时刻可靠运行的概率

可靠运行的概率为

$$A_0(t) = R(t)$$

2) 到时刻 t 前完成故障修理周期的概率

现在,可以计算在 $0 \sim t$ 之间发生一个故障修理周期的概率,并且在 t 时刻,由于修理已经完成,所以部件可用。表 5.3 为时间 t 内经历一次"故障—修复"循环的示意。

表 5.3 时间 t 内经历一次"故障—修复"循环的示意

使用/运行	故障	修理	使用
$t=0$	u	$u+\mathrm{d}u$	vt

$$A_1(t) = \int_0^t \left[\int_0^v R(u)h(u)W(v-u)k(v-u)\mathrm{d}u \right] R(t-v)\mathrm{d}v$$

将其简化可得

$$A_1(t) = \int_0^t \left[\int_0^v f(u)g(v-u)\mathrm{d}u \right] A_0(t-v)\mathrm{d}v$$

3) 在时刻 t 处于修理的概率,发生了两个故障修理周期

在经过两个正常使用期和一次中间修理后,在 t 时刻还处于修理的概率,等于在 0 到 u 期间发生故障概率、随后 u 到 v 期间修复的概率 $g(v-u)$,乘以 v 作为一次故障后的使用与随后修理的时段还处于时间 t 内的概率。表 5.4 为 t 时处于修理状态且已经发生 2 次"故障—修复"循环的示意。

表 5.4 t 时处于修理状态且已经发生 2 次"故障—修复"循环的示意

使用/运行	故障	修理	使用	故障	修复
$t=0$	u	$u+\mathrm{d}u$	v		t
	A_2			A_1	

因此,可得

$$A_2 = \int_0^t \left[\int_0^v R(u)h(u)W(v-u)k(v-u)\mathrm{d}u \right] A_1(t-v)\mathrm{d}v$$

$$= \int_0^t \left[\int_0^v f(u)g(v-u)\mathrm{d}u \right] A_1(t-v)\mathrm{d}v$$

式中：$R(u)$ 为设备至少在 u 之前工作的概率；$h(u)\mathrm{d}u$ 为设备在 u 之后的时间间隔 $\mathrm{d}u$ 内发生故障的概率；$W(v-u)$ 为设备在 v 之前没有进行修理的概率；$k(v-u)$ 为设备在 v 之后进行修理的概率；$A_1(t-v)$ 为设备后续运行中的设备从 v 到 t 发生故障修理周期的概率。

也就是说，时间 t 是第一周期时间加上第二周期时间的总和，或者

$$T = T_{C1} + T_{C2}$$

这显然是两个随机变量，因此，可以将变量 T 的分布转换为变量 T_{C1} 和 T_{C2} 的分布的卷积，即

$$D(t) = \int_0^t d_{T_{C1}}(v) D_{T_{C2}}(t-v)\mathrm{d}v$$

式中：d 为概率密度函数；D 为分布函数。

在此情况下，可以得出

$$d_{T_{C1}}(v) = \int_0^v R(u)h(u)W(v-u)k(v-u)\mathrm{d}u = \int_0^v f(u)g(v-u)\mathrm{d}u$$

$$D_{T_{C2}}(t-v) = A_1(t-v)$$

若

$$I(v) = \int_0^v f(u)g(v-u)\mathrm{d}u$$

那么

$$A_1(t) = \int_0^t \left[\int_0^v f(u)g(v-u)\mathrm{d}u \right] A_0(t-v)\mathrm{d}v$$

$$A_2(t) = \int_0^t I(v) A_1(t-v)\mathrm{d}v$$

$$A_J(t) = \int_0^t I(v) A_{J-1}(t-v)\mathrm{d}v$$

在一般情况下，可得

$$A(t) = A_0(t) + A_1(t) + A_2(t) + \cdots + A_J(t) + \cdots$$

将可修复部件的瞬时可用度表示为

$$A(t) = \sum_{k=1}^{\infty} \int_0^t f_k(t-u) \cdot R(u)\mathrm{d}u$$

也就是说,在 t 时刻能工作的概率是以下相互排斥的事件的联合,表示为以下概率的总和:

(1) 至少在 $t(A_0)$ 之前没有发生任何故障的概率;
(2) 在 $t(A_1)$ 时刻发生一次故障和进行一次修理以及维修有效的概率;
(3) 至少在 $t(A_2)$ 之前发生一次故障、进行一次修理、使用、发生二次故障、进行二次修理和使用的概率;
(4) 至少在 $t(A_J)$ 之前发生 J 次故障、进行 J 次修理和使用的概率。

2. 平均可用度 $\overline{A}(t)$

平均可用度是系统在一段时间内可用时间占的比例,它表示瞬时可用度在 $(0,T)$ 区间的平均值。计算平均可用度的表达式为

$$\mathrm{Am}(t) = \frac{\int_0^t A(u)\mathrm{d}u}{t}$$

在服从指数分布的情况下,可以得出如下表达式:

$$\mathrm{Am}(t) = \frac{\mu}{\lambda+\mu} + \frac{\lambda}{t(\lambda+\mu)^2}\{1 - \exp[-(\lambda+\mu)t]\}$$

3. 渐近可用度 $\mathrm{Am}(\infty)$

系统的渐近可用度是作为时间函数的瞬时可用度在时间接近无穷大时的极限:

$$A(\infty) = \lim_{t \to \infty} A(t)$$

瞬时可用度函数大约在平均故障时间的 4 倍之后开始达到稳定状态,如图 5.9 所示。正如所看到的,在服从指数分布(故障和修复)的情况下,渐近可用度($t \to \infty$) 为

$$\mathrm{Am}(\infty) = A_\infty = \frac{\mathrm{MTBF}}{\mathrm{MTBF} + \mathrm{MTTR}} = \frac{\mu}{\lambda+\mu}$$

根据 O'Connor 的观点,当时间间隔明显高于 MTBF 时,使用上面的表达式是有效的。根据 Lewis 的观点,如果这个假设无效,可以将数值模拟用于通过可靠性和维修性的概率分布来确定可用度。

图 5.9 中的上升和下降表示当设备故障趋于稳定时的所谓早期失效率,即早期的可用度受到系统可靠性及其时间行为的显著影响。因此,可以将可用度稳定状态看作一个点,在该点可用度将稳定在一个常数值上,但这种稳定状态不能作为某些系统的唯一指标。

4. 固有可用度 A_I

固有可用度是指系统或部件在适当条件下使用并具有理想保障(备件维修)时,在需要的任何时候能可靠地运行的概率。由于修复性维修引起的系统停机时

173

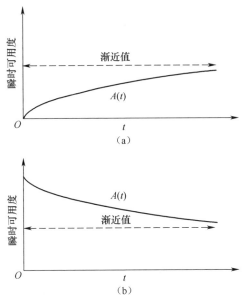

图 5.9 以常数值达到稳定点的可用度

间处于稳定状态,因此固有可用度表示仅考虑修复性维修的可用度水平,参见参考文献(ESREDA,2001)。固有可用度完全由设备设计决定,假设备件和人员 100% 可用,且没有延迟,不包括由预防性维修导致的不能工作、后勤、管理延迟或预期的不工作,只包括由修复性维修导致的不能使用。固有可用度通常是通过工程设计分析推导出来的,固有可用度满足了区分预期性能和意外故障的需要。

该可用度度量具有以下特点:①不考虑预防性维修的影响;②不考虑系统后勤保障的实际情况。这一度量的目的是突出不考虑后勤保障的影响时系统的就绪完好状态。这种处理方式只考虑了修复性维修,是一种理想化的情况。在实际后勤保障的环境下,可用度数值会降低。

其应用主要是为了规定新系统的要求,此时系统还没有对后勤保障做出决定或提出规范要求,计算公式为

$$A_\mathrm{I} = \frac{\mathrm{MTBF}}{\mathrm{MTBF} + \mathrm{Mct}}$$

式中:MTBF 为平均故障间隔时间;Mct 为实际修复性维修时间的平均值,实际维修中采用 MTTR。

注意,维修时间既不包括后勤延迟,也不包括管理延迟。MTTR 表示固有可用度,仅反映修复性维修活动。计算式如下:

$$A_\mathrm{I} = \frac{\mathrm{MTBF}}{\mathrm{MTBF} + \mathrm{MTTR}}$$

5. 可达可用度 A_a

可达可用度是当设备在理想条件下使用并具有最佳后勤保障,即可以立即提供人员、工具和备件时,设备在给定时间点可靠地使用的概率。它不包括后勤延误时间和停机管理时间,但包括了预防性维修时间和修复性维修时间。可达可用度定义为执行预防性维修和修复性条件下的可用度性能水平。除了考虑预防性维修(PM)之外,可达可用度与固有可用度非常相似。具体来说,在考虑系统不能使用的修复性维修和预防性维修的可用度时,可达可用度处于稳定状态。根据 Ebeling 的说明,可以通过平均维修间隔时间 MTBM 和由于维修引起的平均停机时间 $\overline{M}$ 来计算可达可用度,则

$$A_a = \frac{\text{MTBM}}{\text{MTBM} + \overline{M}}$$

该定义符合设备可用度要能区分设备可用度什么时候起因于计划活动,什么时候起因于非计划活动。可用度曲线的形状由设备的设计确定,维修策略对可用度有直接影响,是一个理想的预防性维修项目性能指标。

这是基于维修运作的可用度,其目标之一就是找出最佳曲线,并使设备在该水平上运行。因此,了解可达可用度曲线的位置和形状至关重要,否则不能确定使用可用度的合理性和可能性,也就不能确定设备生产的合理性和可能性。如果可用度曲线是未知的,在运营管理和制造过程中就可能会尝试实现超出所能的性能,结果必然造成超支,对维修资源的过度投资会对预算产生负面影响。

可达可用度是以下因素的结果:

(1) 设备设计决定了可达可用度曲线的形状和位置,也确立了可以实现的可用度;

(2) 维修策略决定了设备在可用度曲线中的位置,也确立了真实达到的可用度。

6. 使用可用度 A_o

使用可用度是一段时间内平均可用度的度量,包括由于后勤问题引起的所有不能使用的原因,如停机管理和停运。使用可用度是在真实环境下实施使用保障时,设备在给定时刻可靠地运行的概率,包括使用保障需要的时间、运行和潜在运行时间、不运行或预期管理延误,以及预防性维修和修复性维修。

使用可用度是客户实际体验到的可用度,是基于系统已发生实际事件的可用度的后验定义。先验定义是基于系统故障模型和停机统计分布的估计。使用可用度是系统正常运行时间与总时间的比例,在数学上可表示为

$$A_o = \frac{\text{正常能工作时间}}{\text{使用周期}}$$

式中:使用周期为正在研究分析的使用时段;正常能工作时间为系统在使用周期内能运行使用的总时间。

综上所述,使用可用度是指系统或设备在既定条件下和在实际使用环境下使用时,能够在需要的任何时刻可靠地运行的概率。它最适合表示系统满足其使用需求的可信度。因此,要确定这一点,需要深入了解系统期望的作用和得到的后勤保障。

该度量表示了系统在面对故障时行为效率的水平,也反映了现有维修策略和保障资源(设施、物资、人员)的充分性。

根据已知参数进行计算的一般表达式为

$$A_o = \frac{\text{MTBM}}{\text{MTBM} + \text{MDT}}$$

式中:MTBM 为平均维修间隔时间;MDT 为平均维修停机时间。

使用可用度分离了维修运作的效能和效率。它是在日常设备使用中实现的实际可用度水平,反映了设备维修的资源水平和组织效能。使用可用度是设备在一定生产水平上所经历的性能。使用可用度和可达可用度之间的差异在于维修的后勤保障,可达可用度假定资源100%可用,并且不会发生管理延迟。

5.7.3 可靠性术语

图5.10从理论上定义了可靠性。一个周期是指两次故障之间的时间,可以按照西班牙标准进行分解,得到的是经常采集并纳入工单和报告发布的那部分时间。

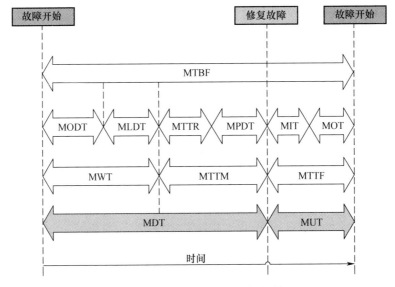

图5.10 故障和修复过程中的时间

图中,MTBF 为平均故障间隔时间;MODT 为平均运行停机时间;MLDT 为平均后勤延误时间;MTTR 为平均修复时间;MPDT 为平均预防性维修停机时间;MIT 为平均闲置时间;MOT 为平均运行时间;MWT 为平均等待时间;MTTM 为平均维修时间;MTTF 为平均故障前时间;MDT 为平均停机时间;MUT 为平均正常运行时间。

5.7.4 故障时间

按照美国维修与可靠性专业协会(SMRP)的有关规定,可以按照如图 5.11 所示将总故障时间分解,图 5.12 是这些时间的另一种表述方式。

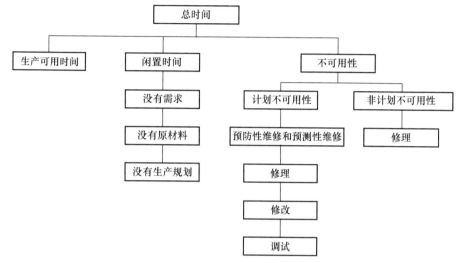

图 5.11 SMRP 的故障时间分解

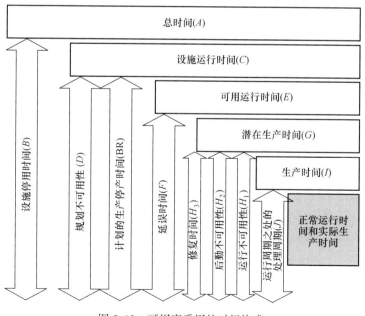

图 5.12 可用度采用的时间构成

5.7.5 时间定义

应明确时间的概念,避免歧义和误解。尽管有人尝试对时间定义进行标准化,但通常难以做到。例如,UNE-EN 13306:2002 将一些时间定义为可用的,其他时间定义为不可用的,从而引起各种解读,导致无法将它们用作基准度量的标准。

这个问题已经导致了对众所周知的几个指标的广泛使用,包括 MTBF 和 MTTR。它们的有关定义是被广泛公认的。这不是有关时间定义正确或不正确的问题,而是它在指标中的使用问题。为了计算不同的可用度,这里给出了以下时间定义。

总时间 A:经协商在观察期内可以利用的最大时间(一周 7 天,一天 24h),是日历时间。

设施停用时间 B:设施关机停运的时间。

设施运行时间 C:设施开机并准备生产的时间。

计划不可用性 D:计划的定期维修、测试或试验时间,任何可预见的修复或改进时间,主要由预防性维修性和预测性维修组成。

计划的生产停产时间 BR:发生生产中断的预期时间,如下班休息、午餐、会议等。

可用运行时间 E:设备正常运行的可用时间。

延误时间 F:导致设备无法运行的非意外事件(不含故障)所消耗的时间,包括但不限于操作步骤困难(除非像"交钥匙系统"那样立刻可用)、操作错误、流水线上材料流转出现差错(堵塞或短缺)以及原材料不符合规格要求。

修理时间 H:设备由于故障而无法运行以及随后修理其中一个或多个部件的时间,故障是自然发生的,可导致设备停止运行。注意,设备故障不包括操作故障(除非是"交钥匙系统")。因等待从供货商处获取某些必要零件而造成修理暂停的等待时间,不包括在修理时间 H 内。为了计算设备可用度,维修人员对所需零件的等待时间包含在延误时间 F 内。修复时间包括以下项目,H_1:设备发生故障停机后,找出故障及其原因的时间;H_2:因维修人员正常休息等形成的后勤停机时间;H_3:修理停机时间,即完成修理和测试的时间。

生产时间 I:设备处于潜在生产的时间 G,不含修复时间 H。

运行周期之外的处理时间 J:设备不在正常生产活动周期中的时间,包括为工厂运转和生产零件而进行的机器准备(配置零件)、过程检查、作业人员设置、易损工装和/或耗材的更换以及清洁(清除垃圾、清理碎片和飞溅的焊渣等)等活动的时间。

运行周期时间 K：也称运转时间或正常运行时间。设备运行并生产的时间（在周期中），或是去除运行周期之外的处理时间 J 的生产时间 I

5.7.6 计算可用度的方法

系统的故障时间和修复时间应该完全参数化，并通过概率分布来建模。遗憾的是，情况并非总是如此。如果存在的话，就利用马尔可夫分析法的状态图来计算确切的可用度。

马尔可夫分析法使用转换图表示系统的可靠性特征，模拟随时间变化的系统行为。这类分析认为，系统是由一系列单元组成的，每个单元只有两个状态，即损坏和功能正常。但对于整个系统来说，可能会有许多不同的状态，每个状态都由使用和功能单元的组合来确定。因此，当一个单元发生故障或进行修复时，系统从一个状态转移到另一个状态。通常这种模型称为具有不连续状态的连续时间模型。

通过马尔可夫分析法，以图形方式对故障/恢复事件进行建模。如 UNE-EN 21406:1997 所述，故障/恢复的过程用状态到状态的转换符号表示，所有的转换概率之和为 1，这意味着系统在任何时刻都必须用状态转换图中的一个且只能是一个状态来表示。如果由于实际原因而忽略了低概率状态，则只能大致满足这一要求。

UNE-EN 21406:1997 针对维修状态图提出以下度量指标：
（1）处于一个或多个状态的概率；
（2）状态之间的转换速度（输入或输出）；
（3）系统在每个状态所保持的时间。

可以从这些度量指标确定可用度。可用度不过是系统处于允许使用的状态，即达到使用目标的概率总和。如果缺少数据，必须根据维修工单和运营商给出的数据估算可用度。图 5.13 给出了计算可用度的流程。通常，运行记录按时间顺序进行累计。复杂的控制系统将更容易地识别不同系统故障的发生。

第一阶段是确定截至故障发生时的运行时间和修理所需的时间。应谨慎确认时间，因为在复杂的系统中，性能损失或故障情况可能是由另一个部件引起的。在确定故障原因时，必须特别小心。

第二阶段是计算系统的维修性和可靠性。可修复系统的维修性可以按照威布尔正态分布或对数正态分布建模，维修时间取决于各种因素，如维修人员的技能或备件的可用度。

第三阶段是利用平均故障间隔时间与系统运行周期的平均比值来计算系统的使用可用度。

第四阶段是敏感性分析。利用软件来重复该过程，通过增加重复次数来拟合数据,参见参考文献(RELIASOFT,2002)。

最后,计算结果可作为使用性能指标。

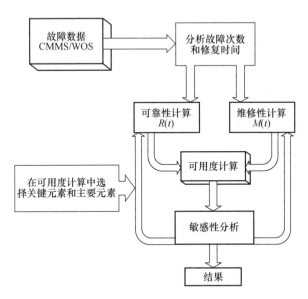

图 5.13　计算可用度的流程

5.7.7　用于监测和诊断的时间参数

生成指标的重要活动之一是正确度量与预防性维修和修复性维修相关的时间。预防性维修大纲可最大限度地减少修复性维修,从而改善客户服务,增加资源的可用度,并显著降低维修费用、系统停机时间、备件费用等。准确可靠地掌握预防性和修复性维修的时间数据十分重要。记分卡的价值在于数据的有效性,其中下列参数尤其重要:

(1) 平均反应时间;
(2) 在机器上活动的平均时间;
(3) 修复时间;
(4) 平均诊断时间;
(5) 平均故障间隔时间;
(6) 平均调试时间;
(7) 可用度。

5.8 安全性

5.8.1 引言

安全性是第四个 RAMS 参数。如果一个系统在功能上是安全的,即可靠的,那么该系统将按照所设计的方式运转。可靠性中,假定系统正常运行,换句话说,系统是安全的。安全性是一个复杂的现实问题,包括从严格的技术细节到各种人为作用和社会影响。

安全性的复杂性要求对其进行分类或建立系统性的结构。最常见的三个分类等级是:工作安全性、工业产品安全性、工业过程和设施安全性。

安全性可以是主观的。"安全"和"不安全"是常用的两个形容词,但它们不一定如我们要求的那样严格。事实上,它们的使用往往不受物理规律约束,而受个体决策影响,这就会导致主观性,甚至意义上的不确定性。所有与安全性有关的活动(包括工业安全性)中始终存在人因,但目标是将不确定性降低到非常低的水平。

5.8.2 安全性结构

1. 工作安全性

工作或职业安全性对于组织来说是非常重要的。显然,工作安全性是为了保护工人,组织对此尤其重视。

有必要阐明所提及的职业安全性,否则,有关规定将仅限于对目标和商誉的陈述,而不包括技术细节。对职业安全性进行监管的最高级别是保护法律,相关法律条款将安全性要求保持在一定的水平,并规定了对违反法律的个人或公司进行惩罚的制度。许多情况下,这些法律规定了比较容易度量的最小值或最大值,例如,在确定有毒化学品或放射性产品的最大允许浓度时,就是采用了这个概念。

一些自愿采用的标准和行为准则适用于由专业协会和/或个别公司设立的各个工业部门。自愿采用的标准提供了适用于特定工作场所的更详细的要求和规定,在某些情况下,还包括预防计划和应急计划。

工作和职业安全性项目还必须调查风险来源,并考虑如何限制风险,设定最高允许水平。风险包括电压、温度、压力、声音分贝、辐射暴露或各种产品的浓度。分析如何确保不会超过这些限制是工作安全性的重要组成部分。

最后,由公司和工人负责车间的工作安全性,他们胜任分析风险来源的工作,这是保护他们的最好策略。

2. 工业产品安全性

即使风险来源相似,用户也会有完全不同的安全性处置方法。工作安全性涉及某些虽然暴露在危险源中,但对使用产品没有任何资质要求的职业人员。

这意味着产品必须具有适当的设计和制造技术,以确保按预期生产产品,尤其是确保安全性。在大多数西方国家的传统管理系统中,通常采用认证方法,这在某些类型的产品中仍然是必要的。通过认证,根据原型测试或适当检查,优先授予公司销售产品的许可证。

现在,不需要再对产品进行事先认证。相反,销售的产品由制造商或进口商负责,产品必须具有欧共体(EC)标志,表明产品符合所有适用的欧盟法规。但是,制造商或进口商不能不负责任地修改 EC 标志,他们必须制订一份技术文件,说明所有的测试和试验都是按照法规进行的,包括生产过程或产品的质量保证。技术性能部门必须声明符合适用的法规。制造商或进口商必须明确提出符合法规的声明。

在欧盟范围实现所谓的新方法和整体法统一之前,每个国家都有自己的技术立法。一般来说,所有的工业产品在进行商业化之前都必须通过售前认证。认证是一项技术要求,涉及一系列的测试,旨在验证是否符合法规。显然,这一程序为公众提供了更好的保护,但也给商业带来了明显的不利影响,更大的保护就最明显,但这也只是表明而已,因为产品可能与批准的原型根本不同。

从逻辑上讲,要确保安全性保证是真实的,行政当局必须通过工业产品的样本控制进行补充,在这个过程中应赋予政府依法管理的权力。

3. 严重事故

安全性的第三个方面涉及严重事故,严重事故是影响公众或人类环境的事故,例如,工业设备排放的有毒物质,或者异常的能量输出。能量释放往往伴随着诸如噪声、爆炸和火灾等危险现象。这些能量辐射会加速有毒物质的扩散,进而使事故达到灾难性的程度。

从广义上来说,应重点关注与这类事故特别相关的两个工业领域:有毒化学品和放射性产品。

公司要有应对任何形式的灾难的能力,包括制订疏散计划。同时,必须防止工业事故的发生,要能在事故发生后尽量减少事故带来的影响。在发生重大事故的情况下,会出现一些与公众安全有关的问题,包括维护公共秩序。这就解释了许多重大事故发生后与安全有关的问题主要是从民事保护的角度来考虑的原因,在某些情况下会忘记最有效的保护是在设施和流程的根源上实施的。

需要制订类似于核工业对每种装置类型的标准审查大纲。该行业在对核安全标准进行系统分析后,制订了安全导则和性能规范。在这些方面他们做出了巨大努力,并且针对各种系统物理变量有非常详细的大纲、标准和物理规范。应该将核工业的质量观念推广到其他领域。

5.8.3 风险分析

根据 UNE-EN 200001-3-9:1999,试图通过风险分析回答三个基本问题:会出什么问题？发生这种情况的概率是多少？后果是什么？

为了对可能发生严重事故的设施进行安全性研究,并进行全面的费用效益分析,需要利用一个工具来描述偶然事件,图 5.14 给出了风险评估系统。

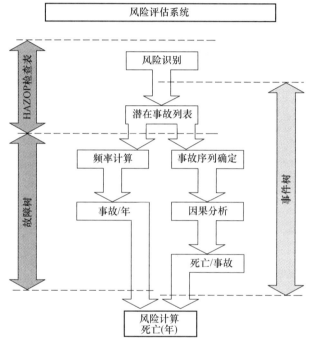

图 5.14 风险评估系统

最常用的风险评估方法之一是危险与可操作性分析(HAZOP),该方法系统地调查设施的运行状况,并确定与损坏或机械故障有关的风险。

事故假设清单应涵盖全部范围内合理预期的问题,每个假设都可以采用事件树显示事故序列如何发生。因果分析将假设与某些影响联系起来,包括死亡或对人、事物或环境的损害。事件树本质上是定性的,它只能近似地确定特定类型事故造成的死亡和其他相关损害。作为补充,应该通过故障树来分析估计事故发生的频率。故障树分析旨在识别和分析导致或促成特定不良事件发生的条件和因素,通常是显著影响系统正常运行、经济性、安全性或其他规定特征的事件。

根据 UNE-EN 21925:1994,故障树特别适用于复杂系统的分析,这些复杂系统包含若干个具有不同运行目标、但功能相关或相依的子系统。当系统设计需要许多专业设计团队的参与时尤其如此,如核电站、飞机、通信系统、化学和工业生产过程等。

事故假设应包括故障是顺序发生的还是并行发生的,并将故障率与各种初始事件联系起来。每年的事件假设数量必须与各种安全特征成功实现的概率相补充。元件、部件和子系统的故障率通常服从泊松分布,而安全系统成功的概率或处理负面影响的能力服从二项分布,即成功或失败。

1. 二项分布

二项分布适用于只有两个可能结果并且这些基本事件的概率保持不变的情况。这种分布广泛用于可靠性和质量分析,可以表示为

$$f(x) = \binom{n}{x} p^x q^{n-x}, \quad \binom{n}{x} = \frac{n!}{(n-x)! \; x!}$$

式中:$f(x)$ 为在 n 次实验尝试或重复中获得 x 次事件的概率;n 为重复或试验次数;p 为所讨论事件发生的概率;q 为对立事件的概率。

因此,$q = 1 - p$。

通过分布函数可以得出 n 次尝试中获得 r 次事件的概率,表示为

$$F(x;r) = \sum_{x=0}^{r} \binom{n}{x} p^x q^{n-x}$$

2. 泊松分布

在可靠性分析中经常使用泊松分布,当 n 趋于无穷大时,可以将泊松分布认为是二项分布的扩展。如果事件发生服从泊松分布,那么发生的速率是恒定的,并且在一个时间间隔内的事件数独立于其他时间间隔内的事件数。

通过总量函数可以得出在预定时间间隔内发生 x 次的概率,将其表示为

$$f(x) = \frac{a^x \mathrm{e}^{-a}}{x!}$$

其中,x 可以是故障次数和预期故障次数(数学期望)。

为了能够在可靠性中使用,实用表达式为

$$f(x;\lambda,t) = \frac{(\lambda t)^x \mathrm{e}^{-\lambda t}}{x!}$$

式中:λ 为故障率或风险率,保持不变;t 为考虑的时间间隔的长度;x 为故障次数。

在 t 时刻的安全性函数或零故障的概率明显对应于指数分布,表达式为

$$S(t) = \frac{(\lambda t)^0 \mathrm{e}^{-\lambda t}}{0!} = \mathrm{e}^{-\lambda t}$$

3. 泊松过程

泊松过程是一个随机过程,其随机变量的分布取决于参数 t,通常是时间。泊松过程中,在下列情况下,事件可以随时发生:

(1) 事件发生在长度为 t 的时间间隔内的次数并不取决于在该间隔之前或在初始时间间隔之前已经发生的事件的次数;

(2) 事件在间隔 dt 内发生的概率与 dt 呈比例,事件在间隔 dt 内发生一次以上的概率是 dt 的无穷小量。

在这些条件下,事件在持续时间间隔 t 内发生 r 次的概率为

$$\Pr(t) = \frac{e^{-\lambda t}(\lambda t)^r}{r!}$$

上式符合泊松分布。

当分析的事件是可修复部件的故障,且修复时间为零时,泊松过程就成为指数分布。也就是说,在持续时间间隔 t 内不发生故障的概率 t 为

$$P_0(t) = e^{-\lambda t}$$

这也是指数分布的可靠性函数表达式。

对应于埃尔朗(Erlang)分布的密度函数(使用参数 r 的伽马分布的密度函数),在持续时间 t 内发生 r 次故障的概率表示为

$$f(t) = \frac{\lambda}{(r-1)!}(\lambda t)^{r-1}e^{-\lambda t}$$

因此,在满足泊松过程的条件时,可以得出以下实际结论:

(1) 随机变量"持续时间间隔 t 内的故障次数"的概率分布服从泊松分布;

(2) 随机变量"相邻故障之间的时间"的概率分布服从指数分布;

(3) 随机变量"达到 r 次连续故障的时间"的概率分布服从埃尔朗分布。

确定这些分布的特征或统计参数是不容易的,无论是泊松分布还是二项分布。在某些情况下,没有足够的历史数据可用于确定真实的故障率。

典型地,可以将部件的寿命分为三个阶段,通常描述为浴盆曲线。在浴盆曲线的初始阶段,因材料或机器制造的原因而发生故障(称为出生缺陷),故障率会很高。通常情况下,由于产品价格昂贵、危险率较高,应密切监测这一时期,并且应进行各种无损检测和检查。在浴盆曲线中部阶段,经过初始时期之后,是一段故障率随着时间的推移而下降并保持不变的时期。而在尾部阶段寿命快要结束时,故障率会再次上升。

类似地,在表征安全系统成功或失败的二项分布中,也有很大的不确定性。这些系统通常是非常独特的和个性化的,因此没有足够的相关信息。适当维修和对其功能的周期性核验能保证它们的可靠性,这远胜过对它们的忽略。无论如何,在注意到统计模型的不确定性的情况下,通过故障树可以确定事故发生的概率及其

后果,例如包括可能造成的死亡人数。

通过将后者与一定时期内(如1年)的预计事故次数结合,可以计算出每年死亡或每年其他类型损失的风险,这样就可计算出全面的风险。

这种方法的一个优点是,通过它可以识别具有较高影响的事件,并且可以确定事故通常发生的方式。换句话说,通过这种方法可以确定某些单元和子系统中应该得到改善的安全特性。

5.8.4 安全可靠性分析

任何工厂或设施都会有一系列的安全系统,可以通过概率分析来确定与具体项目相关的不确定性程度和可能的破坏性后果。

从逻辑上讲,为了增加项目的安全性,应该有针对性的设置装置。增加安全措施会增加实际投资费用,但会提高安全水平,或者降低不安全水平,并节省假设性费用。这些费用是假设性的,只在有实际事故时才发生,原则上不能确定性地预测。一个特定设施可能在整个使用寿命期间都不会发生事故,而另一个类似的设施尽管在安全系统上花费了更多的金钱,但仍可能会发生事故。

设备的使用寿命只能在事后才能知道,而不能在实施项目的时候知道。因此,进行可靠性安全分析是可行的并且是可取的。在此类分析中,对于指定的设计和一定的安全投资水平,可以确定假设事故的可预见后果。在这种评估具有重大的经济效益,虽然分析是假设性的,但不确定性会减少,可能因故障、人为差错等而造成的灾难性后果也会减少。

为了确定由于缺乏安全性而引起的费用,可以采用可靠性分析。通过故障树可以确定在设施运行中发生各种事件的概率,而通过事件树则可以确定某些故障的可能后果。在这两种情况下,故障树和事件树始终存在概率成分,计算的准确性与可以识别部件和子系统的统计类型的精度有着根本的联系。

在后果分析方面,重要的是确定事故可能波及的范围,即在初始事件发生后,各种有毒物质和爆炸物或不同工艺路线故障的连锁反应。一般来说,特定区域内可燃或易爆物质的堆积可能会导致放大相对无意义事件的后果。例如,在放置燃料储存设施或靠近易燃物质的地方使用焊枪,在某些情况下如果对其着火的可能性评估不够,则可能发生大的火灾。

概率安全分析中采用的一项技术是 FMEA 或 FMECA,该方法以故障模式检测、故障影响及危害性分析为基础,也就是说,故障是否直接影响到设施安全功能。可以将 FAMECA 看作 FMEA 的扩展。FMEA 是一个起点,在某个层次(部件或组合)开始提供故障的基础信息(主要是故障模式)。从单元故障的基本特征和系统的功能结构来看,FMEA 确定了单元故障、失效、运行约束、性能下降或系统完整性之间的关系。评估从属故障或较高层级系统/子系统考虑的故障生成时间的顺序。

FMEA 仅限于对实体硬件的故障模式进行定性分析,不包括人为差错或逻辑产品(软件),尽管系统通常同时包含这两种要素。危害性描述了故障严重程度的等级,危害性类别或等级的确定是系统功能能力损失和丧失的函数,有时也是故障概率的一种函数,最好对概率分别进行分析。

危害性的研究和故障模式概率的计算是 FMEA 逻辑的结果,辨识出的故障模式的危害性分析一般称为 FMECA,广泛应用于安全方面。

FMECA 方法可应用于一个工程、建造和组装、使用/运行,以及拆卸和处置。该方法要求采用故障树和事件树,根据事故或故障对设施安全特性影响的评估来查看危害性状况,如果影响消防设备,则应监测物理和化学变量,锁定系统,限制有毒产品等。

在分析人为差错时,即使人为差错与不确定性高度相关联,FMECA 方法也应该特别严格。对于人为差错,还应该区分不同层次的危害性,但专家在这方面有不同的意见。没有成功的秘诀,但要尽量减轻责任,并减少事故的发生。

UNE-EN 20812:1995 建议针对所研究的系统设计格式或表格,据此来实施 FMECA。应该按照目标制订这些表单或表格,并将其储存起来用于后续使用。

诸如油罐完全破裂之类的故障很少突然发生,但它是灾难性的。故障通常发生在一个过程中,尤其是在运输和倾倒有毒或易燃物质的过程中。为了研究故障序列,可以使用布尔代数来模拟每个子系统或安全部件的二项分布。根据安全系统的反应,报告的故障可能会产生一定的后果。采用了布尔代数,可以将布尔表达式与一组逻辑图相关联,表示各种系统的运行状态或故障。这里并不适合利用布尔代数的性质并将其用于计算各种过程的概率,但手动计算和使用计算机计算都可以创建越来越复杂性的逻辑图,用于表征各种安全设备的所有系统变量。

概率安全分析有多种用途,可用于评估在特定条件下工作的特定设施的不确定性程度,还可以确定导致严重后果的较频繁事件的可能途径或扩大程度,这样就可以对项目进行修改并增强高风险区域的安全功能。借助各种事故情景,可以构造一组损害/概率关系,这个关系确定了设施或工厂的风险特性。根据公众和监管当局对事故的容忍度,安全系统必须收窄或缩小可能后果的最大情况,但在其他情况下情况会相反。例如,对总体产生重大影响,并且在逻辑上会对经济产生重大影响的灾难,是灾难性的,虽然它的概率很低,但应避免。

可靠性安全分析的另一个关键方面是制订适当的外部和内部应急计划。为具有代表性,必须考虑最可能的偶然事件以及这些事件在严酷度方面是如何放大的。在过去发生的灾难性事故中,这种类型的分析越来越受欢迎,通过这种分析可以研究已经发生的事件并提出防止事件进一步发生的方法。

5.9 故障分析的信息管理

5.9.1 引言

本书一再强调维修信息至关重要。通过这些信息,可以随着时间的推移了解工厂及其机器的状态,从而便于在新设备发生故障时做出决策。有些专家认为,信息会产生"知识",在工业设施中,尤其是在维修职能方面,寻求提高竞争优势的公司越来越需要保存和更好地利用以往经验所产生的知识。

为了改善设备的运行状况,重要的是需要保持对信息和从以往经验中获得的知识的良好记录。这涉及改变工作习惯,并针对记录的重要性培养新的习惯,尤其要记录在新问题处理中的应用,还要将经验传递给同事。

5.9.2 故障信息的研究

改善故障分析的第一步是适当使用信息和构建故障数据库,如果没有数据,就不能对故障原因进行仔细研究。有两种类型的故障数据库:一是定性的,主要包含故障分析资料;二是定量的,涉及关于运行和处理时间的历史数据。

第一组信息是故障的详细信息和相应的修复性维修和预防性维修。第二组主要涉及时间性指标 MTBF 和 MTTR。该组信息还与设备的改进有关,是通过趋势分析和大量数据管理得出的结论。

根据 UNE-EN 200001-3-2:2001,以下数据来源通常是可用的:

(1) 预防性维修和修复性维修;
(2) 修理活动(在车间"原位");
(3) 各种申请;
(4) 性能度量(如异常情况报告、流度量量、运行记录和环境度量);
(5) 库存信息(如存储的产品清单、设备清单、配置控制相关的数据库修改与定期更新)。

5.9.3 工单数据管理系统

故障数据管理系统的建立是为了保存通过设备故障和处理经验收集的知识。故障信息系统必须包含 UNE-EN 13460:2003 提出的以下信息:

(1) 故障发生的日期和时间;
(2) 出现故障的设备;

(3)故障类型的分类:致命、中度或轻微;
(4)故障的零件或部件;
(5)故障形式或性质:噪声、振动、热、耗损等;
(6)加工设备的产品;
(7)正在加工变型的原材料的供应商;
(8)故障分析;
(9)采取的排故措施。

应将这种类型的信息合并到每日、每周和每月报告中,以便定义维修的优先顺序。信息分析应有助于制订防止故障再发生的措施。采用分层技术,可以详细地分析设施面临的主要问题。通过分组可以确定什么类型的器材、原材料或机械供应商会发生更多的故障,故障在哪个时间段发生、有哪些作业人员负责操作。

数据挖掘过程是复杂的,超出了 CMMS 的传统功能范围,涉及从其他部门获取数据,并且可以找到大量的关系(包括依赖关系)。

5.9.4 利用帕累托原理进行故障报告

在故障排除阶段,需要确定原因和排除措施。建议开始分析时首先构造帕累托原理,这里可以按重复故障、设备类型、设施或工厂区域等建立帕累托系列图。通过这种图形,可以选出正常故障,剔除外来故障,并且尽可能地排除它们,但该图不用于可靠性研究。这是一个很基础但又有用的图形指标,不仅清洗了大量工单,而且将系统分析压缩到可管理的数据量(图 5.15)。

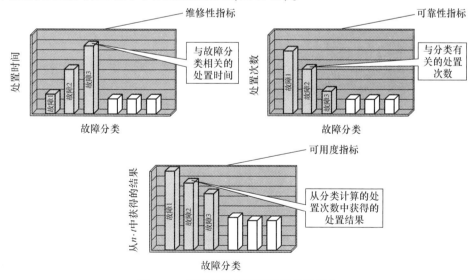

图 5.15 利用帕累托原理进行故障报告

为了利于分析,可同时列出三个图,即故障分类帕累托图(n)、处理时长帕累托图(t)以及产品帕累托图($n \cdot t$)有助于进行分析。

$n \cdot t$ 图是可用度指标,它给出了按故障类型或分类的损失时间,从故障引起停机的角度选择最关键的故障,这是最重要的图形。通过图形 n 可以确定在频繁进行严格检查和其他预防性措施中需要采取纠正措施的元素或部件。通过图形 t 可以分析处理时间或维修性,该图可以为零件供应、车间修理、改进装配方法或改善时间程序提供纠正措施。

5.9.5　定量记录:MTBF 记录板

MTBF 是研究设备行为最有用的指标之一,通过该指标可以评估预防性维修的效能与效率,还可以研究可靠性和维修性的提高。为了制订这个指标,需要获得关于处理措施、所使用备件、时间等信息。

如果没有这些信息,诊断就会变得更加复杂,以致可能无法确定问题的原因。日本公司经常使用 MTBF 分析表(图 5.16)作为出发点来确定工厂设备的现状。这些表格属于视觉控制系统,记录了计划维修、非计划停机、润滑、清洁以及与保养设备有关的活动。根据设施情况,将这些分析记录板置于醒目的地方,让所有工人都能看到。UNE EN 13460:2003 强调采用公共图形来控制关键机器的 MTBF 和 MTTR。

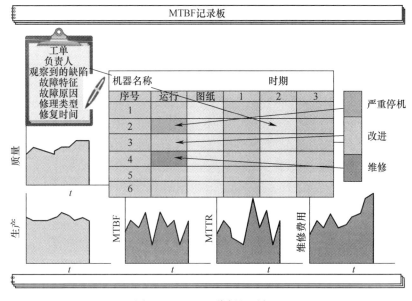

图 5.16　MTBF 分析记录板

该记录板可用于以下几种情况：

（1）选择需要改进之处并减少维修紧急情况；

（2）考虑资产使用寿命期限和使用的备件；

（3）选择感兴趣的点进行检查，并对检查标准进行确定和修改；

（4）选择可能需要由外部人员进行的维修；

（5）显示补救措施已经产生了效果；

（6）激励工作区域的人员。

在表格中，可以采用下式快速计算得出指标（MTBF）：

$$MTBF = \frac{使用时间}{该期间发生故障数}$$

这种计算方式并不准确，因为它没有显示出各个数据的可变性或分散性，尽管如此，它仍是一个有价值的参考依据。要避免出错，就应采用威布尔分布计算方法，但这种分布需要通过图示法或计算机科学系统进行高级统计处理。MTBF 分析表必须满足以下要求：

（1）数据必须易于解释并组织在一个页面内。在公司调查历史数据往往是比较困难的，但在一个页面上显示所有的相关信息可以使公司观察到生产线和/或设备的行为。

（2）数据必须采用连续时间系列的形式，这利于分析某个部件或零件的特定行为、所采取补救措施的类型及其效果，以及连续停机或故障的频率。

（3）维修记录和目标利益分析必须同步进行。维修数据包括了关于部件停机间隔时间延长的信息。

（4）发生故障时，应该根据对过去类似经验的分析采取补救措施。按月提供故障报告是不够的，因为它没有包含超过持续一个月的故障的信息。因此，维修职能必须保存这些信息。

（5）采用适合的设计，可以在记录板上记录更多的信息。

（6）表格应有助于维修活动的聚焦。维修报告通常不会指出维修工作应该将注意力放在什么地方，但图表、符号和其他标记可以突出显示关键问题和/或出现更多故障的地方。

（7）应在表格中显示出纠正措施的效果。针对设备故障采取措施后的效果并非立竿见影，通常需要等待几周，甚至几个月才能看到处理的效果。维修报告通常会指出做了什么，但 MTBF 分析记录板可能会指出一些具体措施的情况及其整体效果。具有此功能的表格是了解设备整体性能的非常有用的工具。

最后，该记录板是一个基本的命令框，配置了针对作业人员和人事管理员的目视指示器。它通过一些基本指标来显示预期目标，也是向有关人员灌输所用 RAMS 度量标准的简单方法，并帮助这些人员接受可靠性文化。

第6章
维修指标和记分卡

6.1 引言

本章讨论维修指标的使用。用于支持维修度量的指标属于以下三个维修支柱范围:RAMS参数、维修费用模型、人因。

Wireman、Woodhouse和Svantesson等在维修指标领域为西班牙标准(UNE-EN标准)和维修与可靠性专业协会(SMRP)做出了宝贵贡献,他们提供了多种指标组,但提出的方法存在矛盾。指标在整个指标族内应该是一致且可以相互兼容的。

构建这些指标的经典方法可能会过于乐观,因为假定了数据的准确性,而且也存在方法和目标的不一致、缺乏对度量真实目的理解的情况。传统系统的主要不足是缺乏关于维修如何保障生产的愿景,以及不能对企业目标进行转换。

当测量传感器和指标时,必须在记分卡中设置基于业务目标的逻辑分组,使组织的各层级都能理解这些目标,这项建议与Blanchard和Kutucuoglu等报道的一致。维修必须超越维持和改进设备的技术要素视角,而要聚焦于组织的战略目标。业务单位的全局观有助于使维修与生产策略相结合,全员生产维修(TPM)就一个例子,参见参考文献(Nakajima,1988)。

平衡记分卡或积分记分卡由反映组织维修总目标在各领域的指标组成,这些领域包括客户方面、财务方面、内部过程方面,以及学习与成长方面。通过维修的这4个方面,在组织各个层次上使用少量指标就可以衡量公司目标的实现情况。

本章描述维修指标、质量和现行条例,并从维修平衡记分卡的角度进行分析,解释采用分层平衡记分卡作为衡量维修部门绩效的综合工具,有助于执行管理层选择的战略路线。

最后,本章分析了传统上最常用的指标。这些指标按计算方法、文件管理和控制指标所需的知识进行排序,还选择了待列入记分卡的指标。要创建一个优良记分卡,必须满足三个基本要求:一是必须为一切可以衡量的事物建立指标;二是不得使用目标可能有冲突的指标,尽管其目标对组织有益;三是指标必须反映其拥有者和使用者,避免混淆目标并确保其适用性。

6.2 管理指标

6.2.1 管理者的指标

如果决策制订聚焦在监督管理上,那么所有活动均可以度量。这能确保所有活动都是适用的,而且利于搜索关于管理是否与其目标、目的及职责吻合的信号,这些信号称为管理指标。正如前几章所讨论的,指标是一个过程的行为和成效的量化表达,当与参考水平相比时,其度量值可能表示需要纠正或预防措施的一种偏差。

要利用维修指标开展工作,必须建立一个从正确认识事实和数据到做出正确决策的系统,以维持和改进过程。管理指标的概念始于美国的"全面质量"理念,并在日本应用,以度量 TPM 的实施效率。Yamashina 认为,实施 TPM 改变了操作人员的思想,形成了生产和维修的结合。对培训时数、设备增添责任以及相关改进等非物化内容度量的需求要求必须制订一套维修指标。

建立指标体系应该包括组织内的作业和行政过程两部分,指标应该从基于使命和战略目标的绩效推导而得。仅有指标会使其有效性大打折扣,其有效性存在于包含这些指标记分卡的概念框架中。

一项指标基本上用于在特定时间衡量某个过程或事件的状态,而多个指标合在一起就可以提供过程状态、业务状态、机器状态或工厂生产可用度的全貌。如果及时地采用这些指标并不断更新,就可以对既定情况进行控制,并且可以根据整体成效的积极趋势或消极趋势来预测和采取行动。

指标是反馈的一种主要形式,用于监测项目的进程或执行情况。通过使用指标,组织可以看到维修部门的目标在多大程度上与组织的战略规划保持一致。找出的指标应该能快速响应,便于及时采取纠正措施。有些指标需要立即采取措施,而其他指标则是中期措施指标。事实上,没有必要持续监测所有指标,而只需要监测主要指标。正如前文所述,大多数作者提出,记分卡可以衡量部门的整体绩效,应该优先考虑使用。指标可能会或多或少,这取决于业务类型、具体业务需求或其他因素,但始终应将前文所述的各方面考虑在内。

6.2.2 管理指标的益处

1. 客户满意度

为公司明显优先事项可设定绩效标准。如果客户满意度是一项优先事项,公司将通知员工将策略与管理指标联系起来,这样员工将保持警惕并取得预期的结果。对维修部门来说,确定客户并了解客户的需求非常重要。

2. 受监测的过程

只有在包括要追踪的过程链中存在紧密联系时,才能持续改进。度量标准是确定改进机遇和实施适当措施的基本工具。

3. 标杆

如果组织试图改进其过程,就应该了解整体环境,而不仅仅是其自身内部的运行方式。一种方法是通过标杆来评估产品、过程和活动,并与另一家公司进行比较。Camp 认为,这有助于了解他人的最佳做法。比较不同的公司会产生立竿见影的效果,如果使用指标作为参考,则更容易。对于维修而言,由于缺乏相关的信息来源,标杆已经成为客观绩效评价的主要来源。

4. 人因

适当的人因度量系统可以让人们了解自己对组织目标的贡献,并了解什么样的结果会支持良好绩效。如前所述,人因被视为建立指标体系的三大支柱之一,在对任何实施失败原因的任何分析中都起着主要作用,其中员工激励是必不可少的。

6.2.3 管理指标的特征

管理指标必须达到一定的要求,并有一定的要素来支持管理实现目标。下面简述对管理指标的要求:

(1) 简明性。通过以低费用的方式利用时间和资源来确定要衡量事件的能力。

(2) 充分性。度量易于充分说明现象或效果,能反映事件的规模并表明与所期望水平的实际偏差。

(3) 时间性。在要求时间内有效的性质。

(4) 用户参与。参与度量指标的设计,提供所需工具和培训的能力,也许是激励人员执行指标的重要因素。

(5) 实用性。指标要能找出特殊值的原因并对其进行改进。

(6) 机会。及时收集数据的能力,还必须迅速分析信息以采取行动。

(7) 感知。对指标产生警惕的主观感觉,负面指标时刻提醒所做工作的质量很差,必须避免那些反映故障、事故等的措施。

Peters 和 Waterman 讨论了员工在度量过程中的行为变化。操作人员如何尝试改变指标值取决于如何引入过程,所有人都注意度量绩效的数字,而操作人员会立即对此做出反应。Rolstadas 等建议将概念特性附加到每个指标上,即设置指标的用途,包括支持决策、评估设备性能或个人绩效、诊断问题的状况、执行标杆。

6.2.4 管理指标和战略规划

管理指标是组织的战略目标或任务的体现。对于这些指标,因为运营和战略经营业绩与维修相关,所以有必要将它们进行整合,还应该向全体员工说明公司策略。建议在平衡记分卡以及指标层次中使用综合指标。

De Wit 和 Meyer 指出,大多数公司对其销售政策、客户服务、收费以及向股东或竞争对手许下的愿景都有明确的策略。然而,由于所有因素都有助于成功,所以在组织层次中为低于销售和客户服务水平的过程设置一个记分卡也同样重要,并且应采用适当的指标集对其进行监测。Hill 认为,有必要将销售和生产策略与公司的总体目标保持一致,否则指标可能是矛盾的,目标可能是冲突的。一旦销售政策和生产保持一致,Wilson 建议,必须设计特定的维修策略,以支持公司的生产和公司目标。

6.2.5 管理指标的要素

指标的定义:它是对所要控制的特征或事实的状态的量化表达。

指标的目标:它是所选指标的目的,目的是改进,实现改进的措施可以包括最大化、最小化、消除等。目标使维修部门朝同一方向做出选择,并综合预防性和修复性措施。

标杆的使用:衡量行为是通过比较来完成的,所以不可能没有一个标杆来对指标的值进行比较。以下是常用的标杆。

1. 历史值

历史值的主要用途有:历史数值可反映出随时间变化的趋势;历史数值允许设计和计算这一时期的期望值;历史数值能指出结果的变化,表明过程是否正在或已经获得控制;历史数值表明已做了什么,但并没有表明可实现的潜力。

2. 标准值

标准值指出了给定系统的潜力。

3. 理论值

理论值也称为设计值,主要用作与机械和设备生产、材料消耗和预期故障的性能有关的参考指标,通常由设备制造商提供。

4. 用户值

用户值表示在给定时间内客户得到的数值。

5. 竞争值

竞争值即来自竞争的参考值(即通过标杆),通过比较仅能指出公司必须在什么方面进行改进,应该以多快的速度改进,但不会提及具体的工作。

6. 公司策略值

公司必须根据其目标为竞争值和用户值制订一个总体政策。评估风险没有单一方法,应同时评估优势和劣势,并制订政策。

遗憾的是,维修常常缺乏数据,历史数据不可靠,理论值或标准值没有保存,而对于旧机器,制造商又忽略了设备性能随时间的变化。因此,通常要依靠用户来了解设备的需求,以及依靠主管和经验丰富的维修技术员来了解信息。根据经验和充足的标杆,普通维修人员能够对设备设置更切实际的参考值;反过来,这些人员的参与也确保了度量系统的成功。

7. 基于经验确定指标值

当没有显示指标历史值的信息,也不能依靠研究标准值来确定用户需求或竞争时,快速获得参考标准的方法就是参与特定任务的团队所积累的经验。

8. 职责

提供准确信息的职责是系统中最复杂的任务之一。对收集到的信息缺乏信心是管理者对从这些信息中提取的指标持谨慎态度的主要原因之一,这导致对整个系统产生不信任。

9. 测量点

必须确定获取和创建数据的方式方法,要能确定测量的地点和时间、确定如何进行测量、谁来读取数据,以及获取样本的规程,并能够建立准确、及时和可靠的指南。

10. 频度

必须确定测量的周期,并决定在执行特定的读数和查找特定的平均值时如何显示数据。维修度量的周期性是截然不同的,有的可能是隔几秒一次,有的则两月或半年一次。此外,在体系的不同层次,可能会有不同的用户和记分卡。尽管如此,维修绩效指标仍有许多共同特征,即追求组织战略规划所传达的目标。

11. 处理系统和决策

信息系统,通常是计算机化维修管理系统(CMMS),必须确保在做出决策时充分呈现和正确使用从所收集历史数据中获得的数据,参见参考文献(Labib,1998)。报告不仅必须包含指标的当前值,还必须反映参考标准。我们必须区分看到结果的用户,以便只获取与接收者相关的那些指标,而不是用过多的或多余的信息淹没用户。基于状态的维修(CBM)指标应该以信息必须达到的正确程度来构建。因果分析中剔除错误技术信息以及提取信息是指标的一项基本任务。

6.2.6 指标的类型

指标有不同的分类(参见参考文献(López 等,1992;Douwe 等,1996)),大多数作者提出了如下分类。

1. 运行绩效指标

这些指标将投资与生产联系起来,反映了对特定资源集的期望是什么,或者说产生具有一定质量水平和机遇的产品需要什么样的资源。生产率指标是业务投资回报的指标,反映了从给定的投资资源集中可以生产多少产品。

2. 效能指标

这些指标将生产与使用联系起来,在评估效能时,从用户的角度分析服务或产品的性能。

3. 费用效能指标

费用效能指标将使用与投资联系起来,把客户对服务或产品性能(即效能)的反馈与提供该产品或服务的资源费用联系起来。

4. 效果指标

该指标将业务、服务或产品的使用与其潜在用途联系起来,可以用来回答业务是否达到了设定目标的问题。

6.2.7 指标选择

调整用于每个过程的指标集非常重要,要使每个过程都与其各自业务部门保持一致,并与组织的任务保持一致,进而确保效能。Martorell 和 Kaplan 认为绩效指标应与企业目标保持一致,但如后文所述,其他特性也很重要,如指标的数量、过程的易用性以及最终用户的拒绝或接受。

企业仅限于在特定时间监测某些指标,因为这些指标支持采用固定的开端和结尾来最终解决问题或完成产品。当产品完成或问题解决时,目标就达到了,此时指标可能不再具有相关性,继续监测也不合理。在机器的启动阶段,故障会产生问题,因此要对新机器进行更严密的监测(图6.1)。

为选择连续监测的指标制订标准是很重要的。在得不到实际利益的情况下,监测是很昂贵的,必须通过回答四个基本问题来评价每个指标的适用性,并确定是否值得投资其实施所需的资源。这些问题包括:是否便于测量?是否能快速度量?是否以简单方式表达了相关信息?是否容易策划?

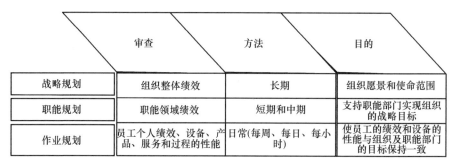

图 6.1 管理指标的维度

López、Burcher、Stevens 及 Miller 认为,这些问题实际上给出了选取指标应该具有的特征,包括以下几个方面:

(1) 相关性,指标适合于我们想要度量的事物;
(2) 客观性,指标不存在模棱两可;
(3) 意思明确,指标表示的变化不会产生误解;
(4) 敏感性,指标能识别微小的变化;
(5) 准确性,误差范围是可以接受的;
(6) 保真性,指标质量不会因时间的推移而变化;
(7) 易使用性,指标度量具有可接受的费用,结果易于解释和计算。

如果指标符合这些特征,就是合适的指标。显然,必须在不同层级都应提出这些问题,尤其是关于第一个相关性问题。对于中层技术人员,甚至是维修经理来说的重要数据可能与 CEO 无关。一张图片胜过千言万语,所以应该通过创建简单的图表来设置指标,以便反映初值和将要实现的目标、指标的历史演变,以及各个时期的进展详情。

正如前文所讨论的,如果没有负责人投入该过程,则可能无法实现目标。每个指标都应辅以下列活动的行动规划:

(1) 确定预定行动;
(2) 投资建设和设备;
(3) 员工培训和员工意识;
(4) 推行参与式小组来提出改进建议;
(5) 由有关小组重新设计操作使用;
(6) 提供外部技术援助。

要牢记,任何管理系统都应衡量一定时期内与所规划目标的相符程度,并检测在此期间的某些趋势,评估所实现的目标,进行必要的纠正或消除检测到的偏差。当正在实施新思维方法或技术时,了解延迟的影响是很重要的,例如,Emiliani 强调TPM实施或培训活动在看到结果或趋势变化之前可能会有5年的延迟时间。

要度量目标的符合程度和目标的实现程度,建议使用绩效指标。Sumanth将效率定义为"产生的结果与规定结果相关的比例",这些指标将获得关于目标的实现程度(科技成果、效率等)以及费用是否在组织对资源消耗估计范围内的信息。最合适的指标必须反映以下几个方面:组织的特点、管理层运用信息的能力、与应用层对应的信息范围、影响所度量目标的因素的能力,以及识别趋势的能力。

度量目标并不局限于识别和理解系统指标所反映的值,还必须确定哪些因素影响了各个指标的测量结果,也就是说,如果某公司在年度计划维修中将不可用性(不能工作时间)设置成一定的数值,而该数字在年末时较低,则有必要确定这是计划不当造成的,还是维修工作效率低造成的。这表明,除了主要指标(无法用于计划维修)之外,还必须有二级指标来解释数值增加或减少的原因。要求了解系统某些指标的趋势也是合理的,因为这些趋势可以作为分析和预测发展的工具,并有助于为这些指标制订新的参考值。

满足管理系统的需要,需要满足以下三个方面要求:一套主要指标要能全面分析管理层制订目标的实现情况;二级指标体系要能对主要指标的主要影响因素进行评估;要有能获取信息的系统化方法,这些信息要能显示重要指标的符合程度、行为趋势和发展预测。

6.2.8 持续改进

持续改进包括创造一组新的度量集,该度量集能随着时间的推移提高质量和生产能力。任何创新都必须伴随着反馈,以确定如何改进创新,从而重新启动改进循环。这种工作方式需要时间,也可能无法实现短期目标。采用持续改进的理念能使质量得到改进、生产能力提升,以及未来设备将更可靠、更标准化和更具竞争力。在维修领域,只有使用记分卡才能实现通过改进性维修来提高可靠性,记分卡能够监测改进,并向改进团队提供适当的反馈。同样,投资新的维修项目和决定大修或翻修必然需要使用指标和改进循环,参见参考文献(Zohrul Kabir,1996)。

在维修记分卡中采用改进循环可以减少库存、响应时间、每生产单位的维修费用、重新设计的时间、标准化和过程的改进、对空间和能源的需求。简而言之,持续改进是迈向卓越的过程,反过来又在总体层面上确保企业的生存,以及在更具体的层面上确保维修等部门目标的实现。下面讨论PDCA(策划、实施、检查、改进)循环的持续和系统性应用,可以通过合理使用指标来实现更高的绩效水平。在维修部门,衡量绩效的指标会提高部门的效能和效率,因此维修指数的使用与持续改进的循环有关。图6.2概略描述了基于PDCA循环的持续改进。

PDCA模型有助于企业或部门采用和监测持续改进过程,这一过程是不停息

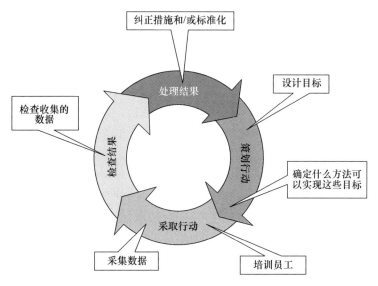

图 6.2 基于 PDCA 循环的持续改进

的,即策划行动、采取行动、检查结果、处理结果并重新启动这一过程。

PDCA 以绩效指标的制订、维持和改进为基础建立了人与过程之间的动态关系,通过确定产品规范、过程技术规范和操作规程来完成任务。应用 PDCA,维修管理要采取如下步骤:第一步策划,确定目标以及用于制订适当绩效指标的方法;第二步实施,在培训过程之后执行任务和收集数据;第三步检查,对所执行的任务和测量的结果进行评估,识别出不符合既定任务的问题,并观察这些指标之间的偏差;第四步改进,根据评估结果,采取措施来实现与目标保持一致,并将指标恢复到正常值。

6.2.9 平衡记分卡和管理指标的平衡

企业是若干个相互关联的子系统组成的集合,鉴于分析和综合的复杂性,要解决企业的问题需要考虑一种模型,能将子系统整合为一个整体而不是用部分之和来表示实体。这一概念称为"企业整合",能促进整个组织的物流、信息流、决策及控制,能将信息系统、资源、应用和人员的职能联系起来,能改进当前子系统间的沟通、合作和协调,使得这些系统能作为一个整体协同工作,并与公司策略保持一致地运行,参见参考文献(Ortiz,1998)。由于指标必须能够度量整合,因此平衡记分卡特别适用。

平衡记分卡(BSC)方法是一种衡量企业业绩的多维方法,从财务、客户、内部过程、学习与成长4个方面来衡量组织业绩。虽然有四个常见的考量,但在任何特定情况下,其有效性都取决于公司类型、环境和战略业务单位等。大多数情况下,这4个方面可以解释如下:

(1) 在股东视角表现为财务目标,涉及资本收益、净资产收益、绩效等;

(2) 在顾客视角表现为客户目标,考虑市场份额,投诉或退货数量等;

(3) 在公司内部视角或内部过程表现为运作过程目标,涉及订单交付时间、产品开发周期时间、每生产单位费用等;

(4) 在学习与成长视角表现为学习和创新的目标,有工作周期轮换期的受训人员数量、每年的产品或过程创新数量等。

只有确定相关参与者即客户、股东等才能将BSC方法应用于维修记分卡上,进而确定他们之间的关系。维修职能必须将其管理制度和衡量标准置于其策略和能力之内。遗憾的是,尽管许多公司在与客户、竞争对手、组织优势的关系方面都有明确的策略,但是他们仅用财务指标衡量员工的绩效。平衡记分卡和管理指标将财务因素视为组织业绩和业务的关键点,应采用一系列更为全面和综合的度量将当前客户、内部过程和员工联系起来,以发展确保长期成功的绩效为目的。

在一套连贯的绩效度量标准下,一组平衡的度量指标是传达公司的愿景和策略的便捷方式。度量标准还可应用于确定策略、传达策略以及确保员工和组织朝着共同目标努力。

通常,BSC可用作沟通系统(信息和学习)和控制系统。对于维修的情况,如果员工采用平衡记分卡参与公司策略,那么员工将知道公司对该部门的期望,特别是对他们的期望(图6.3)。

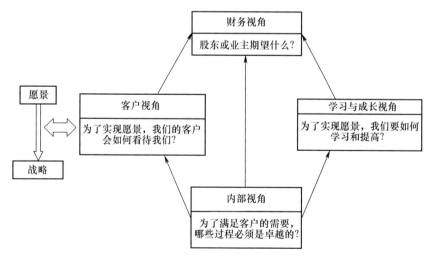

图6.3 平衡记分卡

这4个方面利于在短期目标和长期目标之间、在预期结果、绩效与决定因素、激励因素之间,在有难度目标和更容易实现目标的度量之间实现平衡。Kaplan认为,长期财务指标仅反映商业交易,没有企业的内部情况。采用BSC会显著放大这种偏见。

6.2.10 指标体系的实施

在组织内构建一个指标体系的过程如下:
(1) 成立一个指标工作组(策划)。正如前面所讨论,这是与人因相关的,员工参与指标的生成、测量和评估能确保项目的成功。
(2) 确定要测量的活动(策划)。对于记分卡来说,多层次组合和多学科活动是必要的。
(3) 制订测量规程。其包括设定目标、分配职责和准备系统管理(策划)。
(4) 执行过程(实施)。
(5) 监控所采取的措施,测量结果并实施纠正措施(验证)。
(6) 增加合理数量的指标(管理)。有些指标可能会过期,而其他指标则应该根据结构变化来调整其概念或度量,所以指标应该是动态的。

任何能使我们实施管理指标系统的方法都应考虑与指标相关联的要素,方法必须提供适当的反馈、给出明确的信息、辅以其他管理工具分析结果,并确定改进点,从而支持先前的决策。如果可能的话,与其他指标的关系应该是清晰明确的。分层指标具有共同的基础,即RAMS参数构成较高层次,不同层次的具体信息对其有不同的贡献。

指标包括以下要素:
(1) 目标,显示所寻求的改进;
(2) 定义,应该简单明了,只包含一个特征;
(3) 责任,表明指标的专有领域及由此产生的活动;
(4) 资源,人员、仪器、软件等;
(5) 周期性,指标必须根据调整决策来适应变化;
(6) 基准,可以是历史数据、既定标准、客户需求、竞争或是由工作组一致同意的数值;
(7) 读取点,应该清楚何时测量,是在过程的开始阶段、中间阶段,还是最后阶段。

另外,指标与了解维修职能的方法论形式有关。以可靠性为中心的维修(RCM)有与统计内容相关的技术成分,但缺乏TPM所需的能力和技能,参见参考文献(Solomon Associates,2002)。许多最新的方法论都有很明显的人因,因此指标的内容必须能够衡量与这些方法相关的无形要素。通常,指标和参照都是基准化管理的结果,而不仅仅是数学计算。

6.2.11 UNE-EN 66175:2003 指标实施指南

1. 指南选用理由

标准 UNE-EN 66175:2003 和 UNE-EN 15341:2008 为指标的质量管理提供了信息,但这些标准并没有规范任何方面,并且很少在组织中获得实施。Wisner 和 Eakins 等,将这些监管标准的低影响力归咎于研究人员和公众对这些监管标准缺乏重视,更不用说当局对强制执行这些标准缺乏兴趣。因此,这些都是教学文件,在许多情况下并没提供给用户。虽然 UNE-EN 66175:2003 没有涉及 Kaplan 和 Norton 所定义的平衡记分卡标准,也没有坚持目标的均衡整合,但可以作为构建记分卡的指南,特别是用于定义组织所选指标的特征。对于记分卡,唯一的参考文献是一个关于"tableaux de bord(业绩指标)"的法语文件,也只是间接地建议使用记分卡,并设计了一个可以与戴明循环等同的持续改进方案,用"概念框架"这个术语来指代组织的"策略"。概念框架根据组织的策略确定组织的主要行动路线和需求。

UNE-EN 66174:2003 采用了以下定义:

指标——有助于客观衡量过程或活动发展的数据或数据集。

目标——某种努力追求的事物或预期的结果。

2. 指标的特征

指标应该达到以下目标:

(1) 可测量;
(2) 可实现;
(3) 可协调;
(4) 富有挑战性;
(5) 能使员工参与;
(6) 在策划过程中制订。

此外,指标还必须满足以下要求:

(1) 参考重要或关键过程;
(2) 表示与过程的直接关系;
(3) 可以通过数值数据或分类值进行量化;
(4) 有益的;
(5) 能够通过比较来确定随时间的变化;
(6) 值得信赖,能让用户对其有效性有信心;

(7) 易于维护和使用;
(8) 不干扰其他指标,且相互兼容;
(9) 实时提供信息。

记分卡的固有特征是所使用的指标数量很少。许多作者提出了五项、六项或八项度量,但根据 Ravindran 等的观点,更贴切的说法是确定对目标系统的行为进行建模的关键绩效指标(KPI),在这里是指维修职能。这些关键绩效指标对维修职能的策略与行动敏感,从而反映出正面偏差和负面偏差。

Bertalanffy 认为,按照一般系统理论,系统具有某些通用原理。要将维修看作一个系统,需要知道其作为整体系统的属性,而不仅仅是其各个子系统的属性。如图 6.4 所示,绩效度量的采用代表了维修职能的一种系统化方法,参见参考文献(Miser,Quade,1988)。

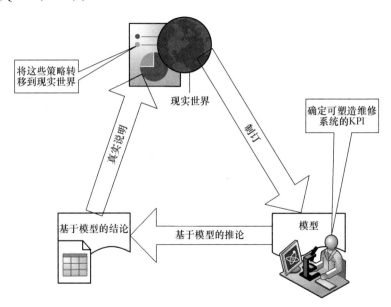

图 6.4 Ravindran 等的模型(摘自参考文献(Ravindran,1987))

必须设定不同水平的目标,以建立并实施行动计划。目标对应"应该实现什么?"而行动计划则回答"我们该怎么做?"。

3. 指标和记分卡设计

建立记分卡的步骤包括:选择指标、命名指标;确定计算形式和信息来源、确定表征方式、设立职责、定义极限和容差。

因为在选择指标时资源总是有限的,因此必须寻找一种具有良好费效的方法。应该考虑以下标准来找出监测和决策的优先指标(参见参考文献(Idhammar,1991)),包括指标与目标之间的关系、策略实施中关键因素的演变、组织状况、建立指标所需资源的费用、指标计算的可靠性、员工激励。

指标的名称要响应目标,而且不容易引起误解;计算指标的方法应明确规定获取用于计算数据的来源,即每月、每季度、每年,数值、百分数、比例等。无论是全部指定指标的范围还是部分指定指标的范围,以及在数据偶尔出现变化之后指定的调整范围都是很重要的。这些指标及其改进可以用数字或图形方式表示。合理的做法是明确收集信息、分析影响,将结果传达给职责相关人员。这些指标的极限可以用参数要达到的最小或最大近似值、标称值或随时间变化逐次达到的值来表示。

指标的动态性,即需要建立一个改进的循环。这些指标的定义、范围和参考值可能会改变,或者已经过期了。在维修部门,要采用不同的方法和技术,同时将外部和内部工作相结合,也可能需要在生产资产的寿命周期中对记分卡进行各种适应性修改。

4. 构建和实施记分卡

记分卡必须显示不符合既定界限的结果,并警示正走向风险的领域。做出决策后,要有助于分配职责,并促进所涉及各种因素之间的沟通。构建记分卡时要考虑以下几个方面内容:

（1）以简单、有效和汇总的形式提交必要的信息,应使用少量指标,比如 25 个指标就太多了;

（2）突出与组织相关的内容;

（3）使用图形、表格、曲线等来简化表征;

（4）统一开发,以便在具体部门发现结果。

必须通过开发培训课程、沟通和激励,让受影响的人参与进来。对系统目标和运作的培训必须包括系统的设计和实施、信息的利用以及随后改进的积极责任意识,培训还应为员工提供防止或纠正偏差所必须采取的措施、将指标保持在规划水平的有关信息。重要的是要强调员工活动与指标结果之间的关联性,以增强激励。有效的沟通能使员工接受系统并参与其发展,从而了解其参与的作用,并认可他们努力的影响力。良好的沟通能够提供有关指标的信息,作为监测组织进展的工具,而不是作为惩戒工具;能够解释如何获得和评估结果;能够使相关人员理解这些指标。

5. 指标的评估

一旦建立系统,就要验证这些指标,确定指标是否有用且有益。为此,可以调查收集用户的有关反馈,主要涉及指标在决策中的实用性、与目标的关联性、与其他指标的兼容性、收集和拓展信息的费用、关于时间的数据可靠性、表征清楚、其他操作人员的可能冗余、规定频度的充分性、获取信息的简单性、计算机媒介的利用、结果的理想披露等。

关于整个记分卡的验证,特别要注意以下几个方面内容:记分卡和整体过程概览之间的联系、记分卡凸显过程关键环节或要素的能力、清晰表明获得结果与规划预期之间的差异、记分卡用于决策的效用、记分卡的收益性。对指标的验证应持续一段时间,以确认它们是否仍然相关,并符合既定的目标。然而,鉴于情绪往往反映在答案中,使用调查进行验证可能没有用处。

当组织确定了新的目标、环境或预期发生变化,或者客户发生变化时,指标就会失去其有效性。和其他过程一样,指标体系和记分卡必须经历持续改进、维护、修改、删除或创建新指标的过程,如果条件允许,也可以采用与组织管理系统改进措施类似的方法,步骤如图 6.5 所示。

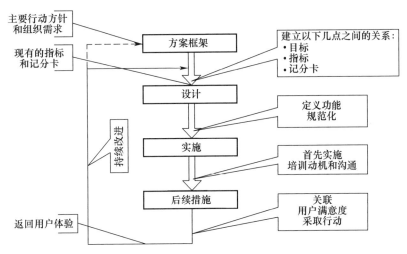

图 6.5　UNE 66175 指标和记分卡的生命周期(摘自 UNE 66175:2003)

作为结论应指出,标准建议的规则只对某个阶段的指标评估是有效的,而且它只在附录中作为维修的外围参考。

6.3　记分卡

6.3.1　历史背景

按照时间顺序,首先讨论"传统绩效衡量方法",包括直到 20 世纪 80 年代末从财务方面衡量公司业绩的方法。管理控制系统几乎完全由会计系统支持,特别是财务会计,或者更普遍地属于预算控制。随着时间的推移,出现了新的金融措施,根据 Meyer 的观点,其中最具创意的是经济增加值(EAV)和股东价值(SHV)。绩效的另一种传统度量方法是采用具有功能性愿景的指标,包括采用由负责部门管理的模板所形成的功能记分卡。

传统的绩效衡量方法受到了 Alfaro 等的广泛批评,导致在 20 世纪 80 年代末和 90 年代初产生了"平衡的绩效衡量系统"。将此概念理解为一系列同类的财务和非财务度量,能够从不同的方面来处理公司的复杂性。此概念是从公司策略中衍生出来的,采用指标可以将绩效度量从策略层面拓展到操作层面。

在过去的 10 年里,许多研究人员试图建立平衡的绩效衡量系统,并取得了不同程度的成功。虽然每种方法可能定位在某个特定方面,但大多数方法都可以推广到平衡的绩效衡量系统整个领域。例如,Adams 建立了绩效度量的"责任",包括必须源自策略;必须针对活动和业务过程进行制订;必须是动态的,且与策略、过程和竞争环境的变化保持一致;必须通过团队合作来制订。其他方法还包括 Keegan 等提出的"平衡的绩效衡量方法分类"、Fitzgerald 等提出的"结果及其决定因素矩阵"以及 Cross 和 Lynch 提出的"业绩金字塔"。

在该分类学中,研究人员特别关注基于业务过程的平衡系统。虽然许多企业可通过信息系统从职能活动单位收集绩效数据,但必须具备用于企业的经营绩效的衡量方法。

良好的财务业绩需要有效的过程来提供更好的客户服务。必须对这些过程进行衡量,以改进现有过程。相关的研究包括 Hronec 的著作《量子绩效衡量矩阵》,Kaplan、Norton 和 Bourne 的著作《平衡记分卡》等。Neely 和安达信咨询公司在近期成果《绩效棱柱模型》中提出了一种具有五个方面逻辑相互关联的模型(图 6.6)。

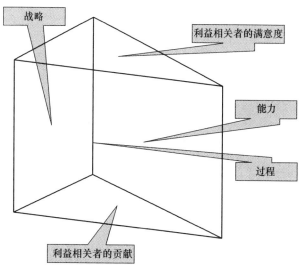

图 6.6 绩效棱柱模型

鉴于现有绩效衡量系统的多样性，对其进行分类是明智的。De Toni 和 Tonchia 提出了五种绩效衡量系统。模型由三种不同的架构或结构内涵表征，即纵向架构、平衡的架构、水平(过程)架构内涵(表6.1)。

表6.1 De Toni 和 Tonchia 对度量系统的分类

(摘自参考文献(De Toni,Tonchia,2001))

纵向架构	严格的层次模型			
平衡的架构		平衡记分卡或指示板模型	"锥体"模型	具有内部和外部绩效的模型
水平架构				与价值链相关的模型

表中各类模型简述如下：严格的层次模型(垂直)，表征为不同层次的费用和非费用收益汇总后的结果，这些结果都转换为经济或财务形式；平衡记分卡或指示板模型，具有多个与各方面对应的可能的(不同的)结果；"锥体"模型：对一组指标进行低层次的综合度量，但没有将非费用结果转化为财务结果；具有内部和外部绩效的模型，客户能直接感知到外部收益；与价值链相关的模型考虑了客户/供应商的内在关系。

6.3.2 平衡记分卡

哈佛大学 Robert S. Kaplan 教授和波士顿商业顾问 David P. Norton 在 1992 年 1 月/2 月版的《哈佛商业评论》中发表了《平衡记分卡》。这篇文章将 Kaplan 教授早期关于组织绩效度量的成果进行了形式化，并将其转化成平衡记分卡。着眼工业部门，他们抽取大量管理报告来总结指标，目的是快速确定组织或部门的运作水平，因为快速阅读可以对目标的实现水平有总体的了解。我们建议将此平衡记分卡扩展到包括维修管理。平衡记分卡是一个适用于建立指标、确定指标等级并使公司政策适应维修的框架。

到目前为止，所使用的记分卡通常是表明达到财务目标的水平，反映了当时盛行的管理模式。即使组织的管理近年来已经大大改变了其战略愿景，但记分卡仍然没有改变。对此，尽管考虑到如欧洲质量管理基金会(EFQM)卓越模型提供的管理标准等，但这些标准是相互孤立的并且单独进行管理，衡量的是企业的技术和经济方面，因此这套指标既不全面也不相关。每套目标都由不同的管理要素和其他职能与层级来管理，形成了主要和次要目标的效应。在有些部门，如维修部门，这种差异突出表现在运作和经济指标的明确划分上，前者是维修经理的利益，后者是高级管理层的利益。

对于公司的有关活动,很少有因素能比对结果的度量更重要,但这是现代企业管理中最薄弱的领域之一。观察人士表示,雇主"不知道"公司真正发生的事情,因为他们通常更看重财务数据。Robert S. Kaplan 将平衡记分卡开发成一套涵盖所有参数的指标,这些参数可以衡量企业或部门成功与否,并且这些指标是与负责管理的人员协调设计的。平衡记分卡用作监测工具,但也有很强的激励效果。

平衡记分卡是一种战略性工具,可以用来进一步确定能使组织生存和发展的目标。多数业务失败不是由于确定企业策略的问题,而是由于规划和实施的困难。实际工作中,实施 TPM 或 RCM 的努力通常会失败,因为其所做出的选择通常仅仅在技术层面上是合理的,并没有适当的指标加以监测。同时还要符合组织的具体目标,否则很少成功。事实上,正如 AI-Najjar 所说的那样,在没有经济指标的情况下,仅仅按照功能指标来执行 RCM 会导致部门愿景整体失败。

在商界,因为平衡记分卡与其他模型都兼容,所以被认为是一种质量管理工具。所有的组织都是根据自己的目标和相关的指标来确定方向,平衡记分卡只是重新安排这些目标的选择,并将这些目标以平衡的方式进行整合,才能实现组织优化,并采取有效且连续的行动。

2003 年 11 月标准 UNE-EN 66174 的第 3.8 段,"根据 ISO 9001:2000 标准的质量管理系统评估指南",给出以下的定义:记分卡是一种管理工具,有助于做出决策和收集一套连贯指标,为高层管理人员和责任职能部门提供了完整的业务视图或其责任领域。

记分卡提供的信息使得管理团队、业务单位、资源及过程能与组织策略保持一致。与公司战略相关的"使命"和"愿景"有关概念,管理者并不总是能正确或一致地对其进行解释说明,而平衡记分卡取代或补充了这些概念,赋予它们具体含义,并将其转化为包括任务中设定的所有理想目标的综合战略指标。

最后,平衡记分卡在对结果的有效度量和改进措施的制订方面为组织提供了不可或缺的帮助。对维修职能进行持续改进以及对平衡记分卡四个方面进行快速调整的需求,使得该 BCS 成为一种理想工具,能够作为度量系统的基础,激励员工,将管理使命和愿景传递到维修部分,实现部门与在企业的在资产更高目标上保持一致。

6.3.3　四个视角

为了整合企业管理中发现的所有观点,平衡记分卡采用了 4 个关键视角(图 6.7),即财务视角、客户视角、内部过程视角以及学习与成长视角。财务方面历来一直采用记分卡从最高层次来监测公司。一般来说,管理人员用数字说话,更具体地说是经济说话,而员工则更习惯用事情说话。这一原则将非财务指标的管理降到较低的层次,特别是降到了相应的生产管理层。

客户和学习方面只是最近才发展起来的,通常不会被整合到更高的管理策略。同样,公司往往投入少量的资源来和客户打交道。许多高级主管表示,他们很关心知识管理,但很少开发工具和策略来推动知识管理。国际标准 ISO 9001 已经将"满足客户需求"的概念替换为"客户满意度",但是对满意度或员工成长缺乏明确的参考依据。

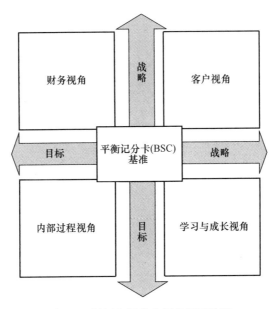

图 6.7 目标和视角之间的相互关系

目前,许多公司使用控制指标来衡量成功与否,这些指标的结果通常反映了许多早期决策的结果。相比之下,平衡记分卡提供战略目标及实现这些目标的诱导因素。

这 4 个视角聚焦于业务领域,但可以针对任何类型的组织或部门进行修改,如维修部门。必须平衡 4 个视角,确保平衡记分卡的某些目标不会剥夺其他目标的优先度,但这可能会产生误差,从而导致事与愿违。

平衡记分卡向所有员工,特别是管理人员,提供有关组织战略、生产过程和服务的效率、员工和客户的满意度以及经济业绩的准确且充分的信息。许多员工,甚至是高级主管,都对公司的目标知之甚少,他们对这些目标是一致决定并且是中长期战略的结果表示怀疑。Tsang 等提醒,将公司战略和绩效度量进行关联的必要性不应导致产生多余的指标,也不应耗费过多的资源来计算这些指标。

在许多公司,知识仅限于高层管理人员。如果把目标传达给员工,可能无法具体解释一般标准,因此目标类似于出自善意的建议。相比于定性度量更倾向于定度量量,这样员工可能会认为自己能做好任何事情,而事实并非如此。为了消除这种不确定性,平衡记分卡有利于将管理层的良好意愿声明转化为适用于员工日常工作的行动。在维修部门,维修经理通常知道几个与生产相关的目标,但是没有人确切知道对维修职能的期望,监督层和工人对此均一无所知。

6.3.4 财务视角

长期以来,一直都在使用财务指标,关于盈利能力、清偿能力和变现能力的经济指标可以适用于所有类型的企业。不过,可以改进两个基本方面,首先是指标与业务单位的匹配,其次是把指标放在企业和其生产资产的寿命周期内。有时,会将同类型的财务指标应用于不同的业务单位,寻求获得一定的投资回报水平,或假设他们产生的增值百分比相同,但没有考虑到这些不同单位可能有不同的策略。此外,产品的寿命周期将包括一系列阶段,每个阶段都可能需要一个独特的策略。

在引入阶段,策略涉及消耗比结果/销售更多的资源,尽管这可能是一段剧烈增长的时期,但每个单位的生产费用都很高,并且有时绩效是负的。产品投资高,设备维修费用高。当一项业务处于发展阶段时,仍然需要在物流和提升方面进行大量投资,在开发方面进行少量投资,但销售会更高。对此,有必要确定消耗更多的资源是为了降低价格还是为了增加产品销售额,目标是形成可维持的维修消耗以及能使系统可用度最大的技术和方法。

在成熟阶段,产品已征服了市场,费用也在持续下降,因此这是提高盈利能力的阶段。销售稳定下来,经过一段由竞争本质和专业化可能性决定的时期后,是开始考虑革新的时候了。在此阶段,利用现有资产保持最佳水平的能力很重要,因此需要制订适当的更换或维修政策。不断变化的市场环境和可能的饱和会导致销售量下滑,销售额可能下降,但收益保持不变,且不需要投资(图6.8)。

显然,每个阶段的经济目标不仅在投资收益构成上不同,而且在现金流、营运资本以及推广资源和销售增长之间的关系上也是不同的。要形象化产品的不同阶段,就应当确定公司财务目标的指标,并针对每种情况做出正确的决策。特别是公司可以估算出在无须机器维修和机器报废之前进行重大投资的阶段。

维修的财务视角取决于维修职能的定义:工作人员和设施的安全、尊重环境,尽可能低的费用实现可用度。简而言之,维修的财务目标是以尽可能低的费用实现最大的设备可用度。

当设计、使用和安装之间存在分隔时,就会讨论设施和设备的全寿命周期费用(LCC)。Sherwin指出维修模型中的一个明显的缺陷:性能度量和从该度量获得的改进并没有转移到设计阶段,所以没有完整的反馈,也没有实现寿命周期费用优化。

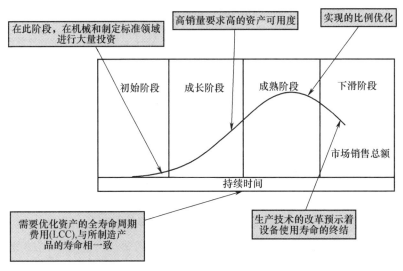

图 6.8 产品周期

6.3.5 客户视角

客户满意度是一个获得充分发展的概念,有助于相对容易地建立战略目标和适当的指标。目标应考虑以下活动顺序和决定因素。

在评估客户满意度之前,必须知道客户是谁,因为商业产品分销过程涉及多个中间商,包括分销商、买方或承包商,以及最终用户,这些都可以分解成若干个个体或实体。必须确定他们的偏好和需求,以及如何满足他们,还必须满足法律与法规要求,包括竞争和环境方面的要求。

一旦我们知道客户需要什么,就可以评估其是否有可能满足拟议的商业报价,不仅要考虑到质量和供应价格,还要考虑到最后期限、包装、交货、建议和客户的关注、技术服务和文档要求,如报价、交货单和票据。即使交货后,影响满意度和责任的条件也必须得到满足,如持续时间、使用条件、剩余费用下降或潜在的故障赔偿,这将延长需求的满足时间,并且决定性地影响了客户做出再次购买的决定。

上述所有条件都是客户感受到的质量感知的一部分,并且每个条件都可能产生一个由指标控制的目标。如果要创建一个对每种情况都一致的平衡记分卡,则必须确定最适合纳入记分卡的指标(图 6.9)。

维修"客户"是指接受其服务的各公司各部门,生产部门受服务效率水平的影响最大,是用户的标杆,执行维修的承包商也应该被视为"客户"。需要考虑的要点是通过提供的服务、服务速度、设施的可用度、维修所获得的信息、部门之间的协作以及设施的安全来改进客户的满意度。

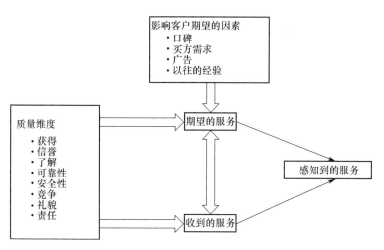

图 6.9　Kotler 等的服务质量感知影响因素(摘自参考文献(Kotler,1999))

6.3.6　内部过程视角

过程质量是一个广泛使用的概念,但并不是总能被人理解,例如标准 ISO 9001 没有充分考虑影响过程质量的因素。过程的质量包括产品的质量,即引起客户满意度的情况。一旦产品质量得到了保证,余下的条件就是过程的经济性,即效能与效率之间的平衡。一旦达到所要求的效能,通常是指资产可用度,过程视角就将分析确定效能下的效率。因此,过程质量意味着过程有最高的产品质量和最低的费用,然而 ISO 9001 没有考虑费用。

这看似很容易解释,但事实上很复杂,因为产品质量作为过程费用的概念需要一个全面的高层视角。Ben-Daya 和 Duffuaa 强调管理层需要理解产品质量与资产维修之间的关系,特别强调预防性维修或计划维修与质量之间的关系以及对费用的直接影响。

产品质量意味着客户充分满意,这要求在生产过程中或在提供服务期间严格符合既定要求。这种符合性必须考虑完善所有加工操作、供应充足的原材料、选择合适的供应商、正确处理储存在适当条件下的材料,以及使用最适合产品运输的控制和操作规程。研究人员,如 Bester 已经提出了通过优化维修费用使成品质量最大化的模型。

不应忽略诸如研究和创新、相关技术的使用、过程的可重复性和材料的可追溯性,以及精确校准的控制系统等概念。在考虑整个过程的费用时,必须牢记确立最低使用费用(逻辑上应该接近零)的难度,甚至是不可能的,应在持续改进和技术进步的过程中,持续不断地审查平衡记分卡指标。在考虑过程的费用时,主要影响参数包括由操作差错造成的返工或退货,以及由维修不当、运输问题、搬运和不必要的存储、人员或机器运转时间损失、等待时间(加工时间和有效生产时间之间的差异)、缺乏秩序和清洁造成的机器故障和失衡,其他经常被管理人员忽视的要素包括职业事故、职业病、环境污染以及其他。

纳入该视角的还有部门用于管理、组织、实施以及监测其活动的系统。要回答的问题包括做了什么、是如何做的、什么时候做的、在哪里做的、其可靠性是什么、做了多少以及如何控制所做的事情。如何组织纳入该视角的各种活动将会影响维修职能的效能和效率以及与符合公司总体目标的程度之间的平衡。

6.3.7　学习与成长视角

虽然如前所述,标准 ISO 9001 没有规定工作人员的满意度,但是欧洲质量管理基金会(EFQM)的卓越标准将其九个标准中的两个用于员工满意度,一个标准说明要采取的行动,另一个标准显示结果。学习与成长视角要确保有准备充分的员工,并促进他们成长,培养他们成为专业人才。那些准备较好的员工表现得更好,因为员工充分适应岗位,反之亦然。由于市场的多变性,持续的培训能使员工吸收所需的新技术和变化。

提供学习和成长机会的公司会制订与培训顺序四个阶段有关的目标:确定需求、大纲编制和准备教材、提供培训、评估结果。制订评估结果的指标时,指标必须反映教育的类型,即个人或集体的、义务或自愿的。指标还应该反映组织对员工的"关怀",这一概念源于 EFQM 的模型,反映了归属以及与组织的联接情况。

从财务视角要实现客户和内部过程的高效率,在很大程度上取决于员工履行其职能的能力,拥有可支配的手段,以及对融入维修工作集体的满意度。这是人因,对充分的生产能力尤其重要。维修员工的满意度与三个要素有关,包括能力、技术基础设施、工作环境。公司和部门的主要目标是改进这些因素,确保员工满意度和员工保有率,从而确保高生产能力。

6.3.8　综合视角

如图 6.7 所示,平衡记分卡的结构表明了从战略移动到作业从而实现公司各视角目标的程序。平衡记分卡的基础是通过谨慎挑选适当的指标来表示公司战略,采用平衡记分卡的公司不需要传达其使命和愿景,因为两者都清晰地反映在综合视角中。Kaplan 和 Norton 分离出三个基本原理来整合四个视角,即因果关系、绩效诱导因素、与财务的联系。

战略应以因果关系为基础,确定应该做什么和要获得的结果之间的一致性。也可以表述为:如果建立了预防性维修系统,则可以减少设施故障造成的不能工作时间。在这种情况下,指标代表设施,但必须单独说明通过实施维修计划来减少不能工作时间的方法,这就把该战略意义传达给了受指标影响的所有员工。好的记分卡应包括结果的正确选择(指标效果)和诱导行动(指标原因),这些都与组织的战略有关。

由于公司是以生存和发展为存在目的的经济组织,所以所有的运营改进都应该与经济绩效挂钩。全面质量的原则表明,公司的成功是在各方达成满意的基础上实现的,基本上是当他们设法满足员工、客户和股东需求的时候。需要注意这个顺序,但是这不应导致人们认为员工满意和客户满意不是实现股东满意的合适途径,这是最终目标。许多质量系统失败的原因在于没有将它们与经济绩效联系起来,将改进计划看作了目标,没有提高产品附加值和组织财务收益、消除浪费的适当方法,参见参考文献(Womack,Jones,1996)。平衡记分卡中的所有指标,其最终目的都应与经济绩效挂钩。

基于平衡记分实施管理决策以及四个视角的开发,意味着将策略锁定在四个领域的成功包括获得良好的财务业绩、优化内部过程、实现客户充分满意、提高员工的学习与成长。

平衡记分卡可以将战略定义为鼓励管理层实现既定目标的主要行动方针。战略提出了方针风格、资源管理、文化和价值观,指明了方法与活动以及性格和个性。战略应通过原则或公司目标来定义,不一定要量化,但要指明未来的业务发展方向。

一旦确立了目标,就需要进行深入的分析来确认它们是一致的,相互之间没有矛盾。假如目标同时强调"增加员工激励"和"通过裁员降低费用",就会产生明显的矛盾。应该采用在给定时间内实现的一系列目标来构建一般平衡记分卡和专门用于维修的平衡记分卡。具体针对维修的目标来自企业的总体目标,显然,维修必须达到高层管理人员想要在同一时期实现的目标。

部门应依据额外的目标来改进自己的活动,这将成为知识"池"的一部分,并与"技术诀窍"相对应。这些目标必须在具体的行动中实现,而且要能通过反映部门期望的指标实现量化。换言之,这些指标是部门想要达到的目标,指标预示着可以取得的结果,应该来源于尽可能客观地测量的数据。

显然,因为这些目标、行动和指标取决于具体情况以及特定管理团队认为优先考虑的事项,所以在各公司/部门之间会有所不同。应当调整这些目标、行动和指标以反映每个公司/部门的特征。

指标按预定的频度转变成控制指标,以确定结果是否符合预期目标。如果符合预期目标,规划将继续进行;但如果信息显示明显不符合,就应该采取适当的纠正措施。总而言之,在一定的时间内和一定的固定频度下,每个指标的值都是固定的。根据指数类型确定变量,计算变量并与预测数值进行比较,估计在规定的时间内所能达到的预测值的概率。

此前曾提到系统为组织中不同人员提供所需反馈的重要性,这样他们可以监测活动是如何根据公司设定的战略目标开展的,这意味着需要通过这些指标来确定谁应该知道什么以及多久知道一次。

如图 6.10 所示,将维修指标进行分组,应用到平衡记分卡的 4 个视角。

图 6.10　维修平衡记分卡

拟议的平衡记分卡是一种需要部门间沟通、团队合作以及所有维修人员在某种程度上协作的工具。切记,目标和战略应该确定在适当的水平,使战略演变成战术,到达具体工作中,这有助于实现目标。维修平衡记分卡源自综合管理平衡记分卡,但是如果企业没有考虑将平衡记分卡用作组织和控制工具,维修部门也可以自主用其来满足自身需要。这种情况下,根据维修部门的需要来确定目标、策略和指标。财务目标和非财务目标之间应该保持平衡,目标的真正补偿和整合应该反映在构成平衡记分卡的各项指标上。

6.4　制订 BSC

6.4.1　规划

传统的管理指标体系,如 Cerutti 和 Gattino 定义的仪表板,与平衡记分卡之间的差异是选择指标的方法。收集必要且充分的信息非常关键,这样才能清晰地确定业务模式。缺乏数据或不正确的数据将导致重大失败。

首先要对组织的内部环境和外部环境进行严格而细致的研究,以便设定在中短期阶段。平衡记分卡和任何需要从一开始就有效的系统或管理模型一样,应该得到高层管理人员的支持,要确信平衡记分卡既不是定位于技术,也不是定位于经济,而是一种企业和商业事务。如果管理人员不完全确信成功的可能性,那么就不太可能在实施上花一分钱,而管理人员一旦确信其价值,就必须决定哪些作业单位要采用平衡记分卡。采用平衡记分卡并非公司的一般策略,平衡记分卡也可以仅用于维修部门,但其他各部门不全面采用会导致明显的风险,即由于缺乏坚定的管理保证,该部门可能无法完成这项实践。部分实践可能说明对该方法缺乏信心,或者是对改变传统管理方法缺乏兴趣(图6.11)。

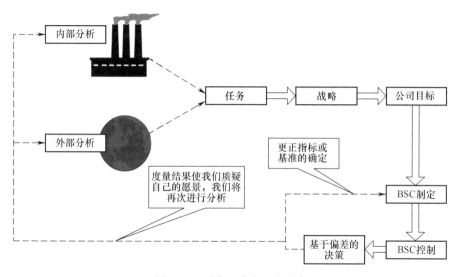

图6.11　平衡记分卡开发顺序

6.4.2　信息收集

因为从公司档案中就可以获得大部分信息,因此不必再额外大费周折地去收集大量的信息。可以获得年报、运行/使用数据、工单、有关资源费用的信息以及其他有用的信息。

请记住,在该方法中我们试图用一套相一致的指标来表达战略,这些指标按照四个管理视角分组,所以优先考虑与这些视角对应的数据。因此,关于客户收益和增加值的指标、他们的分类和需求、过程和服务的作业数据,对员工技能和知识管理的参考等都是信息收集内容。

对于内部分析,必须将当前或未来项目、过程、改进能力、参与系统、人员因素等的有关事实与过去的商业目标、员工激励、领导能力、活动的影响、业务联盟等结合起来。

6.4.3 战略的确定

战略应确保组织的生存和发展。近年来,以使命、愿景和价值声明为基础来制订政策的做法已经流行,但这并不总能保证前面所述的条件(图6.12)。

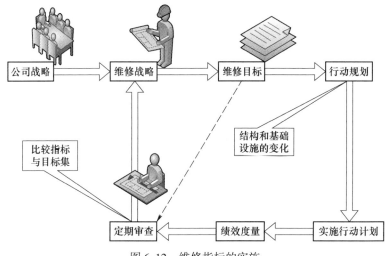

图6.12 维修指标的实施

一旦管理人员把平衡记分卡定义为将公司战略转化为一套协调一致指标的管理工具,就应该确立经济成功的原则,也不能忘记任何为利益相关者带来有益结果的副作用。

如图6.13所示,四个视角间的连接方案发展了前述的因果关系原理,相当于业务模式的真正引擎。

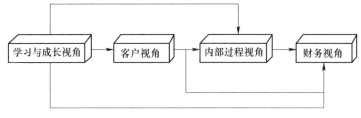

图6.13 4个视角间的联系

将员工的成长视为第一个方面的目标,会产生相当大的员工满意度,并对经济效果做出重大贡献。这里强调,不仅仅是财务视角,所有视角都应该形成公司战略的一部分。因为非财务指标领先盈利能力,所以经常将其称为"领先指标",即如果非财务指标表现出良好的结果,预计会有好的经济效果。构架可以是静态的,也可以是动态的。风险分析对公司当前的能力和未来回报的机会进行对比,风险分析的结果可能指出有必要进行更好的培训。

图 6.14 显示了四个视角对维修的依赖关系。人因有直接的影响并处于金字塔的底部,而提供给客户的服务则处于金字塔的顶端,处于客户和人因之间的是客户未感知到的对效率的追求。

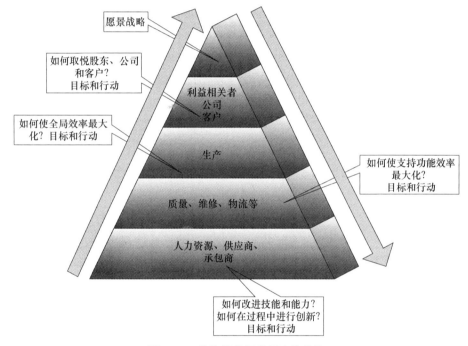

图 6.14 维修视角间的层次依赖性

6.4.4 指标确定

由于这些指标被分组到不同的管理视角,因此我们应该从选择指标数量和确定指标开始。在此过程中,将公司目标分解成指标可度量的一组目标。聪明的做法也许是将公司目标转变为各视角的重要指标,指标必须考虑因果关系和行动诱导因素。包含过多指标的平衡记分卡可能会混淆战略,并弱化付出的努力,建议不要超过6个指标。

图6.15将维修与生产进行整合,作为影响客户的内部过程的一部分,维修团队必须了解其在企业平衡记分卡中的位置。

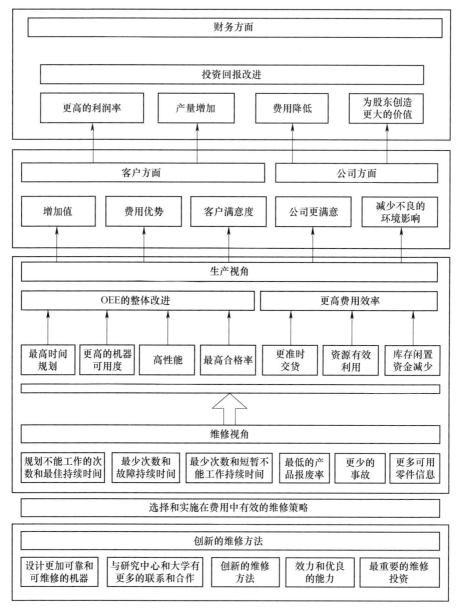

图6.15 维修作为内部过程在整个组织内部平衡记分卡中的位置

用于记分卡的指标的最终选择与利益相关者有关,对个体和团队的多元评估进行统计处理有助于就组织最终选择的指标达成共识。评估可以采用图6.16所示的表格。通过将企业目标分解成与每个视角相关联的目标,可以归纳指标的选择及其在模型中的位置。可以将这些目标分成若干个策略,衡量这些策略成功与否取决于能否选择正确的指标;反过来说,对用于监测这些策略的积极或消极进展的指标选择,应该与策略和预期目标的精确一致相关联。

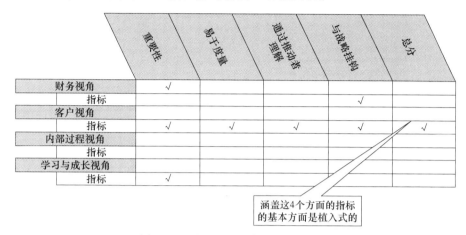

图6.16 基于BSC视角的指标评估表

6.4.5 BSC构造

应该严格地将选定的指标与企业的原则联系起来,使管理人员确信其能力有效。图6.17将指标与4个视角所设定的目标挂钩,使"做什么"与"如何做"相关联,这使我们能够从各个视角对相关指标进行可视化和分类,并指明要在度量中建立的关系。现有的相互关系表明,企业的一些原则与各项指标挂钩,这意味着策略的某些要点在平衡记分卡中得到了充分的重视,但是其他目标的代表性很低,表明战略在记分卡中没有得到足够的发展。因此,组织可以检查其战略发展并纠正不足。通过这种方式,平衡记分卡可以代表一套平衡整合的行动规划,旨在取得卓越效果。一旦选定和评价了有效战略发展的指标,就可以用来关联原因与结果以及目标与指标,提高员工的意识,并控制指标使用对战略实施的影响。

平衡记分卡不仅是一种简单的指标选择工具,更是一种真实的管理系统。需要对有关内容给出详细说明,包括度量指标的方法、度量的责任、期限、绩效责任、必要资源的分配、与个人激励的联系。

战略必须适应组织业绩的整个范围,指标应该监测所有工作人员的活动。由于战略不可能总是涵盖指导所有员工活动的所有指南,所以应该为要度量的各个

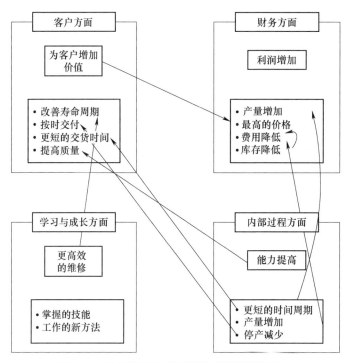

图 6.17 在维修和生产运营中使用平衡记分卡

领域(在这种特定情况下是维修职能)设计级联图表。推荐的做法是为每个指标建立一张记录卡,说明其视角、负责人、目标及其计算方法的详细说明、数据来源和数据质量,以及为了在最有效的条件下完成指标而确定的行动。

6.4.6 沟通

人们常说,一旦公布平衡记分卡,指令就已经下达。换言之,管理人员转向使用平衡记分卡进行的简单沟通产生了行动规划,平衡记分卡需要一个真正的管理系统,包括具体目标的部署、行动的控制和责任以及合理的资源分配。Mitchell 强调与记分卡和指标的潜在用户进行适当的沟通,缺乏沟通往往会导致失败。使用简短、易于理解和适合用户的 KPI 往往有利于这个过程。

高级管理人员的意愿必须从一开始就显而易见,让员工和管理人员清楚地认识到平衡记分卡将成为公司评估市场、确定团队和个人活动的主要工具。对于维修情况,维修部门通常很少关注目标的表述,往往只关注并非用于维修而是用于生产的期限和信息,这些信息超出了维修经理的职责范围。由于图 6.18 所示的沟通接近最基本的维修层,所以效率不高。维修往往关注短期或紧急产品,因为中长期目标的资源被其他地方占用,很难用于维修。

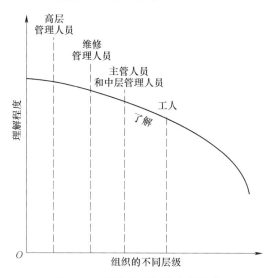

图 6.18 维修策略沟通中的错误

管理人员和员工通常都了解并赞同战略,但是他们每个人都会以自己的标准和利益来解释这个战略,并制订一些或许没有充分说明的目标。这就要求管理层设计并实施有效的初始介绍和持续沟通的系统,使各部门对战略愿景达成共识。

必须有意识地提前落实沟通,可以通过基于内部培训的营销战略活动来实现。员工培训不仅能传递知识,还能培养积极的行动,使用创新工具(如 WCC)的形成性方法有助于员工与战略视角保持一致,发展员工个人提升的能力,还可以清晰描述从属目标集。

图 6.19 显示了在积极主动维修的组织内的理解水平,在这样的组织内对上和对下的沟通渠道都是开放的。正如 Mather 所指出的,从非历史的视角观察维修指标是非常重要的,要将过去的结果看作是改变和改进的机会。

需要在管理和维修战略之间进行流畅的沟通,以适应目标,纠正指标偏差。对组织成熟度的需求是显而易见的,必须将每个指标都可视化为潜在的改进。只有在信任氛围、对目标充分理解、不采取惩罚性措施的情况下,才能充分处理通过预防性检查来避免故障数量或延迟执行工单等指标。

在谈到主动性组织时,Dwight 表示应该与这些指标的拥有者就指标进行沟通,他们有能力影响这些指标。也就是说,无论是计划的还是非计划的设备工作都是由这些人进行度量和评价的,他们可以直接影响这些指标趋势中的变化。Dwight 强调,有必要区分与指标负责人的沟通和与指标使用者的沟通。

WCC 的呈现必须是集约的,并且必须采用适合受众的语言,因为员工常常可有助于制订这个策略。

在诸如维修的服务中,企业经常会忘记客户往往是由收入低、受教育程度较低的员工来服务的,这些员工与制订战略方针和目标的管理水平相去甚远。

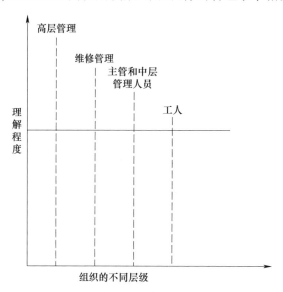

图 6.19 实施主动维修的组织内的沟通

6.4.7 激励政策

长期以来,个人激励与目标实现以及指标的适当处理之间的联系一直是讨论的主题。将人们的利益定位到实现特定目的可能会产生有害影响,包括个人和部门的孤立以及对组织整体利益的淡忘。

如果已对员工承诺了经济激励,而事件对目标实现产生了负面作用,那么管理应该对此负责,或存在超出员工工作范围的原因,就会丧失个人激励,尤其是管理人员还在相信无法实现该目标并决定保留该目标时。

一旦考虑到了可能产生的消极影响,就没有理由不为实现目标而设立奖励,但需要认真选择系统及其与策略的联系。看看 Winslow 的需求金字塔,就会得出这样的结论:当个人不关心最低生存和舒适需求时,经济刺激就不那么重要了。在大多数情况下,更大的激励不是建立在金钱动机的基础上,而是建立在对战略或项目的归属感与贡献感的基础上。如果所有行动者没有积极参与战略的确定,或者就所要达到的目标和水平达成共识,平衡记分卡就不会成功。必须培养人们的价值观念,这些价值观念应该得到组织的认可和强化,以确保项目的成功。

管理人员或主管经常表示,他们对员工的行动缺乏信心,会有意或无意地不去依赖员工执行对企业生存至关重要的职能,无论是关注客户还是处理昂贵的计算机。如果他们决定信任其雇用的员工,这种信任就会得到传达,从而有助于打破孤立员工的障碍,并促进员工的心理健康。这反过来又影响到企业的经济利益。有必要确定如何做到这一点,特别是在受人因影响明显的维修中。前面已将对部门的信心、技术的易取得性和工作环境定义为归属感的关键因素,工资仅仅反映了基本需求的第一阶段。

操作人员参与到度量系统中也很重要。在生产等其他部门,对方法和时间的研究或自动获得的数据可以提供足够的信息;但在维修部门,足够的信息取决于对工单和所有相关文档的妥善管理。如果员工没有找到解决问题的办法,也不能期望他们有所贡献,除了实行个人和集体参与外,还必须营造一种心理自由的氛围。维修的一个重要因素是建议对设备进行修复性或预防性改进的频度。提出改进建议的数量常常是鼓励这些行动的自由氛围的一个指标。总之,激励政策不一定是经济性的。

6.5 制订指标的文件管理

6.5.1 知识管理

企业各部门,特别是维修部门,正在经历一种变化,即应用个人专业知识来加强实体的技术诀窍,这并不意味着忽视个人。增加集体知识的目标是提高整体知识资本,但充实知识资本的主体是个人。

许多部门的文件档案都没有得到妥善利用或更新,需要工具来开发小组的专业知识,尽可能充分利用现有文件系统、咨询系统及数据交换系统。

组织的专业知识是一套相互关联的具有战略价值的知识,服务于实体本身及其客户或用户,这些知识必须转化为一种责任结构。这套技能和责任必须由适当的管理系统来处理,管理系统可以使机会发挥最大潜力。知识全局化包括建立一个目标体系以说明如何改善完成任务的效能,识别一组相关指标以确定和控制这种改善的进展。

维修管理具有行政管理活动的基本职能,包括制订目标、规划、组织、执行和控制。大多数企业都配备计算机系统来管理维修,也就是熟知的 CMMS 或 CMMS 包,这些系统便于处理所产生的海量信息。此外,Trunk 和 Olafsson 认为,在缺乏这些计算机系统的情况下,不可能引入 RCM 方法或 TPM 方法。事实上,RCM 需要处理大量的历史数据和统计数据,见参考文献(Moubray,1997)。Trunk 认为,如果公司想要有效地处理预防性维修规划、备件管理、工单(WO)跟踪和计划管理、与承包商和供应商的关系等,CMMS 肯定是必要的。

正确实施这些系统可确保历来与维修职能相关知识遗失的终结,而这些知识主要存在于该职能相关技术人员的丰富经验中。系统实施情况各不相同,可以包含与会计、工资单等各种应用程序具有接口的独立应用系统,也可以作为综合管理软件或企业资源规划(ERP)的一部分。ERP 是整合不同应用程序的简单技术解决方案。

6.5.2 维修实施

与其他行政管理职能一样,维修的执行需要制订目标和目的、设计一个活动计划、安排任务来明确责任、获取符合标准的资源、匹配维修活动与其结果的评估和控制,以及对维修实际执行与原计划进行对比等。

在维修部门,要使对维修的需求与适当的质量水平相匹配,组织必须及时提供信息,使我们能够规划和安排维修活动。还需要获得人力资源和物质资源,且必须能够管理各种活动产生的信息流,以便评估、监测和尽可能地提高绩效。

6.5.3 工单

工单是维修活动的主要工具,也是从维修系统产生和传出的信息流的核心要素。根据工单的用途,可以采用不同的名称和格式。在某些情况下,工单是采取修复性措施进行处置的申请;在其他情况下,工单则用于定期的预防性维修或检查,也可能是申请进行重大维修(大修)的准备活动。工单可以作为车间订单或车间零件订单,也可以当作执行安全标准和工业卫生的工具。工单相关信息的生成和记录在各个阶段并行运行,包括工单制订、执行和结束。工单可以是对以下项目的申请(图 6.20):

(1) 由于设备故障在生产区域发生的修复性维修;
(2) 在检查、测试、验证、材料分析等过程中,由故障检测而引发的在维修区域的修复性维修;
(3) 计划的预防性维修和计划的维修工作职责;
(4) 新设备的安装和调试、现有设备的改造或工程产生的安装;
(5) 执行安全与工业卫生部门制订的标准。

以工单收集的数据为依据,我们不仅掌握了跟踪设备及其部件(故障)性能的技术信息,还掌握了控制维修费用(工时、材料使用、零部件和备件消耗等)的经济

工单				订单号：	
申请人：					
设备		部门	账号	单位编号：	

推定工单的使用单位

工作或故障描述：

批准工单的主管

协调员	优先/日期	签名和验收日期

规划

与遵守计划维修时间表有关

作业号	工作描述	部门	估计时间	计划日期		工时
				开始	结束	

必要的程序	材料申请

与历史数据和设备LCC有关

已执行的工作报告

工作描述

与维修费用和仓库效能及效率的功能方面有关

所用的备件和材料和可用度计算

维修性和可用性计算的相关数据

开始日期	结束日期	总时间	OP1	OP2	OP3	OP4	批准日期和签名

开具工单

图 6.20 工单

信息,这些信息对维修管理非常有用,可以用来申请额外的资源,或者向上级报告业绩和费用。鉴于维修职能,规划和维修控制部门在确保信息的完整性和定期更新信息方面牵涉最多,信息的正确处理与维修活动的成功有关。这些信息包括:团队的历史记录、执行维修操作的记录、工作组和主管的报告、工厂和机器的技术文件以及相关的一般信息,这是非常宝贵的数据库,对其合理使用有助于优化维修管理(图 6.21)。

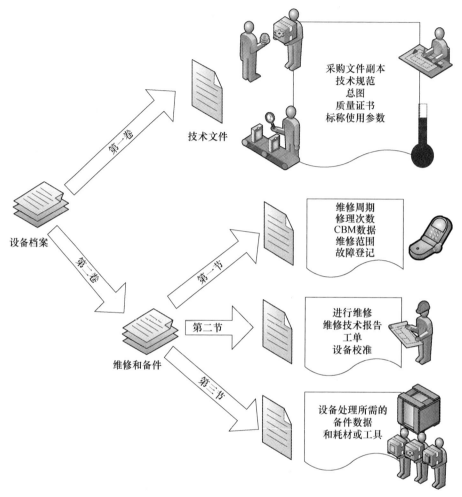

图 6.21 维修资产的文档结构

重要的是要有组织地保存信息以及修改和更新。建议采取的行动可能是为工厂的每台机器或每个位置建立设备记录或档案,应根据信息对生产过程的重要性而定,并应受到定期或连续控制。该档案由两个不同的部分(卷)组成:一个包含所有的技术文档,另一个则保存维修范围内生成的信息和文档。

设备档案的第一卷,即技术文件,包含采购文件、技术规范、总图、质量证书、标称运行参数和采购文件副本。

第二卷(计划维修)的第一节有关于维修周期、人员数量和资质、每项活动执行的标准时间、设备和部件状态监测所得到的信息,以及日志图(图 6.22)的信息。

第二节包含与维修实施有关的所有内容,具体是维修技术报告、工单、设备校准,以及实施(授权、免费跟踪等)所需的各种表格。第三节列出了备件和材料的清单、润滑的说明(点、方法、润滑剂的种类、数量、频度)、用于配备和切除及安装和拆卸的工具、说明和图形清单、适用规程清单,以及重量特性和体积。

以合理的代码系统为支持,对设备档案进行适当的分类或编目,将使我们能够缩短定位和检索维修作业所需信息的时间,并便于分析设备的故障和行为、操作时间和维修次数、人力和物力资源的使用以及与维修活动相关的费用。

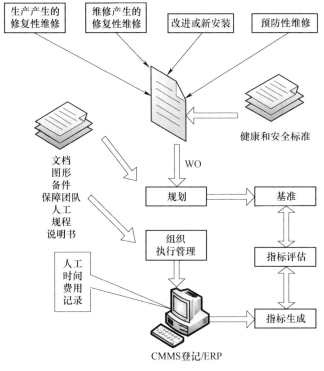

图 6.22 工单的流程图

6.5.4 信息和档案

请注意,维修系统接收并生成大量的信息后,必须对这些信息进行记录、整理和妥善保存,以便专门用于维修以及更普遍地用于公司。与组织最相关的因素之一是数据的复原,以满足不同领域的维修决策要求。信息的复原至关重要,Labib表示指标的设计和选择必须考虑所需信息的可获得性(图 6.23)。

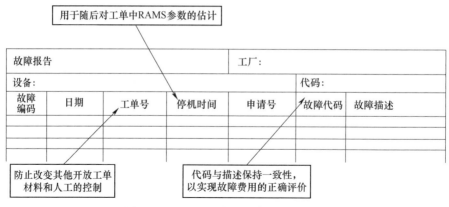

图 6.23　CMMS 按字段搜索的结果表单

6.5.5　设备分类和代码

当决策获得高质量信息支持时，就会成功。信息的质量取决于其相关性和一致性，以及能否及时获得信息的能力。利用分类码对信息进行很好的整理，可使信息的复原时间比利用其他方法的时间都短。

尽管编码对于任何系统来说都是一个重要方面，但当维修系统依赖自动化时，就成为一个关键性的因素。

在所有组织中，代码广泛用于获得统一的标识结构。要使代码系统有效，必须满足一定条件。基本要求如下。

（1）根据用户的利益，确定工厂的各要素，包括所有设备和技术系统，以及它们的部件；

（2）根据相应的维修领域（机械、电气、汽车、化学、民用、仪器仪表和控制等）对团队、线路和系统进行排名；

（3）代码中最简单的要素必须与其所属的设备、线路或系统以及特定的维修领域相关联。

在工业企业中，常见的分类系统建立在识别码的基础上，这些识别码根据确定系统工序过程的顺序来反映技术方案中的设备和部件的位置等。如图 6.24 所示，代码对于该类型的产品是唯一的，并且其他代码不可以在技术图表中占据相同的位置，这确保了部件的识别是唯一的。用于识别技术系统的字符可以源于系统名称的前两个字母或首字母，识别设备类型的字母或字母组可以是内部分类，也可以是国际分类。

所描述的代码类型在用于已安装设备的识别方面有着广泛的用途，还有助于

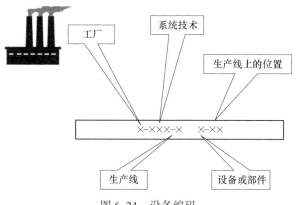

图 6.24 设备编码

员工熟悉装配和安装调试过程中的技术图表。尽管这种类型的代码有很多优点,但并不能完全满足维修领域的需要,因为维修更关心设备和部件的特性及其物理位置。

从维修方面来看要使代码令人满意,其结构必须确保:与同一模型对应的所有设备或部件在同一标识下分组在一起;模型与技术文件和规范(图纸、说明书、修理工艺、费用标准、修理周期、零件清单等)相关联;在必要时可以获得技术史。考虑到这些方面,维修代码可能具有以下结构(图6.25)。

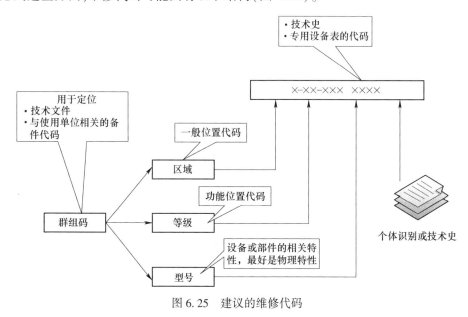

图 6.25 建议的维修代码

前六位数字是与设备类型一致的技术文件的相关分组码和备件识别码,最后四位数字与个体识别码或唯一识别码互补,并与每台设备或每个部件的历史或技术细节相关联。

区域代码可能与位置代码示例中提到的区域代码相同。类别代码可能适用,或者可以指定数字代码;型号代码可能是数字或字母数字,但会强调说明设备或部件的最重要特征,如类型、直径、材料、功能、压力、温度或其他参数。无论如何,规划领域可建立最合适的代码,还要寻找合理的信息分组和检索方式。

6.5.6　手册、指南和规程

维修管理包括产生大量信息的管理和作业活动。必须在不同的组织层次之间建立充分有效的沟通,包括所有关于准备、执行和控制管理工作以及监测和操作设备的各种表格和要求。在维修领域使用最广泛的沟通交流手册包括以下几种:

(1) 使用手册,该手册说明任务,考虑应该做什么、如何、何时以及为什么做,主要用于员工培训或晋升;

(2) 规程手册,该手册详细说明执行任务的方法,通常包含信息流程图、插图和表格以及使用说明;

(3) 组织手册,该手册确定每个职位的职责,界定处于这些职位的人的责任和权力;

(4) 管理手册,该手册包含公司的规定,以确保每个人按照现行的规章制度行事。

6.5.7　维修手册

维修活动受维修手册约束,维修手册可能包含一个或多个前面提到的手册,包括适用于维修的公司规定、对设备和装置进行维护和/或修理的标准化方法,还包括维修管理的方案,以及组织的特征和目标。公司规模并不是决定使用维修手册的基本标准,它影响手册的厚薄和内容,但绝不会决定其作为沟通手段的必要性。如果不能很好地解释工作,或者工人不知道该做什么、如何做、何时做和为什么做;那么工人就不能正确地完成自己的工作,也必须明确组织内部工作的重要性。

维修手册应同时涵盖管理和技术方面,包括以下基本内容:目标,编制手册要实现什么目的;范围,手册所涵盖的维修活动;责任和组织,哪些单位或个人负责维修哪些设施或设备?谁来负责组织其他部分的维修,以及维修单位与公司其他实体之间的相互关系;定义,词汇表和典型术语表;参考文献,明确指出提供参考的文件;职能,(修理、检查、测试等)手册的具体对象以及范围、说明、规程、标准等。

6.5.8 规程、教程和维修范围

维修范围安排定期执行的预定作业,包括要执行的活动、频度、程序以及计划的活动开始日期和结束日期,该文件必须附有维修记录。

规程详细描述了所要求活动中要采取的行动,程序的存在是由于考虑到了维修作业的复杂性、设备的费用、实现高可用度的需要、故障或损坏造成的潜在危险。必须指派有能力和有资质的员工对规程进行编制、审查和批准,确保更好地理解相关活动的技术和监管要求。说明或规程的内容应至少包括:名称——有关元件、设备或系统的描述;目标——文件目的;范围——规程适用的限制;参考文献——文档的名称和代码;定义——有助于理解的术语表;附录——补充性附件(图表、图解等);职责——负责保证执行、核查和批准工作符合规程规定的实体或人员,包括负责审查、批准、颁布和更新的人员;正文——规程所涵盖的方法、过程或系统,包括预防措施和安全措施、工作顺序、接受或拒绝准则,要素的说明和过程、检查类型、观察点、环境条件、设备、仪器、必要的工具和材料、人员资质、记录信息的识别和处理等。

规程可能有检查单或核查单,这些表单必须附有审查和评估工作的报告,必须通过代码系统正确识别规程和说明,以便于定位。代码可以由两个字符构成,标识规程所属的手册,或者也可以是结合特定章节中的相关规程与自识别规程号的数组。

6.6 维修绩效指标的经典模型

经典的观点是试图通过度量特定的过程来了解工厂的状况,例如物力和人力资源绩效等。为此,企业采用适合于一定时间段并能与前一时间段进行比较的指标,与平衡记分卡的不同之处在于,它与经营目标缺乏相关性。

维修中设置绩效指标的目标包括提供有关设备或机器状况的相关信息、工厂内预防性或修复性维修的水平、产生的费用以及维修人员的表现水平。指标一经确定,便要有助于发现并纠正问题,防止产品质量差或不能工作,从而减少时间、费用和精力的浪费。有些作者根据所要度量的重点以及预期的结果,按层次划分指标。然而,并非所有的指标都必须由工人来了解和管理,根据每个用户的相关视角以及对企业整体目标的影响,需要定制的记分卡。

6.6.1 世界级指标

世界级指标(或世界级指数)在所有国家都是相同的。在六项世界级指数中,根据以下关系,有四项与设备管理(RAMS)分析有关,两项与费用管理(费用模型)有关。

1. 平均故障间隔时间(MTBF)

MTBF 是在某个时期内的产品使用时间与在观察期内这些产品中检测到的故障总数之间的关系,该指数应该用于故障后进行修复的产品。

2. 平均修复时间(MTTR)

MTTR 是一组故障产品的总修复性维修时间与观测期内这些产品中检测到的故障总数之间的关系,该指数应该用于修复时间对于使用时间非常重要的产品。

3. 平均故障前时间(MTTF)

MTTF 是一组不可修复产品的总使用时间与在观察期内这些产品中检测到的故障总数之间的关系,该指数应该用于发生故障后进行更换的产品。

MTTF 和 MTBF 之间的概念差异是很重要的。前一个指数适合于发生故障后不可修复或不修复产品,即当发生故障时,这些产品被新产品替换,因此修复时间为零;后一个指数(MTBF)适合于发生故障后进行修复的产品。因此,两个指数是相互排他的,即一个指数计算中不会包括另一个指数的计算。

MTBF 的计算应该与 MTTR 的计算相关联,由于这些指数有平均结果,所以准确性与观察到的产品数量及观察期间相关联。

4. 设备可用度

设备可用度反映被观察产品的总时间(日历时间)与维修时间(预防性维修、修复性维修和其他服务)之间的差异。产品的可用度表示可用于执行其活动的时间百分比,称为"设备性能",并且可以计算,为产品总使用时间与该时间及考虑期内总维修时间和的比。

5. 计费维修费用

计费维修费用是在一定时期内总维修费用与维修账单之间的关系,由于该指数分子和分母的值通常由会计部门处理,所以很容易计算。

6. 更换维修费用

更换维修费用是维修某个设备的总累计费用与同一设备的购买价格(新购价值)之间的关系,该指数适合于公司最重要的产品,即那些影响账单、产品质量或服务、安全或环境的产品。

6.6.2 广泛使用的经典指标

许多指标是由经验丰富的维修经理通过企业基准得出的,分散在专业杂志和 CMMS 应用规程中,并被纳入某些部门指数中。特别是能源和化工行业的指标创建。

Wireman 对指标进行了分类,并根据指标的设计目的和用户进行了排序,在五个层级提供了广泛的指标。尽管对于维修管理者来说,许多指标都很理想,但需谨慎处理需要收集的信息类型。

Wireman 认为,指标的层级可划分为以下几个方面:

(1)企业指标,度量对高层管理人员来说最重要的内容,这些指标标志着公司的发展方向;

(2)财务业绩指标,确保部门达到年度规划设定的财务目标;

(3)效率和效能指标,衡量如何妥善管理不同领域的过程目标,以及是否达到目标;

(4)战术性指标,重点反映组织在每个领域的关键点上的不足;

(5)职能绩效指标,显示特定维修职能的绩效。

这些指标如图 6.26 所示。

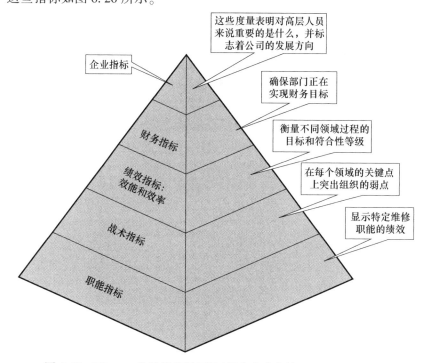

图 6.26 Wireman 的维修指标层级(摘自参考文献(Wireman,1998))

这些指标是从上到下导向的,如果指标之间没有联系,那么整个组织的努力都白费了。了解不同层级上的失败或问题后,都应该迅速做出调整,减少因滥用物质和人力资源而造成的损失等。如果存在这种相互联系,那么在任何层级上纠正的错误都会被改进下级指标。

Wireman 对拟定指标做出了重大贡献,但是分类预示着管理层利益和维修部门之间的断点。这里提出的方法是从平衡记分卡的不同视角将所有企业指标转化并插入下级的每一个指标中,从而有助于组织中的每个人都知晓对企业自己的期待,并将目标调整到自己的层级,这打破了财务指标和蓝领指标或技术指标的传统划分。

下节所列指标是由各类作者、维修经理、咨询顾问,包括 Wireman、Svantesson 和 Tavares 等收集的,有些指标纯粹是出于需要而制订的,而其他指标则由咨询顾问所提。20 世纪 70—80 年代,预防性维修的推广产生了一系列的计算方法,但是这些计算方法在 RCM 等较新领域并不适用。这些指数通常没有出现在任何标准中,但也有一些罕见的指标被纳入标准的例外情况。收集维修指标的唯一标准 UNE 15341 没有包括下面列出的指标,欧洲国家维修联盟(EFNMS)和美国维修与可靠性专业协会(SMRP)正试图统一指标,并就几十年来使用的无标准规定的指标和参考文献达成共识。

下一节中指标的结构和术语,字母"I"作为指标符号,其他字符表示指标的维修领域,如 PMI 是指预防性维修的经典指标。当一个领域中有一个以上的指标时,通常会添加一个数字来区分这些指标。

1. 预防性维修

这些指标用 $PMIn$ 表示,首字母缩略词 PMI,其后是一组预防性维修指标的引用编号。

$$PMI1 = \frac{因故障引起的不可用时间}{总的不可用时间}, \quad PMI2 = \frac{用在应急工作上时间}{总的工作时间}$$

$$PMI3 = \frac{修复故障产生的直接费用}{维修总直接费用}, \quad PMI4 = \frac{执行的预防性维修任务}{计划的预防性维修任务}$$

$$PMI5 = \frac{预防性维修任务的估计费用}{预防性维修任务的实际费用}, \quad PMI6 = \frac{应该可以避免的故障次数}{总的故障次数}$$

$$PMI7 = \frac{MP 检查生成的工单总数}{生成的工单总数}, \quad PMI8 = \frac{要求的工作时间 - 设备停机时间}{要求的工作时间}$$

$$PMI9 = \frac{PM 延误的任务}{PM 挂起任务}, \quad PMI10 = \frac{维修加班时间}{工作用的总时间}$$

现行规范中采用了一些基于经验的经典指标,例如加班时间 PMI10 指标是 UNE 15341 所引用的指标之一,但是这种引用并不常见。Cooke 建议将修复性维修和预防性维修进行比较,以评估诸如 RCM 减少低效率预防性维修大纲的优点,并提出了两项指标。

$$PMI11 = \frac{预防性维修总费用}{预防性维修总费用 + 修复性维修总费用}$$

$$PMI12 = \frac{预防性维修不可用时间}{预防性维修不可用时间 + 修复性维修不可用时间}$$

2. 库存和采购

这些指标涉及零配件采购和供应的管理,维修仓库管理指标用仓库管理指数($WMIn$)来表示。

$$WMI1 = \frac{库存中闲置器材数}{库存器材总数}, \quad WMI2 = \frac{仓库年度使用费用}{仓库总估计费用}$$

$$WMI3 = \frac{仓库中受控备件总数}{总的可用库存(受控 + 不受控)}, \quad WMI4 = \frac{按订单完成的备件总数}{申请的备件总数}$$

$$WMI5 = \frac{未按订单完成的备件总数}{申请的备件总数}, \quad WMI6 = \frac{紧急采购订单总数}{采购订单总数}$$

$$WMI7 = \frac{购买单件产品的订单总数}{购买订单总数}, \quad WMI8 = \frac{等待备件的维修工单数}{维修工作工单总数}$$

$$WMI9 = \frac{信用卡支付器材费}{维修器材总费用}, \quad WMI10 = 处理一个订单的内部费用$$

3. 工单系统

用于正确实施 WO(效能和效率)的指标表示为 $WOIn$。

$$WOI1 = \frac{所有工单的维修人工费}{总维修人工费}, \quad WOI2 = \frac{所有工单的维修器材费用}{总的维修器材费用}$$

$$WOI3 = \frac{所有工单的转包商费用}{维修合同商总费用}, \quad WOI4 = \frac{工单中登记的维修停工}{总的维修停工}$$

$$WOI5 = \frac{计入固定工单的维修人工费}{总的维修人工费}, \quad WOI6 = \frac{计入固定工单的维修材料费}{总的维修材料费}$$

$$WOI7 = \frac{计入固定工单的专用设备费用}{专用设备总费用}, \quad WOI81 = \frac{紧急工单}{工单总数}$$

$$WOI82 = \frac{预防性维修工单数}{工单总数}, \quad WOI83 = \frac{修复性维修工单数}{工单总数}$$

$$WOI9 = \frac{有计划的工单数}{接收到的工单总数}, \quad WOI10 = \frac{属于计划工单的维修人工费}{总的维修人工费}$$

$$WOI11 = \frac{属于计划工单的维修材料费}{总的维修材料费}, \quad WOI12 = \frac{定期维修小时数}{维修工作总小时数}$$

$$\text{WOI13} = \frac{\text{维修加班小时数}}{\text{维修总的工作小时数}}, \quad \text{WOI14} = \frac{\text{定期维修工单估计的总小时数}}{\text{定期维修工单的实际总小时数}}$$

$$\text{WOI15} = \frac{\text{超出预算人工20\%的工单数}}{\text{维修工单总数}}, \quad \text{WOI16} = \frac{\text{超出估计材料预算20\%的工单数}}{\text{维修工单总数}}$$

$$\text{WOI17} = \frac{\text{延误工单数}}{\text{维修工单总数}}$$

4. 计算机化维修管理系统

用于 CMMS 系统的指标视具体情况而定,与系统的正确实施以及企业内其他信息系统的完全整合有关,如图 6.27 所示。系统会监测重复情况,查找某些知识库中的空缺信息或在信息传递中有意无意的遗漏。CMMS 软件集成了财务、工资、生产控制、监测控制与数据采集(SCADA)等,在维修领域实施 CMMS 时已经安装了一些最广泛的应用程序(如财务方面和人力资源)。

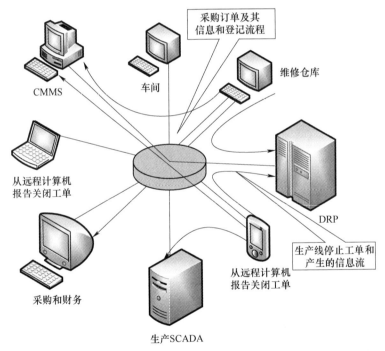

图 6.27 维修中的软件集成——准确指标的需要

这些指标标识为 $\text{CMMSI}n$,随着时间的推移,CMMS 指标的有效性是有限的。当信息管理的成功实施达到一定的水平时,CMMS 指标就不再有用了。

$$\text{CMMSI1} = \frac{\text{CMMS 中的总人工费}}{\text{ERP 中的总维修人工费}}, \quad \text{CMMSI2} = \frac{\text{CMMS 中的总材料费}}{\text{ERP 中的总材料费}}$$

$$\text{CMMSI3} = \frac{\text{CMMS 中的总转包商费用}}{\text{ERP 中的总转包商费用}}, \quad \text{CMMSI4} = \frac{\text{CMMS 中的机器总数}}{\text{工厂登记注册的机器总数}}$$

$$\text{CMMSI5} = \frac{\text{CMMS 中的备件总数}}{\text{工厂的备件总数}}, \quad \text{CMMSI6} = \frac{\text{预防性维修任务总数}}{3 \times \text{工厂等级注册的机器总数}}①$$

$$\text{CMMSI7} = \frac{\text{CMMS 中单台设备的总维修费用}}{\text{ERP 中的总维修费用}}, \quad \text{CMMSI8} = \frac{\text{全职维修员工总人数}}{\text{主管总人数}}$$

$$\text{CMMSI91} = \frac{\text{全职维修员工总人数}}{\text{计划人员总人数}}, \quad \text{CMMSI92} = \frac{\text{全职维修员工总人数}}{\text{培训人员总人数}}$$

$$\text{CMMSI10} = \frac{\text{维修技术人员总人数}}{\text{管理保障人员总人数}}$$

5. 技术和人际关系培训

关于技术和人际关系培训的指标由 ITIn 表示,IT 为首字母缩略词,该指标集包含了记分卡中人因最直接的组成部分。

$$\text{ITI1} = \frac{\text{总的培训预算}}{\text{员工总人数}}$$

注意,下面的指标 ITI21 和 ITI22 对应同一指标的两个矩阵,也就是说,这两个指标密切相关。

$$\text{ITI21} = \frac{\text{总的培训时数}}{\text{员工总人数}}, \quad \text{ITI22} = \frac{\text{总的人际关系培训时数}}{\text{员工总人数}}$$

ITI3 = 工人阅读水平, ITI4 = 从部门或国家考试获得的技能水平

ITI5 = 提供培训和获得能力之间的相应水平

$$\text{ITI6} = \frac{\text{培训师总人数}}{\text{维修员工总人数}}$$

$$\text{ITI7} = \frac{\text{缺乏培训所致操作差错产生的不工作时间}}{\text{总的不工作时间}},$$

$$\text{ITI8} = \frac{\text{缺乏培训所致维修差错产生的不工作时间}}{\text{总的不工作时间}}$$

$$\text{ITI9} = \frac{\text{缺乏知识损失的时间}}{\text{总的工作时间}}, \quad \text{ITI10} = \frac{\text{由于缺乏知识重复维修的时间}}{\text{总工作时间}}$$

$$\text{ITI11} = \frac{\text{年度培训预算}}{\text{年度工人工资预算}}$$

对组织所提供工具和工服的满意情况,由 T&UIn 表示相关指标。

$$\text{T\&UI1} = \frac{\text{对个人设备满意的维修工人数}}{\text{维修工总人数}}$$

---

① 这里假定每台机器平均每年有三项预防性任务。

$$\text{T\&UI2} = \frac{\text{对所拥有技术设备满意的维修职员人数}}{\text{维修职员总人数}}$$

$$\text{T\&UI3} = \frac{\text{对维修设备的实际投资}}{\text{对维修设备的计划投资}}$$

6. 业务参与

参与维修、保养或改进机械设备的生产工人有以下指标 OIIn。

$$\text{OII1} = \frac{\text{生产操作人员完成的预防性维修小时数}}{\text{预防性维修总的小时数}}$$

OII2 = 生产操作人员参与维修的价值

$$\text{OII21} = \frac{\text{第 } n \text{ 年度与维修相关的设备不工作时间}}{\text{第 } n-1 \text{ 年度与维修相关的设备不工作时间}}$$

$$\text{OII22} = \frac{\text{第 } n \text{ 年度与维修相关的设备能力}}{\text{第 } n-1 \text{ 年度与维修相关的设备能力}}$$

$$\text{OII23} = \frac{\text{第 } n \text{ 年度操作人员完成的预防性维修小时数}}{\text{第 } n-1 \text{ 年度操作人员完成的预防性维修小时数}}$$

$$\text{OII31} = \frac{\text{每个生产操作人员的设备改进小时数}}{\text{每个生产操作人员的总工作小时数}}$$

$$\text{OII32} = \frac{\text{每个维修作业人员的设备改进小时数}}{\text{每个维修作业人员的总工作小时数}}$$

7. 预测性维修

对应于"基于状态的监测"(CBM),与实施预防性维修大纲相关的指标由 CBMIn 表示。

$$\text{CBMI11} = \frac{\text{预防性维修总小时数}}{\text{维修总小时数}}, \quad \text{CBMI12} = \frac{\text{预防性维修费用}}{\text{维修总费用}}$$

$$\text{CBMI2} = \text{采用预防性维修节省的费用}, \quad \text{CBMI3} = \frac{\text{当前维修费用}}{\text{采用 CBM 之前的维修费用}}$$

$$\text{CBMI4} = \frac{\text{纳入考察范围的总小时数}}{\text{设备故障次数}}$$

CBMI4 计算的 MTBF 作为预防性维修大纲成功的指标。

8. 以可靠性为中心的维修与财务统计优化

与 RCM(即 RCM 的正确实施)有关的指标由 RCMIn 表示。

$$\text{RCMI1} = \frac{\text{重复故障数}}{\text{设备故障总数}}, \quad \text{RCMI2} = \frac{\text{进行了原因分析的设备故障数}}{\text{设备故障总数}}$$

$$\text{RCMI3} = \frac{\text{关键设备中审查过的预防性维修任务数量}}{\text{关键设备总的预防性维修任务数量}}$$

$$RCMI4 = \frac{\text{关键设备中审查过的预防性维修任务数量}}{\text{关键设备总的预防性维修任务数量}}$$

RCMI5 = 采用RCM所节省的费用， RCMI6 = 采用RCM所减少的不合规与事故次数

$$RCMI7 = \frac{\text{纳入考察范围的总小时数}}{\text{设备故障次数}}, \quad RCMI8 = \frac{\text{关键设备中审查过的备件数}}{\text{关键设备的总备件数}}$$

与财务优化(即RCM分析的结果)相对应的指标是FINOPIn。

$$FINOPI1 = \frac{\text{关键设备中按财务效益审查过的维修任务数}}{\text{关键设备的维修任务总数}}$$

$$FINOPI2 = \frac{\text{关键设备中按财务效益审查过的备件数}}{\text{关键设备的备件总数}}$$

$$FINOPI3 = \frac{\text{关键设备中经过策略审查的日常备件数}}{\text{关键设备的日常备件总数}}$$

FINOPI4 = 财务研究节约的费用

9. 全员生产维修:设备总效能(OEE)

TPM经常与自主维修(即诸如润滑或清理资产之类的小任务)混淆,因为OEE三个构成指标分别是OEEI1、OEEI2和OEEI3,所以不需要字母缩略词。与生产维修关联的其他指标归类为TPMIn。

$$OEEI1 = \text{可用度} = \frac{\text{总的可工作时间}}{\text{规划的时间}}, \quad OEEI2 = \text{绩效效率} = \frac{\text{规划时间内的实际产量}}{\text{规划时间内的计划产量}}$$

$$OEEI3 = \text{合格率} = \frac{\text{总产量} - \text{不合格产品数量}}{\text{总产量}}, \quad OEE = OEEI1 \times OEEI2 \times OEEI3$$

$$TPMI2 = \frac{\text{设计改进研究涉及的关键设备数}}{\text{关键设备总数}}, \quad TPMI3 = \frac{\text{5S活动包含的关键设备数}}{\text{关键设备总数}}$$

TPMI4 = 增加OEM所获得的利润， TPMI5 = 单位生产费用的降低量

$$TPMI6 = \frac{\text{缺勤总小时数}}{\text{考察范围内的总小时数}}$$

包括Idhammar、Ivancic、Lopponen和Wilson在内的许多作者认为,OEE具有多层次的范围和广泛的传播性,是TPM实施中使用最广泛的指标。OEE能够详细说明资产达到所要求质量的真正可能性,并从质量、生产和维修等部门收集信息,但只有在高度整合的维修生产结构中才有可能采用OEE。

10. 持续改进

经典指标解决的另一个问题是持续改进,标识为KAIIn,其中KAI源自日本工业界创造的术语"Kaizen",用来代表持续改进的概念。

KAII1 = 雇员建议节约的费用， KAII2 = 采用标杆做法节约的费用

$$KAII3 = \frac{持续改进活动包含的关键设备数}{关键设备总数}, \quad KAII4 = \frac{维修雇员提出的建议数}{维修雇员总人数}$$

11. 转包商

通过提供维修服务参与生产过程的外部公司也需要度量各种参数,这些指标是 $CONTIn$,$CONT$ 指转包商。

$$CONTI1 = \frac{合同服务的可用时间}{要求的时间}, \quad CONTI2 = \frac{需要返工的工作数量}{转包商完成的工作数量}$$

$CONTI3 = $ 转包商在参考领域的经历(年), $CONTI4 = $ 作为供应商的质量认证

$CONTI5 = $ 外包人员的技术水平

12. 企业指标

企业管理者通常把较少的生产数据纳入他们的记分卡,几乎没有数据是指向维修的。下面列出三个指标 $CORPIn$,用来代表公司高层管理角色。工厂管理历来关心的是生产总预算和使用到位资产的能力,另一个需要考虑的方面是占用仓库或办公室的费用。

CORPI1:生产总费用,生产产品所需的一切费用;

CORPI2:占用总费用,占用设施的一切费用;

CORPI3:资产绩效,公司固定资产净值收益的比较。

13. 财务指标

以下列出的财务指标是最经典的指标,简称 $FINIn$。

(1) FINI1:每单位加工、生产或制造的维修费用;

(2) FINI2:全部过程、生产或制造费用的维修费用;

(3) FINI3:销售维修费用;

(4) FINI4:每平方米的维修费用;

(5) FINI5:按设备或安装资产的估计更换价值计算的维修费用;

(6) FINI6:按估计更换价值计算的存量投资;

(7) FINI7:维修工人进行特定维修的资产的价值;

(8) FINI8:按维修总费用计算的转包费用。

其中一些指标已经纳入了最近发布的规范中,每单位生产的维修费用或更换价值的维修费用也纳入目前为止发布的所有研讨会、标准及建议中。

6.6.3 UNE-EN15341:2008 推荐指标

该欧洲标准提供了维修绩效指标,支持管理层以竞争的方式在技术资产的维修和使用方面取得卓越成就。这些指标大多适用于所有建筑、空间、工业服务和保障(建筑、基础设施、交通、配送、网络等),可用于度量具体情况、进行比较(内部和

外部参考)、进行诊断(分析优势与不足)、确定目的并明确要实现的目标、规划改进活动,以及随着时间的推移而不断改变度量。

为了评估和提高效率和效能,该标准在资产维修方面取得卓越成就,描述了一种指标管理系统,用于在经济、技术和组织等影响维修绩效的因素环境中度量维修绩效。UNE-EN 认为,维修绩效取决于外部因素和内部因素,如位置、文化、转型过程和服务、规模、使用率和工龄。维修绩效是通过应用人力、信息、材料、组织方法、工具和操作技术具体实施修复性维修、预防性维修以及持续改进来实现的。当使用"内部"或"外部"等术语来定义因素时,相应的指标也应分别作为"内部"或"外部"的影响。

图 6.28 说明了影响维修绩效的外部因素和内部因素,其中外部因素是不受公司管理控制的可变条件,内部因素是小组、公司、工厂和设施特定的超出维修管理范围,但又在企业控制之下的因素。当采用维修绩效关键指标时,首先要考虑这些影响因素,避免造成误解。

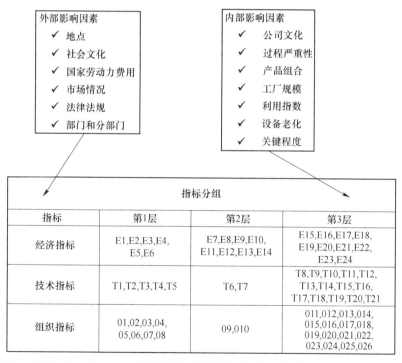

图 6.28 UNE-EN 15341 中影响维修绩效关键指标的因素(摘自 UNE-EN 15341:2008)

传统上,维修领域只考虑内部因素,而这些指标只对应费用和劳动时间。Dean 着重强调了标准所提出的效能与效率之间的平衡,还建议了新的指标,如 RCM 大纲的成功或维修规划能力。为了覆盖维修效率和效能的混合,分三组构建一个关键绩效指标体系,即经济的、技术的和组织的指标。这些提议的指标可以根据给定的公式,作为对因素(分子和分母)、度量活动、资源或事件之间的关系的评价。该标准所提出的比例对于衡量定量因素或特性以及进行同类比较是非常有用的。

标准所支持的这些指标可用于周期性的预算准备和监督、绩效评估过程、常规性的审核、旨在改进的研究和/或比较。要考虑的度量时间段取决于公司的政策和管理方法。

该标准中提出的一些指标也为其他方法所应用,如 SMRP 或 Wireman。值得注意的是,该标准只承认三个方面的指标:财务、技术和组织。将技术层面降至金字塔的最底层,并指出了维修记分卡的不同视角,仅分析经济指标,将组织指标作为人力资源的一个方面。

但是许多方面的因素并没有在该标准得到处理,而且技术、财务和经济方面似乎还不足以起到维修指标的作用。该标准将指标分为三个层级,但既没有具体规定什么样的组织必须采用这些等级,也没有提到每个指标的基准和目标,未能提供实现这些指标所必需的视角。指标的实施与目标密切相关,实现目标的策略的成功是通过这些指标来衡量的。

1. 经济指标

相应的术语是 EI,后面接一个 1~24 的序列号,这组指标与费用模型中的效率指标相对应。传统上,人们认为这些指标优于运营指标,旨在衡量财务或公司管理,很少用于维修管理。

$$EI1 = \frac{维修总费用}{资产更换价值}, \quad EI2 = \frac{维修总费用}{增值 + 外部维修费用}$$

$$EI3 = \frac{维修总费用}{生产数量}, \quad EI4 = \frac{维修总费用}{生产转换费用}$$

$$EI5 = \frac{维修总费用 + 与维修相关的设备不可用费用}{生产数量}, \quad EI6 = \frac{与维修相关的可用设备}{生产数量}$$

$$EI7 = \frac{维修物品的平均库存价值}{资产更换价值}, \quad EI8 = \frac{内部维修人员的总费用}{维修总费用}$$

$$EI9 = \frac{外部维修人员的总费用}{维修总费用}, \quad EI10 = \frac{总的合同维修总费用}{维修总费用}$$

$$EI11 = \frac{维修物品的总费用}{维修总费用}, \quad EI12 = \frac{维修物品的总费用}{维修物品的平均库存价值}$$

$$EI13 = \frac{间接维修人员费用}{维修总费用}, \quad EI14 = \frac{维修总费用}{总的能源消耗}$$

$$EI15 = \frac{修复性维修费用}{维修总费用}, \quad EI16 = \frac{预防性维修费用}{维修总费用}$$

$$EI17 = \frac{CBM\ 费用}{维修总费用}, \quad EI18 = \frac{系统性维修费用}{维修总费用}$$

$$EI19 = \frac{改进性维修费用}{维修总费用}, \quad EI20 = \frac{计划性维修停机费用}{维修总费用}$$

$$EI21 = \frac{维修人员培训费用}{有效维修人数}, \quad EI22 = \frac{机械维修合同总费用}{维修总费用}$$

$$EI23 = \frac{电气维修合同总费用}{维修总费用}, \quad EI24 = \frac{仪器维修合同总费用}{维修总费用}$$

2. 技术指标

技术指标对应维修效率,并直接从 RAMS 参数中获得。因为这些指标与生产性资产的关系最密切,且与公司方向不太相关,传统上是从基础层级管理这些指标的。技术的代号为"TI",并且用 1~21 编号。

$$TI1 = \frac{总的使用时间}{总的使用时间 + 总的不可用时间}, \quad TI2 = \frac{要求时间内实现的可用时间}{要求的时间}$$

$$TI3 = \frac{由维修引起的产生环境危害的故障次数}{日历时间}$$

$$TI4 = \frac{每年与维修相关的有害残留物数量}{日历时间}$$

$$TI5 = \frac{维修所致的工伤人数}{工作时间}, \quad TI6 = \frac{总的使用时间}{总的使用时间 + 故障引起的不可用时间}$$

$$TI7 = \frac{总的使用时间}{总的使用时间 + 计划性维修引起的不可用时间}$$

$$TI8 = \frac{导致不可用的预防性维修时间}{维修引起的总的不可用时间}$$

$$TI9 = \frac{导致不可用的系统性维修时间}{维修引起的总的不可用时间}, \quad TI10 = \frac{导致不可用的\ CBM\ 时间}{维修引起的总的不可用时间}$$

$$TI11 = \frac{导致工伤的故障次数}{故障总数}, \quad TI12 = \frac{能导致工伤的故障数}{故障总数}$$

$$TI13 = \frac{导致环境危害的故障次数}{故障总数}, \quad TI14 = \frac{能导致环境危害的故障数}{故障总数}$$

$$TI15 = \frac{总的使用时间}{导致不可用的维修工单数}, \quad TI16 = \frac{总的使用时间}{维修工单数}$$

$$TI17 = \frac{总的使用时间}{故障次数}, \quad TI18 = \frac{危害性分析包含的系统数量}{系统总数}$$

$$TI19 = \frac{计划系统性维修的时间}{内部维修人员的总时间}, \quad TI20 = \frac{造成不可用的计划维修和定期维修时间}{要求停机的计划维修和定期维修时间}$$

$$TI21 = \frac{总恢复时间}{故障次数}$$

3. 组织指标

组织指标对应人力资源的效率,包括经济背景和参与过程的人因相关方面。组织指标是 OIn,其中 n 表示 1~26 的连续数。

$$OI1 = \frac{实际内部维修员工人数}{实际内部员工总人数}, \quad OI2 = \frac{实际非直接维修员工人数}{实际内部员工总人数}$$

$$OI3 = \frac{实际内部维修员工人数}{实际直接维修员工人数}, \quad OI4 = \frac{生产作业人员完成的维修工时}{直接维修员工的总工时}$$

$$OI5 = \frac{计划的定期维修工时}{可利用维修总工时}, \quad OI6 = \frac{维修员工工伤次数}{总的实际维修员工人数}$$

$$OI7 = \frac{维修员工工伤损失工时}{维修员工完成总工时}, \quad OI8 = \frac{用于持续改进的工时}{维修员工总工时}$$

$$OI9 = \frac{生产作业人员完成的维修工时}{生产作业人员的总工时}, \quad OI10 = \frac{轮班工作的直接维修员工人数}{实际直接维修员工人数}$$

$$OI11 = \frac{应急修复性维修时间}{维修相关总不可用时间}, \quad OI12 = \frac{内部员工完成的机械维修工时}{直接维修员工总工时}$$

$$OI13 = \frac{内部员工完成的电气维修工时}{直接维修员工总工时}, \quad OI14 = \frac{内部员工完成的仪器维修工时}{直接维修员工总工时}$$

$$OI15 = \frac{具有各种活动的实际内部维修员工}{实际的内部维修员工}, \quad OI16 = \frac{修复性维修工时}{维修总工时}$$

$$OI17 = \frac{应急修复性维修工时}{维修总工时}, \quad OI18 = \frac{预防性维修工时}{维修总工时}$$

$$OI19 = \frac{CBM\ 维修工时}{维修总工时}, \quad OI20 = \frac{系统性维修工时}{维修总工时}$$

$$OI21 = \frac{维修加班工时}{内部维修总工时}, \quad OI22 = \frac{按计划执行的维修工单数}{计划的维修工单数}$$

$$OI23 = \frac{内部员工维修培训工时}{维修总工时}, \quad OI24 = \frac{实际使用计算机的内部维修员工人数}{实际内部直接维修员工人数}$$

$$OI25 = \frac{定期活动的直接维修工时}{直接维修员工的计划总工时}, \quad OI26 = \frac{仓库根据要求提供的备件数量}{维修要求的备件总数}$$

4. 与美国模式的一致性

欧洲在过去的一年半时间里发布的这一标准,促使推广维修指标的两大组织(美国 SMRP 和欧洲 EFNMS)启动了相互间的统一项目。发布该标准的目的是在大西洋两岸推广指标的利用,从而创建统一的定义,使企业能够无须停下来思考概念是否能在不同的情况下直接采用标杆。他们将欧洲标准 UNE-EN 15341 和美国标准 SMRP 最佳实践指标进行比较。实现统一以参考文献(Svantesson,2002)为基础,第一个结果发表于 2002 年 6 月,见参考文献(EFNMS Working Group 7,2002),他们已经确定了 13 个指标,如表 6.2 所列。

大西洋两岸的指标数量一直在增长。Kahn、Gulati、Olver 和 Kahn 列出了 SMRP 提出的 70 个指标,UNE-EN 15341 则有 71 个指标。统一工作从欧洲维修术语标准 EN:13306"维修术语"、IEC 60050-191"可靠性和服务质量"的每个指标术语着手开始,最近已经推动 SMRP 最佳实践委员会发布了术语表。

表 6.2 2002 年 6 月的统一指标

原始的 EFNMS WG7 指标	度量单位	UNE 15341
I:01 维修费用占设备更换费用百分比	%	E1
I:02 备件投资额占设备更换费用百分比	%	E7
I:03 转包商费用占维修预算百分比	%	E10
I:04 预防性维修费用占维修预算百分比	%	E16
I:05 预防性维修工时占维修总工时百分比	%	O18
I:06 维修费用占计费预算百分比	%	
I:07 培训维修工时占维修总工时百分比	%	O23
I:08 紧急情况下的修复性维修工时占维修总工时百分比	%	O17
I:09 计划和定期维修工时占维修总工时百分比	%	O5
I:10 使用所需时间占可用时间百分比	%	
I:11 使用所用时间占规定时间百分比	%	T1/T2
I:12 使用所用时间/紧急情况下的修复性维修干预次数	h	T16
I:13 紧急情况下的修复性维修所用时间/紧急情况下的修复性维修次数	h	T21

任何制造公司均可以采用这些指标为,有些甚至可以用于服务公司。Wireman 认为,为了制订绩效指标,以下因素很重要:

(1) 确保战略目标明确,从而关注并考虑整个组织;
(2) 将业务过程和基本目标挂钩;
(3) 关注过程中每个部分的关键成功因素,从而认识这些因素各自的变量;
(4) 跟踪绩效趋势,并突出进展和潜在的问题;
(5) 确定可能的问题解决方案。

迄今为止,指标层级中的精英主义将战略目标纳入过程中的尝试未能奏效。传统模型中,财务指标和企业指标依然停留在公司的较高层次上,而职能和技术性能指标则处于较低水平。利用提议的模型可以避免这种分歧,有些职能和技术指标上升到更高的层次,而财务绩效指标下移至中层,平衡记分卡策略在各级都有涉猎,并且组织的所有层级都保持一致(表 6.2 和表 6.3)。指标对比研究的结果分为三种类型:一是相同的指标,这些指标具有相同的定义,可以直接进行基准测试;二是相似指标,这些指标提供了相似的信息,但不完全匹配;三是相同绩效:绩效的计算方式不同,但结果可能相同。

表 6.3 SMRP-EFNMS 2007 年 1 月的统一指标

SMRP	说明	EN 15341	统一结果	备注
1.4	替换的维修库存价值	E7	相同	这两个指标都不包括备件的折旧费用
1.5	替换价值的维修费用	E1	相同	EN 15341 包括年度费用的物业维修设备折旧
3.5.1	MTBF	T17	相同	
3.5.2	MTTR	T21	相同	EN 15341 使用术语恢复,而 SMRP 使用修复概念
4.2.1	培训费用	E21	相同	
4.2.2	培训时间	O23	相似	EN 15341 按员工工时的百分比计算,而 SMRP 则按每年的工时计算
5.1.1	修复性维修费用	E15	相同	EN 15341 包括年度费用的资产维修设备折旧
5.1.2	修复时间	O16	相同	
5.4.1	紧急修复时间	O17	性能相同	EN 15341 只计量消耗在需要立即实施的行动上的时间
5.4.2	预防性维修工时	O18	相同	
5.4.4	完成规划的 WO	O22	相同	
5.5.6	轮班工作的人员	O10	相同	
5.5.8	加班时间	O21	相似	EN 15341 用于评价直接人员和间接人员,而 SMRP 只用于评价直接人员。永久承包商不予考虑
5.5.33	缺货	O26	相同	EN 15341 估计成功率,而 SMRP 则估计失败率
5.5.71	维修承包商的费用	E10	相同	EN 15341 包括公司拥有的设备折旧
5.7.1	持续改进时间	O8	相同	

2007 年年末,SMRP 发布了 16 个指标的第一次统一结果,旨在最终统一 70 个指标,参见参考文献(SMRP Press Release,2007)。

过去的过程是客户和供应商只需要知道谁在要求他们的服务,质量参数留给需求者来处理,因此形成了信息孤岛。这一过程缺乏目标和计分卡的全局视野,由

图 6.29 可以看到顾客和供应商在该过程中的位置。Juran 指出,内部客户以及供应链客户与组织的全局知识被割裂了。

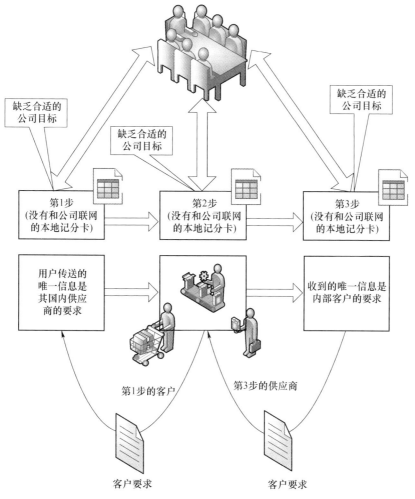

图 6.29 采用内部客户视角的经典记分卡

6.7 指标层级

6.7.1 多层组织中的指标

Svantesson 认为,关键绩效指标必须适应对其进行应用的组织层次,图 6.30 中可以看出 Svantesson 的建议,提出对三种不同度量采用三个层级:主要绩效指标(KPI)或公司 KPI、基本 KPI 或生产 KPI、用于保障功能和在维修部门保障生产的关键性能参数(KPP)。

Svantesson 提出了一种递减的层次,其中总体关键 KPI 开始分解并适应较低层级。但我们建议对其模型进行两个显著改进。首先,维修或其他保障领域的信息应该上升到最高层级;其次,维修 KPP 归属于维修负责人,但要解释却很困难,因此第 3 层分为领导层,中层管理人员和高级管理人员,并对其 KPP 进行调整。最后,KPI 和 KPP 的概念很微妙,但这使生产职能与企业目标联系起来。

对于参数的概念还有很多定义,从以下相当普遍的定义开始:"参数是一种变量,通过其数值可以在一簇要素中识别每一个要素。"站在企业组织的角度,参数的概念可以有如下理解"参数是一种要素或因素,它能表征并确定度量易受影响的方面,旨在评估该方面或建立对该方面的控制",参见参考文献(Alfaro,2000)。该定义假设所有参数都表示某种定性或定量的特征,通过用监测和控制的数值来度量该特征。

还有好几种关于指标的定义。Chatin 等认为:"指标代表行动工具、结果及其演变的行为,其特征在于采用通用语言、来源和计算频度的唯一定义。"实际上,参数和指标具有相同的含义,因而能够为了相同的日的互换使用。当参数和指标在语义上等同并且都服务于企业的全局目标时,没有必要使用"参数"一词来代替"指标"。维修指标必须终结将维修视为低层级或次要过程的传统观念,参见参考文献(Löfsten,1999),维修至少具有辅助功能或提供后勤保障。

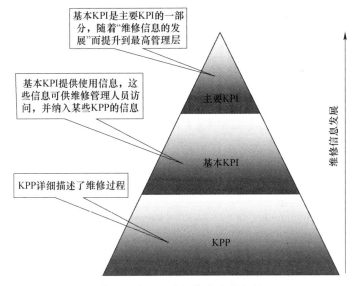

图 6.30 Svantesson 的 KPI 和 KPP 层(摘自参考文献(Svantesson,2001))

6.7.2　BSC 推荐的维修组织结构和指标

我们从平衡记分卡的四个视角提出了五个层次的指标框架,并根据五个不同的结构层进行组织。在制造过程甚至服务提供过程中,大多数现代组织对指标层级都采用了图 6.31 所示的组织图。

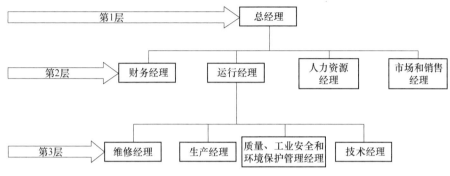

图 6.31　管理层级的组织图

公司组织系统图从第 1 层,即管理层或综合管理层开始,该层次将确定主要指令,包括对第 2 层(运行层)的指令,依次第 2 层要为第 3 层(生产和维修层)确定指令。换句话说,公司组织系统图定义了维修负责人、运行经理、CEO 三个层次的范围,这意味着在每个层次上都存在相关的维修指标。这种情况下,人力资源部门可以位于第 2 层,该部门将为一些指标提供信息,但反过来还必须监测诸如维修部门及企业其他领域的指标。

如图 6.32 所示,维修部门有三个层级。运行经理/作业主管负责及时有效地提供设备所需的服务,如预防性维修和修复性维修。根据工厂规模,运行经理之下可能会有负责管理各单位维修工作的主管,主管和运行经理负责将工人分配到特定区域或派往需要他们的地方。策划经理/计划主管规划并执行所有为企业重要领域战略发展的维修计划。规划建立在工单、设备历史和可用资源基础上。控制和管理经理审查各项指标,特别是在发现负面数据的情况下要对指标的改进情况进行监测,协助维修经理对记分卡进行解读和观察,并促进及时地纠正措施。行政经理负责管理维修预算和维修人员的各方面,同时还管理工具、备件仓库和采购。卫生和安全经理负责防止发生人员、环境和实物结构事故。

后面四个层级对应间接维修人员,与大多数行政人员和后勤人员一样,与CMMS 管理相关联。这些层级都代表职能角色,不是一个人,根据组织的规模,可能会有几个人员。当有多个区域主管,即有车间工人或在机器前干活的人员的主管时,运营经理的职位是合理的。

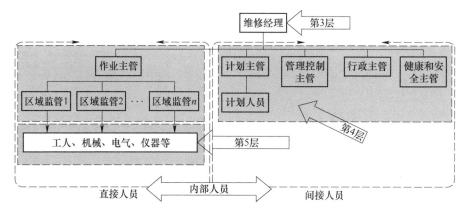

图 6.32 维修部门的组织图

维修职能在五个不同层级上产生信息流,如图 6.33 所示,从执行最基本的预防性维修工单的操作员到相当于经理或 CEO 的层级,每层根据其日常工作所需的信息都要有适当的指标。五个层级如下:

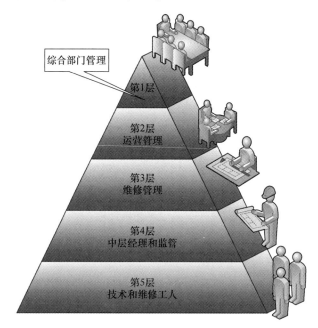

图 6.33 指标层级中的组织层

第 5 层,该层包括操作员、维修技术员和工程师,确保技术和功能的完整性。

第 4 层,该层代表中层维修经理或负责运用一些机械和电气维修工人对特定机器进行维修和维修的主管。在这个层上提出的指标直接影响由一台或多台机器组成的子系统,以及管理或间接维修活动。

第3层,该层对应维修负责人,包括生产和质量经理,以及工程部门经理和技术部门经理(如有)。

第2层,该层代表运营管理,涵盖了搬运和转化原材料的所有职责,以及对生产性资产的保护和维修。首席财务官、人力资源或营销部门可能需要该层次上的维修指标。

第1层,该层代表公司级或综合部分管理层,是组织的最高层级。

在定义了指标层各层级后,我们必须应用平衡记分卡的四个视角进行指标选择(图6.34)。

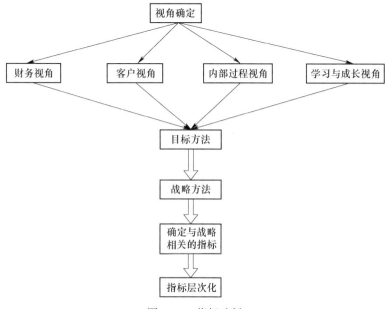

图6.34 指标选择

6.7.3 财务视角

财务视角以维修职能的两个必须平衡的主要目标为基础,即效率和效能。这种平衡如图6.35所示,可以通过以下方式实现,即提高可用度、降低相关费用。一旦确定了目标,也就确定了与每个目标相关联的策略。

1. 目标:提高可用度

在费用趋于无穷大的情况下可以获得最大可用度,因此没必要单独对可用度进行讨论。更准确地说,需要考虑与费用相关的可用度,不考虑最大可用度,而是

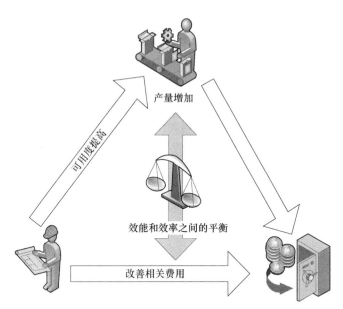

图 6.35 从财务视角平衡效能和效率

考虑最佳可用度。要改进最佳可用度,费用必须提高。费用不仅仅是指维修总费用,综合维修费用反映了维修机器的经济效率。除非连同机器的价值,否则机器的绝对综合费用是没有意义的,因此我们采用了整体维修费用与投资价值的比例。对给定时期 I 的控制指标为

$$\frac{维修总费用}{资产更换价值}$$

该指标是多个层次均要观察的"关键因素"。

策略 1:使维修响应更积极

这里研究维修绩效对系统可用度的影响,以及可能影响其改进的因素。对于与维修相关的可用度概念来说,了解哪种类型的维修会造成不可用性是至关重要的,如指标必须显示因故障维修和计划维修而导致的不可用性之间的差异。

第 1 层:如果机器因故障、修理等原因而停用,在企业层上关联不大,该层寻求的是更高的可用度,以提高组织的生产能力。

$$TI6 = \frac{总的使用时间}{总的使用时间 + 故障引起的不可用时间}$$

第 2 层:与运营管理层相关的是,了解维修导致的不可用性,并交叉检查故障,量化维修职能对生产职能的后勤保障。同样,在总使用时间内进行维修处置的次数为生产经理提供了系统维修之间短期内的可用度的平均大小。

$$TI1 = \frac{总的使用时间}{总的使用时间 + 总的不可用时间}$$

$$TI16 = \frac{总的使用时间}{维修工单数}$$

第3层：维修负责人可以改变可用度或不可用度，从而修改计划维修的关系。如果维修负责人希望降低平均值并增加相对可用度，那么该层次与在工单中进行维修的平均时间相关。

$$TI7 = \frac{总的使用时间}{总的使用时间 + 计划性维修引起的不可用时间}$$

$$WOI\_DELAY(工单延误) = \frac{维修处置总时间}{已执行的工单数}$$

策略2：改善预测有效性

改善可用度预测是制定指标规划的一项基本任务，因为生产将取决于可用度，企业策略的很大一部分都以生产能力为核心。要估计参数，应该掌握系统中所有导致不可用的要素。在此情况下，不可用性是由预防性维修、以业务为中心的维修（BCM）和系统性维修造成的，如修复性或应急工单的数量、预防性维修与修复性维修的占比等指标应提供所需信息。指标将显示优化可用度所需的改变，而不一定会将紧急维修措施减少为零，因为过度的预防性维修会消耗大量资源，指标也要显示对盲目预防性维修的建议。

第2层：计划生产的运营经理还需要知道因工单而导致的平均不可用时间。应采用无须停止工作的非侵入性方法，如CBM或预防性维修等，可以改善该参数。

$$TI15 = \frac{总的使用时间}{导致不可用的维修工单数}$$

第3层：该层级与用于修复性维修和预防性维修的时间比例有关。

$$TI8 = \frac{导致不可用的预防性维修时间}{维修引起的总的不可用时间}, \quad TI9 = \frac{导致不可用的系统性维修时间}{维修引起的总的不可用时间}$$

$$TI10 = \frac{导致不可用的CBM时间}{维修引起的总的不可用时间}$$

第3层/第4层/第5层：以下指标与这三个层级有关。首先，是适合于整个工厂的工单分类相关指标，反映了现行维修政策。其次，有些指标仅限于某些领域，并且对于负责一套机器的主管和中层管理人员很有用，从这些机器可以提取相关的统计数据；当不同的单位和区域需要不同的维修政策时，这类指标是很典型的。最后，视为中层管理的维修职能规划人员需要相关的数据，在机器层级的工人和技术员必须在紧急情况下临时发挥，以致可能造成工作质量差，该层次将监测某些指标。

$$WOI81 = \frac{紧急工单}{工单总数}, \quad WOI82 = \frac{预防性维修工单数}{工单总数}$$

$$WOI83 = \frac{修复性维修工单数}{工单总数}$$

$$WOI9 = \frac{有计划的工单数}{接收到的工单总数}$$

策略 3：提高仓库效率

维修仓库主要通过提供零件、备件以及维修工具的服务速度，在工单开始和结束之间起着重要的作用。因此，了解有多少库存是非常重要的，这样工单就不会因等待零件而被耽搁。如果库存不足，仓库将对此负责。如果存在库存欠缺，那么在备件上的投资必须优先于在解决仓库规模及基础设施制约的投资。

第 4 层：维修仓库负责并主管备件、工具和耗材的后勤供应，通常由主管或中层管理人员负责。指标与满足请求有关，尤其是等待备件的工单情况。

$$OI26 = \frac{仓库根据要求提供的备件数量}{维修要求的备件总数}$$

$$WMI4 = \frac{按订单完成的备件总数}{申请的备件总数}$$

$$WMI5 = \frac{为按订单完成的备件总数}{申请的备件总数}$$

$$WMI8 = \frac{等待备件的维修工单数}{维修工单数}$$

策略 4：改进员工技术培训

员工培训对维修活动有直接影响，员工的技能和知识也必然会影响解决问题的速度，同时影响解决方案的持久性。可以跟踪因生产和维修人员缺乏培训或知识所造成的不能工作时间，这些指标必须保密，只用于促进培训以恢复损失的可用度水平。

第 4 层/第 5 层：高层管理人员很难去量化因培训不足而导致的维修差错，因此无法对该参数进行客观评估。更成问题的是，如果错误地使用该参数，将会视为惩罚性参数。可能会减少承担的某些任务，也可能增加额外的设备来改进现状，但这些举措并不是为了作为对知识缺乏的惩罚。例如，典型做法是用激光器代替刻度盘指示器来校准旋转机器，但这需要专业培训，如果不进行这类培训，可能会导致比测仪的不断测试与误差以及损失机器的时间。

$$ITI7 = \frac{由于缺乏培训所致操作差错产生的不工作时间}{总的不工作时间}$$

$$ITI8 = \frac{由于缺乏培训所致维修差错产生的不工作时间}{总的不工作时间}$$

策略5:更好的准备工作

当数据足够大时,将利于规划人员给出维修的平均时间、延误的工单数,或超高人工费用百分比的综述。稍后,将讨论的参数演化将使预测和防止不可用能力的发展情况。根据所采用的维修政策,各项指标可采用一种或另一种形式,但是在任何情况下,延误、超时或较高的临时改变率都是规划工单执行不力。

第3层/第4层:材料和工艺方面的总体偏差与维修经理相关,他们需要了解中层维修管理人员规划的准确性。维修经理和规划人员之间可以共享这些指标,如果他们严格遵循这些指标,则能保证良好的规划;另外,加班时间是预测的相关指标。

$$WOI13 = \frac{维修加班小时数}{维修总的工作小时数}$$

$$WOI15 = \frac{超出预算人工20\%的工单数}{维修工单总数}$$

$$WOI16 = \frac{超出估计材料预算20\%的工单数}{维修工单总数}$$

第4层:以下指标仅与特定领域的计划人员和主管有关,这些指标主要与计划人员提出的工时估计有关,并在未来的预测中根据操作者的反馈报告进行修正。这些指标还与逾期的工单数有关,这表明了对维修资源或维修能力的有误评估。

$$WOI12 = \frac{定期维修小时数}{维修工作总小时数}$$

$$WOI14 = \frac{定期维修工单估计的总小时数}{定期维修工单的实际总小时数}$$

$$WOI17 = \frac{延误工单数}{维修工单总数}$$

策略6:检查所应用策略的有效性

如果正确地选择这些指标,则维修中实施的策略会对指标产生影响。对于采用这些策略的团队来说,考虑生产需要期间的停滞是很有意思的。关于TPM策略,关键指标是反映在OII 23指标中的生产工人对基本预防性任务的执行情况。尽管OEE是涵盖生产的企业指标,但也包含在其中。OEE指标很难计算,当更多的政策同时发挥作用时,很难量化使用OEE所带来的利益,而且利益也不能直接归因于其中的任何一个政策。在应用RCM的情况下,系统响应时间会发生同样的事情,也就是说可能需要几个月才能看到一些指标的显著变化。

第1层:对维修技术和新方法的投资在经过一段时间后必须看到或多或少的成效。这些指标与高层管理人员有关,符合使用可用度和OEE指标,作为生产效能、质量和维修的概括,要进一步优化维修,调整产品在维修部门的单位费用。最后,企业承诺的整体评价,如标杆对比,需要所有的财务数据以及对这些实践方法的评价。

$$OEEI1 = 可用度 = \frac{总的可工作时间}{规划的时间}$$

$$OEE = OEEI1 \cdot OEEI2 \cdot OEEI3$$

$$TPMI5 = 单位生产费用的降低量$$

$$KAII2 = 采用标杆做法节约的费用$$

第2层:运营管理层有兴趣了解生产工人的预防性工作进展情况,以及生产水平的符合性和质量。运营管理人员需要 OEE 的一种变化形式,由高层管理人员观察。重要的是要认识到,这个层次需要利用维修策略来提高产能水平或生产质量,以影响总体管理费用。

$$OII23 = \frac{n\,年度操作人员完成的预防性维修小时数}{n-1\,年度操作人员完成的预防性维修小时数}$$

$$OEEI2 = 绩效效率 = \frac{规划时间内的实际产量}{规划时间内的计划产量}$$

$$OEEI3 = 合格率 = \frac{总产量 - 不合格产品数量}{总产量}$$

$$TPMI4 = 增加\,OEM\,所获得的利润$$

$$RCMI5 = 采用\,RCM\,所节省的费用$$

第3层:对于维修经理,采用新的方法能够为客户提供更好的服务,并降低某些预算项目的费用。

$$CBMI2 = 采用预测性维修节省的费用$$

$$CBMI3 = \frac{当前维修费用}{采用\,CBM\,之前的维修费用}$$

第4层:通过分析过去的类似情况,负责机械领域的中层管理人员可以很容易地预测出可用度或机器生成能力的演变情况。简单地比较在同样密集生产期之间生产或不生产情况,代表了新实施方法的正面演化和负面演化。

$$OII21 = \frac{第\,n\,年度与维修相关的设备不工作时间}{第\,n-1\,年度与维修相关的设备不工作时间}$$

$$OII22 = \frac{第\,n\,年度与维修相关的设备能力}{第\,n-1\,年度与维修相关的设备能力}$$

2. 目标:费用改进

同样,维修费用和可用度应该与生产或使用要求相互关联。更确切地说,目标是以尽可能低的费用寻求所需的可用度水平,必须随时间趋势看到该指标。因此,在一段时期 i 内,该指标为

$$\frac{维修费用}{使用/运行所要求的可用度}$$

最后,应该减少每个可用小时的维修费用。

策略1:对维修费用达成共识

通过将费用模型引入维修职能中,就会发现该部门的大部分费用都是无形费用和隐形费用,导致产生了不同的解释。因此,维修负责人必须了解业务规则,即如何分析维修费用,以及根据什么参数进行分析。四个指标标志着所生产的最终产品的维修费用与实现的机器可用度或更换价值之间的关系。这些指标是在最高层次使用的数值,用于定义生产政策的重大变化以及进而在维修部门的重大变化。可以修改代表总费用的参数,以影响先前提出的宏观指标。

$$EI1 = \frac{维修总费用}{资产更换价值}$$

$$EI13 = \frac{间接维修人员费用}{维修总费用}$$

$$EI14 = \frac{维修总费用}{总的能源消耗}$$

$$EI6 = \frac{与维修相关的可用设备}{生产数量}$$

第1层:在最高层的维修数据有所减少,但为决策提供了相关信息。就资产更换价值而言,维修预算是决定更新设备或搬迁工厂的基本要素。同样,维修与制造的产品或制造费用之间的关系为维修创造了条件。

$$EI1 = \frac{维修总费用}{资产更换价值}$$

$$EI3 = \frac{维修总费用}{生产数量}$$

$$EI4 = \frac{维修总费用}{生产转换费用}$$

第2层:对于运营而言,相关比例与生产的可用度相关,可充分量化可用时间内可以生产的数量。

$$EI5 = \frac{维修总费用 + 与维修相关的设备不可用费用}{生产数量}$$

$$EI6 = \frac{与维修相关的可用设备}{生产数量}$$

第3层:由维修负责人在总预算数据中确定不同类型维修的百分比。负责人可以决定将资金从一个产品转移到另一个产品,以求提高客户获得的可用度。

$$EI15 = \frac{修复性维修费用}{维修总费用}$$

第3层/第4层：在计划维修层次上，其指标是维修经理的职责，但计划人员也必须遵守，因为这些指标反映在经济预测以及 CBM 和系统性维修安排中。某些领域打破了这一概念，甚至修复性维修的 EI15 会很有意思，因为机器的不同零件通常需要不同的维修策略。例如，旋转机器的 CBM 可能占有很高的费用比例，而在另一种机器中可能几乎看不到这种费用比例。因此，除整体计算外，可以根据生产区域或使用单位分摊维修费用。

$$EI16 = \frac{预防性维修费用}{维修总费用}$$

$$EI17 = \frac{CBM\ 费用}{维修总费用}$$

$$EI18 = \frac{系统性维修费用}{维修总费用}$$

$$EI19 = \frac{改进性维修费用}{维修总费用}$$

$$EI20 = \frac{计划性维修停机费用}{维修总费用}$$

策略2：减少能源消耗的规划

能源消耗的参数在维修领域具有双重含义。一方面，维修总量是工厂所消耗能源的函数；另一方面，在停工期间，能耗仍在继续，所以能耗是固定费用。通过提高可靠性来降低维修总费用可能会减少使用的总能源，而通过削减预算来减少维修费用可能会增加能源费用。

第2层：维修和能源消耗之间存在着复杂的关系。负责生产、能源、维修等的运行经理需对这种关系进行观察，检查维修费用和消耗能源之间的关系将会降低费用和能源消耗。

$$EI14 = \frac{维修总费用}{总的能源消耗}$$

6.7.4 客户视角

如前所述，客户主要是通过其对生产职能的认知在维修职能中发挥作用。客户希望得到安全良好的服务，包括及时提供服务和使用先进技术的信心。与维修职能有关的目标包括：维修策略改进；质量改进；维修改进；安全性改进；相关费用改进。一旦确立目标,即可制定相关的策略。

1. 目标:维修策略改进

策略1:提高客户对维修策略的了解

提供后勤保障或维修服务的主要客户是生产,常常将维修和生产之间的关系概括为"我生产,你修理"或"你的角色是次要的""我是制造我们销售和你付出努力的产品的人"。调查可能在这里很有帮助,能表明客户的知识水平。还可以解决可用度和不可用性的影响。但实际上,这些调查往往得到负面结果,这主要是因为两个职能之间的矛盾。

30年来,人们一直试图将生产和维修融为一体。财务因素中反映TPM规划取得成功的指标,很可能作为对生产操作员进行预防性维修和改进设备的时间出现在这里,以培养主人翁意识、归属感和对他们所做事情的了解。

第2层:运营管理将通过参与日常工作和对机械的建议来考虑维修知识。这些指标显然应该从TPM政策、自主维修、参与式管理以及促进多功能性入手,并在生产和维修之间取得一致。应用这些方法和指标应经过事先的培训周期,如果作业人员没有意识到这点,方法和指标将毫无效果。

$$OII1 = \frac{生产操作人员完成的预防性维修小时数}{预防性维修总的小时数}$$

$$OII31 = \frac{每个生产操作人员的设备改进小时数}{每个生产操作人员的总工作小时数}$$

第3层:调查往往会对维修部门的周边领域产生负面影响。通常总是认为生产优先于维修,只有在资产相对于制造的产品具有更高的价值,且其故障非常昂贵的极少数情况下才是例外。唯一达成共识的是,要以生产计划和定期停机进行预防性维修、修复性维修等为基础,定期协商生产和维修职能。如果生产和维修之间不存在冲突,就有可能达成共识。

$$CLII1 = 维修知识调查$$
$$CLII2 = 生产与维修之间的共识度$$

策略2:增加定期工作的百分比

客户将计划看作质量和服务的标志。然而,在维修中并不总是这样。例如,RCM提倡进行预防性维修,而这是一种浪费,但客户会认为完成计划的进度就是良好的服务。

第4层:通过CMMS,计划人员有机会将其计划数据与工单结果进行比较,纠正偏差说明在改变资源利用计划和重新计划。

$$OI22 = \frac{按计划执行的维修工单数}{计划的维修工单数}$$

2. 目标:质量改进

策略1:减少必须重复的工作数量

维修中发生不能工作时,客户将对此感到不满。所以在生产中应限制此类不能工作的维修。如果维修人员由于不合格材料等必须重复先前的操作,受责备的是维修人员,且感知服务质量下降。在短期内进行的小而频繁的维修可能会导致客户认为维修人员没有完成修复任务或者没有深入了解机器。

第3层/第4层:对于维修经理来说,在不同工单中显示的维修处置数量是很有价值的指标,说明团队所做工作的质量。同一团队在很短的时间内由于相似原因执行的过多工单将表明维修并不是以最佳形式进行的。显然,篡改问题可能是隐藏公开工单的真实原因,严格的管理控制将检查此类篡改。该参数对于使用单位或特定机器层次有用,并且对于监测一系列特定机器的维修并根据这些机器进行计算的主管领域来说,该参数是一种有用工具。

$$REPI1 = \frac{维修处置总时间}{维修处置次数}$$

第4层/第5层:在主管和专员层上,可以在无须确定此类重复原因的情况下对重复任务时间进行量化,从而使得主管能够及时采取行动。

$$ITI10 = \frac{由于缺乏知识重复维修的时间}{总工作时间}$$

策略2:提高设备的可靠性和维修性

财务视角要求资产的可用度,即他们能够生产的时间量。可用度取决于可靠性和维修性,协调改进这两个参数是一种定性因素,客户认为这是一种更好的资产处理方式,即在适当维修延长资产寿命的同时实现可用度。

改进可靠性取决于减少故障,改善维修性则通过缩短维修时间实现。改进可靠性和维修性意味着减少和缩短维修干预措施。这一层次的指标是两种明显不同的类型。分布函数与历史数据中显示的维修性和可靠性有关,通过这些数据可以提议适当的改进来促进未来的行为。这种复杂的计算只适用于含少数关键单元的行业(如化学、核能或航空工业),其他系统可以使用 MTBF 和 MTTR 以及设备或系统的故障率,以便将来进行规划。

最后,还包括一些旨在提高设备可靠性和维修性指标的方法,如5S、改进维修周期,或旨在改进可靠性和维修性的设计修改。当资产信息足够广泛时,这些都是常见的做法,可使得大修比购买新的资产更经济划算。

第3层:维修负责人制定改进设备的策略。应该了解哪些是关键的设备,还应该知道在技术或方法上进行改进进而提高其使用寿命和降低维修费用的关键设备。

$$TPMI2 = \frac{设计改进研究涉及的关键设备数}{关键设备总数}$$

$$TPMI3 = \frac{5S \text{ 活动包含的关键设备数}}{\text{关键设备总数}}$$

$$KAII3 = \frac{\text{持续改进活动包含的关键设备数}}{\text{关键设备总数}}$$

第 4 层：中层管理人员必须控制负责掌握基本单元 RAMS 参数的小组。缺乏 RAMS 培训意味着此类方法未在工业中得到充分利用，也就是说，只有某些行业的制造商在促进正确研发机器的寿命。计算可靠性和维修性对计划人员非常有用，因为他们可以调整计划和非计划维修的策略，为 MTBF 和 MTTR 等世界级参数提供了基本数据。单位时间发生的故障以图形的形式表征，呈现为浴盆曲线，这在决策时有用。

$$RAMSI1 = \text{设备或系统的可靠性 } R(t)$$
$$RAMSI2 = \text{设备或系统的维修性 } M(t)$$
$$RAMSI3 = \text{设备或系统的 MTBF}$$
$$RAMSI4 = \text{设备或系统的 MTTR}$$
$$RAMSI5 = \text{设备或系统的风险率 } \lambda(t)$$

3. 目标：改进维修响应

策略 1：在紧急需求之前简化维修响应

客户对服务提供商的需求可能会因为人为因素，特别是改变对现实的看法而产生极大的矛盾。当客户认为有紧急情况时，特别是与生产相关时，应该迅速处理这种情况，优先等级取决于故障的严重程度，与每个层级关联的响应都有延误参数。

MWT：平均等待时间，MODT 和 MLDT 的总和；

MODT：平均使用不可用度；

MLDT：平均后勤响应时间。

第 2 层：服务的及时性对提高质量至关重要，应急部门选择并优先考虑维修部门对生产部门提供的服务质量的参数。这种情况下，故障（MODT）前的生产反应能力由对生产需求的响应（MLDT）来表示。因为 SCADA 系统与 CMMS 系统相互连接，或者有永久监测的 CBM，所以 MODT 几乎为零，实质上得到的是即时反应。可以有这样的结论，即 MLDT 几乎与 MWT 或超时完全一致，所以为该策略提出的指标与每类客户通知的超时相关。

$$WOI\_DELAY1 = \frac{\sum \text{预防性工单等待时间}}{\text{预防性维修工单总数}}$$

$$WOI\_DALEY2 = \frac{\sum \text{改进性维修工单等待时间}}{\text{改进性维修工单总数}}$$

$$WOI\_DALEY3 = \frac{\sum 紧急修复性维修工单等待时间}{紧急修复性维修工单总数}$$

$$WOI\_DALEY4 = \frac{\sum 紧急修复性维修工单等待时间}{非紧急修复性维修工单总数}$$

策略2：就适当的紧急代码达成共识

对客户需求的响应是提供服务质量和其感知质量的"关键因素"，问题在于客户所要求的维修干预措施的严重性(图6.36)。很显然，客户对这个问题有了更多的了解，并且根据直接后果对情况的严重性有了初步了解。客户期望该服务根据所感知的严重性或紧迫性采取相应的行动。当客户和服务提供商之间有能快速识别问题严重性的紧急代码时，才有可能实现这一个目标。

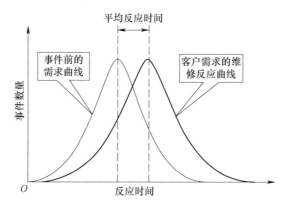

图6.36 紧急部门与维修工作要求曲线间的差异

第2层/第3层/第4层：确定紧急级别必须是三个层次之间达成共识的结果。运营层必须表示出对紧急性的需要，计划人员必须考虑与紧急情况相关的工单类型，而维修负责人必须找到紧急性和工单类型的平均水平。

$$EMERGI1 = 与催单相关的紧急级别数，\quad EMERGI2 = \frac{与紧急等级相关的工单数}{出现场的工单数}$$

Kuratomi和Alvarez提出一种对维修计划人员的工作分配进行排序的OTS编码方法：红色代表因严重的机器状况造成的必要停机；绿色代表改进性或改正性维修；蓝色代表预防性维修。该方法没有考虑是否有可能出现没有强制停止生产周期的故障或紧急工单，因为故障或紧急工单会激活冗余，或仅仅因为故障减缓了生产但并没有停止生产。建议使用其他颜色以反映系统的这种状态，如图6.37所示。与紧急情况对应的颜色编码及状态描述如下：

红色：因严重的机器状况造成的必要停机；

黄色：敏感的产能或生产质量损失；

绿色:改进性或改正性维修;
蓝色:预防性维修。

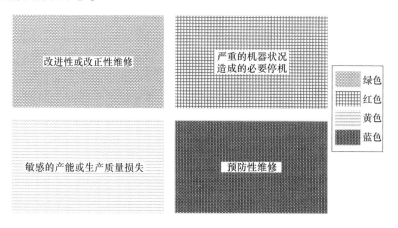

图 6.37 工单相关紧急事件的编码

策略 3:调整计划以适应预防性维修的实际可能性

多年来,在减少非定期停机就认为是成功的场合,预防性维修一直是策略之一。共识以及引入新方法改变了这种做法,能在制造商推荐进行维修或者在设备分析后认为必要的情况下合理进行预防性维修。这项新策略之所以坚挺,是因为如果一个部门从事较高优先级的任务,那么这个部门就不能执行所有定期预防性维修。如果公然无视一连串计划任务,那么客户会做出消极反应。积极的印象需要适度的服从。

第 4 层:与预防性维修的一致程度及工单延误与计划人员有关,他们根据可用的器材安排此类活动。尽管 PM 合理,但如果器材不足以满足最低要求,则应将此类事件上报给维修经理。

$$PMI9 = \frac{PM \text{ 延误的任务}}{PM \text{ 挂起任务}}, \quad PMWOI = \frac{\text{按计划进行的预防性维修工单数}}{\text{定期预防性维修工单数}}$$

策略 4:规划非紧急修复性维修

修复性维修需要灵活快速的反应。修复性维修可以有不同程度的紧迫性,其中一些措施必须立即执行,而另一些可能会推迟到备件送达。如果故障已减少但没有停止生产能力,也有可能推迟停产。客户可能倾向于降低生产能力,而不是马上主动处置。因此,必须监测分配给计划内的修复性维修的资源使用情况,切不可试图减少与紧急修复性维修相关的不可用性百分比。

第 3 层:与紧急性相关的不可用性与维修经理有关,这个数值表明情况没能得到控制。

$$OI11 = \frac{应急修复性维修时间}{维修相关总不可用时间}$$

第4层:一旦维修经理知晓了不可用性,就可以计划等待修复性维修的处置措施,可以保留需要立即实施的修复性维修相关资源。这利于尽最大可能减少紧急的修复性维修,考虑费用关系而将紧急修复性维修替换为计划的修复性维修,并确保充分准备人员和材料。

$$OI16 = \frac{修复性维修工时}{维修总工时}, \quad OI17 = \frac{应急修复性维修工时}{维修总工时}$$

4. 目标:改善安全性

策略1:遵守安全委员会的要求

维修人员遇到的风险由于活动的性质以及需要以不适姿势或在危险境况下工作而增大,这种危险情况是因为机器上没有安装旨在保护生产操作人员的保护装置。在特定的行业中,特别是化学行业和能源行业,机器需要处理有害产品,将其变为健康、环境友好型产品,但故障会导致泄漏事故的发生,进行这类维修工作的风险极高。

第1层:公司需要重视环境并给雇员提供安全的工作环境,这种要求意味着相关技术因素与公司不同的高层有关联。事故或损害的处罚和相关支出意味着公司正致力于健康和环境方面的工作。

第2层:对运行经理而言,维修实施可能对生产和维修人员产生某些伤害,如燃气泄漏、声音污染等较小的环境损害,或汽油和燃油等残留物,需要仔细关注安全指标图表。

$$TI11 = \frac{导致工伤的故障次数}{故障总数}, \quad TI13 = \frac{导致环境危害的故障次数}{故障总数}$$

$$TI5 = \frac{维修所致的工伤人数}{工作时间}, \quad TI4 = \frac{能导致环境危害的故障数}{故障总数}$$

第3层:维修管理者应该确定其所负责设施的问题,更新统计数据。还应该检查其部门对环境造成的任何损害和执行维修工作的员工的伤害情况。监测对安全委员会的指示的接受程度和长期安全规划,在不对人或环境产生危险的情况下,这类安全规划允许进行大修或无控制的改进。

$$TI3 = \frac{由于维修引起的产生环境危害的故障次数}{日历时间}, \quad SAFI1 = \frac{安全委员会的要求}{总要求}$$

$$SAFI2 = \frac{长期工作的规定要求}{总要求}, \quad OI6 = \frac{维修员工工伤次数}{总的实际维修员工人数}$$

策略2:研究设备维修时对人员进行保护的需求

重要的是,主动审查维修设备发生事故的潜在可能性,从而防止现场工作的操作人员遭遇危险。

第3层：维修人员遭遇的事故会产生任何一种工业事故都会产生的费用，但是技术员工产生的损失是无形的费用。下面的指标不是代表劳动力的损失而是代表知识的损失。安全和卫生主管要结合第3层(维修管理者层级)的运作进行审查。

$$OI7 = \frac{维修员工工伤损失工时}{维修员工完成总工时}, \quad RCMI6 = 采用RCM所减少的不合规与事故次数$$

第4层/第5层：在机器或机器组这一层次，正式的技术人员能够预测潜在的泄漏事故。他们能分析参与生产和维修的人员割伤等问题的严重程度。各指标表示不同机器区域涉及的相关风险。一旦开始研究和监测这些指标，就可协助其他部门处理安全和卫生问题，有助于相关人员提出防止发生潜在事故的措施。

$$TI12 = \frac{能导致工伤的故障数}{故障总数}, \quad TI14 = \frac{能导致环境危害的故障数}{故障总数}$$

6.7.5 内部过程视角

内部过程视角有两类主要的维修目标，即效能和效率，两者相辅相成，并在相关目标中实现平衡。具体目标包括：改进维修工作的组织情况、提高维修的可靠性、改进维修仓库库存、增加维修工作的外包、改进维修反应能力、改进维修的安全性、改善相关费用。

1. 目标：改进维修工作的组织情况

策略1：用恰当的方式重新分配人员

该策略试图平衡不同维修人员的工作量与不同工作中心的费用，有必要在电气工人、机械工人、其他专业工人，以及不同集体/班组之间达到恰当的平衡。该策略的一个相关指标就是能胜任多个领域工作的人员数量。

第3层/第4层：对维修管理者而言，工作人员的多才多艺是一个有价值的指标。重新分配员工的这种可能性排除了因特定类型工作的空缺而导致的闲置时间。工单中规定的每种工人的工作时间和对工人类型的需求将决定所需的机修工和电工等的数量。这些数据同样还与特定类型机器的计划人员和主管有关，因为他们能够根据需要集中进行更多的电气和机械维修或CBM。

$$OI12 = \frac{内部员工完成的机械维修工时}{直接维修员工总工时}, \quad OI13 = \frac{内部员工完成的电气维修工时}{直接维修员工总工时}$$

$$OI14 = \frac{内部员工完成的仪器维修工时}{直接维修员工总工时}, \quad OI15 = \frac{具有多种活动的实际内部维修员工人数}{实际内部维修员工人数}$$

$$OI18 = \frac{预防性维修工时}{维修总工时}, \quad OI19 = \frac{CBM维修工时}{维修总工时}$$

$$OI20 = \frac{系统性维修工时}{维修总工时}$$

策略 2:减少加班时间

对两项反映加班时间的指标进行分析:一是内部人员的加班时间和内部人员的总工作时间;二是维修人员分包以及他们的加班时间。后一项指标相对更有意义,因为内部人员可能并没有做太多的额外工作。

第 2 层/第 3 层:因为加班,维修预算可能会大大增加;而若外部服务中加班时间过多,可能说明特定场所的维修职能规模确定不当。

$$PMI10 = \frac{维修加班时间}{工作用的总时间}$$

第 3 层/第 4 层:维修人员加班工作时间可看作对一定时期的工作计划差错。

$$OI21 = \frac{维修加班工时}{内部维修总工时}$$

策略 3:合理化预防性维修

过度的预防性维修造成损耗,这些损耗又致使许多组织进行过度的维修,继而因实施维修而引起机器过多的停机和中断。人们一直有一个误解,即实施预防性维修可避免高成本的修复性维修,这使得预防性维修的应用更加广泛。CBM 和 RCM 的实施纠正了这种情况。

第 2 层:预防性维修要有理由和依据,不是随意的、不分青红皂白的。客户可通过修复性维修的占比与费用了解所获得的服务。在降低运营费用的同时,资产的可用度必须达到最大化。

$$PMI11 = \frac{预防性维修总费用}{预防性维修总费用 + 修复性维修总费用}$$

$$PMI12 = \frac{预防性维修不可用时间}{预防性维修不可用时间 + 修复性维修不可用时间}$$

第 3 层:维修管理者需要知道人们参与预防性维修的程度,以及预防性维修中形成的工单数量。最终,还需要意识到设备的危险性。

$$OI5 = \frac{计划的定期维修工时}{可利用的维修总工时}, \quad PMI7 = \frac{MP\ 检查生成的工单总数}{生成的工单总数}$$

$$RCMI3 = \frac{关键设备中审查过的预防性维修任务数量}{关键设备中总的预防性维修任务数量}$$

第 4 层:计划人员必须检查工单与所计划预防性维修的符合性,记录实施过程中出现的任何偏差。还必须控制对机械实施预防性维修措施的平均次数,应在特定的机器范围内计算这些参数。

$$PMI4 = \frac{执行的预防性维修任务}{计划的预防性维修任务}, \quad PMI5 = \frac{预防性维修任务的估计费用}{预防性维修任务的实际费用}$$

$$CMMSI6 = \frac{预防性维修任务总数}{3 \times 工厂等级注册的机器总数}$$

后一个公式表示每台机器平均每年有三项预防性任务。

策略4：将部门的规模调整至公司需要的大小

这一套指标考察维修人员和行政后勤人员的数量，确定培训师和计划人员的数量，以及维修人员与生产人员的比例。

第1层：一般来说，还需要知道维修人员占总人数的比例，这要与其他采用基准管理的工业行业比较。类似的还有维修预算中的人员比例和公司总预算的人员比例，此外还要考虑间接维修人员。

$$OI1 = \frac{实际内部维修员工人数}{实际内部员工总人数}, \quad EI8 = \frac{内部维修人员的总费用}{维修总费用}$$

$$EI13 = \frac{间接维修人员费用}{维修总费用}$$

第2层：运行经理要记录生产操作人员完成维修所用的时间，将其与制造总时间或维修总时间进行比较。轮班工作的维修人员人数是与生产有关的一个指标，该指标密切关注整个生产周期，并且跟踪除计划维修之外的紧急修复性维修的人员情况。

$$OI4 = \frac{生产作业人员完成的维修工时}{直接维修员工的总工时}, \quad OI9 = \frac{生产作业人员完成的维修工时}{生产作业人员的总工时}$$

$$OI10 = \frac{轮班工作的直接维修员工人数}{实际直接维修员工总人数}$$

第3层：维修管理者需要检查其员工名册中人员的数量、分布和层次结构。计划人员、培训师、主管和文书/行政人员的比例与部门的改进有关，其中较特别的一项记录是间接人员（经理、管理人员、库房管理员、计划人员和工程师）和从事机器有关工作的人员的比例。

$$CMMSI8 = \frac{全职维修员工总人数}{主管人数}, \quad CMMSI91 = \frac{全职维修员工总人数}{计划人员总人数}$$

$$CMMSI92 = \frac{全职维修员工总人数}{培训人员总人数}, \quad CMMSI10 = \frac{维修技术人员总人数}{管理保障人员总人数}$$

$$OI2 = \frac{实际的非直接维修员工人数}{实际内部员工总人数}, \quad OI3 = \frac{实际内部维修员工人数}{实际直接维修员工人数}$$

策略5：给维修工作分配时间

这项策略是计划人员的主要职责，目的在于准确预计工单和部门预测之间的差异，包括材料和劳动费用，以及每个工单或技术组装所需的时间。这有助于编制下一年度的预算，而恰当地制定部门的人力资源和材料资源标准，可从维修的财务视角对可用度做出更准确的相关预测。

第3层：计划人员能通过观察造成设备不可用的维修和需要设备停机的维修之间的差异来调整时间要求。有了这项策略，他们能直接观察到预测的准确性，间接了解从事特定任务的高级职员的专业知识。

$$TI20 = \frac{造成不可用的计划维修和定期维修时间}{要求停机的计划维修和定期维修时间}$$

第4层：通过使用工单报告，计划人员能够观察计划维修是否在维修工作中占据一个重要的比例。在满足时间性要求的同时，还需符合维修预算的要求，要做到这一点，就需要仔细监测计划指标。

$$WOI10 = \frac{属于计划工单的维修人工费}{总的维修人工费}, \quad WOI11 = \frac{属于计划工单的维修材料费}{总的维修材料费}$$

$$OI25 = \frac{定期活动的直接维修工时}{直接员工的计划总工时}$$

2. 目标：改进维修的可靠性

策略1：减少故障

通过预防故障提高可靠性。区别高可用度和高可靠性是非常重要的，因为前者允许设备进行多次快速维修作业，但可靠性较低。改进可靠性的最明显的方式之一就是减少维修的次数。

第3层：PMI1指标表示机器因为故障不可用时间占其停机不可用总时间的比例。这种对比通过记录预防故障的处理情况来反映可靠性。维修负责人关心的是资产状态，而非其生产性发展，如果可用度的这些指标与生产有关，也就与客户有关，所以需要不时地对这些指标进行比较。一般而言，维修管理者想要采用更多维修计划，因为技术人员知道故障后重新组装的机器可靠性和维修性都受到损失，进而削减机器的使用寿命。

$$PMI1 = \frac{因故障引起的不可用时间}{总的不可用时间}$$

第4层：关注可靠性的计划人员会接触与紧急工作及其重要程度有关的所有指标，观察应急工作总时间对应的参数可能提供有关资产可靠性的全面信息，而维修处置次数的增加则反映出具体计划的缺乏和设备可靠性的降低等情况。

$$PMI2 = \frac{花在应急工作上的时间}{总的工作时间}$$

第5层：重复和可预防的故障是维修管理者关心的另外两项参数。这种指标与特定的装置有关，对整个工厂或组织较高层次没有任何意义，它们是描述可靠性的指标，但必须由管理者自行管理和分析。

$$PMI6 = \frac{应该可以避免的故障次数}{总的故障次数}, \quad RCMI1 = \frac{重复故障数}{设备故障总数}$$

策略2：了解设备的可靠性及其演化

RAMS参数是记分卡的应用基础，各种费用和维修工作参与人员之间的关系就是根据这些参数确定的。参数的选择和度量需要对文件进行管理，包括工单记录和SCADA生产系统。一旦要对参数进行估算和量化，且数据足够，就能对所选组成部分的行为建模，确定与其重要行为匹配的概率分布情况，以及对参数做出预测。显然，因为经济原因，这些试验并不能适用于所有机械，因此相关指标将只适用于特定的小组。MTBF参数和MTTR参数是众所周知的世界级参数，所以它们得到广泛使用。

第1层：可用度视为RAMS的关键参数，是指资产生产实际可用的时间。

$$TI2 = \frac{在要求时间内实现的可用时间}{要求的时间}$$

第2层/第3层/第4层：通过挖掘CMMS中的统计数据计算MTBF和MTTR，可得出三个层面的相关信息。在运营层面上，整个系统的MTBF和MTTR是显示各种变化的整体性指标，表明了改进或技术变更的需要。这些指标同样与维修管理者有关，因为他们能在特定装置和工厂的特定领域发挥作用。这些参数还临时性地与某些设备和方法关联，如RCMI4或CBMI7，目的是通过减少参数来显示维修大纲的成功。但是，当工厂具有多种可能导致产生变化的因素时，很难用一种特定的方法来减少参数的种类。

$$TI21 = \frac{总的恢复时间}{故障次数}, \quad TI17 = \frac{总的使用时间}{故障次数}$$

$$CBMI4 = RCMI7 = \frac{纳入考察范围的总小时数}{设备故障次数}$$

第3层：对关键设备的识别能力也是一项重要参数，故障分析可用于系统功能行为的统计建模。

$$TI18 = \frac{危害性分析包含的系统数量}{系统总数}, \quad RCMI2 = \frac{进行了原因分析的设备故障数}{设备故障总数}$$

3. **目标：改进维修仓库库存**

策略1：重新确定需要的物资

改进库存情况包括两个关键方面：一是确定必须储存的备品备件的数量，确保客户认可的可用度。如果在CMMS中妥善记录了这些零部件，就能分析库存中滞留或闲置的零部件的百分比；否则，可能不会意识到它们的存在。还必须评估存货占资产总价值和维修总预算的百分比。一些备品备件，例如某些尺寸的轴承，相当昂贵，更换费用过高。此外，备品备件的价值不会随着时间的推移而减少，但是一旦出现新的技术、机器更换或大修等情况，其价值绝对会随之减少。在后面两种情况下这些备品备件的价值降为零。二是必须根据关键性控制备品备件的储存。关键设备是指那些零部件的价值容易增减的设备,非关键设备的零部件不应该占用材料资源,如空间。

第1层/第2层:这些指标对管理层非常重要,因为它们能够推动决策的制定,如更换资产、采用新技术或转包某些活动等。某些零部件具有非常高的价值,但如前所述也有可能瞬间报废。除按估计更换价值计算的FINI6存量投资外,还可采用以下指标。

$$EI17 = \frac{CBM费用}{维修总费用}$$

第3层:对维修管理者而言,重要的是知道备品备件费用占维修总费用的比例。许多基准研究提供了类似的统计数据,大部分研究都将直接维修费用划分为70%的劳动力和30%的备品备件或材料。

$$EI11 = \frac{维修物品的总费用}{维修总费用}, \quad EI12 = \frac{维修物品的总费用}{维修物品的平均库存价值}$$

$$WMI2 = \frac{仓库年度使用费用}{仓库总估计费用}$$

第4层:库存管理人员主要关注备品备件的量化情况和合同期、控制程度,以及采购和CMMS记录之间的关系。这与计划人员有关,他们会根据当前的供应政策确定关键设备的待存储备件数量。

$$WMI1 = \frac{库存中闲置器材数}{库存器材总数}, \quad WMI3 = \frac{仓库中受控备件总数}{总的可用库存(受控 + 不受控)}$$

$$CMMSI5 = \frac{CMMS中的备件总数}{工厂的备件总数}, \quad RCMI8 = \frac{关键设备中审查过的备件数}{关键设备的总备件数}$$

策略2:重新制定采购策略

一旦根据补充需求确定了库存水平,且同时考虑了闲置库存,就应该通过管理零部件采购和供应的策略来设置并监测库存水平。通过这样的方法,就能在紧急情况下控制管理者购买的备品备件,可以改进采购订单的计划,减少额外费用,特别是由购买单件物品产生的额外费用。类似地,从材料、人力资源和时间等方面对执行采购订单所产生的费用进行量化。如果执行过程耗时过长或使用信用卡付款,在没有获得授权的情况下执行应急采购时,这种做法就特别有用。

最后,这也有助于引进新的维修方法来显示具体的策略或备品备件的数量。特别的是,RCM策略能防止非关键设备备品备件的采购优先于那些不可用性导致生产停滞的备品备件的采购。

第2层:采购部门可能并非运营的组成部分,但是它对组织的财务部分有很强的依赖性。必须保证畅通的采购订单渠道,保证不过度浪费资源。必须批准从维修仓库发出的采购订单,还必须分析因管理层急需等原因但费用又较高的紧急订单数量和单件物品的采购。所有这些因素都要求采购部门和维修仓库双方开展积极有效的对接工作。

$$WMI10 = 处理一个订单的内部费用$$

$$WMI6 = \frac{紧急采购订单总数}{采购订单总数}, \quad WMI7 = \frac{购买一种产品的订单总数}{购买订单总数}$$

第3层/第4层：制定 RCM 工作或分析设备关键性时，应该记住一点，即维修仓库里的库存可能不适用于当前的策略。此类存货包括石油或燃油补给品、改装所需的轴承或元件等。这些都是短期指标，有效性十分短暂，会随着时间的推移而发生改变，随策略的变更而转变。如果用信用卡进行采购，它还与维修部门有着特别的关联，过度使用能获得更高的可用度，但是可能会导致整个计划失败。

$$FINOPI2 = \frac{关键设备中按财务效益审查过的备件数}{关键设备的备件总数}$$

$$FINOPI3 = \frac{关键设备中经过策略审查的日常备件数}{关键设备的日常备件总数}, \quad WMI9 = \frac{信用卡支付器材费}{维修器材总费用}$$

4. 目标：增加维修工作的外包

策略1：验证当前转包制度的适用性

这一套指标可评估当前的转包策略是否合适或是否应该进行修改。为做到这一点，采用了转包预算百分比、类似内部员工的结构分解等参数。在预算紧张的情况下，按照产品的服务时间计费。掌握采购合同和财务的信息与 CMMS 中保存的时间、服务及费用等信息是否一致是有用的。同样，也需了解合同中的时间和预算是否与工单的时间和预算一致，或这些合同是否通过其他渠道对设施进行维修处理。

第1层：高层人员对维修总预算中外部员工的绝对数量感兴趣，对这个数字的监测通常会导致更多的服务逐渐外部化。

$$EI10 = \frac{总的合同维修总费用}{维修总费用}$$

第2层/第3层：运营管理层、人力资源部门（同层级）和维修管理者想知道维修总预算中的转包人员总工资费用。若根据合同规定，需要安排人员与维修部门一起开展工作并按小时计费，则这个指标非常重要。

$$EI19 = \frac{改进性维修费用}{维修总费用}$$

第3层/第4层：维修管理者要获得有关合同来源的其他数据，显示是否是工单或其他方面推动合同的缔结。同样，了解针对所提供服务或特定领域或特定机器的合同分配，如机械或电气技术员、CBM 等是有用的。

$$WOI3 = \frac{所有工单的转包商费用}{维修承包商总费用}, \quad EI22 = \frac{机械维修合同总费用}{维修总费用}$$

$$EI23 = \frac{电气维修合同总费用}{维修总费用}, \quad EI24 = \frac{仪器维修合同总费用}{维修总费用}$$

第4层：计划人员和维修管理者必须确保采购部门和人力资源部门的有关过去和当前维修合同的信息都正确地提交至 CMMS。

$$CMMSI3 = \frac{CMMS 中的总转包商费用}{ERP 中的总转包商费用}$$

策略2：确定承包商提供服务的水平

承包商指数包括与外部维修，即按小时转包的人员有关的所有指标。这里的维修一般涉及技术复杂性或设备大修，有数种方法可以评估服务。由此记录的参数通常与反应时间、知识、质量认证等有关。制造型企业会要求提供某些方面的指标，如自动认证或对供应商手册的符合性，因为它们必须考虑设备和劳动力的安全问题，明确转包员工的平均技能和公司的技术水平。

第2层：程序规则和质量政策决定着哪个承包商能获得合同。运营管理部门需考虑经验和相关行业常见的认证和资质。

$$CONTI3 = 承包商在参考领域的经历(年)$$

$CONTI4 = $ 作为供应商的质量认证，$\quad CONTI5 = $ 外包人员的技术水平

第3层/第4层：对维修而言，重要的是通过对比规定可用度与服务的实际可用度，并考查要求返工的工作量，来评估所提供工作的质量。这些指标普遍与维修管理者有关，特别是作为该服务的实际接受部门的主管和计划人员，且这些指标能直接监测已完成工作的质量。

$$CONTI1 = \frac{合同服务的可用时间}{要求的时间}, \quad CONTI2 = \frac{需要返工的工作数量}{承包商完成的工作数量}$$

6.7.6 学习与成长视角

学习与成长是指获得技能和能力，即人因的发展。这些是有关提高效能和效率的指标，与顾客满意度和财务因素有关。与这一视角相关的目标包括改进技能、改进服务基础设施、改善劳动氛围。

1. 目标：改进技能

策略1：改进员工的技术和职业技能

由于技术和方法环境不断变化，维修专业人员需要不断地接受培训。由内部人员负责这些任务的公司可以检查培训活动的效果。一个员工的培训预算或员工一年内的受训时间等指标都是了解培训大纲相关情况的重要指标。重要的是区别外部机构开展培训的时间和内部人员开展培训的时间，从而确定培训的有效性。实际上，度量这些培训活动有效性的方法颇具争议。在美国或斯堪的纳维亚半岛

等国家和地区,一般是在员工家里对其阅读水平进行调查,或组织一次测试,将其与国内工业领域或相同级别生产工厂的员工做对比。这些测量方法的应用并不广泛,它们是对培训活动的最终评价,或是观察举办的课程或研讨会是否提高了日常工作有效性。

ITI3、IT14 和 ITI5 三个指标的用处非常大,但同时又非常复杂,因为它们不可靠,且会在更有经验的员工中引发分歧。为了仔细观察 IFH5,主管必须监测培训工作的质量并在培训结束后关注其发展。

第 1 层/第 2 层:员工培训经常被视为组织创新的一个标志。培训相关指标通常是最高业务部门关注的重点,通常由培训预算和培训时间,以及与工资总额有关的培训费用确定。

$$ITI1 = \frac{总的培训预算}{员工总人数}, \quad ITI11 = \frac{年度培训预算}{年度工人工资预算}$$

$$EI21 = \frac{维修人员培训费用}{有效维修人数}, \quad ITI21 = \frac{总的培训时数}{员工总人数}$$

第 2 层/第 3 层:维修管理者应尽力判定所需的技能及培训的有效性,尽管这可能相当困难。对阅读、写作或解决问题等技能的考量往往会带来负面的影响。

$$ITI3 = 工人阅读水平, \quad ITI4 = 从部门或国家考试获得的技能水平$$

$$ITI5 = 提供培训和获得能力之间的相应水平$$

第 3 层:维修管理者依然负责与 TPM 生产共同进行的维修工作,无须询问培训师或查看外部培训时间就可观察出操作人员的受训程度,与培训活动的组织的相关性更大。

$$ITI22 = \frac{总的人际培训时数}{员工总人数}, \quad ITI6 = \frac{培训师总人数}{维修员工总人数}$$

$$OI23 = \frac{内部员工维修培训工时}{维修总工时}$$

策略 2:促进员工的改进建议

改进建议是一项显示操作人员和维修人员参与企业目标的程度的有效指标。在 TPM 策略中,这包括生产操作人员,他们经常感受到需要对其所操纵设备的保护。各委员会能轻易量化提交的建议数和采纳这些建议的费用节约等指标,成立这些委员会的目的在于评估建议带来的结果,包括财务结果。

我们可以用一项指标来度量改进建议相关时间,这取决于当前流行的方法。员工可在工作以外的时间里相聚,分享经验和提出建议,或者在工作日期间也可提供用于此目的的时间。

第 2 层:员工的任何建议或改进建议及其经济影响不仅仅与维修有关,它还可通过改进包括质量或产量在内的某些重要项目而节约总费用。根据质量策略制定建议,这种策略要在持续改进工作上投入固定的时间,但很难量化。

$$KAII1 = 由于雇员建议所节约的总费用$$

$$OI8 = \frac{用于持续改进的工时}{维修员工总工时}, \quad OII32 = \frac{每个维修作业人员的设备改进小时数}{维修作业人员的总工作小时数}$$

第3层:相关员工根据维修管理者的考量提出建议,这就是一个非常有意义的指标,它表示员工对其工作的感兴趣程度和由归属感产生的自豪感,以及对设备的主人翁意识。提出建议的高频度和其带来的积极效果将大大地增加维修部门的可信性和自信心。

$$KAII4 = \frac{维修雇员所提出的建议数}{维修雇员总人数}$$

2. 目标:改进服务基础设施

策略1:技术设备和行政需求

获得满意度的关键因素就是具有合适的技术设备和恰当的行政支持。例如,CMMS 是一个有价值信息的来源,操作人员非常了解适合其工作条件(化学、电气和热力等)的防护服,这可保证一定的满意度。在更技术化的层面上,满意度来源于行政管理与工人和维修工程师需求的一致度,尤其是在故障诊断或新技术实施期间。

第3层:维修管理者将注意在技术设备和人员方面的投资,这是显示管理层自信程度的关键指标。随着 CMMS 的实施,组织能够监测使用计算机的维修操作人员的百分比,这些相关操作人员要在没有辅助人员或间接人员的帮助下在工单上填写数据或从中获取信息。

$$OI24 = \frac{实际使用计算机的内部维修员工人数}{实际内部直接员工人数}$$

$$T\&UI3 = \frac{对维修设备上的实际投资}{对维修设备的计划投资}$$

第4层:在另一个层面上,这个领域的主管将获得操作人员对技术设备和人员的满意度的第一手资料,根据这些指标,他们将提出改进要求。

$$T\&UI1 = \frac{对个人设备满意的维修员工人数}{维修员工总人数}$$

$$T\&UI2 = \frac{对所拥有技术设备满意的维修职员人数}{维修职员总人数}$$

策略2:信息要与员工及其技术和管理需求相适应

如前所述,维修管理的文档对正确运行系统和成功实施相关方法非常重要。作为一个信息知识库,CMMS 相当可靠,尤其是在实施初期。它包含各机器、备品备件、系统费用和总费用的准确信息,这些信息不均衡地分散保存在采购部门、会计部门和生产部门中。信息可靠性可解释为维修规划和实施中工单的完整程度。执行工单所需的多种资源同时存在,或者基于异常数据的错误规划会在使用这些资源时造成冲突,从而导致重大的延误。这些延误包括了由信息缺失导致的延误,其中很多信息缺失都是由无法提取信息造成的,并非维修职能的所有层级都能使用 CMMS。

第 3 层:对维修管理者来说,将 CMMS 与工厂的其他系统相互关联是至关重要的。如前所述,过渡时期要校对数据、构建基础、在不同系统之间设置沟通。运行后,所有工单、采购或要求等信息都能显示在工厂的记录中。同样地,那些因为工具的缺失而延误的工单会对资源和要求之间的潜在问题提出警示。

$$CMMSI4 = \frac{CMMS\ 中的机器总数}{工厂登记注册的机器总数}, \quad DELAYI3 = \frac{因资源缺乏而延误的工单数}{工单总数}$$

第 4 层:规划人员、主管和 CMMS 管理人员必须将不同产品、历史费用、每个领域的材料和劳动力关联起来,在实施具体的维修系统前努力将散布在多个数据库中的信息汇集在一起。

$$CMMSI1 = \frac{CMMS\ 中的总人工费}{ERP\ 中的总维修人工费}, \quad CMMSI2 = \frac{CMMS\ 中的总材料费}{ERP\ 中的总材料费}$$

$$CMMSI7 = \frac{CMMS\ 中单台设备的总维修费用}{ERP\ 中的总维修费用}$$

第 4 层/第 5 层:只有计划人员、主管和工人的工作是直接面对机器的,他们能确定因缺乏培训所浪费的时间。比起指标由高层人员掌控的情况,当指标由使用者掌控时,其改进请求才更加有用。也要注意,数据是通过调查问卷获得的,这些调查问卷可能引起应讯者的质疑,要避免选择其认为会受到惩罚的选项。

$$ITI9 = \frac{由于缺乏知识所损失的时间}{总的工作时间}, \quad DELAYI1 = \frac{因人力资源缺乏而损失的时间}{总的工作时间}$$

$$DELAYI2 = \frac{因技术资源缺乏而损失的时间}{总的工作时间}$$

3. 目标:改善劳动氛围

策略 1:增强员工的满意度

一旦涉及基础需要的问题,就不得不提及人因,包括适当的设备和愉悦的工作氛围。要通过调查了解员工的满意度,在劳资谈判、合并、收购或重组期间这些因素尤其重要。其他满意度还包括对管理层听取操作人员信息的满意度,涉及有关改进、培训或设备等的信息。

第 2 层/第 3 层:对维修人员的调研会使部门主管和制定公司劳动政策的人员(人力资源部门和财务部门)受益。在第 1 层次完成所有部门的满意度调查与结论的综合。

$$CLABI1 = 满意度调查的总次数$$

第3层/第4层/第5层：在维修领域，监测对部门的积极贡献和员工受训后的成长特别重要，维修管理者、主管和员工对其有关技术改进的建议被接受的程度、对其培训要求的积极或肯定回应感兴趣。

$$CLABI2 = \frac{提交的建议数}{满足和准许的建议数}, \quad CLABI3 = \frac{提交培训申请的次数}{批准培训申请的次数}$$

策略2：减少服务中的矛盾

下列指标表示同一种情况的两个方面：员工处罚和员工对不愉快事件的投诉。量化这些指标要求绝对的判断力，尝试量化投诉或对处罚的口头讨论是非常麻烦的。首先，公司的官僚作风可能吓倒想要提出投诉的操作人员，就这个原因而言，有关这些指标的数据可能并不准确。

第2层/第3层：维修部门和其高层负责接收并处理投诉，以及执行恰当的处罚。重要的是，要登记投诉情况，不得隐藏数据，因为这个过程是持续改进的关键。处罚不意味着责备或报复，相反维修管理者应根据公司公布的规则应用处罚。同样，投诉应通过公司的系统进行。

$$CLABI4 = \frac{实施处罚的次数}{员工总数}, \quad CLABI5 = \frac{提交投诉的次数}{员工总数}$$

策略3：提高员工的留任率

员工资历和公司的留任率可用作维修的指标，因为工人经常有其他的工作机会，没有人能逼迫他们留在不喜欢的地方工作。缺勤可视为某种程度的矛盾，但也可能会归到公司的留任率中。

第2层/第3层：运营管理部门和人力资源部门（同层级的实体）将员工忠诚度的参数分为就业总年限和自愿离职。与维修部门的信息相结合，人力资源部门的信息就说明员工在组织的供职时间。过多的轮换、缺乏资历的员工过多都会对可用度产生严重的后果。这些指标的变化有两层含义，即部门的劳动氛围、公司的工资政策和劳动氛围。

$$HRI1 = \frac{自愿离职人数}{员工总数}, \quad HRI2 = \frac{员工名册中的企业工龄总和}{员工总数}$$

第2层/第3层/第4层：缺勤是不同层级中一个明显指标，首先用于个人。这项度量很容易被操控，因为许多缺勤时间都被同事或主管掩盖或伪装成病假。近年来，一系列控制措施和对因病缺勤更严格的监督使得这些指标的可靠性有所增加。主管可用的指标包括员工的满意度和投入指标，对维修管理者也同样适用。后者能够查探导致缺勤的差异和异常情况，如不当的或危险的工作环境就会导致缺勤情况的发生。

$$TPMI6 = \frac{缺勤总小时数}{考察范围内的总小时数}$$

第7章 维修审核

7.1 引言

由于存在管理漏洞甚至在组织内部还对维修的实践做法持有的不同观点,审核维修活动看似是个简单的概念,却隐藏着更大的复杂性。如前面章节所强调的,近来人们对于度量维修职能绩效的兴趣与日俱增,但由于定义维修的标准不同,同时也缺少标准化程序,再者有关这一问题的文献数量有限,我们并不能将审核模型应用于制造和服务机构的维修。

有几项标准与维修系统的绩效评估相关,委内瑞拉的 COVENIM 2500-93 (Venezuela) 就是一个经典,它可以追溯到 1992 年前,当时考虑采用调查形式的评估。最近的一个例子是在西班牙 UNE-EN 15341 对 UNE-EN 15341 的修改,该标准提出了 70 多项度量。这两个标准的相似之处在于它们都考虑了定性(调查)和定量(指标)度量。为正确度量维修职能,后面将对这两类指标组合的必要性进行讨论。

本章给出了有关维修绩效度量的问题及其影响因素,根据预定指标以及涉及四个视角的平衡记分卡,提出了一种进行简单测量的方法论,依据目标实现的程度以及各视角的满意度对维修职能进行审核。

本章指出了咨询与审核概念之间的差别。有时候,那些并不想真正实施审核,而是希望出售其咨询服务和系统实施(昂贵而又难以证明其正确性)的人会故意混淆这两个概念。不同于咨询,审核提供的是给定时刻的情形简况,并指出了某些既有指标的发展趋势。Wardehoff 认为,对当前"卓越状态"的报告是一切改进过程的最佳起点,在此之后,根据对指标的影响,过程数据提出改进建议。

内部和外部审核不能篡改可信赖员工所给出的度量,这一点很重要,这些度量将转化为进一步的报告和海森堡(Heisenberg's)不确定性。同样,他们也不应将这些度量变得不纯。必须记住,审核人员的作用通常被视为消极的。由于在维修中很少进行审核,因而会产生焦虑,甚至可能对被视为负面的数据产生操纵诱惑,这会破坏审核进程。审核人员不露声色并悄悄获得信息很关键,当审核人员必须进行调查时,应对这些进行设计以提供改善情况的积极愿景,而不是表露为惩罚性的度量过程。

已经产生许多关于是否进行维修审核、要实现什么样的目标、应如何进行审核等的问题。相应地,上述许多问题已经在审核过程中得以考虑,并且与定性和定量过程相关联,如之前所提及的,以上两个方面都决定了审核本身。Mitra和Juran提到过定性审核的典型示例,Thumann提到过与能源相关的定性审核的示例。这两种类型相去甚远,体现了评估过程中的截然不同的问题,其中定性方面主要涉及人因和与人员责任相关的复杂绩效评估;定量方面则与提出的度量无关但与如何进行测量有关。

Tavares说这些都关系到维修审核的完成,并且认为要达成评估维修的最终目标存在一些困难是合理的。我们建议使用两种方法来评估维修职能,即第6章提出的平衡记分卡以及本章所述的审核程序。下面简要讨论审核的相关要点。

1. 审核理由

公司通常在维修领域进行审核。实际上,包括维修在内的公司所有领域通常都要根据其绩效进行度量和评估。前面章节指出,维修部门的特点是其成本模型和隐性费用,我们应该明白维修只是需要评估效能与效率的又一个职能领域。

2. 审核的外部或内部特征及其频度

审核必须既有外部建议又有内部员工的积极参与。在早期,由于缺乏进行审核的实践,可能需要外部支持来度量绩效,但审核也可以在内部进行。内部审核可以更加深入,并且消极作用更小。值得一提的是,缺乏认证以及有关维修审核的现行法规不足可能意味着目的或目标并非审核本身,而仅仅是获得昂贵服务或设备的结果。Coetzee建议在外部支持下每年都进行审核,并且每月度量绩效,形成相应记录供总审核师使用。审核的周期性得到了公认,Vosloo指出,如果我们想要持续改进的话,仅进行一次审核是错误的。

3. 审核的定性和定量方面

定性和定量审核在维修中明显不同,但我们提议将二者结合。调查确定了定性水平,指标的测量代表定量水平,两种方法应同时使用。二者结合将有助于员工认识到维修的实际情况,并且能更好地度量维修职能的成效。Clarke认为维修评估必须通过可视化组织业务的各个方面来考虑资产的采办、使用、维修及处置。

4. 审核后的工作

Woodhouse将维修审核视为一种改进资产投资的使用工具,因为它们可以导致重组或节约成本。组织常常不能实现其预期生产,为纠正系统的缺陷,显然必须先发现这些不足,但不能依靠臆测,并且也没有神奇的公式,不进行审核而走捷径是错误的。

5. 内部和外部审核的积极面与消极面

复杂的审核常常会遭到反对,并且难以确定指标。系统化审核过程能加速这一过程,但我们应对结果做好准备,因为一些结果可能在成本、金融效率等方面是负面的。这些不足之处恰表明能够改进之处。

6. 雇员和员工的最小数量

在维修领域,审核尚不能论证最少雇员数量。维修可以从100%内部开始到100%完全外包,审核过程只是度量已实现绩效的一种简单途径,能给出成熟度并观察前景。

7. 审核人员的最低培训

没有规定进行维修审核需要的培训,任何具有维修和管理过程基本概念知识的人都可以审核维修职能,但其复杂程度取决于维修演化和成熟度。Hoberg 和 Rudnick 提出由董事和监事指派内部员工参与审核过程,外部咨询师或培训师可以教他们如何明确并实现其目标。审核组开始收集过程并进行数据分析,但要受协调者监督。许多作者,如 Kaiser、Idhammar 和 Tomlingson 都同意 Hoberg 与 Rudnick 关于需要形成多学科团队进行审核的观点。

8. 审核过程中分包商的考虑

审核必须涉及承包公司。分包商是过程的关键部分,因为他们是进行维修职能的一部分并为其做出贡献。例如,审核要考虑效能与效率,外包活动审核的结果将与未来的外包活动相关,但目前在很大程度上是由无计划的过程决定的。

9. 安全影响与审核环境

在其资产管理概念中,Woodhouse 强调了操作人员所面临的风险。一些实物资产对于个人和环境具有极大危险,相应地,它们是管理方案的固有因素,审核必须考虑质量、安全和环境。维修工作最容易发生意外,对员工与环境构成威胁。危险的例子有工作时降低护挡、泄漏气体、高处作业或暴露于某些与拆装相关的化学产品下,此外还有搬运一定重量的机械会造成肩部肌腱炎、腰椎损伤,等等。同时也要求维修要防止生产作业人员受伤害,例如离心泵的机械密封未固定住,将会流出液体并伤害附近的操作人员。对员工和环境的这两种责任是维修审核制度的主要安全因素。

10. 审核参与人员

审核过程应包括如平衡记分卡(BSC)所要求的维修职能中涉及的所有人员。指挥链的所有层次都会参与维修,他们均必须提供关于其职能的信息并获得履行其职能需要的指标。诸如生产、采购、财务或人力资源等其他领域的员工也应包括在其中,因为他们对于效率,特别是维修效率均有影响。显而易见,形成多级工作组和部门间团队需要一定的企业成熟度。

7.2 维修审核

7.2.1 内审与外审

针对维修的效果与效率开展审核的目的是:确定审核对象哪些方面做得很好、哪些方面可以改进,从而使维修服务具备所需的性质和时机。Tomlingson 认为,这种审核必须阐明被审核单位正在做的和应该做的事项,并提出实现这一点的改进机制。这种方法可以给出维修实践所涉及的结构、关系、程序和人员的概况。需要强调,这对于决定并实施改进维修部门的管理是必要的,但它是不够充分的。

审核可分为内审或外审。在第一次审核中,外部审核员通常监督内部审核员的工作,随后由内部人员执行审核,尤其是后续审核。外审适用于三种明显不同的情况:①需要审核小组监督审核过程,审核结果以及对该结果的利用方式必须是客观的;②在内审中存在参数严重失衡的现象,此时潜在的或已发生的危机在之前的审核中并未被人发现,因为根本就没有相关的参数;③计划在技术提升或组织变革的方面为员工提供培训,如果在公司内部很难实现这一目标,可以聘请确信这些改进对维修指标有正面影响的外部顾问来协助实现,比如对于作业人员所执行的维修任务,必须由外部审核员借由现有客观数据,推动成熟水平的改进。

内审更加平常、频繁,它是组织内部的评估职能。不管部门的绩效如何,一个公司必须建立一个不断改进的反馈系统,以便在审核过程中提出的改进措施得到实施,并在以后的审核中有可度量的效应。内审的主要目的是向负责人提供针对生产程序和过程效率、效果的决策意见。内审时,审核结果和建议是后续考量和决策的主要依据。

如图 7.1 所示,存在四种影响维修审核的因素。过去 20 年维修领域发生的变化可能比业内其他任何领域都要多。这种变化系归咎于有维修必要的物质资源的数量和种类不断增加。工厂内各种设备也更加复杂,新的维修技术和观点改变了维修组织及其职责。而人们在维修领域的期望也不断得到回应,这些期望包括:迅速增长有关计算机故障对安全和环境的影响程度的认知,增长有关维修与产品质量之间的联系的认知,以及施加压力实现工厂设备的较高的可用度,并控制成本。除了过去的预期,新的维修概念和技术也不断涌现。在这一方面,新的构想层出不穷。

Campbell 提醒到,在盲目地使用新技术和新方法之前,必须考虑维修审核的现状,以便审视当前系统的优点及不足。新的发展体现在:在风险、失效模式与影响

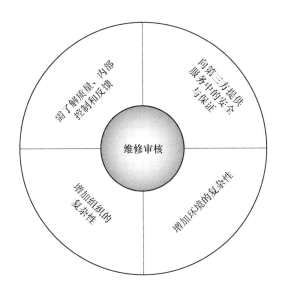

图 7.1 维修审核的影响因素

分析、专家系统方面协助人们做决策的工具;新的维修技术,如状态监测、强调可靠性和维修性的设备设计;实质性地加深对积极参与、团队合作和灵活性的整体理解。

内部维修审核的职能是对通过维修管理实现的内部控制系统的效能与效率进行评估,主要目的是向高级管理层提出建议,以加强现有的内部控制,或对建立新的内部控制提出建议。

图 7.1 总结了以上因素,并显示出维修审核的四种根据,特别强调了前述内容,表明人们由于缺乏费用数据而至今对维修职能都缺乏了解,对机器寿命缺乏了解,或仅仅是缺乏必要的员工培训。因此,重点在于需要采取对环境问题的控制措施和对设备性能的组织措施。

7.2.2 维修审核模型

维修审核首先取决于组织规定的策略或设计,其次取决于维修部门。尽管如此,首次应用审核时通常需要执行一次全局性审核。Campbell 提醒到,服务是生产资产管理中的九个部分之一,由于维修职能的多样性,维修审核的内容应涵盖很多领域,如从维修部门的识别和描述到特定工具的使用。应重视维修管理所涉及的各个方面,以便为那些在审核过程中发现的问题找到解决方案。需要指出的是,一旦决定采取一定措施来改善维修中不符合预期标准的某些方面,就应在审核工具中包括必要的问题和指标,以衡量改进过程中这些方面的状态。换言之,手段并非永恒不变,而应随所确定目标的发展动态而灵活变动。

如图7.2所示,审核应该从6个方面来看,它涵盖了所有属于良好维修管理的领域。审核的执行是从确定被审核企业所实施维修类型的特点开始的,所述特点对审核员而言是很重要的信息(特别是在外审时),以便使所建议的改进措施与被审组织的结构、状态以及维修实践一致。

审核还应包括例程分析的各个方面,以确定设备关键性并估计维修时间。如前所述,RAMS参数是确定指标的关键,RAMS维修度量标准将成为有效审核的主要目标,这些数据对于分配执行维修任务的优先级至关重要。

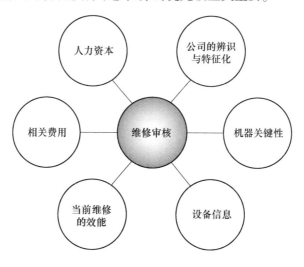

图 7.2 维修审核模型

7.2.3 结果的评价与报告

审核由两个方面组成:一个是定性的;另一个是定量的。BSC中不同组成部分的指标构成定量部分,而在不同层次上开展的调查则构成定性部分。

如第6章所述,指标是在放置"管理感知器"的位置测量的。这些指标连同调查结果都要按图7.3所示进行处理。需注意的是,指标和调查所给出的量值是从不同方面提供的。

应按照与每个指标相关的参照来排列指标量值,以显示与正常情况、相应报警情况或受控情况的偏差。一些指标提供常规单位测量值,这些单位包括货币单位、时间单位,或行动次数、产品数量等,而其他指标则给出代表维修的百分比和类型,或代表高效/低效指数的一定量级的比例,其中理想值为1或0。

须根据5分李克特量表对调查结果评分。在情况不好或不利的情形下,每个

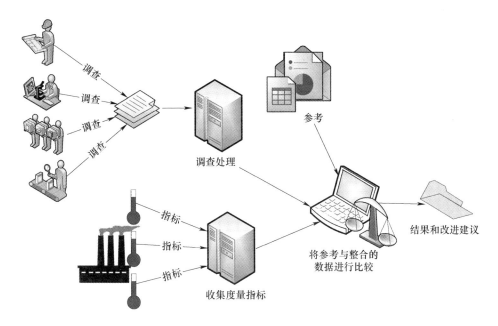

图 7.3 定性和定量审核模型

问题得 1 分;对于正常情况或可以挽救的情况,每个问题得 3 分;对于调查时情况得到有效落实或达到目标的情形,每个问题得 5 分。这是审核员对被评估项目状态加以评估的重要组成部分。

所考虑的每个方面的平均分值如图 7.4 中的图表所示,同时给出了开展调查的不同层次的分数。

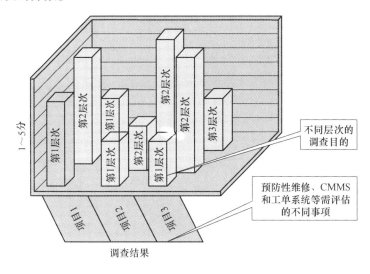

图 7.4 调查项目和层次图形表示

通过这种方式,审核员对各方面都有一定的了解,并可以将这些方面加以比较。审核员可将重点放在不合格的方面,并指导着手研究导致这些情况发生的详细原因。定义维修调查中所用评级系统的标准如下:

1.0 ≤ 得分 ≤ 1.6:不足状况;

1.6 < 得分 ≤ 3.3:合规状况;

3.3 < 得分 ≤ 5.0:实施良好状况。

应了解,该分数分配具有参考价值:首先,通过这种分配可以掌握维修的有关现状;其次,可以用同一分值比例来比较不同的方面。在第一次审核中要特别谨慎,这一点很重要,因为它将成为未来的参考。可以生成单独的图形,区分层次显示调查的特定项目,或计算组织中同一类别不同人员的成绩及离差。

7.2.4 审核实施过程

审核采用调查问卷形式,并将一些数字指标的作用(如操作工具)纳入考量。如图7.5所示,在审核中,需要经过几个阶段来获得最终结果,并且该结果要有助于领导和维修经理制定决策。

Kaiser和Kirkwood指出,需要认真考虑审核之前的各个阶段,特别是要将调查访谈数据与信息和程序结合起来时。还特别强调了编写审核日程表的重要性,他们建议,制订一个计划,准备一台功能齐全的计算机,并挑选一些训练有素的审核员,以使审核过程变得灵活、有规划。

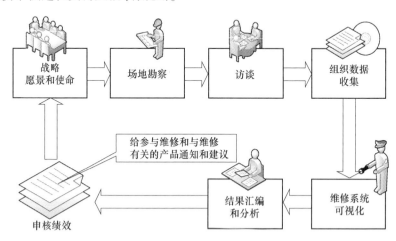

图 7.5 审核实施过程示意图

1. 战略、愿景及使命

审核员应审查并了解企业组织中从企业层面到维修部门各个层次的战略、愿景和使命。Kaiser 将审核定义为分析核查并改进的框架,从而使企业目标和组织设定的目标与被审核部门保持一致。在各个层次上所执行的计划和战术行动必须支持该组织在下一个层次上实现目标的战略、愿景和使命。

战略、愿景和使命必须从上到下定义,如图 7.6 所示。在 Campbell 看来,审核过程中最根本的是着重于公司使命和愿景以及实现它们的战略。在维修层面上,战略和战术计划应明确支持企业的目的和目标及其相关制度,审核员必须能够将对上层的支持性目标定义为维修的目标。简而言之,正如已经多次说过的那样,对于维修,必须明确其目标,并且拥有实现这些目标所需要的资源。这种审核代表着客户在 BSC 中的观点,或者换句话说,代表了客户基于不同需求所感受到的维修职能方面的服务质量。

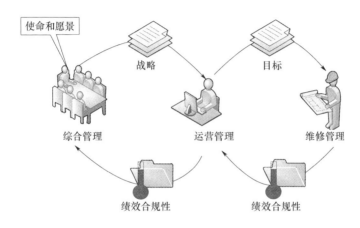

图 7.6　维修使命和愿景的沟通过程与转换

2. 场地勘察

审核员必须知道用于维修、备件储存和维修服务交付的资源集中在何处。直接联系人需指导相关人员在维修小组工作区域实施维修。还需要验证工具或设备等资源的存在和状态、准备情况、车间状况、维修点的位置和邻近程度以及人员与部门之间的沟通情况,确保在保障安全性的前提下使其符合人体工程学。对于现场审核,Vosloo 建议收集以下数据。

(1) 生产和工艺流程图;
(2) 生产和规划政策;
(3) 维修工作量;
(4) 部门可用的资源;
(5) 如何执行和控制已计划的工作;
(6) 管理结构;
(7) 维修费用控制存在与否;

（8）计算机和纸质维修文档。

3. 访谈

审核中,不仅需要由被审核单位回答一系列问题,而且应该利用这一机会与大量的维修人员开展一系列的访谈,要与那些接受维修职能照料、或与维修职能具有相互作用关系的人员合作。审核过程中经常出现引向其他领域的主体,包括培训、采购管理,尤其是对突发事件时的时间浪费和过多文书工作(灵活从简才是必要的)的看法,诸如此类。这些是审核过程中最常出现的主题,应予以记录。数据收集和评估模板中应留出用于评论的空间,便于后续分析。

还须考虑记录评论的文本框大小和位置。其目的是记录那些比较消极的观察结果,这可以将其作为个人想法的发泄口。因此,调查对象可能更关注的是内心情绪,而非数据是否精准。审核员不应受这些激烈情绪影响,并应避免在建议中提起。

4. 组织数据收集

维修审核中最复杂的任务之一是找到放置"感知器管理"的"适当地点"。虽然大部分文献建议要为审核提供有用的指标和度量标准,但并未重视数据收集的问题。审核员必须在整个维修审核过程中收集数据,这些数据必须是对设备的历史记录、人工和材料费用、运作、库存、工单(WO)数量等的代表性审查依据。需要重点强调的是,输入到模板中的任何数据都要经过精确验证,以反映当前状况,审核员必须深入贯彻这一思想。审核员也不应该假定从被测要素的性能上产生的第一印象是正确的,相反,审核员必须为后续审核工作留有余地,以便于数据收集,促进所收集数据的精确性。审核员需要确定可靠的信息来源,而且在数据有所更新的情况下,审核员应该知道每个数据的拥有者。

5. 维修系统可视化

维修工作流程及其部门所使用程序手册、工单和计算机系统之间的关系是审核的关键输入。通常情况下,审核员可以逐步检查维修的整个过程,确定哪些领域代表优势,哪些代表劣势,如在参考文献(ACM,2004)的案例中维修过程中的愿景尤为重要。在维修的过程审核中,审核员对已完成的WO进行核查,这些WO提供了关于程序设计、要求,备件确定和工艺的信息。

此外,对一个WO的审查可揭示是否存在适当的编码系统,是否确定了工作的优先顺序,工作人员是否了解其中所包含的信息,是否及时在工单上补充了信息,以及它是否是一份从车间收集实时信息的有效文件。

6. 结果汇编与分析

所有数据必须组织整合在一起。观测数据包括数字指标和调查结果,审核员从这些度量结果做出现场观测并得出结论。最终报告可以帮助分析目前所存在缺陷的根本原因、需要改进的地方以及改进建议。还会提出一系列重点建议,旨在帮助解决审核中发现的维修问题。

7. 审核绩效

如图 7.5 所示,数据收集、分析及报告是假定具有事先准备好的记分卡,而且已经说明了感知器的位置。这里所提出的方法包括根据维修部门的公司战略提前提取记分卡,由量值和控制面板反映公司对该部门的期望,如图 7.7 所示。

这种方法的好处是执行速度快,这表现在研讨时只需知道审核小组的信息。已经传递到维修部门的企业或业务目标可以分为两类,即绩效效率和组织效率,它们是通过将"感知器管理工具"置于适当位置来度量的。该方法的一大优点就是速度快,也就是说审核小组对系统不予以干涉,因为大多数情况下干涉行为会导致错误的执行方式,甚至要求实施者团队做出改进。审核小组的职能仅仅是测量和报告,无须任务改动。引起混淆的原因可能是由这些建议所导出的改进措施,部分原因是在于这种改进通常与审核过程紧密结合。提出改进建议构成审核过程的最后阶段,建议的实施与审核无关。

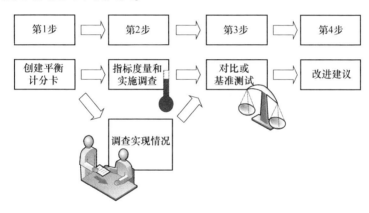

图 7.7 审核绩效步骤

按照前述方法,针对首次进行审核的工厂或设施,维修审核要经过以下步骤。

第 1 步:创建平衡记分卡

首先,需要创建一个平衡记分卡,并附上一些可度量的明确指标,确保在类似条件下这些测量是可重复的,这种记分卡在很大程度上受到过程审核员影响。根据前述四个 BSC 视角设计一个指令图表,选择第 6 章建议的经过排序和分类的指标,并找到一个相关的独立指标进行测量,获取充足信息,以便能够从四个视角(图 7.8)度量维修绩效。

第 1 步是要从第 6 章提出的 BSC 中筛选绝对必要的指标,这反映了对审核过程的务实和现实的视角,因为不可能用到所有度量结果,特别是将指标数量减少后。有些量值是相互依存的,所以并没有丢失信息。在缺少量值的情况下,可以通过对其他项目的评估来获得信息。

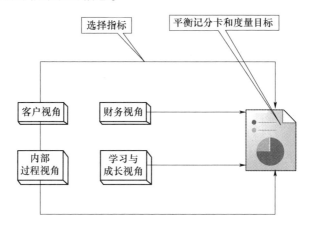

图7.8　提取平衡记分卡积分参数

第2步：指标度量和实施调查

此过程应该是系统而快速的,不会消耗过多的资源,因此不会减慢审核过程。除了快速的特点,审核还应具有可靠性。Idhammar认为,需要使用标准化和通用的绩效度量标准来执行审核,但也意识到,要与组织目标相适应,失败的审核不能适应公司的需求和发展潜力,会尝试采取的措施太急于求成。他提出,可以采用公司创建的非常规指标来确保执行的灵活性,这些指标应该只用于需要改进的地方。该选项无须对现有的信息系统进行基准测试,也不需要过于复杂的预定指标。调查受控于人因,但正是这个原因,它们不可或缺,调查中可收集有关个人感知和行为的信息以及数字测量值。

如图7.9所示,存在四种可能的指标信息来源。拥有其中两个是比较理想的,特别是可以提取欲了解所有必要数据的调查和综合管理系统,这一点可参考Iglesias和Treto的见解。可从图中看出调查具有灵活性,并且审核员不在其中进行干预。另外,输入系统中的数据更可靠。经常出现系统中所有数据未整合的情况,并且散布在不同的应用程序和计算机设备之间,这需要更多的处理,特别要注意零散的记录。

不理想的情况是,一些文档(如在纸上填写的工单)或采购设备的文件、承包商账单等存在非计算机化的现象,即未经计算机处理便存储备案。更不利的是没有记录的情况,在这种情况下,审核员必须创建审核记录,并采取最小限度的措施来验证和支持其余的参数和流程,这会影响数据收集文化建设和文件管理。

第3步：对比或基准测试

所获度量值应与参考点、上限、下限或理想目标相联系。为建立参考点或基准

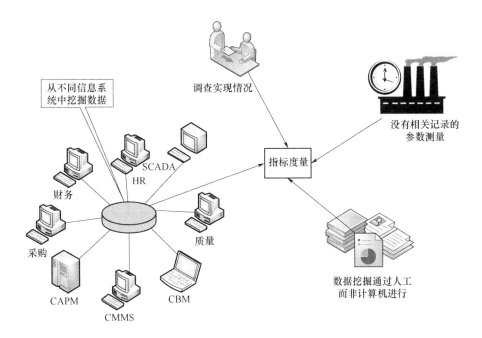

图 7.9　度量指标时考虑的信息来源

而获得的测量结果可以表明审核结果是积极的还是消极的。De Lemos 最常提出的参考方式是基准管理或确立标杆,他通过利用工人和技术人员的经验、以前的机器产量、制造商的建议或者审核知识经验来设定缺乏基准的值。

EFNMS 提出了一些特别重要的基准,如 Svantesson 所描述的,这是一项定义单一维修度量标准的宏伟计划。UNE-EN15341 2007 年出版的《维修的关键绩效指标》称得上是另一座里程碑,但其缺乏对审核有价值的和必要的基准。最后,第 6 章介绍的 SMRP 协调计划在真正意义上引起了国际基准管理领域的兴趣,该项目始于 2006 年,参见参考文献(Svantesson 等,2008)(图 7.10)。

在指标的演化中,人们观察到指标可能发生突然增大或减小的变化,但这种信息还不足以使人知晓指标的最终目标、指标趋向以及应将其定位在何处或者人们应该监测哪些值。这些基准点为相关的审核创造了条件,并且具有动态性。最近创立的公司或新产品的基准将与处于衰退状态的成型企业或产品的基准有所不同。Idhammar 坚持为所述基准设定现实的目标,如果设定了难以实现的目标,即使它们是可以实现的,这也会使人灰心并导致度量系统的失败;如果目标比较现实,则其可构成具有统一性和驱动性的因素之一。

第 4 步:改进建议

显示出偏差的审核结果是很重要的,因为由它可提出在下次审核之前需要采

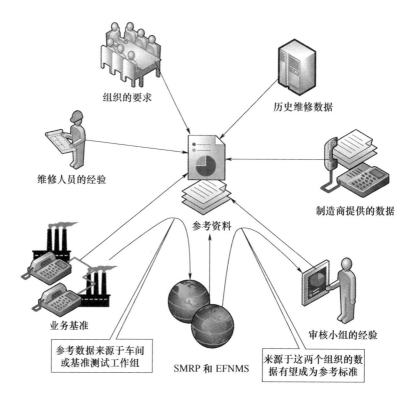

图 7.10 指标参考来源

取的补救措施。

这四个阶段所包含的审核工作有两个重要方面,即第 1 阶段和第 2 阶段。第 1 阶段是准备一个记分卡。很明显,人们有兴趣将指标中的四个 BSC 视角视觉化。但 BSC 方法并没有解释这些指标的功能、维护或如何将这些指标转变为一种足够清晰和透明的方法来使度量成为可能。第 2 阶段是创建一个使审核实现的次序或顺序。需要对参数的度量进行排序,以便在整个过程中获得部分结果。如第 1 章所讨论的,Wireman 和 Campbell 用一系列层次(图 7.11)概述了组织维修成熟度的演化。在一个层次上的合理实施推动了下一个步骤的合理进行,说明在技术和方法应用方面的安排或逻辑顺序性。具体而言,Wireman 在此定义了金字塔中所示的步骤。

Wardehoff、Peterson 等同意演进的总体思路,但提出维修演化的不同阶段。在达成共识的情况下,应该从下至上进行审核,目的是以正确的顺序确定组织层次,以及确定是否采取了正确的步骤。如图 7.12 所表示,与不同的 BSC 视角和不同成熟度等级的特定维修功能相关的指标应该以一种方式移动,从而为金字塔的每一层创建一组新的指标。

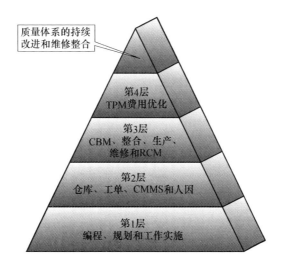

图 7.11　Wireman 和 Campbell 的维修成熟度等级

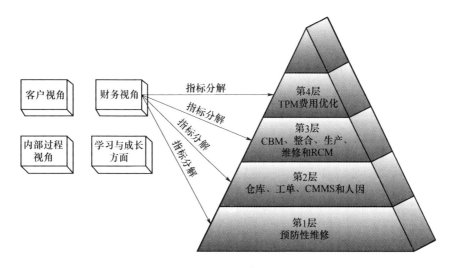

图 7.12　审核对指标分解

针对 BSC 各方面和具体维修职能的不同成熟度等级,应该以为金字塔每层建立新指标集的方式推进。因此,正如所阐述的,要将每级维修演化的指标重新定位。第二步是对每个指标进行度量,从金字塔底部开始向上移动。该过程应与每一级相关的基准点匹配,以使审核能够在适当的时候结束,并且不越过组织的成熟度等级。

这种方法允许在整个审核过程中获得部分想要结果,并可以将这些结果报告给相关小组。但是,审核过程可能会得出超过该层次成熟度的结论和建议。所遇到的问题可能包括从小规模的不合规情况到较不成熟的更重大的建议不等。要记住,一个特定层次上的缺陷会通过下一层指标显露出来。

如图 7.13 所示,当达到高成熟度等级时,审核在很大程度上失去了其价值,因为所得值将是不相关的,这表明是移动 BSC 等级中测量的指标并创建一个新记分卡的时候了。

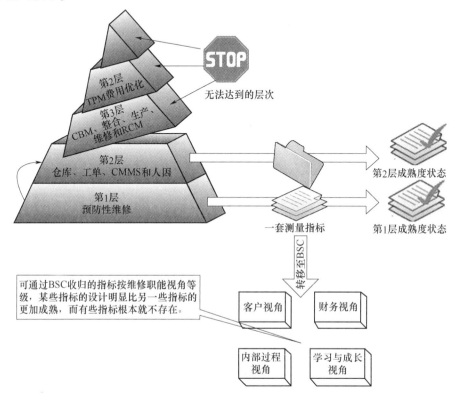

图 7.13　基于成熟度的维修审核过程①

与维修成熟度等级相关的审核过程如图 7.14 所示,审核从金字塔底部开始,先评估与该层相关的指标,并与相应的基准点进行比较。这可以表明该层的成熟度以及其方法是否合理。

从这里,不断逐级提升,从而得出有关各级成熟度的结论。此时,可以对整体成熟度的状况进行报告,说明金字塔下层是否与合理建立的各级指标完美匹配。同时也将知晓各级指标是否正确,以及是否正确地得以使用。但也可能会发现一些不适当的指标。

---

① 译者注:图 7.13 中的"第 3 层"系原文"Level 3",应为"第 2 层"(Level 2)。

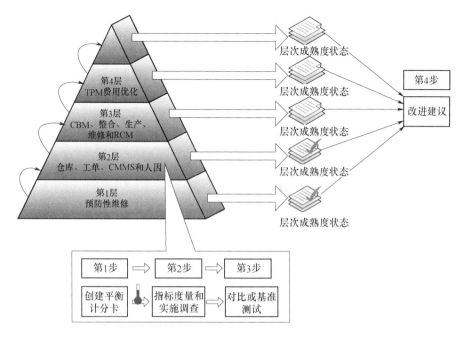

图 7.14　与维修成熟度等级相关的审核过程

最后一个审核步骤是,将所测指标与其基准点投射到 BSC 各视角来分析。这里不仅给出了第 6 章讨论的维修 BSC,而且具有完备数据和内建的基准。现在可以在图 7.15 上看到每个视角上的成功程度。

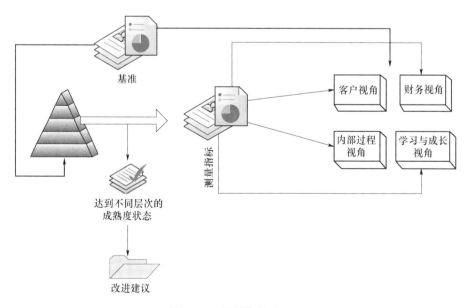

图 7.15　指标传递至 BSC

295

如图7.16所示,审核包括两组信息。首先,它表明维修演化中的成熟度状态并确定其适当性,为发展提供合理的步骤,并帮助创建一个用于未来改进措施和已有系统纠正的日程表。金字塔是演化的,因此较高层的错误是较低层导致的,这种理解有助于分析在指标和调查中发现的问题。其次,它有助于利用在金字塔过程中所获得的指标量值来创建BSC。前面提到,BSC中只显示超出的成熟度等级指标,这与Mac-Arthur将资产管理核心定义为两个要素是一致的:一是全面资产管理,这是企业资产管理(EAM)策略,旨在以更低的费用获得更高的生产能力;二是资源优化,维修资源优化(MRO)是一个过程,专注于较大策略中所包括的各个小过程的效率。

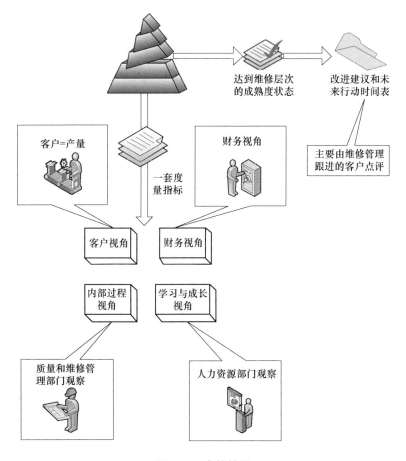

图7.16 审核结果

许多作者主张获得这两类结果。Clarke认为审核应提供维修雷达图(蛛网图,Bells-Manson)来表示维修的所有方面(包括经济和人力等),同时也提出审核的成果之一必须是良好的技术和操作实践。与许多其他作者一样,Tavares采用了维修雷达图来表示维修职能各个方面的影响及依赖性。所有作者都同意从调查中生成雷达图,不管这些调查是否可靠。但数字化系统数据没有引入雷达图,人因是雷达图生成的一个关键要素。

某个层次成熟度不足的结果被转化为旨在实现战略相关目标的维修建议,这与MacArthur的建议思路完全一致,如图7.16所示。

分层指标必须反映该层次的目标和策略,因此各层级都会受到度量缺陷的影响,并接受适当的纠正措施。关注具体指标的人显然对测量结果感兴趣,因为他们参与了改进过程,决策层也对测量结果感兴趣。

整个审核过程会要求使用多个指标。数据收集的层次和方法很简单,且维修的演变也非常简单,同时也说明审核具有动态性。

不应将维修审核与TPM或RCM审核/分析混淆。RCM和TPM分析触发了对维修职能的改进,这要求存在一系列既定方法来满足特定时间的特定需求数据。引入TPM或RCM的做法可能符合人们对审核提出的改进建议,但此举从来不是审核的核心。它可能将维修向这些策略或方法指引,但并不是一种解决执行问题的万能方法。此外,改进过程必须在维修审核之后执行,而并非维修审核过程的一部分。RCM和TPM建议在给定时间内进行改进,而审核则是根据确定的KPI指标反映维修状况。

7.3 将高层与维修战略联系起来

在所提出的金字塔模型中,存在一个零层,它是建立与组织目标相一致的维修策略的必要基础,这个基础反映了企业主管对维修职能的认识和关注程度。由于管理人员现已认识到利用维修来保持生产运行并改善生产基础设施的重要性,那么这时维修已具有一定现实意义。维修在企业战略结构中的重要性已大大增加,具体可参见参考文献(Muller等,2010;Kardec等,2003;Swanson,2001;Teixeira,2001)。

最广义地说,质量管理承诺包括维修职能。总体目标主要是提高组织机构的维修质量,不断提高各级维修活动的管理和控制力度,以实现最高的质量和维修总费用的降低。因此,使用第六章建立的指标来衡量成功并根据这些参数确定改进系统所需的措施是非常重要的。毫不为奇,鉴于对维修重要性有更多的认识,人们经常将它纳入整体质量体系。

在开始执行审核以确定维修职能是否成功之前,应对一些相关的一般指标有所了解。这些指标与调查一起将提供公司对维修的承诺与管理人员的改进期望的第一个近似值。指标是否存在以及计算是否方便将促进或阻碍审核。在一项调查中,指标的缺乏和/或负面结果将表明需要综合开发维修职能,包括提高公司高层的意识程度。向维修决策者提供的调查问卷侧重于对维修策略方向的投入,应包括以下内容。

(1)"维修"是否与企业业务计划相结合?

(2)是否具有具体且可衡量的维修目标?

(3)企业是否提供维修流程图,是否在图表上确定并标出顶层管理人员和较低层次管理人员?

(4)问题(2)中提到的目标是否与总的商业目标相结合?

(5)所有的人员是否都明白既定的目标和需要他们参与实现的目标?

(6)企业是否定期根据既定目标验证所取得的成果?

(7)企业是否采取一些措施来提高维修效率?

(8)企业是否会衡量这些措施?

(9)企业中不同工厂或生产领域之间的维修策略是否一致?(图 7.17)

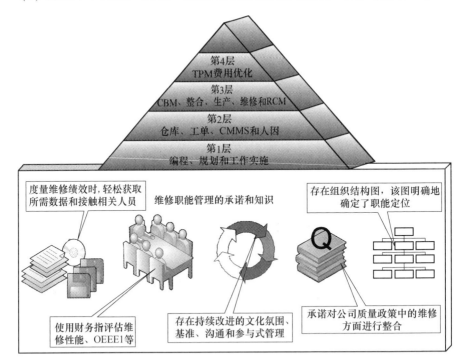

图 7.17 维修演化中成熟度金字塔的零层

实现卓越的关键因数是相对于资产更换的维修费用。当维修费用没有考虑资产的生产能力时,会导致昂贵的维修。绩效与资产的总费用成正比,即指标 EI1。

$$EI1 = \frac{维修总费用}{资产更换价值}$$

根据 Peterson 的观点,该参数必须是财务视角的一部分,同时要有一个长期的维修计划,以优化既得资产的投资回报。LCC 必须包括购置费用、维修财务费用等,这种信息对资产更换决策至关重要。

应按照 SMRP 计算资产更换值,并与参考文献(DiStefano,Hawkins,2006)的 EFMS 协调。Weber 和 Thomas 提出了与制造业销售有关的维修公用事业费用的公司指标,在他们看来这个指标的世界一流基准应该在 6%~8%,EI1 的世界一流基准在 2%~3%。

与之相关的参数为 OEE。在企业内部,运营管理层根据这个参数控制着三个宏观领域,并关注其演化中的不足,这便是 Grencik 和 Legat 提出的关键审核参数,他们建议审核总体参数与各层参数之间的差异,以获得具体的策略。

$$OEE = OEEI1 \times OEEI2 \times OEEI3$$

作为世界一流的维修(WCM),该指标的目标必须在 85%~95%。

$$OEEI1 = 可用度 = \frac{总的可工作时间}{规划的时间}$$

$$TI1 = \frac{总的使用时间}{总的使用时间 + 总的维修不可用时间}$$

根据 EFNMS,有关维修的可用度应至少为 95%。

$$TI2 = \frac{要求时间内达到的可用时间}{要求的时间}$$

可用度指标是主要的使用参数。Olver 认为,总的不可用度可能接近 10%,但是 SMRP 建议将范围设定为可达可用度 90%。EFNMS 的目标则更大,其建议在某些行业设为 95%可用度目标,如制药或食品行业,在大部分行业中同意 Olver 建议的 90%。

$$OEEI2 = 绩效效率 = \frac{规划时间内的实际产量}{规划时间内的计划产量}$$

$$OEEI3 = 合格率 = \frac{总产量 - 不合格品数}{总产量}$$

$$EI3 = \frac{维修总费用}{生产数量}$$

$$TPMI5 = 单位生产费用的降低量$$

与企业维修职能领域运营有关的参数可以表示每单位的费用节省。

有两个参数可用于评估多数组织的维修情况,即形成成品投入了多少货币单位,以及通过采用新方法和新技术减少了多少个货币单位。当预计通过这一职能实现财务领域的某些目的时,EI3 和减少百分比通常是仅有的两个维修目标。图 7.18 总结了使用调查获得支持后续审核的基本记分卡值。

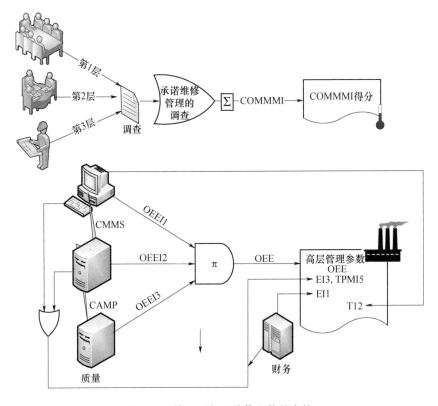

图 7.18　管理层保证维修职能的审核

7.4　第 1 层演化

任何维修系统的基础都必须具有预防性,也就是说,在其中贯彻预防价值观以排除可预见性错误。这是一种有利于预见和计划的方式,在该层,审核员将评估受审组织在实施这样一个计划上所具备的能力。预防性维修计划要考虑到工作资源的安排,并记录实现过程中的偏差。计划和执行的相关要素,如费用、人力资源或材料等,都以指标来衡量,并在不同层次开展的调查中有记录(图 7.19)。

规划指标的工作是由对指标感兴趣的维修主管和管理员在第 3、第 4 和第 5 层级执行的。

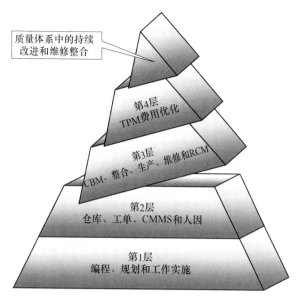

图 7.19 维修演化的第 1 层

1. 工作计划

调查问卷：工作计划（WORK-PLAN）

（1）是否有来自其他领域（如生产、质量或劳动风险）对维修部门的工作要求？

（2）是否规定工作的优先顺序？

（3）是否能够根据已规划的工作得知工作量？

（4）这项工作是否有程序设计？

（5）这项工作是否经过计划？

（6）经过计划、程序设计的工作所需时间是否有一定准确性？

（7）是否控制执行和结果？

（8）95%的维修是否已至少在实施的前一天进行了设计？

（9）备件、硬件、必要的设备和文件是否准备齐全并适合用于工作？

（10）计划人员是否清楚地指出要使用的硬件和要更换的组件？

（11）是否已经建立与工作有关的指令或程序？

（12）计划人员在进行任务前一天是否知道他们将要做什么？

（13）计划人员的职能是否确定？

2. 维修实施

调查问卷：工作实施（WORK-EXEC）

（1）计划停工和计划外停工是什么关系？

（2）定期维修的工作大纲是什么？

(3）是否已确定预防性维修程序？

(4）是否已确定修复性维修程序？

(5）是否有针对定期检查的维修程序（检查表、说明、步骤、频率等）？

(6）能力/技能、材料和工具是否适用于必要程序？

(7）是否有办法来分析假想的计划、实际执行、不清晰性、偏差和异常现象之间的差异？

(8）未完成的工作和预定工作的比例是否已知？

(9）加班时长与非定期工作、定期工作时长之间的关系是否已知？

(10）基于组件的状态/状况是否实施预防性维修？

(11）如何进行换班后的设备例行检查？

(12）是否有每日例行时间表？

(13）日常维护和处置是否有记录？

(14）诊断故障所需的时间是否已知？

(15）每个时期待完成工作的确切数量是否已知？

(16）团队是否能控制完成工作所需的时间？

(17）信息是否有用？

(18）是否有紧急工作和项目记录？

(19）是否根据不同的参与人员按机械维修、电气维修等分类记录工作？

(20）是否按故障来量化损失的生产时间？

(21）是否将维修的延迟量化？

(22）如何在设备修理期间保持掌控？

(23）与工单中规定的时间相比，实际时间是多少？

工作计划的审核指标是通过调查结果来确定的。计划人员的成果须经过两次评估，一方面要考虑维修资源，另一方面又要避免与计划活动的重大偏差，这也是评估工作执行的一个方面。

3. 计划与执行中人力资源时数指标

在没有对所规划活动分析出维修时数时，OI525代表一个统一的成功指标；OI25表示规划人员成功利用了资源的所有可以利用时间，不需要申请反常资源。

$$OI25 = \frac{定期活动的直接维修工时}{直接员工的计划总工时}$$

Stegimelle 和 Olver 基于 SMRP 对 OI25 展开了一系列讨论，并在 WO 规划人员中分享了自己的见解，并说明在他们对价值指标的计算中，超过 120% 是不理想的。

Wireman 介绍一个具体的指标，WO 的数量偏差高达 20%。应每个月计算一次该指标,必须详细分析继续或保持上升的偏差,要根据工作领域或确定的计划人员岗位改变指标。

$$OI5 = WOI12 = \frac{\text{计划的定期维修工时}}{\text{可利用的维修总工时}}$$

OI5 或 WOI12 指标应保持在 80% 左右,否则会造成超时加班和裁员。OI25 应该是几乎没有偏差的,或者计划的维修将几乎占用所有工时,计划外维修则占用额外时间。

从 SMRP 的观点来看,Casto 建议将这一指标设置在 60%~65%,为计划外活动保留更高的裕度。在处理作业人员的工作和纠正加班的偏差时,WCM 的范围更大,这种指标可以从以每天到以每年为基础计算,并且往往是一种用来检测改进机会的相关指标。

下面这项指标是一种很典型的指标,反映了缺乏规划或不当使用可用资源。当然,这应该是一个低影响指数。

$$WOI13 = OI21 = PMI10 = \frac{\text{维修加班时间}}{\text{维修总工作时间}}$$

Hawkins 认为,加班的正常值约占总工作时间的 6%,这在 SMRP 和 EFNMS 的应用实例中是常见值。另一个很典型的指标是紧急修复措施,在预防性思想的规范下,它应代表不到 10% 的所用人力资源。

$$PMI2 = \frac{\text{花在应急工作上的工时}}{\text{总的工时}}$$

Mather 认为,按世界级观点,几乎不会为紧急工作留有时间,要把该指数减少到 5%,则需要强有力的计划。

4. 工作完成的指标

以下两个值表示视图规划适当的可利用资源时与预防性维修任务的偏差。

$$PMI4 = \frac{\text{执行的预防性维修任务}}{\text{计划的预防性维修任务}}$$

根据 WCM,作为合规指标,IMP4 必须至少达到 90%。如果待执行的预防性任务由于规划中的失败而被推迟,则审核日期与这些任务密切相关,这代表了低效率指数。同样,额外工时也是一个低效率指数,表明规划不周全。

$$PMI9 = \frac{\text{PM 延误的任务数}}{\text{PM 待处理的任务数}}$$

WCM 方面要求在所提供的日期内完成 95% 的工作要求或 WO,因此 PMI9 指标将保持 5% 左右变化。这个指标检测延迟的百分比,但不反映延误的程度,即延误也可能无关紧要,也可能干扰整个项目。

Nelson 和 McLean 考虑了计划任务的延迟指标,指出了执行延迟与任务计划频率(每周、每月等)之间的结果。显然,通过详细的分析可确定问题所在并分析原因。作者强调,任务的计划强烈影响平均延迟时间,例如在每周的规划任务中,延误3天表明延迟为40%,而如果是每月的规划任务,则延误仅为10%。

5. 经济指标

预防性维修的修正量和这些项目的计划外预算是计划人员的噩梦。费用分流会引起对规划的修正。三个经济指标反映了预防性费用的偏差,显然,该偏差必须尽可能降低。

首先,Stegimelle和Olver提出用PMI5指标来表示计划维修费用预测的准确性(不包括紧急修复措施)。他们建议,要纳入一个反向指标,必须根据计划人员来分析该反向指标以评估个人技能。该指标值约为116%,适于PMI5的反向指标是86%的准确性,是评估计划期内的正确百分比。虽然它不符合拟议审核中的统一指标,但根据Stegimelle和Olver的说法,它是可以使用的,因为有助于全面执行规划。规划的偏差对评估WO集或特定计划人员而言多少有些重要。

$$PMI5 = \frac{预防性维修任务的估计费用}{预防性维修任务的实际费用}$$

第二个经济指标是修复性维修和预防性维修的费用比例,在85%或90%左右。

$$PMI11 = \frac{预防性维修总费用}{预防性维修总费用 + 修复性维修总费用}$$

第三个经济指标是一个复杂的指标,用于评估维修停工费用。除非出现某些非常重要的停机或改进事件,并发生了一些不寻常的费用,否则必须在很大程度上限制停工费用。

$$EI20 = \frac{计划性维修停机费用}{维修总费用}$$

OI5和EI20指标优先考虑计划时数和工时的准确性以及相关费用。计划人员的目标是预测通常会增加计划工作费用的紧急情况。

6. 技术效率指标

有几个指标反映了与计划和实际实施的维修相关的可用性。值得一提的是,任何在30%~50%的可用度值都意味着一个不良的计划体系。

TI20有助于规划可预见的不可用性,因此它对计划人员而言,是一个关键参数。低效率指标TI7表明计划的不可用性,必须保持在最低水平。为了避免产生较大不可用性,OI11必须通过分子数值来减小。

$$PMI12 = \frac{预防性维修不可用时间}{预防性维修不可用时间 + 修复性维修不可用时间}$$

$$TI20 = \frac{造成不可用的计划维修和定期维修时间}{要求停机的计划维修和定期维修时间}$$

$$TI7 = \frac{总的使用时间}{总的使用时间 + 计划性维修引起的不可用时间}$$

计划维修的 SMRP 不可用性是对 TI7 指标的补充,并被赋予 6% 的最大值,参见参考文献(Olver,2006)。根据 Olver 观点,要重视不可用性的三个组成部分:预防性任务、预想的修复性任务时间和工作准备过程中的延迟时间。

$$OI11 = \frac{应急修复性维修时间}{维修产生的总的不可用时间}$$

审核中必须提供的基本信息包括按维修类型和分组归类的维修时间分布。对计划方面的审核也会揭示维修时间分布的百分比。根据计划的停机维修时间类型,这些变量在应用不同方法时会发生根本性变化。通过预防性和系统性维修(通常是 CBM),不可用度会降低,这种维修并不打算使机器停止。

$$TI8 = \frac{导致不可用的预防性维修时间}{维修引起的总的不可用时间}$$

$$TI9 = \frac{导致不可用的系统性维修时间}{维修引起的总的不可用时间}$$

$$TI10 = \frac{CBM 引起的机器不可用时间}{维修引起的机器总的不可用时间}$$

计算这上述三个组成部分的补集是很有用的,SMRP 对计划外维修所产生的不可用性给予最大的重视,参见参考文献(Olver,2006)。行业协会给出总维修时数分布为

$$OI12 = \frac{内部员工完成的机械维修工时}{直接维修员工总工时}, \quad OI13 = \frac{内部员工完成的电气维修工时}{直接维修员工总工时}$$

$$OI14 = \frac{内部员工完成的仪器维修工时}{直接维修员工总工时}$$

按维修类型的时数分布指标为

$$OI16 = \frac{修复性维修工时}{维修总工时}$$

Hawkins 指出,OI16 指标提出了一种统一的计算形式,其中包括计划的修复性维修和紧急情况的修复性维修,还进一步指出,正常情况下 25% 的工作时间(外部和内部维修)会专门用于这种类型的活动。Hawkins 建议每周或每个月实施该指标的测量。

$$OI17 = \frac{应急修复性维修工时}{维修总工时}$$

OI17 指标与被动式维修有关,WCM 为这类维修设定的百分比为 10%~15%。Olver 描述了如何计算该指标,在 UNE-EN 15341:2008 中被称为 O17,但作者在 SMRP 与 EFNMS 之间对该指标进行了协调。Olver 指出,该指标应低于 5%(比世

界级指数要求更严格),并且每个月或者每周测量一次。EFNMS 的推荐值为 5%。相同的组织支持将该指标值修正为 13% 左右。

作者指出了计算一个基于维修时数而非基于 WO 和任务的指数的不同点和危险性,该指数将包括紧急工作和没必要加速执行的工作。

$$OI18 = \frac{预防性维修工时}{维修总工时}$$

Olver 在他的 SMRP 文件中将 OI18 指标统一为所有预防故障的维修总和,包括预防性维修、预测性维修和预防性修复或预测性检查。可能使人感兴趣的是在审核中加入对 RCM、RCA 或预测性维修的时间数据分析,因为它们是主动性工作的组成部分。上述计算可以每周进行一次,但 Olver 建议每个月进行一次。再次强调,必须小心对待任务和工单的受限计算。Olver 认为,主动式维修的指标应该在 40% 左右。

$$OI19 = \frac{CBM 维修工时}{维修总工时}, \quad OI20 = \frac{系统性维修工时}{维修总工时}$$

WCM 视角更有利于规划和资源利用,Mather 提出了如下的工时分配:50%预防性维修,30%还原性(简单的日常性)维修,15%修复性维修,5%紧急维修。

这种 WCM 视角受到 O'Hanlon 和 Nicholas 等的严厉批评。他们认为这代表着滥用预防性维修,且缺乏逻辑。如果只有 11%~17%的故障是由于设备工龄(原因不明)引起的,这是不能解释的,而采用临时预防性、定期性维修则是合理的(图 7.20)。

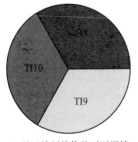 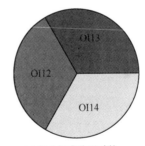 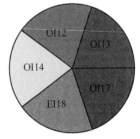

(a)基于计划维修的不可用性　　(b)行业标准分配时数　　(c)按维修类型分配时数

图 7.20　规划审核和维修执行对应的指标扇形图

图 7.21 总结了预防性维修大纲的审核过程。通过规划和实施的两个关键参数,突出强调了调查及其加权与验证。从调查和相关指标得出的数据等于是成功大纲的数据,必须用这些数据来检查答案的一致性并验证其真实性。如果指标值处于合理范围内,而且不同组织层次的反应是一致的,并且与预防大纲的信息和使用相适应,那么可以得出结论:预防性维修已妥善地执行完毕,并且可以对最高层次实施审核(图 7.21)。

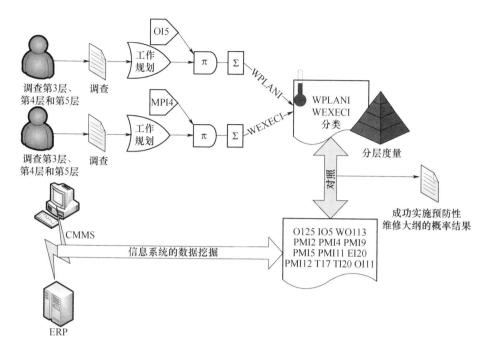

图 7.21 预防性维修大纲的审核过程

7.5 第 2 层演化

一旦预防性维修已经过试验,应对第 2 层维修管理的两个必要元素进行审核:采用计算机维修管理系统(CMMS)和 WO 的文档管理、高效储存(图 7.22)。

7.5.1 维修储存和采购管理

1. 采购

调查问卷:采购程序(PUR-PRO)
(1) 公司是否规定了采购程序?是否加以应用?
(2) 公司是否采用了备件管理的采购程序?
(3) 该程序是否规定了对订单金额的授权级别?
(4) 采购程序是否符合灵活性和速度要求?
(5) 采购程序是否具备紧急计划和优先事项?是否需要签名或特殊授权?
(6) 与采购订单相关的费用(如运输、通话和传真费用)是否已知?

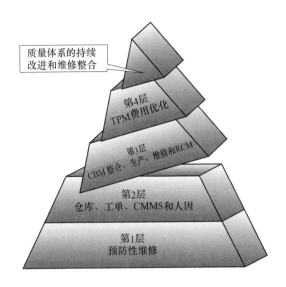

图 7.22　维修演化的第 2 层

（7）是否有针对紧急采购的备选方式？
（8）订单的规格是否满足条件？
（9）是否已检查每个采购订单的技术规格？
（10）采购部门是否参与对采购规范的确定？

调查问卷：供应商管理（SUP-MAN）
（1）是否对市场供应状况（价格/供应商）有充分的了解？
（2）是否具有对供应商予以批准/接受的程序？
（3）是否与普通供应商有正式协议？
（4）这些协议是否适用于日常购买？
（5）与供应商的协商内容是否包括采购和维修？
（6）是否定期执行供应商评估（服务/价格）？

2. 备件

调查问卷：器材接收（MAT-REC）
（1）是否建立针对所采购器材的适当的质量控制体系？
（2）接收人员是否可靠？
（3）是否可以接收各种各样的供应品？
（4）是否有明确的程序来决定备件的储存位置？
（5）是否已经为备件设定好储存条件（温度、轮换、湿度）？

调查问卷：储存管理（WAR-MAN）
（1）是否对风险和危险条件进行分析并确定最小库存？
（2）库存价值是否已知？
（3）是否将订购费用考虑在内以确定理想的交货日期？
（4）是否建立备件管理控制系统（地点、数量、轮换等）？
（5）是否设定备件数量的断供点？
（6）是否编有一套指南或程序来规定部件是否需要修复或更换？
（7）服务质量是否已知？换言之，维修须花费多少时间百分比来获得所需备件？
（8）是否完成全部或部分库存的清点？
（9）备件是否由于技术陈旧、缺乏使用或损坏等拒绝储存？
（10）每个关键设备是否有相应的储存目录？

结合第3层和第4层对参与仓库管理的调查，某些指标构成了仓库的效率指数。由于废弃或荒废而闲置的存货以及等待备件的WO数是期望值为零的低效率指数，这些指标是仓库总体效率评级中的补偿值。订单的完成和储存库存的控制百分比是正效率，直接影响能否达到理想目标。

$$WMI1 = \frac{库存中闲置器材数}{库存器材总数}$$

根据WCM，因各种形式的废弃、雇用新供应商等因素而闲置的商品，必须少于总库存的10%，这要求不断更新每个备件的利用率。

$$WMI3 = \frac{仓库中受控备件总数}{总的可用库存（受控+不受控）}$$

WCM不允许超过2%的库存不受控制，即WCM固有控制WMI3指标为大于98%。

$$WMI4 = OI26 = \frac{按订单完成备件总数}{申请的备件总数}$$

备件的世界级基准是WMI4和OI26指标达到90%以上。

$$WMI8 = \frac{等待备件的维修工单数}{工单总数}$$

世界级视角的WMI8指标在预定期限内的固定最高值为2%。重要的是不要把这一缺陷归咎于采购系统，因为这种指数所涵盖的工单无法显示库存中的不足。因此，在规划过程中不恰当地检查库存状态是不对的。有人建议用一个类似的指标来检测仓库在储存所需物品方面是否合规。WCM提出不可用库存为5%的值，即5%的情况下储存数量不正确，且库存不能满足某些意外情况，如没有所需备件。

这样就把这四个参数的信息与相关调查的结果按照下列表达式相结合：

$$\text{WMANI} = 调查结果(仓库管理) \cdot \overline{\text{WMI1}} \cdot \text{WMI3} \cdot \text{WMI4} \cdot \overline{\text{WMI8}}$$
$$= 调查结果(仓库管理) \cdot (1 - \text{WMI1}) \cdot \text{WMI3} \cdot \text{WMI4} \cdot (1 - \text{WMI8})$$

总体而言，WMI6、WMI7 和 WMI9 指标是采购系统的统一质量标准。在一个管理完善的系统中，应减少紧急采购订单，因为在这种情况下的高效率可能意味着系统的崩溃以及订单的优先顺序和编码的不足，一切都将变得紧迫。与采购程序类似，对于多项采购物品或运费提供折扣，WMI7 表明通常是紧急订单或由于管理不善造成的单独订单项目的低效率。最后，如果不进行全系统采购，例如管理层表现出对采购的不关心，将标志着系统遭受严重挫折。

$$\text{WMI6} = \frac{紧急采购订单总数}{采购订单总数}$$

WCM 方面建议紧急采购订单中的最大值为 10%。

$$\text{WMI7} = \frac{购买一种产品的订单总数}{购买订单总数}$$

发布采购订单所产生的费用是固定的，并且是不可忽略的，有时会超过订单费用。正如 Wireman 指出，大公司产生的费用是小公司的 5 倍。然而，对于所有公司而言，这个费用都会有一个很大的增长点，因此，这个指标应该减少到零。

$$\text{WMI9} = \frac{信用卡支付器材费}{维修器材总费用}$$

这个不希望指标必须与没有计算在任何工单内的器材相匹配，应减少历史信息，将其用作不匹配器材的风险因素。

这 3 项指标都应避免发展趋势，可以按照对采购程序的调查进行加权，单位要标准化。

$$\text{PURPROI} = 调查结果(采购程序) \cdot \overline{\text{WMI6}} \cdot \overline{\text{WMI7}} \cdot \overline{\text{WMI9}}$$
$$= 调查结果(采购程序) \cdot (1 - \text{WMI6}) \cdot (1 - \text{WMI7}) \cdot (1 - \text{WMI9})$$

EI12、EI7、EI11、WMI10 和 WMI2 指标不是百分比，而是相关数据。获得这些参数将能使三个计算机系统的信息结合起来。ERP 包含资产采购发票和相应折旧率以及自身账面价值形式的财务信息，CMMS 和仓库的计算机系统(如果系统没有整合在一起)将提供数据来估计库存品或使用库存的总费用。

观察趋势的参考值取决于与供应商的协议和备件的可用性。大幅减少库存以优化闲置资本参数的做法可能会导致备件提供的延迟，从而导致高昂的故障费用，并产生针对理想库存减少的反弹效应。

$$\text{WMI2} = \text{EI12} = \frac{维修物品的总费用}{维修物品的平均库存价值}$$

WMI2 指标与 UNE 15341 EI12、WMI2 一致，提供了有价值备件和可用库存使用信息。很显然,在 1.5~2 之间,希望获得较高的值,因为这显示出库存品的某种周转。

但该指标可能会产生误导,因为拥有外国机器的公司往往会因备件采购时间延迟而对这些备件进行盘点。倾向于指标 WMI2 是一个普遍的做法,因为它标志性地象征着较高的组织效率。为了降低储存费用和某些昂贵的库存,WCM 建议聘用允许公司拥有虚拟储存的供应商。

EI7 和 EI11 指标具有由适用技术设定的参考值。对机器的选择决定了制造商推荐的备件费用,和前面的指标一样,应该观察其演化。它不应该表现出过分减少备件数量的倾向,而应该优化备件可用度和费用。从历史上看,考虑 EI11 取 30% 作为备件相对维修费用的上限阈值。

$$EI11 = \frac{维修物品的总费用}{维修总费用}, \quad EI7 = \frac{维修物品的平均库存价值}{资产更换价值}$$

DiStefano 建议在 SMRP 与 EFNMS 之间对 IE7 测量进行协调,提出约 3% 的参考值。WCM 的观点比较严格,提出仅 0.5% 的备件与资产置换之比。

最新的指标是指购买服务和储存的间接费用,当然前提是希望两者都最小化到零。

$$WMI10 = 处理一个订单的内部费用$$

该指标在内部流程相关费用不受控制的组织中是无效的。在图 7.23 中,可以看到采购和备件审核过程的实施结构图,同时考虑了调查目标的两个层次,采购同时是运营和维修仓库的目标。审核实施与职能的内部流程是相关的。

7.5.2 WO 系统

WO 系统是第 2 层的一部分。需要重视的是要在 WO 中提供足够的数据和字段。按照世界级标准,应按照综合方式完成全部 WO 的 95%。在这一点上要考虑的事项包括规划和执行,特别强调的是 WO 文件管理系统和工作的准确性。

WOI5、WOI6 和 WOI7 指标的提出,在目前出现的所有规划系统中引入了一个畸形因素。打开"闸门"就会永久性地将那些所有不符合逻辑或可能过量的备件或时数计入 WO 中。

WO 能表示维修职能的卓越性,可以将其扩展到与构成调查目标受众相应的三个层级。注意,如果没有由其他部门(生产部门等)生成的 WO,则这一调查就只能降级为维修调查。

调查问卷:工单系统(WO-SYS)
(1)是否有工单系统?
(2)该系统是否分析所有维修活动(预测性维修、预防性维修和修复性维修

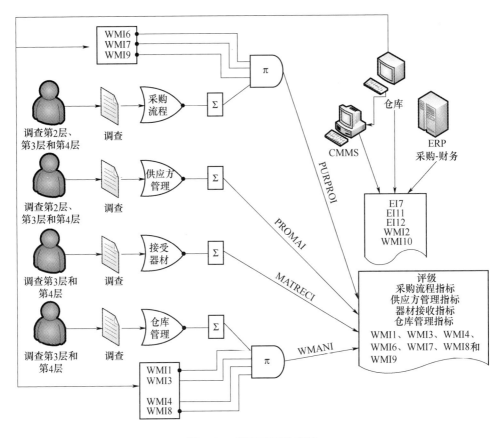

图 7.23 储存和采购审核

活动)？

(3) 是否使用 WO？

(4) WO 是否可以包含其他维修部门？

(5) WO 如何通过 CMMS 管理？

(6) WO 的进展是否受到控制？

(7) 是否有可以在几小时内载入某些项目的永久性的或空白的 WO？

(8) 故障报警与 WO 发出之间的时长是否已知？

(9) 用来批准 WO 的平均时间是否已知？

(10) 是否可以清楚地知晓人员、必要的时间以及工作完成情况？

(11) 有关 WO 的安全说明是否清楚？

(12) WO 是如何用于所有类型的工作(计划的、非计划的、机械、电气、改进等工作)的？

(13) 用于机器设备的 WO 程序是否包括高处作业、切割和焊接、火灾危险区域、电气、密闭空间、防爆区域,或根据所执行的工作是否包括其他方面?

（14）是否在 WO 中确定了优先顺序?

（15）工人完成一项任务后是否通知 WO 调度员?

（16）相对于 WO 计划,实际执行时的时间或材料方面的控制偏差是否定期出现?

（17）是否按照设备和组件将 WO 归档?

（18）WO 执行人员是否有可能标出在 WO 中已完成工作的观测结果(如所发现的问题)?

（19）WO 执行人员是否有可能就机器状况或可能的改进措施提出附加意见?

以下指标代表一种应该将其消除的系统偏差,因为它的存在破坏了规划系统。采用此类工单会使基本审核规划和执行过程失效。

$$WOI5 = \frac{\text{计入固定工单的维修人工费}}{\text{总的维修人工费}}, \quad WOI6 = \frac{\text{计入固定工单的维修材料费}}{\text{总的维修材料费}}$$

$$WOI7 = \frac{\text{计入固定工单的专用设备费用}}{\text{专用设备总费用}}$$

Padesky 和 Hawkins 采用 SMRP 来规范长期性订单的使用,使其范围、保修期、改良或清洁等活动变得非常明确。由于缺乏控制而产生的不必要使用会产生可供后续使用的数据。

度量计算需要每个月或每周进行一次,并可用来警告在紧急情况下替换 WO 的危险性。应将这些 WO 在每个月都封装起来,在整理核对新信息的时候重新打开。如果对 WO 存在滥用现象,则会表现出工作系统在工单领域的失败。Padesky 和 Hawkins 认为 5%~7% 的水平会造成现有 WO 无效。

WCM 与 Padesky 的观点一致,将用于长期性 WO 的维修工时设定为大约 5%。与 WO 有关的其他指标有

$$WOI1 = \frac{\text{所有工单的维修人工费}}{\text{总的维修人工费用}}, \quad WOI2 = \frac{\text{所有工单的维修器材费用}}{\text{总的的维修器材费用}}$$

$$WOI3 = \frac{\text{所有工单的转包商费用}}{\text{维修合同商总费用}}, \quad WOI4 = \frac{\text{工单中登记的维修停工费用}}{\text{总的维修停工费用}}$$

WO 指标还包括了效率指标。效率指标通过检查组织中其他计算机系统(如 SCADA 系统或会计和财务文档)上的数据来度量 WO 中项目数据的准确性。WO 精度应为 100%。TI16 从维修管理角度提供了一个 KPI,对已完成工单是有用的。

$$TI16 = \frac{\text{总的使用时间}}{\text{维修工单数}}$$

EFNMS 针对处理过的工单,确定 90~100h 的作业时间为业务值的基准,参见参考文献(EFNMS,2006)。

WO 与下一层级的规划一起能正确地呈现所有 WO 和并行文档等信息。这将决定 WO 规划是否成功,也可指出需要改变重要资源的 WO。

$$OI22 = \frac{按计划执行的维修工单数}{计划的维修工单数}$$

按照 WCM 的观点,考虑到一些组织请求正式发放 WO,至少有 80% 的 WO 必须在 5 天内得到审查和批准。Stegimelle 对两个国际组织之间的 OI22 指标进行统一,这与 WCM 寻求一周要求 80% 合规性的观点相一致。就 WCM 方面而言,每周计算一次代表正常计算的基本周期,但可以每个月或每年计算一次,可以将此指标与其他指数相比较。必须格外注意与计划相比过期一周的 WO 不应纳入计算。

$$WOI15 = \frac{超出预算人工 20\% 的工单数}{维修工单总数}$$

按照世界级水平估算劳动力是一种较不实际的方式,这种计算能减少 10% 和 90% 的 WO 偏差,但 WCM 不接受这种偏差。

$$WOI16 = \frac{超出估计材料预算 20\% 的工单数}{维修单总数}$$

Smith 将这两个指数的组合用于 SMRP,每周或每个月计算。这项建议包括提出执行超过 20% 的费用分流。

图 7.24 显示出三个数字指标,其目标是将单位百分比恢复到零。要实现这 3 个指标的优化利用,须以产业的类型和所用技术等为基础,并取决于指标之间的平衡。

紧急工单是唯一的意外因素,但必须接近于无,因为它们可能是由没有对关键性较低的设备强制优先考虑 RCM 或预防性 WO 策略所造成的。修复性或紧急性 WO 将取决于公司在这些情况下的政策。

$$WOI81 = \frac{紧急工单数}{工单总数}, \quad WOI82 = \frac{预防性维修工单数}{工单总数}$$

$$WOI83 = \frac{修复性维修工单数}{工单总数}$$

对于 WCM 指数而言,至少 95% 的已发放 WO 须符合已安排的工作。所以,用于 WOI81 的 WO 紧急事件率应该低于 5%。

ERP 可检查输入 CMMS 的信息的准确性。指标必须能够验证调查的价值,可以根据数据的真实性、准确性对结果进行调整。

$$WOSYSI = 调查结果(WOs) \cdot WOI1 \cdot WOI2 \cdot WOI3 \cdot WOI4$$

7.5.3　计算机化维修管理系统

对大量数据的管理需要使用计算工具,工具要能够存储、处理和提取在任何时

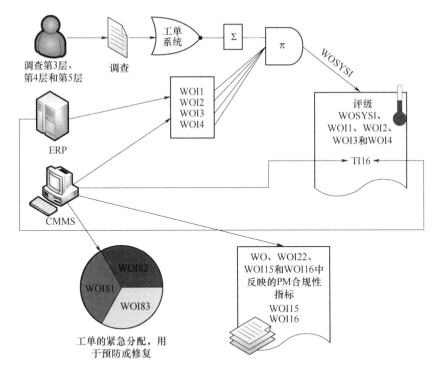

图 7.24 审核 WO 系统

刻需要的信息。

调查问卷:CMMS-SYS

（1）工厂是否有维修管理或 CMMS 软件？

（2）每个人是否都可以用相应 ID 访问软件？

（3）是否按照作业人员的指令为 CMMS 设定了时间？

（4）CMMS 是否具有设备的组件技术信息？

（5）是否可以提供一种 CMMS 系统,用于具有指定代码的设备及其组件？

（6）这个数字系统是否以正式的方式作为技术文件、更换应用软件和/或 WO 的一部分得以使用？

（7）每个计算机系统中的技术信息是否都能及时更新？

（8）维修计划/标志信息是否上报该系统并定期自动生成？

（9）CMMS 是否用来计划工作和控制待执行的工作？

（10）是否创建维修工作的软件程序？

（11）每个小组是否都有可用简便方法显示的相关维修程序？

（12）CMMS 是否有每个小组的历史维修记录？

（13）CMMS 是否有已执行的维修记录？

（14）仓库中所有备件的可用度是否在CMMS中有存储？

（15）是否以系统且规律的方式更新系统中的文档？

（16）是否以系统且规律的方式将信息与其他系统上的类似记录做比较？

（17）CMMS是否与其他系统（例如采购、财务或人力资源系统）联网以更新和交换信息？

（18）是否可以轻松访问系统中包含的信息？

（19）CMMS是否有使用设备的生产作业人员的记录？

（20）是否开展针对CMMS使用的培训大纲？

（21）CMMS是否具有准确的信息来控制效率指标？

正确实施CMMS所需要的相关指标需要有对以下几方面的认知：系统和设备、管理和维修人员，以及在系统中存放的文档与实际情况有多接近。

$$OI24 = \frac{实际使用计算机的内部维修员工人数}{实际内部直接员工人数}$$

Dean提出，90%的维修人员都应习惯使用计算机，并熟悉工厂中的CMMS程序。这是起码应该实现的目标，因为维修职能借由CMMS可以在管理过程中发挥到90%，并且在工程管理过程中可以发挥10%。

$$CMMSI1 = \frac{CMMS中的总人工费}{ERP中的总维修人工费}, \quad CMMSI2 = \frac{CMMS中的总材料费}{ERP中的总材料费}$$

$$CMMSI3 = \frac{CMMS中的总转包商费用}{ERP中的总转包商费用}$$

三大指标的值必须接近100%，才能使这一层达到成熟。在管理体系和可靠文件的基础架构上必须建立一个合适的费用模型。

$$CMMSI4 = \frac{CMMS中的机器总数}{工厂登记注册的机器总数}$$

对于该CMMS指标，Olszewski和O'Hanlon考虑了80%的值，并表示80%的资产记录在工厂CMMS中是不够的，对于影响维修职能的计算机该指标是100%。

$$CMMSI5 = \frac{CMMS中的备件总数}{工厂的备件总数}$$

Olszewski和O'Hanlon也提到CMMS所管理的备件占比平均值为70%，这是一个极低值，与随时间推移购买非必要物品的费用相关联。

$$CMMSI7 = \frac{CMMS中设备的总维修费用}{ERP中的总维修费用}$$

通过对未指定机器收取的费用和从长期订单、信用卡等支付的费用进行比较，该受操纵指标可以在设备层看出可追踪费用。问题在于，审核中我们可以将欺骗性费用分摊到设备中。

调查值是有效的,有四个指标与系统中实际数据的准确性有关。这些指标应反映系统作为费用、劳动力、材料和库存资产信息储库的有效性(图 7.25)。

SCMMSI = 调查结果(CMMSs)·CMMSI1·CMMSI2·CMMSI3·CMMSI4

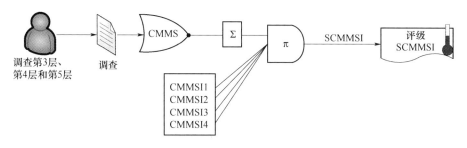

图 7.25　CMMS 中的调查批准

对 CMMS 系统的审核包括指标、调查和需整理的信息源,如图 7.26 所示。

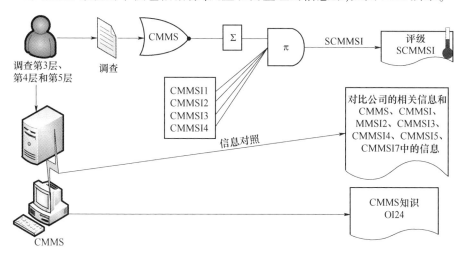

图 7.26　CMMS 的审核

7.5.4　人员管理和转包

1. 部门人员结构和工作确定

工作人员和转包商的管理调查是在不同层次上进行的。实际上,首先对于职位的确定,由维修主管完成,且由负责人力资源的人员提供有关部门结构和聘用人员专业概况的信息。WPLACEI 是一个基于这两个层次观点的调查指标。

调查问卷:人员管理和转包商——工作岗位(WOR-PLA)

(1)是否对每个维修作业人员的工作进行确定?

(2) 是否详细说明每个工作所需的知识?
(3) 是否定期审查这些工作说明?
(4) 这些说明是否用来确定培训需求并对需求进行定义?
(5) 这些说明与一个部门既定的未来运营目标和战略有关联的定义和内容是什么?
(6) 维修人员掌握的技能是否全面?
(7) 维修部门的高级职员与行政管理之间是否得到平衡?
(8) 员工的主要专长是什么?
(9) 用于界定员工水平和工作分配的员工专业知识怎么样?
(10) 工作人员的剩余工作负担是否已知?
(11) 分配给作业人员的日常工时(任务)的位置是否已知?
(12) 是否有针对输入输出人员的控制系统?

有关劳动氛围和公司任务信息的指标对应于前述两个层次,也对应于所有测量仪器中包含并得以测量的资料和官方文件。

调查问卷:人员管理和转包商——公司任务和劳动氛围(MIS-CLIM)
(1) 维修工作是否被认为需要体力与智力相结合?
(2) 维修人员在公司中是否有自豪感?
(3) 维修部门是否有孤立感?
(4) 工作人员是否可以享受工作所需要的全部技术手段和便利设施?
(5) 在维修工作中是否重视自主权和主动性?
(6) 员工是否有自主权并表现出主动性?
(7) 维修人员之间的合作是否友好?
(8) 公司是否已建立人员轮岗政策?
(9) 该政策是否适用于维修?
(10) 是否觉得维修人员在公司里扮演重要角色?
(11) 是否为维修人员制定职业规划?
(12) 维修人员是否了解公司目标、使命和愿景?
(13) 维修人员的主要职责是否是着重于装置或设备的可用性?
(14) 员工是否熟悉公司目标?
(15) 维修人员在公司是否有资历?
(16) 他们是否召开定期会议来了解部门目标并谈论自己?
(17) 部门是否清楚了解并理解其愿景和目标?
(18) 员工是否认识到预防重大问题的预防性工作与修复性工作的区别?
(19) 生产与维修之间的关系是否是积极的且互相协作的?
(20) 这种态度是否对维持更高水平有积极的作用?

（21）与维修有关的部门是否协同合作？

下面的调查对激励和培训进行度量。在这种情况下，对监督培训的维修小组和人力资源部门进行审核。

调查问卷：人员管理和转包商——激励与培训（MOT-TRA）

（1）是否公平对待每位职工？
（2）是否提供对失误和成功的（正面或负面）反馈？
（3）是否营造一种互相尊重的氛围，使员工的诉求能够得到倾听？
（4）是否定期与员工会面，就部门不断发展的未来目标和/或计划的决定进行沟通？
（5）系统是否提供建议和有效的管理？
（6）是否有一套绩效评估和职业发展或职业计划系统？
（7）该系统是否用于发现培训需求？
（8）该系统是否用来确立目标并确保工人实现这些目标？
（9）该系统是否用来在实现目标的基础上奖励员工？
（10）是否具备完成工作所需的足够的工具和设备？
（11）培训水平是否与设备所需的技术相匹配？
（12）培训结果是否得到评估？评估是否持续进行？
（13）培训是否能保证所培养出的技术人员具备很全面的技能？
（14）员工是否将技术和方法的培训信息提供给教室、车间或现场的同事？
（15）员工是否向上级提出培训需求？
（16）从员工身上可否能看出所获培训带来的积极影响？
（17）良性信息是否可以减少培训错误和停机时间？是否存在这种看法？
（18）维修人员的流通量有多高？

1）人力资源结构

本节介绍与第2层次维修部门人力资源结构有关的指标。各项指标体现了企业的组织形式，包括内部员工、外部员工等。这些指标在技术变更、车间重要改进与扩展、改变某些方法或企业政策（例如承诺外包某些服务）期间可能会发生重大变化。

$$CMMSI8 = \frac{全职维修员工总人数}{主管人数}$$

WCM建议每位主管的第一线员工人数在15~20人。

$$CMMSI91 = \frac{全职维修员工总人数}{计划人员总人数}$$

WCM建议每位主管的员工人数在30~60人，包括外部和内部劳动力。每二名或三名主管分配一名调度员。

$$CMMSI92 = \frac{全职维修员工总人数}{培训人员总人数}, \quad CMMSI10 = \frac{维修技术人员总人数}{管理保障人员总人数}$$

Wireman 建议为每位维修行政助理分配三名到五名技术人员。如果比例较高,则意味着将数据输入控制系统的技术人员存在失败情况或造成了行政浪费。

$$EI8 = \frac{内部维修人员的总费用}{维修总费用}, \quad EI13 = \frac{间接维修人员费用}{维修总费用}$$

$$OI1 = \frac{实际内部维修员工人数}{实际内部员工总人数}, \quad OI2 = \frac{实际非直接维修员工人数}{实际内部员工总人数}$$

$$OI3 = \frac{实际内部维修员工人数}{实际直接维修员工人数}$$

HRI2 指标是衡量员工工龄和持久力的高效度量标准。

$$HRI2 = \frac{注册企业员工工龄总和}{员工总人数}$$

工作说明中的两个相关指标是技能全面性和轮班工作。工作说明和职工能力必须将两项指标反映出来,它们的实施需要明确公司的需求,并指出其组织成熟度。

$$OI15 = \frac{具有各种活动的实际内部维修员工}{实际内部维修员工}$$

$$OI10 = \frac{轮班工作的直接维修员工人数}{实际直接维修员工总人数}$$

Padesky 和 Mitchell 在协调即时付款 PAY O10 时提出,维修人员有进行轮班工作的必要,以防止故障,并提高机器可靠性。但他们表示,目前,在行业中轮班工作的维修人员比例不到 20%。

2) 劳动氛围

将员工调查结果与企业调查结果进行比较,研究其相关性并观察满意度指数是否合适,尤其是工作方法、工人范围以及与管理人员的沟通和关系等方面。

组织氛围是涉及个人、团体和组织因素的多层次变量,换言之,它整合了组织行为。这种整体概念意味着对工作氛围的评估会考虑到所有对组织中的人员有影响的事项。这些调查并不频繁,但为维修的管理和执行提供了密切相关的信息。

工作氛围的定义来自共同的看法。氛围概念,如组织效能的描述性变量,通常在没有对定义或度量进行全面讨论的情况下使用,这就引入了一些主观因素。因此,可采用调查进行量化。

大多数作者将劳动氛围理解为对组织状况的共同看法,参见参考文献(Denison,1990)。这些看法都是个人看法,必须具有更高的一致程度才能形成氛围,也就是说,必须将看法共享。因此,组织氛围与组织成员分享的见解,特别是政策、程序和实践方面的见解相关。共同的看法在维修领域中是非常重要的,与对部门状态和行为方式的总体满意度有关。如前所述,人因同时影响着绩效和满意度。

一般而言,氛围是指每个组织成员作为组织氛围的基本要素的感知过程,这是一种主观现实。Reichers 和 Schneider 认为,氛围是正式或非正式地由对政策、实践和程序的共同看法而形成的,它表明了组织目标,并提出实现这些目标的适当方法。因此,当某个部门对企业总体目标视而不见,或者没有给出适当的奖励或反馈时,就会形成多年的影响维修职能的不良劳动氛围(图 7.27)。

Tagiuri 和 Litwin 认为,劳动氛围是组织内部环境的一个相对稳定的方面,特点包括氛围由其成员体验、氛围影响行为、氛围可用数值描述为组织的一组特定的特性(或意向)。

这些共同看法可以分解成几个维度。关于这一点,并不是所有作者的看法都一致。例如,Campbell 等认为有四个基本维度:个人自主程度,结构化程度,奖励定位,关心、支持和友爱。这些维度决定了维修组织结构图的演变以及它们在成员之间建立的稳定关系。

核心维修必须具有自主性、决策能力和独立解决问题的能力。过度的控制可能导致绩效下降。本章提到的其他维度的人因也源于组织结构图以及相关的对出色工作的激励或奖励。

严格定义并不是氛围概念的唯一问题。Rousseau 认为,劳动氛围着重于受个人特征和个人在组织中的地位所影响的描述性信念。Drenth 和 Rousseau 认为,组织氛围并不是单一的,可能会存在亚氛围。由于组织成员对质量、生产和维修这 3 个主要操作领域的不同看法,亚氛围的存在对维修区域是有害的。亚氛围或劳动微氛围往往是矛盾的。一些作者在理论上提出,对氛围的看法应在组织、部门和个人三个层面上存在差异,但由于氛围主要是一种组织属性,部门间差异要弱于组织间差异。

由于所谓的"从众心理",维修领域对此过于敏感。这种思维经常遭到批判,因为它是传统组织中普遍存在的社会融合不足和过分强大的等级观念所造成的。有一定的轮岗和人力资源交流的部门通常不会有这种心态,但这在维修工作中并不经常发生,在很大程度上是因为工作的高度特殊性以及不可能以简单替换的方式进行轮换。

大多数作者认为组织氛围和劳动氛围主要取决于以下两个条件:一是营造组织内的共识,由此工人认为他们都是为同一家企业及其小型工作单元(如工厂、部门或工作小组)工作;二是在组织中存在不同看法,或者存在工人对企业及其小型工作单元(如工厂、部门或工作小组)氛围的不同评价。

除了这两个条件之外,氛围还有两个属性:影响力和水平。它们在理论上和经验上是可区分的。劳动氛围的强度是指同一个群体(公司、部门等)中工人认知的一致性水平。在较强的氛围下,工人的看法非常接近,保持平和就是一个很好的例子。

维修部门的氛围水平是所有工人的平均水平。因此,平均而言,如果工人对组织的政策、程序和实践的看法是正面评价,那么就有可能产生高水平的劳动氛围。当然,也可以营造一种同样好或同样坏的氛围。在这种情况下,可以区分概念和影响力水平。

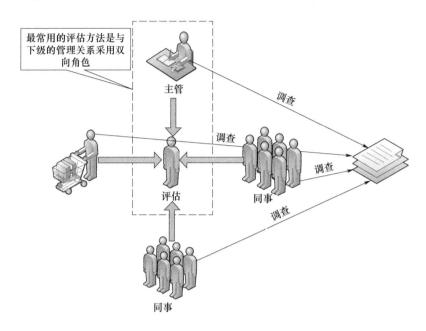

图 7.27　劳动氛围评估

3) 积极性评估与培训

培训领域的指标有很多种,审核过程中可参照操作人员培训预算分配情况、培训时间或者由外部培训人员或部门人员内部开展的培训类型。除 ITI22 之外的数据是组织中第 2 层的人力资源维护主管的直接职责。

$$EI21 = ITI1 = \frac{维修人员培训费用}{实际维修人员人数}$$

Padesky 在协调过程中提出一种使用 SMRP 和 EFNMS 得出 EI21 的计算方法,建议每名员工的典型费用是每年 3500 美元(约 2000 欧元),并广泛用于计算 EI21。

$$ITI21 = \frac{总的培训时数}{员工总人数}, \quad ITI22 = \frac{总的人际培训时数}{员工总人数}$$

$$ITI6 = \frac{培训师总人数}{维修员工总人数}, \quad ITI11 = \frac{年度培训预算}{年度工人工资预算}$$

Padesky 举例说明了借由 ITI11 近似值来使用 EI21 指标,对照于工资管理部门总金额,该近似值约为培训预算的 3%。

$$OI23 = \frac{内部维修员工培训工时}{维修总工时}$$

Padesky 的建议表明,UNE-EN 15341 的 OI23 指标值是培训预算的 3% 之内。该建议统一了 SMRP 与 EFNMS 的指标。

决定培训活动效率的指标是 ITI5,可以用两种方法来衡量。第一种方法是初始活动的标准化平均值,也就是分类任务的作业成功度。但使用形成性评价是存在问题的,例如培训课程可能会以颁发参训证书和成绩证书而告终,而实际的成功水平则不可衡量。培训效率的测量必须更加深入,并与所学到的知识相一致。通过判断由缺乏培训知识而导致的错误来评估培训行为是否成功更为合适。

$$ITI5 = 提供培训和获得能力之间的相应水平$$

为此,可以采用类似于 ITI7~ITI10 的指标。参数 ITI7、ITI8、ITI9 和 ITI10 应该是调查结果和深度访谈,因为 WO 和工作报告没有提供足够的信息。要做好工作,调查工作要搞好,要从所有的结论中剔除惩罚性的一面。

$$ITI7 = \frac{由于缺乏培训所致操作差错产生的不工作时间}{总的不工作时间}$$

$$ITI8 = \frac{由于缺乏培训所致维修差错产生的不工作时间}{总的不工作时间}$$

$$ITI9 = \frac{由于缺乏知识所损失的时间}{总的工作时间}, \quad ITI10 = \frac{由于缺乏知识所重复维修的时间}{总的工作时间}$$

Padesky 和 Dunlap 分析了计算维修人员投资回报(ROI)的可能性。这一方面会影响 ITI5,因为它与培训和所获技能有关。另外,由于缺乏信息,会产生更大的损失。作者推测,如果很好地发现培训需求,则维修领域的 ROI 可能性将大于 200%。不过,该指标的测量太复杂。

ITI3 和 ITI4 指标很难测量,并与调查行为和实际比较有关,这些指标说明存在着开销过大的趋向。

$$ITI3 = 维修工人阅读水平, ITI4 = 从部门或国家考试获得的技能水平$$

Gold 和 Packer 比较关心维修工人的阅读习惯,他们强调了日常阅读的重要性,并建议维修工人每天阅读以下内容。

(1) 文件和表格,如担保、预算、采购订单和工单;

(2) 用几种不同语言表示的各种标签;

(3) 设备手册、目录和产品;

(4) 带有说明和程序的表格;

(5) 各类量表;

(6) 部门、供应商等之间的联络方式信息;

(7) 各类危险标识和其他标识。

在阅读或解读任何文件或标识时,必须注意维修的指导,并记录因误解而引发的事件。积极的政策将鼓励发展维修职能的适当绩效所必需的技能。

Gold 和 Parker 认为,维修人员必须具备以下能力。

(1) 沟通能力,包括在文件中用英语作为通用语言的能力;

(2) 编写报告、起草 WO 和其他文件的能力;

(3) 理解和快速阅读说明书、技术资料、程序等的能力;

(4) 解决问题的能力。

鼓励工人阅读标识和文件是特别有必要的。在积极性方面,与 KAII4 相关的员工积极性水平和最后一个培训水平的相关指标是在学习阶段中每位员工所提建议的数量。这个指标应不断增高,直至系统达到一定的成熟度等级。

$$KAII4 = \frac{维修雇员提出的建议数}{维修雇员总人数}$$

员工的积极性水平要用下面三项指标的较低结果进行加权,这考虑到就对维修技术人员而言最重要的一个因素是对体现其专业水平的设备的满意度:

$$T\&UI1 = \frac{对个人设备满意的维修工人数}{维修工总人数}$$

$$T\&UI2 = \frac{对拥有技术设备满意的维修职员人数}{维修职员总人数}$$

$$T\&UI3 = \frac{对维修设备的实际投资额}{对维修设备的计划投资额}$$

这里考虑的最后两个参数是缺勤和流动率。旷工表明效率低下,其期望值应该是零,所以由自身的补足量(补充人员)加权。在维修人员中,流动率和缺勤率是满意度的明确指标,增补人员比例用来体现满意程度。

$$TPMI6 = \frac{缺勤总小时数}{考察范围内的总小时数}, \quad HRI1 = \frac{自愿离职员工人数}{员工总人数}$$

调查结果如图 7.28 所示。当某值无法估计时,必须从验证过程中将其剔除。

图 7.29 评估了人因的三个方面。这些数据必须与外部数据、调查或指标相结合才能变得更加合理。

2. 转包合同

合同工作的调查问卷在第 2、第 3 和第 4 层次完成,这些层次直接涉及招聘和人员增补。值得注意的是,审核员可以跟踪调查过程中提出的主张。审核员不会

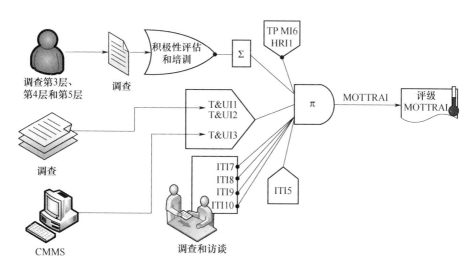

图 7.28 积极性评估和培训

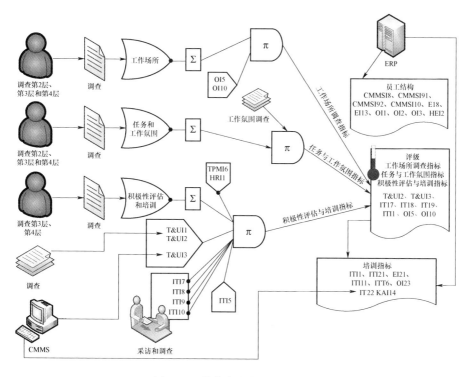

图 7.29 维修审核中的人因评估

检查每个供应商的技术专长年份或质量认证,即使这些重要指标与维修管理合同有关,但审核员可以向企业索要证明或与某些工作相关的安全手册。

调查问卷:转包合同——招聘政策(REC-POL)

(1) 公司是否可以因缺乏合格人员并考虑到工作量而将服务转包?
(2) 员工是否可以随时执行日常维修工作?
(3) 是否考虑由公司内部人员管理外包费用?
(4) 是否有经过标准确定的合同?
(5) 公司如何在 UNE-EN 13269:2003 的建议的基础上编写合同?
(6) 是否有招聘政策或正式的招聘方法?
(7) 招聘政策是否有效且高效?
(8) 合同规范是否清晰?
(9) 服务质量是否明确?
(10) 是否确定了服务范围和交易条件?

调查问卷:转包合同——承包商选择(CONT-SEL)

(1) 是否拥有根据专门技术、反应时间、费用、经验、遵守安全规章等来评估供应商的流程?
(2) 维修主管是否参与承包商的选择和工作的分配?
(3) 承包商是否了解公司的劳动政策?
(4) 公司是否了解承包商的经济偿付能力?
(5) 公司是否了解承包商的专业水平?

调查问卷:转包合同——承包商监督(CONT-OVER)

(1) 是否拥有关于转包的补充手册?
(2) 是否有正式的承包商工作控制机制?
(3) 内部和外部人员之间是否有融洽的友好关系?
(4) 是否有正规机制确保对承包商工作质量的管理?
(5) 是否有正规机制监督承包商的工作安全?
(6) 是否有对承包商工作截止期限的正规控制机制?
(7) 是否有对延误的惩罚?

调查涉及招聘流程中的三个相关方面:合同选择、合同的实现以及工作的后续验证。这些步骤是 UNE-ENV 13269:2001 试用标准和正式标准 UNE 13269:2003 的一部分,尤其适用于维修合同。

Hawkins 为那些几乎不断将劳务外包用于日常工作和重大维修等的公司建立了一个指标,作者认为在日常维修中选择外包劳务的企业可以将大约 40% 的总维修时间用于外包。

与招聘相关的财务方面对应于 EI9 和 EI10 两个指标。第一个是指按小时雇用的所有外部员工,第二个包括承包商发出的所有单据。如图 7.30 所示,这些数据通常由采购部门、人力资源部门和财务部门掌握。这些指标的基准点受到公司战略、流程和维修职能所需外包程度的影响。

$$EI9 = \frac{外部维修人员的总费用}{维修总费用}$$

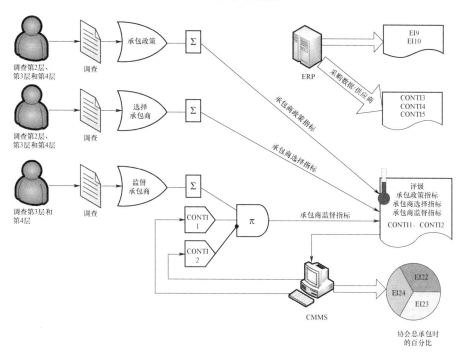

图 7.30 对招聘过程的审核

DiStefano 将这些招聘费用作为确定永久性维修人员规模的重点。EI10 指标（尚未统一）包括转包人员和材料费用，但正如 Hawkins 所建议的那样，只考虑长期工作，而不考虑与改进或增扩相关的日常工作。测量周期应该以年度为单位，但可以在较低的水平上计算。Distefano 认为，应将约 25% 的预算分配给这种类型的维修。

$$EI10 = \frac{总的合同维修总费用}{维修总费用}$$

CONTI1 和 CONTI2 指标代表所提供服务的质量，这些指标应该按照 UNE 13269 的规定来确定。

$$CONTI1 = \frac{合同服务的可用时间}{要求的时间}, \quad CONTI2 = \frac{需要返工的工作数量}{承包商完成的工作数量}$$

CONT2 指标可以推广应用到所有要求合同重复的工作。该指标必须向世界级标准看齐,并且不得超过3%,这种重复很容易采用负面影响来度量。在这种情况下,如果工作正常按照 WO 执行,则工作人员认为该工作不算完美。SMRP 指标也被认为是一个关键因素,Olver 将其设定为 4%。

对于 CONTI1 和 CONTI2 指标,自然期望的趋势是接近于零①。这些指标要与服务质量调查的结果相结合。调查结果按五点评估,并按层次平均分配。它们用来评估承包商的质量,并根据下式获得经验证的指数:

$$CONTSUPI = 调查结果(CONT\_SUP) \cdot CONTI1 \cdot \overline{CONTI2}$$
$$= 调查结果(CONT\_SUP) \cdot CONTI1 \cdot (1 - CONTI2)$$

调查结果和两个质量因素将反映承包商所提供的服务的优良程度以及他们所接触到的监督程度,其趋势可根据三个参数来表示和分析。这些指标存储在 CMMS 中。参考值应该是当前测量值和其参考单位,其中该值的 85% 相当于世界级指标。

与承包商技术评估有关的指标通常会影响到采购部门和财务部门。当这一职能未赋予维修主管(小型组织中的维修主管)时,这些指标用于对承包商的管理。如前所述,对每个承包商的详细评估并不是外部审核的主题。因此,这些主张中的调查和置信因子是不同层次上多个调查的权重因子。在招聘系统发生"触发警报"之前,应进行深入的内审或外审。需要仔细审查承包商文件以及其他合同申请人的文件。

CONTI3 = 承包商在参考领域的经历(年),CONTI4 = 作为供应商的质量认证

CONTI5 = 外包人员的技术水平

审核可以依据维修类型的不同,以图表形式报告合同总工作量的分配情况。大量的机械、电气和电子维修提供了有关待聘用维修承包商之类型的信息。电子维修往往与 CBM、制造商设备的设置或新技术的实施有关。大量的机械维修和电气维修则与大型停工或大修有关。经常会出现固定的电气和机械维修时间点,前提在工厂内设有一种通过因内部人员减少而将职能外包来完成的日常维护工作的模板。

$$EI22 = \frac{机械维修合同总费用}{维修总费用}, \quad EI23 = \frac{电气维修合同总费用}{维修总费用}$$

$$EI24 = \frac{仪器维修合同总费用}{维修总费用}$$

图 7.30 解释了维修中的招聘审核过程,首先是对运营管理层所提问题、维修总负责人等进行调查。一旦执行,调查和答复将得到处理,并与其他来源的指标相结合。最后,将 CONTSUPI 和 CONTSELI 指标并入审核结果。

---

① 译者注:按照上下文的理解,这里应该不含 CONIT1,即 CONTI1 的期望不应该是零。

可以从管理系统获得与供应商有关的财务数据和信息,从 CMMS 数据可以获得转包劳务工作时间以及签约公司的工作重复率。可以用 CMMS 数据计算可用度。

7.6 第3层演化

现在应该是对旨在改进而实施的技术和方法进行观察,同时对影响维修职能的一些因素进行观察(图 7.31)的时候了。

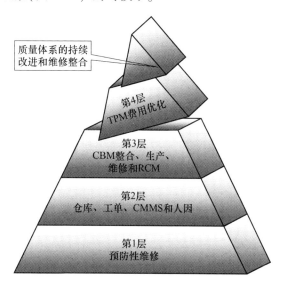

图 7.31 维修演化的第 3 层

7.6.1 基于状态的维修

为了评估预测性项目,给出以下调查问卷。对于要求回答为"是"或"否"的问题,应询者应该只能给出二选一的选择:不是 5 就是 1。

调查问卷:CBM(基于状态的维修)
(1) 检查时是否进行维修?
(2) 是否对重要设备进行所有预测性维修工作?
(3) 这些日常工作是否有确定的频率?
(4) 每项日常工作是否都有规定的流程?
(5) 是否对预测性维修的结果(如未来趋势)和生产数据进行分析?

(6) 执行的预测性维修操作是否基于该分析?

(7) 自启动 CBM 后,故障次数是否有所下降?

(8) 自启动 CBM 后,常规维修工作、修复性工作和预防性工作的百分比是否有所改变?

(9) 计算是否证实使用这些技术能够减少费用?

(10) 是否是由内部员工进行预测性分析的?

(11) 员工是否接受了 CBM 方面的培训?

(12) 是否具有改善或添加预测性维修日常工作的机制?

(13) 是否是基于已建立的指标(如变量、温度等)开展监测工作的?

(14) 是否召开简短的日常会议,审查和控制计划的任务、分析和日常工作结果?

(15) 是否在日常维修实施中给员工确定并布置了修复性维修措施?

调查结果会交给分别处于第 3 层次和第 4 层次的目标受众。最终,相关结果转化为正式维修信息,进一步丰富已有的技术知识,且证明 CBM 程序的确对维修工作有所帮助。

这些数据结合了与基于状态维修有关的两个参数。

MPI6 是一个能反映维修大纲的低效率且能显示出被忽略和/或未检测出的故障的指标。

$$PMI6 = \frac{可以避免的故障次数}{总的故障次数}$$

同样,CBM 方法采用视觉观察技术或复杂振动分析技术会引起机器轻微的中断,以便对机器进行检查。

$$TI10 = \frac{CBM 引起的不可用时间}{维修引起的不可用总时间}$$

当修复性维修工单的有关其他参数值减小时,PMI7 参数的值就会明显增大。这在执行预测性大纲时不可避免,该预测性大纲中故障和紧急事件都由工单取代,因为机械状态、事件和先前的保养设置了一个阈值,不存在下限。下文所述的 CBMI4 参数与此减少情况相关,因为 MTBF 一直增大,直到系统达到其最大固有可靠性,但这之间的具体联系仍是未知的。

$$PMI7 = \frac{MP(维修大纲)检查生成的工单总数}{生成的工单总数}$$

Mitchell 在给 SMRP 提交的文件中讨论了工单中预测性维修和预防性维修的形态,该指标与 PMI7 非常相似,并建议每个月都要计算该指标。此外,还可以分为预测性部分和预防性部分,从而分别分析两个大纲的效能。Mitchell 考虑了因检查而生成的工单,尤其关注了其中的修复性维修工单,建议约 60% 的修复性维修工单应在检查的基础上进行。如果根据所有工单计算参数,那么参数值可能会降低。预测性效率应约为70%,而预防性效率低于50%。

下一个指数是CBM相关的基于计算机的维修任务百分比和相应的人工工时占比。参考数据与企业类型及CBM所用机器相关,特别地,当CBM应用于一台或两台旋转机器时,他们考虑剩余的小时数和预算。CBM仅用来对配电板进行热成像检查,它需要确认过程的连续性并监测数百台机器的状态。一旦在CBM中建成某些系统,这些参数就应该维持稳定的状态。这些数据通常存储在CMMS中,它们与公司员工或合同工人的工时相对应。

$$OI19 = CBMI11 = \frac{CBM 维修工时}{维修总工时}$$

CBMI4参数表示工作设备或线路的MTBF,同时提供与审核有关的数据,从而了解预测性策略对特定的设备或线路的影响。对于旋转机械,对于小改进或诸如调整和润滑等预防性工作,以修复性维修代替更换费用,其效果在数月后就可明确地显示出来。

$$MTBF = CBMI4 = \frac{考量范围总时间}{设备故障次数}$$

最后,审核的相关数据就是与实施CBM的收益相关的数据。设置CBM例行程序会产生多项费用,所以应该用至少6个月的时间提出理想的方法,从而获得想要的结果。费用计算要包括为了减少预测性和预定工作而替换为系统预防和修复性措施多产生的费用。这两个项目的正差值表示每个使用装置减少的费用。这些数据存在于CBM概况中,了解这些数据就能对收益作出更准确的预测。预测性维修覆盖公司80%以上的生产性资产时,费用的减少将确保CBMI3会逐步发展到可节省20%~30%的维修总费用。

$$CBMI2 = 采用预测性维修节省的费用, CBMI3 = \frac{当前维修费用}{采用CBM之前的维修费用}$$

EI17参数与CBMI12的参数相同,表示初始投入的适当性,要考虑到在获得期望效果之前的维持性支出。然而,对维修主管来说,这代表部门预算分解的一项巨大变动,它将会显著改变分配人力资源和材料资源的方式。

$$CBMI12 = EI17 = \frac{预测性维修费用}{维修总费用}$$

图7.32所示是与CBM系统审核中数据析取和参数展示这两个过程相对应的流程图。系统的相关物理审核包括耗电量(整体耗电量)、重要机械和设施的整体振动,重要元件的平均温度和整体性能分析。若所分析的机械使用率高,或被监测的机器非常重要,那么这些数据就能提供有价值的信息,而这些参数的演化通常与修复性处置次数的减少和设备MTBF的增加直接相关。

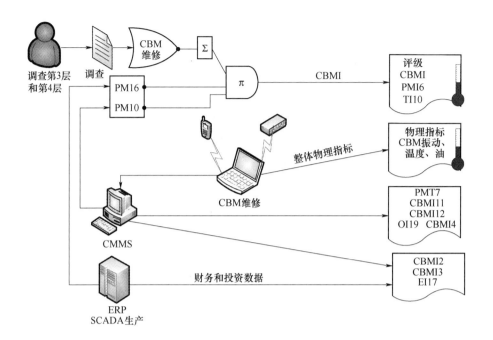

图 7.32 基于状态的维修审核

7.6.2 生产与维修的相互关系

生产与维修的关系是审核的一个重要方面,许多指标都体现出这一点,并且三个方面尤其重要:①生产和维修必须是相辅相成的,以此安排修复性维修、预防性维修和改进等的时间;②两大职能共享的信息应包括危害性、配置、策略执行和瓶颈问题;③它们必须共享系统产量和生产能力在数量和质量方面的具体信息(图7.33)。

调查问卷:维修和生产的整合——生产计划(PROD-PLAN)

(1) 是否制订了日常生产计划?
(2) 是否有每周商定的维修安排?
(3) 该安排是否规定了计划的停工事项?
(4) 是否规定了停工和形式变更的时间?
(5) 是否审查了日常生产和维修大纲?
(6) 是否规定了设备维修的时间?
(7) 是否能在不损害已计划产量的情况下完成维修工作量?
(8) 是否囊括了主要维修活动的长期生产计划?

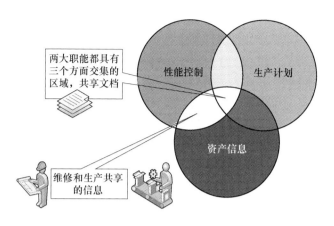

图 7.33　生产和维修的交叉领域

调查问卷：维修和生产的整合——资产信息（KNO-AS）

（1）是否有公司资产清单？该清单是否被加密？
（2）每个小组①是否有技术说明书？
（3）维修和生产管理软件之间是否存在联系？
（4）是否有描述并确定所有计算机的车间布局？
（5）生产系统是否设置了平行的生产？
（6）是否根据重要工艺确定生产线？
（7）是否按照一些准则划分了生产区域？
（8）为了将资源集中在重要的资产上是否进行了危害性分析？
（9）其他设备的故障发生率能否量化？
（10）是否从法规的角度分析了每项资产？
（11）是否满足这些规则？
（12）一些设备是否出现了瓶颈？
（13）企业是否知道生产线上每项工艺所需的时间？
（14）是否有安装工艺示意图？
（15）是否有待安装管道（电气管线、气管、水管等）的示意图？
（16）是否有仪表和过程的 PID（管路和仪表布置图）示意图？
（17）是否所有计算机中都有相关目录和技术资料？
（18）生产和维修是否共享技术资料？
（19）出现停工或故障时，是否能获取技术资料？

---

①　译者注：原文"team"应为"item"，即项目或产品（参见附录 A.4 调查问卷"维修和生产的整合"中"资产信息"的第（2）题）。

调查问卷:维修和生产的整合——性能控制(PERF-CON)

(1) 是否有既能记录故障时间又能与生产和维修共享信息的系统？
(2) 是否限制了从机器停工到再次启用的时间和各个阶段的维修时间？
(3) 如何将工单产品输入系统？
(4) 是否记录了每台机器/每条生产线的停工时间和性能？
(5) 是否分析了停工时间和停工原因？
(6) 是否分析了维修和生产,以及停工产生的费用？
(7) 是否测量了停工导致的时间和产量损失？
(8) 如何计算与维修工作相关的不同可用性？
(9) 是否记录了重要设备的下降产量？
(10) 是否采取纠正措施去消除原因？

评估上述三个方面的指标如下。首先,用生产职能可用性参数评估生产计划；然后,必须考虑维修活动的规划,因为通过维修获得的可用性是一项关键参数,换言之,维修和生产之间有着明确的联系。

$$TI2 = \frac{要求时间内实现的可用时间}{要求的时间}$$

其他相关参数是维修相关的可用性和故障相关的可用性。这反映了适当的计划和远见,使得维修和生产能够恰当地相互作用。

$$TI1 = \frac{总的使用时间}{总的使用时间 + 总的不可用时间}$$

EFNMS 将制造业的 TI1 值设置为 91.5%。

$$TI6 = \frac{总的使用时间}{总的使用时间 + 故障引起的不可用时间}$$

资产生产信息体现在两个参数中。第一个是一个百分比,表示购买且在 CMMS 登记注册的所有系统的维修职能信息；第二个是被分析的关键单元的数量,表示与待考虑关键单元总数对应的实施策略的制定。

$$CMMSI4 = \frac{CMMS 中的机器总数}{工厂登记注册的机器总数}$$

$$TI18 = \frac{危害性分析包含的系统数量}{系统总数}$$

结果显示的是与维修可用性有关的生产数量(图 7.34)。

$$EI6 = \frac{与维修相关的可用度}{生产数量}$$

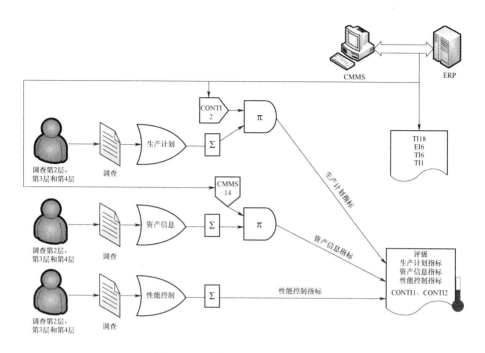

图 7.34 生产和维修间的相互关系

7.6.3 RAMS 和 RCM 分析

这一节将评估对 RAMS 参数的了解程度以及其在日常工作中的实施情况。已经成功部署的 RCM 不在评估范围内,但实行危害性分析或达成该方法的任何重要成果并不意味着企业已经完整地实施了该方法。像在其他领域一样,审核问题是为系统的可靠性和维修性寻找答案。就这个原因而言,调查和指标不是要具有教育意义,而是要能评估对日常工作中的 RAMS 参数的了解和实现程度。

调查问卷:RAMS 和 RCM 分析——RAMS 知识和概念(RAMS-KNO)

(1) 公司是否有关键和重要设备清单?
(2) 雇员是否知道关键设备、优先设备和次要设备之间的区别?
(3) 是否已经确定了设备的关键部件?
(4) 是否知道故障的主要原因?
(5) 是否根据备件的现状对其进行修理?
(6) 是否定期检查关键设备的重要组件?
(7) 这些修正是否产生纠正措施或给出答案?
(8) 是否有针对组件的正式检查计划?

（9）设备改进是否有具体的流程？
（10）这项流程是否考虑了维修问题？
（11）改进流程是否说明了如何更新现有技术文件？
（12）是否审核了该流程？
（13）是否借鉴维修部门的经验来选择新设备或改进现有设备？
（14）设计或购买新设备时是否考虑了维修性和可靠性？
（15）是否考虑了新机器每个组件的可达性，即充分执行检查或其他维修任务的能力？
（16）是否知道可靠性概念？
（17）是否能够确定关键设备的可靠性？
（18）是否了解关键设备的故障？
（19）是否分析了设备寿命周期期间的维修费用？
（20）FMEA方案是否包括维修、生产、采购和工程？
（21）FMEA是否是用于机械采购的一项工具？
（22）谁参与设备选择过程中的FMEA分析？
（23）是否用FMEA技术为关键设备制订预防性维修计划？
（24）这些技术是否足以消除不必要的检查？
（25）是否量化FMEA结果的值？
（26）FMEA是否用于实施改进和技术更新？
（27）FMEA是否用于新设备的设计？
（28）当前维修分析是否采用了RCM？
（29）是否实施了RCM？
（30）是否理解RCM原理？
（31）是否利用历史数据来提高关键设备的可靠性？
（32）是否利用数据/历史设备来提高所有设备部件的可靠性？
（33）是否系统地计算了设备及其部件的MTBF和MTTR指标？
（34）是否定期审核这些指标，以便查探改进（反之亦然）？
（35）设备的改进是否保存并归档？
（36）是否执行和检查测试？
（37）是否利用以前的量值来预防问题的再次发生（图7.35）？

须通过操作软件的方式，从输入工单的故障数据和维修次数中收集可靠性信息和维修信息。若对故障次数的访问相当复杂或涉及大量的手工作业，则须用MTBF和MTTR作为参考参数。

$$RAMSI1 = 设备或系统的可靠性 R(t)$$
$$RAMSI2 = 设备或系统的维修性 M(t)$$

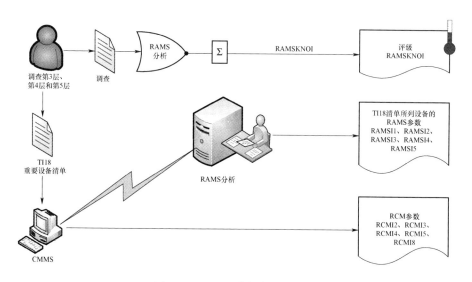

图 7.35　RAMS 审核与关键研究

RAMSI3 = 设备或系统的 MTBF
RAMSI4 = 设备或系统的 MTTR
RAMSI5 = 设备或系统的风险率 $\lambda(t)$

这里列出的其余指标着重对设备进行分析,从而给资源的应用制定优先级。这项逐步分析应该涵盖设备的方方面面,从而衡量应用维修策略的适当性。因为该结果是不断累积得来的,所以它应该近 100%地符合特定设备、备品备件和所提出的任务的具体情况。

重要的是,必须提及这种提议要求的水平。O'Hanlon 和 Nicholas 讨论了对 RCM 的实施及其结果的调查。在他们提及的公司中,60%的公司采用了 RCM,其中只有 15%的公司成功地应用了 RCM。在能够执行这些指标的企业应做到以下几项:

(1) 可用度增长 44%;
(2) 备件库存减少 15%;
(3) 加班率减少 21%;
(4) OEE(设备综合效益)增加 23%;
(5) 高级别职员对设备的了解程度增加 13%;
(6) TEE(总效能)增加 8%。

$$TI18 = \frac{危害性分析包含的系统数量}{系统总数}$$

WCM 要求至少 20%系统进行 RAMS 分析。它设定 20%~80%的比例,因为

20%的设备将贡献80%的生产力,因此TI18应该高于20%。

$$RCMI2 = \frac{\text{进行了原因分析的设备故障数}}{\text{设备故障总数}}$$

$$RCMI3 = \frac{\text{关键设备中审查过的预防性维修任务数量}}{\text{关键设备总的预防性维修任务数量}}$$

$$RCMI4 = \frac{\text{关键设备中审查过的预测性维修任务数量}}{\text{关键设备总的预测性维修任务数量}}$$

EFNMS认为,关键设备维修任务的修改必须达到50%这个最小阈值,70%则可视为WCM的一项重要成就。因此,RCMI3和RCMI4必须处于50%~70%。

$$RCMI8 = \frac{\text{关键设备中审查过的备件数}}{\text{关键设备的总备件数}}$$

这些策略能够减少不必要的预测性检查和预防性维修任务,而这些预测性检查和预防性任务是审核工作完成后调整改进任务的一部分。

$$RCMI5 = \text{采用RCM所节省的费用}$$

如果继续进行分析,节省的费用会不断增加,RCM的经济效益应该会相当高。一些作者可能对这种情况过于乐观,O'Hanlon给出的图10-1或图15-1可以说明这一点,也就是无须投入过多的资金,通过消除预防性维修和预测性维修中的浪费就可达到节约费用的目的。

RAMS参数特别关注安全和环境损害情况,这个方面结合了维修人员对安全的定性认知,并提供了能够证实或反驳调查获得的可靠数据的定量指标。这些指标验证(或反驳)了相应的结果,找出可能实行的控制措施。

对工作氛围/安全氛围研究发展具有核心影响的一个事件就是切尔诺贝利事故,人类认识到了缺乏安全环境是事故发生的最重要因素,参见文献(IAEA,1986)。

应该区分两个经常混淆的术语:安全氛围和组织氛围。后者是指组织成员之间的共同认知,正如之前所解释的,它指的是对流程和惯例的认知。而前者是指对与安全有关的政策、流程和惯例的认知。可以从多个层次对此解释:首先,政策确定战略目的和目标;其次,规程为这些目的的有关行动提供战术指导;最后,惯例则与管理人员通过组织层次执行政策和规程有关,参见参考文献(Zohar,2000)。Zohar提出了验证安全氛围的三个标准:①其认知应具有同质性或能达成共识;②各组之间,即不同组织或一个组织中的不同分组之间,应该有可变性;③被分析团队应该相当于自然社会团组,如工作组、部门或组织。须记住,一个特定工作环境中的个人应该对安全具有类似的认知,一个团队的安全氛围是在维修过程中建立环境安全变量的基础。

理论模型应该明确安全观念和组织安全记录之间的关系,Zohar认为对安全氛

围的认知以下列方式影响着安全记录:

(1) 安全观念影响预期的行为;

(2) 预期影响安全行为的发生;

(3) 安全行为影响公司的安全记录。

Zohar 将测量指标的数据和安全氛围调查进行了结合,图 7.36 包括了安全政策、不安全行为以及受伤百分比的传递介质。图中的反馈回路表明,不安全行为能够诱使管理人员或主管修改安全措施的注重点。

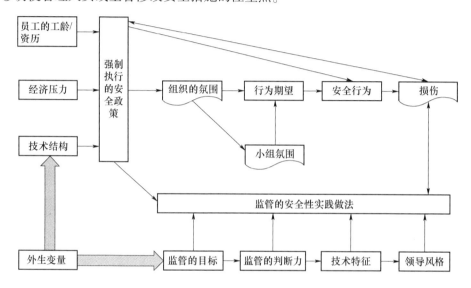

图 7.36 多层次安全氛围模型

图 7.36 给出了两种外生变量。第一种包括可能影响氛围层次或强度的变量,例如战略目标和股东压力可能诱导形成安全系数更高的氛围,但是财务压力或认为安全是工人最终责任的看法可能会导致形成安全系数更低的氛围;第二种包括似乎可预测安全结果的外生变量,例如工人的年龄。这两种应该都属于统计模型中的控制变量,尤其是当审核安全属于高度危险的维修领域(例如化学行业或核工业)中的优先考虑事项时。

据推测,对安全氛围的认知会影响雇员开展工作的态度、与其他员工合作的态度,以及其他安全问题,每个因素都能对安全结果(例如事故)产生直接影响。图 7.37 中展示的框架或模型主要关注了与个人安全有关的行为,包含个人安全的行为是安全行为的决定因素。Campbell 等提出了决定行为的个体差异的三个因素:知识、技能和动机。存在很多潜在的安全背景因素,图 7.37 展示了个人层面和组织层面的不同背景因素,对安全氛围的组织方式倾向于强调个人安全。

最后,任何关于安全氛围概念的理论立场都无法对将要测量的内容类型或用

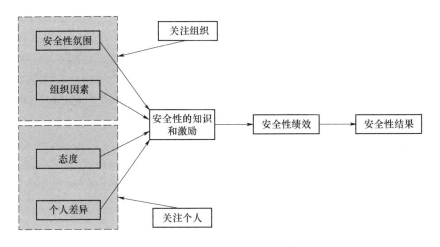

图 7.37 安全氛围和安全行为模型

于测量的技术类型产生重大影响。这种情况下,测量实际上总是包括对"组织行为人"的问询,且通常是通过自我评估调查问卷完成的。作者和他采用的调查问卷之间的根本差异在于分析的具体内容。许多研究人员认为 Zohar 的工作最先为有关安全氛围主题输入了以经验为主的信息。Zohar 认为安全氛围的测量应该包括以下几个方面内容:

(1) 感知到对安全的态度;
(2) 感知到安全行为对提升的影响;
(3) 感知到安全行为对社会地位的影响;
(4) 安全职员感知到组织状态;
(5) 感知到安全培训的重要性和效用;
(6) 感知到工作场所的风险水平;
(7) 感知到努力和安全提升的效用。

调查问卷:安全性——安全知识概念(SAF-KNO)

(1) 企业是否有安全海报或在工作中展示安全海报?
(2) 企业是否将安全方面视为优先考虑事项?
(3) 相关机制是否能向管理层通报不安全情况?
(4) 企业是否在工作中设立安全委员会和卫生委员会?
(5) 企业是否举办安全研讨会或演讲?
(6) 维修工作是否以安全为第一要务?
(7) 企业是否举行特定的安全会议?
(8) 企业员工是否都了解安全政策或法规,以及卫生要求?
(9) 企业是否设立负责卫生与安全的部门?

（10）企业是否意识到维修工人所面临的更多风险？
（11）企业是否具有对安全工作实施奖励和激励的体系？
（12）工作场所的安全和卫生工作能给企业带来什么利益？
（13）员工是否收到关于安全的书面或口头指示？
（14）是否定期检查安全控制？
（15）员工是否都了解安全委员会的职能和工作场所中的卫生要求？
（16）员工是否遵守安全政策？
（17）企业是否评估了不同工作的风险？
（18）企业是否已经制定流程和有关维修安全行为的具体规定？
（19）企业部门的首要任务是否是遵守安全规定？
（20）企业是否已经确定相关操作人员面临的风险？
（21）维修项目是否有设备和工具可用？
（22）企业是否有设备和测量校准规程？
（23）企业是否将校准和设备检查记录归档？

很明显，这项调查的结果能表明规则和安全要求的实施能带来积极的影响。正如调查所指出的，应该完好地维护设备和工具，以确保操作人员的人身安全。

有些安全方面的问题则来源于已经造成伤害的维修工作。

$$TI5 = \frac{维修所致的工伤人数}{工作时间}$$

机器可能含有危险物质，如果在维修过程中造成微小的泄漏，就会对生产人员产生影响。提高设备的安全度将减少事故的发生。

$$OI7 = \frac{维修员工工伤损失工时}{维修员工完成总工时}$$

在审核中实施危害性分析后，事故数量有所减少。

$$TI3 = \frac{维修引起的产生环境危害的故障次数}{日历时间}$$

$$RCMI6 = 采用 RCM 减少的不合规与事故次数$$

图 7.38 显示了安全等级审核。可以看到，一项安全审核能提供三种信息：①调查中的指标反映了当前的安全氛围，它们展示了对公司现行安全状况的整体感知；②保留了事故数据等，这些不仅是安全政策的具体表现，还反映了员工对政策的看法，在很长一段时间内都不会出现事故或环境问题；③改进指标，这些代表着与安全有关的积极主动性。如前面章节所述，必须通过风险研究来预测事件的发生，从而预防事故的发生。

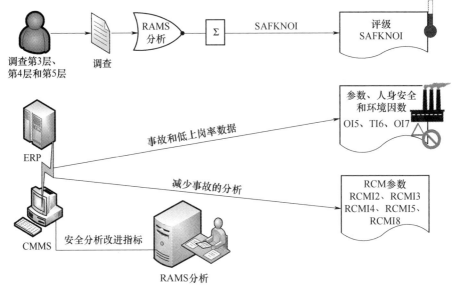

图 7.38　安全等级审核

7.7　第 4 层演化

CBM 维修通过共享信息和丰富的历史知识来组织维修和生产工作,防止设备达到临界状态和发生故障。此时,进入第 4 层,分析两个已发展成熟的方面:①部门应用的财务管理水平和费用模型;②TMP 实施或类似大纲(图 7.39)。

7.7.1　费用模型和财务优化

费用是调查问卷的相关指标,特别是在试图确定是否存在协商一致的运作模型的情况下。该调查分为两个不同的部分:①评估对预算的了解程度、控制程度和执行程度;②添加已建立的有关折旧、资产更换等的费用模型。

调查问卷:费用模型和财务优化——管理和预算控制(BUD-MAN)
（1）部门是否有预先批准的预算？
（2）是否每个月都控制费用？
（3）是否参照先前设置的一些指标控制费用？
（4）周期性控制结果和指标能得出中间结论来驱动生产线和维修线吗？
（5）测算的实际费用和预算费用之间存在怎样的偏差？

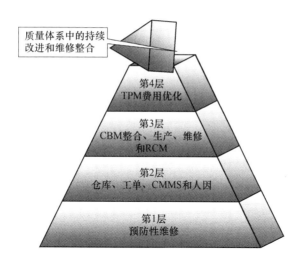

图7.39 维修演化的第4层

（6）设备维修费用能否控制？
（7）是否按所采用的维修类型控制昂贵的费用？
（8）是否每个小组都对维修费用进行统计控制？
（9）是否对可用设备规定存货规模？
（10）每个小组都知道相关备件的费用吗？
（11）是否知道维修的人力费用？
（12）外包工作是否比利用自身资源更节省费用？
（13）能否根据备选方案的费用制定维修策略？

调查问卷：费用模型和财务优化——费用结构（COST-STR）
（1）是否有定义明确的维修费用结构？
（2）该模型是否包含直接费用和间接费用？
（3）该费用模型是否用于未来决策的制定？
（4）是否按照生产区域制定费用？
（5）是否了解设备的采购日期？
（6）是否按照设备和设备的每个组件制定费用？
（7）是否了解设备的采购价格？
（8）是否制定了设备的折旧率？
（9）因已知故障导致的生产损失费用有多少？
（10）费用模型是否涵盖了一般传统上的隐蔽故障？
（11）是否每年都评估设备的更换？
（12）是否了解维修费用和产品总费用之间的关系？

(13) 是否了解一台全新设备的总费用?
(14) 是否了解设备停止不用的费用并进行划分?
(15) 是否将费用划分为临时费用和变动费用,即临时的(职工、计划维修和投资)和变动的(员工、备品备件、能源和租金)?
(16) 维修人员和生产之间是否存在关联?

在这种情况下,调查起到了对比作用,但它不能与维修指标合并或组合。该费用审核提供一系列财务指标和有关对预算政策信息的调查结果。从 ERP 和 CMMS 中析取的数据是某些指标的必要组合。

EI1 参数表示用于维修某些资产的资源的浪费。这项参数对于维修的高层是非常有用的,当按领域划分该参数时,可发现大量低价值资源,此时更换费用低。

$$EI1 = \frac{维修总费用}{资产更换价值}$$

Weber 和 Thomas 认为,考虑到年度维修预算,EI1 的世界级参考值约为 2% 或 3%。

下列三项指标提供了价值转换中维修预算与生产的关系、数量或费用的相关信息。若一个装置的维修处理费用过高,那么它的利润率就非常低,可通过设定的基准观察这一类指标。

$$EI2 = \frac{维修总费用}{增值 + 外部维修费用}, \quad EI3 = \frac{维修总费用}{生产数量}$$

$$EI4 = \frac{维修总费用}{生产转换费用}$$

Weber 和 Thomas 认为,EI4 的世界级参考值应低于 10%,如果超过 15% 则会带来隐患。

有关制造产品的维修总费用是一个非常重要的高层次参数,换言之,需要多少货币单位的维修才能得到最终产品? 费用审核情况见图 7.40 中的三个饼图。两个项目占维修预算的 70% 左右。

$$EI5 = \frac{维修总费用 + 与维修相关的设备不可用费用}{生产数量}$$

第一个饼图表示针对厂内三类维修人员的预算部分:内部员工、承担内部员工工作的分包人员、从事特定工作的分包人员。这些费用由公司的外包政策确定。

$$EI8 = \frac{内部维修人员的总费用}{维修总费用}, \quad EI9 = \frac{外部维修人员的总费用}{维修总费用}$$

$$EI10 = \frac{总的合同维修总费用}{维修总费用}$$

在第二个饼图中,内部员工分为直接员工和间接员工,一些员工提供行政支

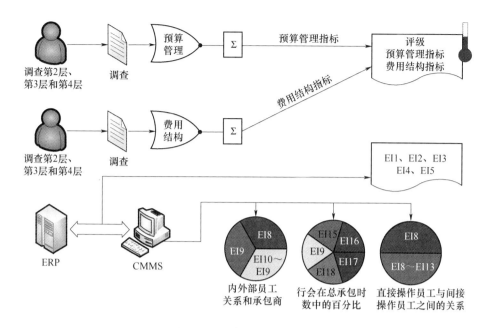

图 7.40 维修模型的费用审核

持,而另一些员工则从事与机器有关的工作。这些指标显示了(EI8-EI13) 以及生产操作人员的维修时间。

$$EI13 = \frac{间接维修人员费用}{维修总费用}, \quad EI8 = \frac{内部维修人员的总费用}{维修总费用}$$

审核报告中的第三个饼图表示了分配给不同项目或维修模式的预算百分比。虽然统计数据涉及不同的业务部门,但参考点不是标准的,而且将根据所选择的方法报告指标的演变。CBM 应在几个月内减少修复性维修职能,而一个成熟的 CBM 将意味着其相关图表会呈现出快速突变的情况。

$$EI15 = \frac{修复性维修费用}{维修总费用}$$

Hawkins 提出计算良好的实践和协调的 EI15 方法。每个月计算这项指标,约 25% 的维修预算用于修复性维修。注意,这包括计划的修复性维修和紧急处置的修复性维修,Hawkins 已经调整了这项指标。

$$EI16 = \frac{预防性维修费用}{维修总费用}, \quad EI17 = \frac{CBM 费用}{维修总费用}$$

$$EI18 = \frac{系统性维修费用}{维修总费用}, \quad EI19 = \frac{改进性维修费用}{维修总费用}$$

7.7.2 生产人员实施的维修

工厂高度成熟和集成的维修职能有益于TPM策略的实施,根据该策略,由完成日常任务的生产工人取代维修操作人员。目的不是要上升到图表中的"金字塔"顶端,而是要深度提炼需要复杂技术支撑的审核过程方法。此类方法需要极高的组织成熟度和正确的方法论。

调查问卷:生产人员实施的维修 ——全员生产性维修(TPM)
(1) 是否由操作机器的员工进行基本的维修?
(2) 这些操作人员是否接受了如何完成小型维修任务的培训?
(3) 操作人员进行的维修是否有明确规定的流程(清洗、润滑和检查)?
(4) 员工是否意识到作业顺序和清洁的重要性?
(5) 生产操作人员进行的维修是否包括清洗、检查和涂润滑油等基本任务?
(6) 生产人员和维修人员是否按照既定维修计划合作?
(7) 操作人员是否负责内务处理?
(8) 管理团队是否已经提高对维修实施的重要性和进行维修和生产的需求的认知?
(9) 是否每一设施都有一个明确规定的维修计划?
(10) 是否有针对维修计划的实施(方式)和合规(周期性)审核?
(11) 是否有展现维修项目成功或失败情况的可视化指标(如图表或图形)?
(12) 是否有用于检查规定任务实现情况的核查单?
(13) 生产人员是否已经接受了维修和安全规则培训?
(14) 是否涵盖了所有维修活动的日程安排?
(15) 是否每天进行检查以及是否将结果送至员工和相关区域处?
(16) 是否根据一些既定指标开展后续行动?
(17) 是否有一项通过分析所有雇员都参与的过程来消除浪费的政策?
(18) 是否召开简短的日常会议,以审查和控制计划的任务?
(19) 是否给员工规定和分配纠正措施,以便查看日常维修实施中发现的问题的结果?
(20) 这些纠正措施是否伴有明确的和指定的后续行动?

TPM自主维修的指标主要根据生产人员所用的维修时间和同比发展情况而制定。审核人员认为,采用5S策略的团队能更好地保护资产,他们也应该为自己发挥的作用感到自豪。

$$OI4 = \frac{生产作业人员完成的维修工时}{直接维修员工的总工时}$$

$$OI9 = \frac{生产作业人员完成的维修工时}{生产作业人员的总工时}$$

$$OII1 = \frac{生产操作人员完成的预防性维修小时数}{预防性维修总的小时数}$$

从 WCM 来看,考虑较简单的预防性任务,例如调整、清洗或涂油,OII1 指标必须在 30% 或 40% 左右,如果将所有预防性任务都考虑在内,那么该指标的值应该减半。

$$OII23 = \frac{第 n 年度操作人员完成的预防性维修小时数}{第 n-1 年度操作人员完成的预防性维修小时数}$$

$$TPMI3 = \frac{5S 活动包含的关键设备数}{关键设备总数}$$

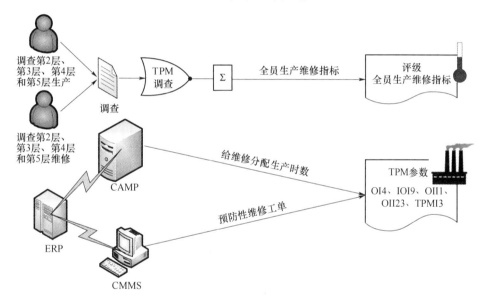

图 7.41 操作人员进行的自主维修审核过程

从图 7.41 中可观察到 TPM 系统的审核过程,重要的是,要将维修调查和生产调查关联起来,从而确保观点相同一致。

7.8 第 5 层演化

第 5 层包括一项质量政策和一项持续改进职能。可以看到,它不是一个需要大量研究人员的复杂技术,但它代表了一种心态的改变:将问题视为改进的机遇。

这代表着非常高的成熟度,但由于其方法缺少可靠指标,因此这一层次既复杂又难以理解(图 7.42)。

在第 2~第 5 层的演变中进行下列调查,以便获得与组织持续改进的全局视角一致的结果。

调查问卷:持续改进——质量和持续改进(QUA-KAI)

(1) 是否有既定的维修流程?

(2) 这些流程是否是 ISO9000 质量体系中规定的流程?

(3) 体系中的每个小组是否都有维修工作安排?

(4) 是否使用"防差错"理念避免失误?

(5) 每个小组是否都有维修记录?

(6) 是否系统地和定期地更新记录?

(7) 是否有维护和更新信息的流程?

(8) 是否保存操作人员记录和相应授权,用于设备的操作?

(9) 是否用 FMEA 分析生产停工及其原因,以便制定纠正措施?

(10) 是否分析了产量下降的原因?

(11) 是否分析了产品拒收情况?

(12) 这些分析是否由生产和维修混编团队进行?

(13) 企业是否获得了生产和维修人员提供的改进建议?

(14) 是否分析了这些建议的经济影响?

(15) 是否根据工作时间和结果每 1-2 年对维修计划进行一次改进?

(16) 是否应用了先进的统计技术?

(17) 是否定期审核部门及其职能?

(18) 是否有基于基准测试的改进策略?

(19) 维修部门是否与集团或部门的其他工厂/部门进行定期基准测试?

(20) 是否审查基准测试结果并进行交流?

(21) 是否用这些结果实施改进计划?

(22) 六西格玛(6σ)理念是否用作持续改进的工具?

(23) 是否通过 5S 改善工作场所和设备,从而加强秩序、清洁度、标准化、组织和集成?

(24) 是否有既定的运营和财务管理指标?

(25) 这些指标的规定是否基于计算方法、信息来源、发生频率和责任?

(26) 是否了解与该指标和其特别规定有关的所有领域和相关人员?

(27) 是否为每项指标设定目标?

(28) 是否对这些指标进行了基准测试?

(29) 这些指标是否用作决策制定的基础?

(30) 员工是否定期达成沟通指标?
(31) 管理指标和改进之间是否存在关联?
(32) 不同部门是否采用专门设备解决重要问题?
(33) 一个多部门改进小组是否采用了实践和故障分析方法?
(34) 这些小组有定期的会议计划吗?

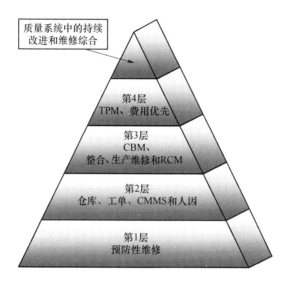

图7.42 维修演化的第5层

相关指标包括员工在这个层次的持续改进中的投入情况,如基准测试、5S、改进等活动,或在质量管理体系方面的投入情况。

$$OI8 = \frac{持续改进所用工时}{维修人员总工时}$$

Svantesson 在 SMRP 和 EFNMS 之间对该指标进行了调整。为了将执行直接维修和间接维修的所有内部员工考虑在内,计算工作时间就显得尤其重要了,这是度量所付出努力的关键指标。根据 WCM 指数,建议将 5%~10% 的可用工作用于改进。Svantesson 和 WCM 一致认为,在一个组织中,7%或8%的数值是一个合理的创新成熟度。

下列指标与 OI8 类似,且可能分解成先前的指标,从而度量由生产小组在没有维修人员介入的情况下做出改进。

$$OII31 = \frac{每个生产操作人员的设备改进小时数}{每个生产操作人员的总工作小时数}$$

$$\text{OII32} = \frac{\text{每个维修作业人员的设备改进小时数}}{\text{维修作业人员的总工作小时数}}$$

所有小组都还没有养成良好的政策,是培养审核的累积性指标。然而,依据 TI18 参数确定的关键机器正在纳入改善策略中。

$$\text{KAII3} = \frac{\text{持续改进活动包含的关键设备数}}{\text{关键设备总数}}$$

$$\text{TPMI2} = \frac{\text{设计改进研究涉及的关键设备数}}{\text{关键设备总数}}$$

$$\text{TPMI3} = \frac{\text{5S 活动包含的关键设备数}}{\text{关键设备总数}}$$

通过记录可轻松获得推荐措施,但如果已经实施过改进了,那么节约费用措施会更加复杂。这些指标应该持续增长,直到达到适合组织成熟度的稳定水平。若资产显示一个恒定的故障率,则无须改进了。

$$\text{KAII1} = \text{由于雇员建议节约的费用}, \quad \text{KAII4} = \frac{\text{维修雇员所提出的建议数}}{\text{维修雇员总人数}}$$

所有这些指标都可在记分卡的内容中看到。图 7.43 显示了四个相关方面,从对四个层次的调查中析取了一个指标,这个指标与对维修的改善文化的看法有关。数字指标反映出各小组依然遵循这些策略,相关行为人投入的时间和实践的效率。

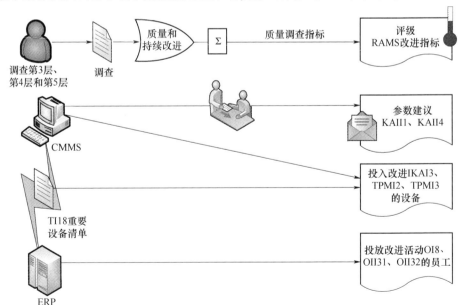

图 7.43　在质量和持续改进方面的综合维修审核过程

7.9 维修考察的李克特量表

我们以审核过程中评估调查结果采用的李克特量表结束本章的内容。该量表响应不同的标准,包括简化理解、快速评估,当然还有消除评价过程中经常感觉到的负面情绪。

7.9.1 用李克特量表衡量态度

研究中,经常用李克特量表评估态度和意见。该量表最初由一位心理学家李克特于1932年制定,并以实施的速度和简单程度闻名。77年来,它的使用率呈指数级增长,并将继续成为研究人员首选的量表。

李克特量表是一个定序尺度,特点是在量表上定位一系列选定的短语,这些短语反映了不同程度的赞同/反对态度,这些短语会提交给调查对象。这些短语都按组织具有同样的反应流程,从而让被调查者快速了解该系统的运作情况。其主要优势在于所有被调查者共享相同的短语,此外制定该量表时李克特尝试着让量表的程度更适合被调查者。

这个衡量态度的定性方法是李克特在调查人们对国际关系、种族关系、经济冲突、政治冲突和宗教的态度时制定的,而这些调查是他在1929—1931年在美国多所大学中开展的。李克特量表仍然是衡量态度时最常用的方法之一,这项简单的技术为回答提供了广泛的选择,避免了其他衡量态度的方法所需的判断力。

在量表上,从有利到不利,态度的程度设置必须连续统一。此外,该技术在特定的点设置了单独的态度,这也是其他量表的共同特征,但该量表还考虑了态度回答的幅度和一致性。

在此之前,需要分析驱动度量的理念,而李克特量表采用的则是陈述或命题,也就是要求被调查者对该陈述给出代表个人态度的回答。假设被调查者与待测态度有关,若他们表达出态度,则根据他们赞同或反对命题的程度将他们分类。如果发现他们之间的关系,即如果调查对象对特定命题持有一种态度,则这个量表就是有效的(图 7.44)。

图 7.44 总结了之前的所有讨论。该图显示了在连续态度基础上接收到有利响应(如赞同命题)的概率的转变,这是从接受到不同响应的可能性中提取出来的。如果态度是有利的,那么获得有利回答的概率就更大。与命题 $A(P_a)$ 对应的曲线表示中立回答的概率,但就算是持有较不利态度的调查对象,其返回一个有利回答的概率也较高。命题 $B(P_b)$ 属于中立命题。最后,命题 $C(P_c)$ 总的来说只

接受持有利态度的人给出的有利回答。然而,这些曲线并不代表与一种态度有关的所有可能性。

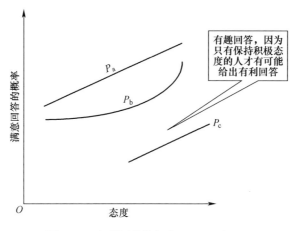

图 7.44　有利回答的概率(P_a、P_b 和 P_c)

如图 7.45 所示,某些命题是可以纠正的。P_d 提供了有利回答的一个固定比例,不管态度如何,调查对象都将以同样的有利程度做出反应。曲线 $E(P_e)$ 展示的情况是错误的编码导致的,如果将其所有数值都反过来,那么它将是一个合适的命题。曲线 $F(P_f)$ 是根据调查对象拒绝的不利响应获得的。

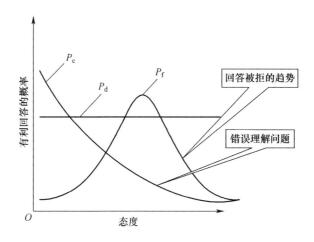

图 7.45　有利回答的概率(P_d、P_e 和 P_f)

李克特量表的基本特性是发现一种一致关系的能力,这也暗示着个人按照他/她的假设态度接受或拒绝命题或保持不变的可能性。具体回答与被调查者的有利或不利倾向相关,只有一定数量的陈述得到赞同时,量表的结果才是有效的。每个元素或命题都提供了有关调查对象态度的信息。通过信息的累积和回答的数量，能够确定个人在假设的连续态度中持有的立场。从这个意义上看，可以说每个元素都提供了不充分但必要的信息。

7.9.2 构造阶段

为了创建一张态度度量表，首先必须规定需要衡量的态度变量的目的；其次，需要相关信息建立项目(命题)。如果在一个有代表性的人群样本中完成了初步评估，那么这时候就可以创建一个量表了。可通过这项评估确定所提项目是否具有足够的差异性或是否必须进行修改。最后，将量表应用于需要探索的样本中，获得每个个体的分数，检查量表的有效性和可靠性。这些阶段概括如下：

(1) 确定态度对象；
(2) 收集初始的信息集；
(3) 确定项目/类别；
(4) 创建和管理样本；
(5) 分析项目。

1. 关于态度对象的确定

对于任何类型的量表来说，在创建具体量表之前，必须明确规定研究态度的目的，这显然与研究的目标相关。如果想要获得一个能够实际测量出想要的东西的理想量表，那么项目(命题)的措辞应该清楚无歧义。因此，对应项目的选择和整个量表都将取决于第一步。

2. 采集范围

该量表需要很多项目，以便能涵盖从非常不利到有利的整个量程，可通过各种方法确定这些项目。

调查对象的资料，所有研究方法中都有这一步。对于态度量表，需要审查研究对象的具体资料和任何已经创建来试图测量同样或类似对象的其他量表。这个过程是该量表的项目的一个重要来源。

先前的访谈是所有调查都有的另一个阶段，即调查问卷或态度量表。采访可以个人形式或小组形式展开，但是应主要集中在研究的目标和对此表达的态度上。可对任何被视为被研究群体的代表的人进行采访。做这件事的一个好方法就是考虑一些变量，然后分析这些变量。然而多数研究人员对这个阶段的采访丝毫不感兴趣，因为这些采访涉及大量的工作并耗费大量的时间。

研究人员的直觉，虽然前两个阶段都非常有用，但是不应该忽略直觉在建立量表和创建项目方面起到的作用。没有哪个项目在本质上就是好的或坏的。就这个量表而言，回答必须是有利的或不利的，通常不存在中立回答。虽然没有严格要求,但是一半的项目是有利的;另一半项目是不利的。

3. 从先前清单中选择项目

选择项目时必须考虑项目的语法和语言特征、其逻辑结构和一般特征。创建项目应满足下述要求。

(1) 所有陈述应该与研究对象有一定的关系;

(2) 观点应该反映出对象现在而非过去的态度,陈述必须以现在时态进行表达;

(3) 具有两层含义的论述视为有歧义,每条陈述必须只表达一个想法;

(4) 应该避免仅适用于限定人群的陈述;

(5) 持积极态度的被调查者和持不利态度的被调查者无须用同样的方式回答被选择的项目;

(6) 论述不得有造成困惑的相关概念;

(7) 应避免使用某些词汇,有特殊用途的除外;

(8) 为了避免短语可能被解释为事实的,每个命题都应该是有争议的;

(9) 应避免使用大部分人可能会赞同(或反对)的论述;

(10) 语言必须明确、简单和直接;

(11) 句子应该简短;

(12) 应避免使用暗含普遍性的措辞(所有、总是、没有人、永远等);

(13) 句子中应小心使用副词(简单地、经常等);

(14) 句子应该简单,避免使用从句;

(15) 避免使用复杂的否定形式(例如,带双重否定的句子);

(16) 每个命题应该只有一种解释;

(17) 每条陈述的回答必须在整个态度测量的强度范围内。

4. 确定项目/种类

每条陈述后面都有一个估计量表(等级量表),这个量表由从"完全赞同"到"强烈反对"等不同等级组成,包括中间等级。注意,Turnstone 量表只要求被调查对象回答他们认为相关的项目,而在李克特量表中,被调查对象必须表述对所有项目的观点。提交等级的形式多种多样。

(1) 估计量表包含分配给每个渐进间隔的数值(表 7.1)。

表 7.1 估计量表

分数/分	评估
−2	强烈反对
−1	反对
0	中立或漠不关心

续表

分数/分	评估
1	赞同
2	完全赞同

或采用一种数字式赋值(图7.46)。

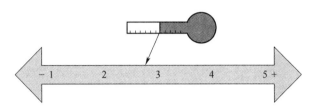

图7.46 数字式赋值

（2）一条陈述后面有一个评价量表,该量表指出间隔的意义和应该如何记录回答(图7.47)。

或

或

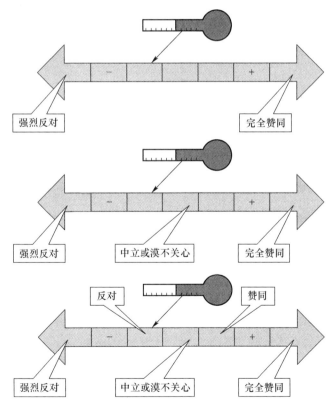

图7.47 记录方式

(3) 量表会为被调查者提供能指出其意义和如何给出回答的字母或数字(表7.2)。

表7.2 量 表

分数/分	评估
A	完全赞同
B	赞同
C	中立或漠不关心
D	反对
E	强烈反对

李克特量表的种类繁多,但如果这些量表维持其理念,种类的不同原则上不会影响结果。不能改变间隔的累加等级。评估量表通常有6个或7个间隔,但是标准间隔数是5个,且普遍赞同间隔数不得超过7个。通常将这些等级用1~5这5个数字表示,其中1表示完全赞同,5表示强烈反对。

然而,切记是否将项目划分为有利的或不利的。必须给不利的项目指定相反的分数。对第一个项目完全不利回答应与第二个项目完全不利回答同化。

通常对各类别中的不利项目打负分。在这种情况下,调查问卷对测量系统的评价包括五个层次,从1到5,其中1代表最不利的,5表示最正面的(表7.3)。

重要的是,审核员将不会对调查中的所有陈述进行后续跟踪。例如,审核员不会检查每个供应商的技术专长或认证的年限,即使这些都是与合同有关的维修管理基本指标。但是,可以要求随机检查某个供应商的证书或有关特定工作的安全手册。

按照表7.3列出的方案给每个项目打分。

表7.3 依赖分值的李克特量评价表

分数/分	评 估
5	最佳情况。很大程度上认为100%执行了问卷中定义的活动
4	良好情况,但有说明。大多数情况下与问卷提问项目一致,但有时也会自愿或非自愿地回避该问题。
3	一般情况。与问题的一致性是随机的,可以找到相似的、一致和不一致率
2	情况不佳。几乎不符合问卷项目的陈述
1	陈述的内容从未让人满意。完全无知,没有实施该系统或在任何场合都按自愿随意执行

5. 量表的初步测试

这个阶段将提供必要的信息,以决定量表应该保留和剔除的项目。初步测试可得出每个被调查对象的总分。可通过总分评估被调查对象在这些假设的连续态度中所持有的立场。

7.9.3　项目分析

对调查目标持非常有利的态度的人应该有较高概率给出大量有利回答,同样地,给出许多有利回答的人有较高概率持有积极的态度。因此,有利回答数量或可能兼有有利和不利回答的混合值将会是态度的良好指标。对于量表最终采用的项目,其分析应该表明接受或拒绝与每个特定被调查对象在连续态度中所持的立场有关,也就是说应该是一致的。

那些得到少数人好评的项目并不能以有利的方式对应其他项目的多数,反之亦然。换言之,我们想通过在已经给出的基本答案和相应的总体答案中建立关系来验证一个项目的显著性。全局答案可以确认基本答案。

7.9.4　李克特量表的不足

李克特量表存在一定的不足。许多研究表明,如果能看出频率分布且当赞同超过反对时,那么李克特量表就会存在偏差,此时对赞同/反对程度的表述就不是等距划分的。

经验证明,"赞同"李克特测试的任何说法都暗示了被调查者付出的脑力劳动较少;中立的回答"既不赞同也不反对"是量表的中间立场,与"适度赞同"有关,而与"还未决定"这个回答无关。许多受调查者认为,称自己"还未决定"是一种消极的态度,因此,他们更倾向于接近赞同立场。

序数尺度不利于掌握精确的赞同或反对"数量"。这能防止添加中间值,因为这些序数不可用。但经常出现判断错误的情况,会导致结果失真,因为它累加自然数来获得赞同/反对的五个等级,并用总分表达一个(假设)的状态。

李克特量表在理解受调查者的评价这个方面存在问题。反对一条陈述的原因可能各种各样,因此,应该加入开放式问题,从而确定原因。一般而言,为了减少研究费用,给两种不同观点指定同样的分数,但这些分数可能是正负相反的。

通常,受调查者倾向于对这句话中的一个词做出反应,这种现象已经被命名为"对象反应"。

最后,采用长短语组(如一个短语紧连接着另一个短语)时,有降低答案的保真度/置信水平的趋势,为避免这种情况发生,应在同一组短语中插入相反的陈述。

7.10 结论

本章提出的模型是维修职能中一系列不受控制方面的多维度集成,并都经过了单独的分析。在提出的维修职能模型中已经考虑了许多因素,包括其他业务领域使用但未在资产管理中实施的方法工具和技术。

模型具有以下特点或作用:

(1) 对态度调查的定性要素与各种定量指标进行了综合或整合,其保真度取决于采集数据的性质;

(2) 在组织不同层次定义垂直式维修指标,在组织同一层次定义水平式维修指标,这种方法明确了谁拥有指标、谁携带信息、谁计算指标以及谁来使用指标;

(3) 提出了一种通过按照目标对组织进行评价来计算并获得结果的方法;

(4) 系统是模块化和渐进型的,可显示企业维修工作所达到的发展水平;

(5) 审核采用了分层分布并按 BSC 视角组织起来的指标,由于维修职能角色涵盖了客户、财务和过程,而且在 BSC 中重新分配了指标,因此实现了从每个视角和利益相关者角度对发展程度和满意度的度量。

第8章
审核模型应用与企业记分卡：结果与结论

8.1 引言

本章讨论所提出模型的试验,并且将试验结果与经典模型的结果进行比较,考虑了所提出的方法是否解决了度量维修绩效中的问题。在工作量大不相同的三家公司对记分卡模型和后续审核进行了试验,其中维修职能必须满足不同需求,目的是在维修愿景与使命不同的公司试验这一方法。三家公司按行业分类为造纸厂商（连续生产）、报纸出版社（轮班过程,即非连续过程）、70万人口城市的供水管道公司。

8.2 公司使命与愿景:第0层

在开始审核之前,了解公司的使命与愿景至关重要,尤其是管理团队关于维修的理念。有必要准确了解维修在实现公司使命与愿景(图8.1)中所扮演的角色。维修是战略性因素抑或是不可避免的"必要之恶"。

8.2.1 部门在待审核组织的角色

概括地讲,三家公司之间的差异可以解释如下:首先,造纸公司优先考虑连续过程(即生产不中断);其次,报纸出版社采用非连续过程(即按一定时间间隔);最后,城市必须确保并使得市民用水服务可用度最大化(即间歇性)。

显然,公司的方向决定了某些维修因素的价值要高于另外一些维修因素,因此在度量前有必要了解部门的期望。该阶段,审核人员不预判传递给维修部门的使命和愿景是否正确很重要,审核仅仅评估职能是否符合组织目标。

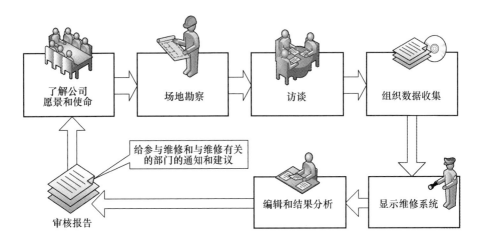

图 8.1　了解公司使命与愿景阶段

在城市,公用事业部门维修数百千米的管道,这些管道埋在人行道和街道下方的不同深度,管道架设时间为 1900 年至今。理论上预防性或例行维修的策略应允许维修工人检查和/或更换管道,发生故障时应分配相应资源以修复故障。然而,由于接近管道的高费用以及其他活动可能造成管道破裂的不确定性,使得这些策略毫无意义。此外,预防性检查或定期更换会引起居民供水服务水平下降,处置期间造成道路封闭。

简而言之,不要预判部门的期望十分重要。就城市供水政策情况,没有考虑部门期望的不正确评估或审核,可能会导致审核人员认为缺少预防性维修及适当的规划就说明管理较差,而事实并非如此。审核的第一步是明确维修部门的目标如何与组织的目标保持一致。

8.2.2　公司的结构

一旦清楚了组织对维修部门的期望,按照审核模型,就可以确定组织不同要素之间的关系如何发挥实际作用。这些关系将影响绩效度量中获得数据的可靠性。

组织流程图(图 8.2)可用于定位公司内的维修部门,建立层级关系,认识到不同人物的重要性。这些相关性是确立采购、维修实施等策略的基础。通过仔细观察流程图,能够清楚不同层级的角色分配,可以对公司作出结论并收集度量过程的必需信息。

图 8.2 的组织图对应传统结构,其中维修负责人位居第 3 层。这里,生产经理及其直接上级工程总监设定为较高层,工程总监位于管理层。将生产置于维修之上表明精密机械、高价值的高科技,其中知识和维修本身就是价值。公司对技术创

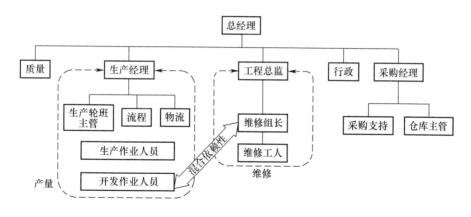

图 8.2 采用轮班过程的报纸出版社流程图

新的承诺源于对效能和生产效率的需求。

该结构中,维修负责人层级低于生产经理,不直接与公司的总领导者对话,可能会散失权威,而更高的生产标准将导致维修边缘化。

第 1 层对应 CEO,第 2 层没有设置运营经理或设施经理,此职责由工程总监(资产负责人)和生产经理(工厂职能负责人)共同分担,第 3 层对应维修组长。这种结构的结果是职能层级不对称。维修负责人以下的结构最小,为第 4 层的中层管理人员和第 5 层次对应的作业人员。由于设施具有可靠性和存在冗余设备,因此需减少维修人员并且由作业人员调整设备。这些作业人员属于生产,但只进行一些简单作为,如清理、更换某些元件,甚至根据维修职能进行小的拆卸。乍看之下,我们看到了全员生产维修策略下生产和维修的整合。

审核模型必须符合结构,并且反映权力和决策的渠道。对于出版社,考虑到维修结构规模较小,只有 8 个人或 9 个人,角色有些细微偏差。例如,维修经理计划仓库供应,而仓库供应角色本应为审核模型中所述第 4 层的中层管理层,此外他虽然是主管但不对如何制定维修方案(计划的或非计划的)进行决策。

8.2.3 公司的参访

一旦了解了使命与愿景以及组织对维修和维修组成人员的期望,我们就必须对这些工厂进行参访勘察(图 8.1)。尽管拥有全部数字数据并且有机会采访个人,有价值的信息往往来自访视,以及在访视期间做出的看似无关紧要的评论。利用这些访视,可以定位工厂内的部门并且观察办公室分布、文档流、关系温暖程度、计算机设备、车间和仓库的条件与清洁以及工人执行任务时的日常谈话等。

初步采访中,通常审核过程还不为人知晓,因此可以在不影响待审核系统的情况下观察态度和车间。对于出版社轮班时间表,由于不存在与维修相关的管理人员,部门领导将所有数据输入系统,直接管理仓库并贡献其大量时间用于行政而非管理。

造纸行业和城市公用事业部门在规划、承包和采购维修上有更大的行政支持。在这些中心,维修负责人下属的强力中层管理团队执行第3层设定的策略,换言之,存在发展良好的第4层。

另一相关方面是备件仓库。三家公司都有特点需要考虑,以便适当分析关联指标。城市公用事业部门备件不是很关键,因为管段很经济、可用度高并且很大,可以通过供应商或承包商以合理价格快速获得。此外,库存如此大尺寸的产品需要具有足够物流和大型仓库。另外两家公司具有完全不同的仓库系统。造纸行业使用外协备件,试图通过公司的采购部门将部件可用度和关联费用优化。工厂采用具有外国制造的昂贵部件的复杂设备,这给工厂创造了巨大的经济价值和低周转率,而且备件需要数年才会使用,因此库存的备件可能在需要使用之前就已经过期。采购决策并非由维修部门做出,该部门只在必要时寻找最合适的供应商。出版社拥有的仓库由维修负责人管理,将备件信息输入 CMMS 中。

8.2.4 第0层或管理层承诺

第0层与维修职能的管理层承诺和信息相关联,它具有两个视角:①维修职能和绩效信息的调查在高级管理层中进行;②提取关于可用度、质量和/或预算的宏观数值。虽然这些宏观数值是分段且细分的,但该层次可提供有关部门预算、产品拒收数量、正常运行时间和可用度的信息。由此,我们可以为生产模型和维修的后勤保障建立职能参考框架(图 8.3)。

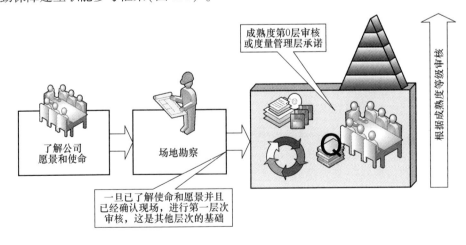

图 8.3 进行第 0 层审核

作为分析的结果,可以获得建立维修职能的背景,观察其与决策者的关系并注意公司主管们的意见。图 8.4 所示为调查第 0 层所涵盖的结构。

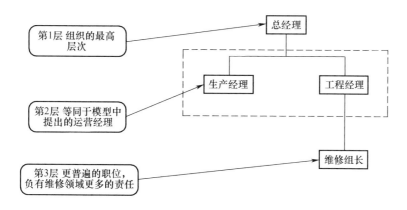

图 8.4 报纸出版社的第 1 层、第 2 层和第 3 层

调查问卷的答案采用五点李克特量表,其中 1 是最负面的,5 是最正面的。在评估中,必须记住调查对象倾向于正面答案或者至少是"非负面的"。表 8.1 展示的调查显示出管理层对于维修的理解和承诺,应注意包括了来自生产经理的回答。

表 8.1 出版社管理层承诺调查

序号	管理层对维修职能的承诺			
	第 1 层总经理	第 2 层工程经理	第 2 层生产经理	第 3 层维修组长
1	5	5	5	5
2	5	5	3	4
3	5	5	3	5
4	5	5	5	5
5	4	5	3	4
6	4	4	3	4
7	4	5	3	5
8	3	5	4	4
9	3	5	3	4
10		4	3	5

在高层管理中进行的第 0 层调查涉及了维修职能,生成了部门当前现状的初始情景,也包括不总能获得的支持。同样,重要的还有对维修履行职能及其对公司

作用的第一印象。

图 8.5 所示为对出版社第 1~第 3 层管理者的调查。从流程图可以看出,工程总监在生产经理和维修组长之上,并且生产经理在维修组长之上,总经理是公司的最高领导。

该结果使得企业能够快速做出结论处理审核过程。以上回答中没有低于 3 的,因此在不同受访主管的印象之间存在某种程度的重叠和相关性。生产方面常常惩罚性地将维修活动打为 3 分左右,而维修方面自我感觉接近 5 分。各层次对于公司业务计划(部门使命/愿景)中的现场维修和当前维修结构的信息意见一致。

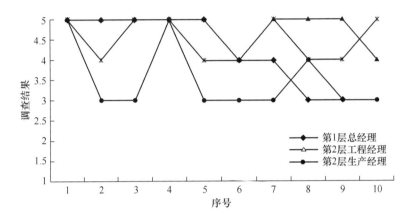

图 8.5　出版社的第 1~第 3 层调查结果

当调查对象被问及有哪些维修指标及部门的绩效度量时,最严重的差别出现了,部分回答未知或者不符合生产方向。在组织中很常见的是不存在绩效度量文化。这说明了收集数据的困难,因为生产领域没有度量绩效的习惯。更成问题的是,从维修贡献指标获得的值显示出在生产(维修职能的主要客户)中的贡献极低(图 8.6 和表 8.2)。

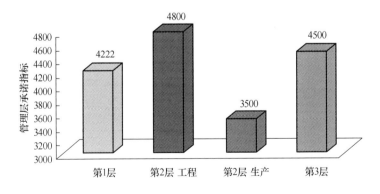

图 8.6　基于第 0 层调查的管理层承诺指标

表 8.2 MAINTCOMPI 指标层级

MAINCOMPI 指标 （维修承诺指标）	第 1 层	4222
	第 2 层工程	4800
	第 2 层生产	3500
	第 3 层	4500
MANCOMPI 指标平均值		4256

在该层次应分析的指标对应于有关维修的大量生产数据、质量和财务。出版社适用的第 1 个指标是 EI1，即维修总费用与资产更换价值之间的关系。

$$EI1 = \frac{\text{维修总费用}}{\text{资产更换价值}}$$

我们获得的值为 1.72%，该指标略低，但接近 Weber 和 Thomas 关于世界级水平 2%~3% 的范围。

重要的是要注意出版社不计算与维修混合的生产率，因此我们看到了主管和其他受访对象调查之间的相关性。在各单位产生的维修费用或由于实施各种改进而导致的单位费用降低方面，维修不适用 EI3 数据。我们可以计算 EI3 指标，如下：

$$EI3 = \frac{\text{维修总费用}}{\text{生产数量}}$$

该指标结果为每个生产单位 0.005 欧元，上年此指标为每个制造单元 0.00043 欧元，表明比上年有所增加，我们可能认为这表示维修费用的不正常增加。但是，产品生产数量的减少已经产生了相当稳定的维修费用，而且是生产单位产品的维修费用有所增加。这是指标的典型示例，要求在两个部门之间交换信息，而断章取义的解读会引起混淆疑惑。

为避免维修和生产综合信息指标的分离，可以选择 OEE（若此选项可行），这是两种业务领域的指标组合。挖掘历史数据可以近似计算基准。

$$OEE = OEEI1 \cdot OEEI2 \cdot OEEI3$$

式中，OEEI1 为可用度；OEEI2 为绩效效率；OEEI3 为质量。

$$OEEI1 = \text{可用度} = \frac{\text{总的可工作时间}}{\text{规划的时间}}$$

可用度（OEEI1）极高，因为很少由于故障或不可用性、缺少原料等而停工。与每个月生产 8192min 相比，每个月停工平均在 6min 左右徘徊，可用度约为 99.92%。

$$OEEI2 = 绩效效率 = \frac{规划时间内的实际产量}{规划时间内的计划产量}$$

绩效效率(OEEI2)约为90.35%,因为它需要超出5%的生产时数来满足计划中规定的要求。

$$OEEI3 = 合格率 = \frac{总产量 - 不合格品数}{总产量}$$

合格率(OEEI3)指标达到93.5%,非常接近前几年。合格率有4%或5%的轻微改变,这使OEEI指标(可用度)变为93%~94%。

这三个指标产生约83.8%的OEE,非常接近世界级指标设定的最低阈值85%。尽管可作为总效能指标,但从未作为绩效指标来计算,也没有作为一个评估工具。第0层考虑的其他指标是不可用性[①],以TI1和TI2表示。

$$TI1 = \frac{总的使用时间}{总的使用时间 + 总的不可用时间}$$

$$TI2 = \frac{要求时间内实现的可用时间}{要求的时间}$$

TI1和TI2的值均高于95%,在SMRP、EFNMS和世界级标准的最严格阈值内。因此,对于出版社来说,很难进一步改善不可用性。

我们可以推断出版社有预算正确的适当宏观指标,其整体效能和良好可用度建立在其允许在几乎不生产的间隔期内对机器进行维修这一策略基础上。没有利用度量体系指标(在调查中得到的反映),因此将降低目标设置为

$$TPMI5 = 单位生产费用的降低量$$

指标TPMI5代表许多维修经理的"关键因素",他们以每个生产单位的最终费用来观察其行动的效果。

基于混合指标的目标文化根植于具有连续生产过程的造纸行业中,EI3指标设定在每生产1t纸张约8欧元的维修费用。这一维修方向要求严格观察各种举措所带来的减少费用。

在城市公用事业部门没有计算这些指标,与供应相关的开发或生产与资产修复没有进行关联,忽略了向公众供应每升水所包含的维修费用。

总的来说,从观察公司流程图开始并在较低层次进行审核调查是有用的。就出版社及其轮班时间表的情况而言,初步信息表明了其对宏观指标的忽视,尤其是整合生产信息和质量数据的指标。管理层调查中表明缺少此信息,换言之,他们对维修职能没有目标清晰的策略。

---

① 译者注:按照指标直接信息,此处应该是可用性而非不可用性。

基础层次产生后续审核的相关信息。维修管理层的第一印象,尤其是管理层对职能相关指标的了解告诉我们很多信息。例如,通过快速获取第0层提出的指标,我们能了解到维修是否实际整合到了公司战略中,日常使用中缺乏诸如OEE指标以及对其用途不熟悉,表明需要将沟通和对指标的认识纳入形成的报告中。

8.3 第 n 层审核研究案例:第1层演化

8.3.1 获得不同层的数据

一旦调查了管理团队,掌握了团队对维修指标及其在组织内角色的看法,并确定了易于获得的数据,就可以在完成调查后开始审核过程和收集准备指标必需的数据(图8.7)。一些数据,尤其是低层次的数据很容易直接从CMMS获得。最容易传递的数据是关于系统效能的数据,包括工件记录和生产费用。效率参数提取要更加困难。

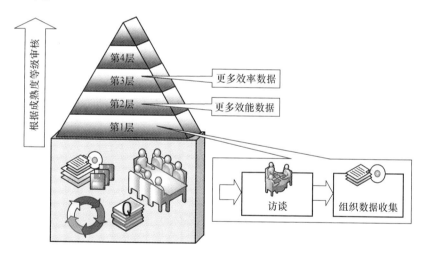

图8.7 第0层后的审核过程

在造纸行第1层中,我们寻找工作的计划和时间安排,或者预防性维修而非修复性维修文化的存在形式。在工作计划和安排上的有效投入能使公司转到下一个阶段,然而很少有公司达到较高的等级。有时候它们未选择实施某些方法或者未将这些方法延伸至其客户,有时候它们依赖RCM、TPM或CBM,即使数据指标显示这些方法的效能与效率之间存在矛盾的结果。最后,公司仅仅由于看到在其他公司有用就频繁地使用这些方法和技术(图8.8)。

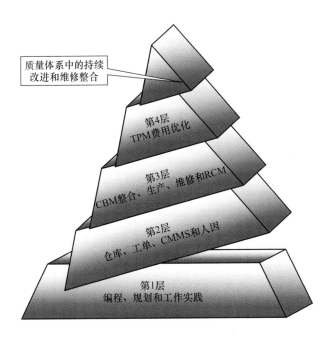

图 8.8　第 1 层维修演化:预防性维修

8.3.2　维修演化层审核

对于第 1 层审核,我们使用以下信息来源:分层调查;从 CMMS 提取的 WO;从 ERP 提取的财务和人力资源数据。审核过程如图 8.9 所示。

这里,维修管理软件是 MAXIMUM,其是在国内与国际具有广泛部署的一款商业软件。该软件于 1998 年实施,并且在前两年建立了可靠性指南。提取和分析记录由 2000—2009 年的超过 32 万个工单(WO)组成。这些数据按生产和维修输入,从中我们可以提取成熟度第 1 层的所有相关指标,但来自财务和人力资源的一些指标除外。将后两个部门整合到一起的综合管理系统为 SAP,未与 CMMS 连接,必须手动转移数据。

一旦有了数据,就可以准备指标,但这需要时间。机器停机时间、消耗时数、预测、实际时数等数据必须从记录中过滤。数据获取和提取拟议指标的程序可能很昂贵,这取决于可利用的储存和处理能力。这里,我们对第 3 层、第 4 层和第 5 层进行了调查。维修经理处于第 3 层,第 4 层有两个控制人员,而第 5 层有三个机械部门高级职员。这些调查及获得的指标要与国际标准及厂家建议的最大或最小容许极限进行比较,还要分析调查数据并计算每种情况的平均值,也要注意差异。

通过将这些指标与其参考进行比较并结合调查结果进行验证,可以获得标准

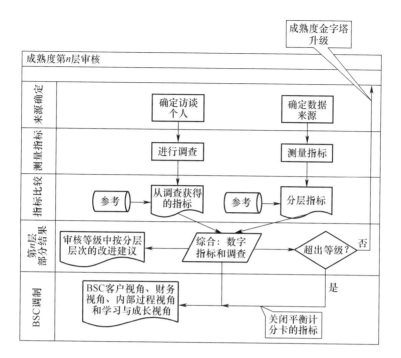

图 8.9 审核过程

框架以表明正在审核的因素通过或未通过。还要针对缺陷、不足提出建议。

一个层次应具有若干个处于允许参考值内的指标,并且在这些指标值与各层次的调查结果之间应具有一致性。当指标演变清晰地向允许值收敛,而且调查也表明了指标值的改善时,就可以认为成功完成了一个层次的审核。

最后,将指标转移到平衡记分卡。指标要与不同的策略相关联,以符合预定的目标。所有项目按照之前提及的四个视角进行分类,以改善各视角相应用户感知这些指标的方式。在指标值处于标记的参考值内或其趋势清晰地向这些值靠拢时,我们可以断定实现了与该度量相关的策略,并且达成了目标。当指标值为负时,即不在参考值范围之内时,我们可以断定与此相关联的策略部分失败。如果策略的所有或大多数指标在允许值以内,我们可以断定策略是成功的,尽管仍有一些与负指标相关联的不一致。但如果有多项负面指标,则相应策略显然是失败的,其对于目标和愿景具有负面影响。

一旦这些指标转移至平衡记分卡,它们就与策略进行了相互关联。如果所审核的层次在该方面没有明显问题,公司转到发展成熟度的下一个等级。如果将指标转移至平衡记分卡并且揭示了不同视角的负面作用,审核过程将停止。基于实施较差或不存在的策略来确定程度层级是毫无意义的。

记分卡方案有三个可能的方面,除了正面或成功指标以及负面或失败指标之外,还可能有中性或缺失的指标,这仅仅意味着公司从未考虑处理与基本目标相关联的这些策略。在记分卡上没有这些指标并不意味着策略失败,公司只是未考虑并依靠它们实现某些目标。

如第 7 章所讨论的,对所有的指标进行全面审核能识别出公司的成熟度等级。调查回应者可能始终输入负值,给出显示无知或不作为的响应,或者他们可能只是害怕任何类型的审核。如果审核停留在第 n 层,并不意味着所审核维修模型的消极方面,只是在不同的组织某些方面的发展要优于其他方面。公司的使命和愿景时常改变或修改,有时候可能要求生产能力,或者财务和客户方面可能比其他方面要求得多些。当公司实施全面的质量和过程改进计划时,内部过程会得到发展;当公司认识到人力资本的重要性时,学习与成长方面会得到发展。这些发展与不同时间段有关,并且与维修职能成熟度的不同点相关联。

8.3.3 第 1 层调查:实施与验证

传统维修审核模型通过调查和深度采访来收集各个方面数据。如 Tavares 提出的方法或诸如 Venezuelan COVENIN 标准,提倡通过与维修职能相关的不同方面的调查来度量维修绩效。

此处提出的模型认为从参与维修职能的人那里收集到的信息很重要,但这要经过数字指标和目标的检验确认,其中调查要对人因有所考虑。

通过对造纸厂和报纸出版社的调查显示传统方法和本书所提方法获得不同结果。如图 8.10 所示,这一层指标来自第 3~第 5 层的调查以及进一步的验证。选择这些层次是因为维修主管①和中层管理者与此类指标更相关。

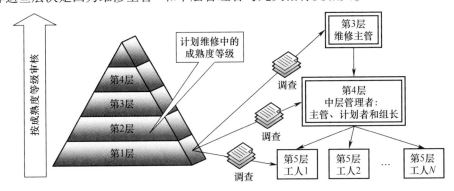

图 8.10 第 1 层审核:利益相关者调查

① 译者注:原文图 8.11 中第 3 层是维修"chief",文字描述是"manager",此处均译为"主管"。

1. 调查:工作安排——工作计划指标

图 8.12 所示为该层次三组采访对象的答案,包括维修负责人、维修主管和维修技术人员。向中层经理和 3 位高级职员进行了两项调查。图 8.11 和表 8.3 显示了各层次的平均值。

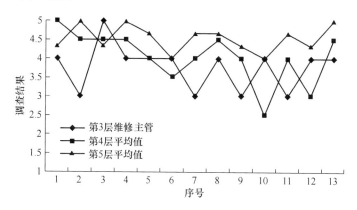

图 8.11 造纸行业工作计划调查结果

表 8.3 造纸行业工作计划调查结果

序号	第3层 维修主管	第4层 作业人员1	第4层 作业人员2	第4层 平均值	第5层 作业人员1	第5层 作业人员2	第5层 作业人员3	第5层 平均值
1	4	5	5	5.0	4	5	4	4.333
2	3	5	4	4.5	5	5	5	5.000
3	5	5	4	4.5	5	5	3	4.333
4	4	5	4	4.5	5	5	5	5.000
5	4	4	4	4.0	5	5	4	4.667
6	4	4	3	3.5	4	5	3	4.000
7	3	4	4	4.0	5	5	4	4.667
8	4	5	4	4.5	5	5	4	4.667
9	3	4	4	4.0	4	5	4	4.333
10	4	3	2	2.5	4	4	4	4.000
11	3	4	4	4.0	5	5	4	4.667
12	4	3	3	3.0	5	5	3	4.333
13	4	5	4	4.5	5	5	5	5.000

结果表明所有值大于 3 非常接近 5,只有一个例外(有一个 2)。这反映维修团队整体的积极意见和统一认识。中层经理或维修主管以下的人回答有所不同。

所用量表的逻辑结果是反对审核过程中不同层次给出正面答案的趋势,出现这种情况是员工可能把它视为带有惩罚性的意图。实际上,分数之间没有大的差距,三个层级的调查表明集体印象是适当的,虽然有些地方需要改进,但总体满足预期。后续数字指标将验证调查得出的印象是否真实。

类似地,我们可以看到报纸出版社分层次的调查结果。该例中针对成熟度1级的调查是在第3层(维修负责人)和第4层(第3层主管的维修组长和中层经理以及该部门3名高级职员)完成的。图8.12反映了调查的两大部分,观察工作安排的第一部分,对应的答复表明大部分人不了解第二天的任务,并且缺乏工具和备件。对关键问题的这种回答警示我们应监控计划失败的可能性。

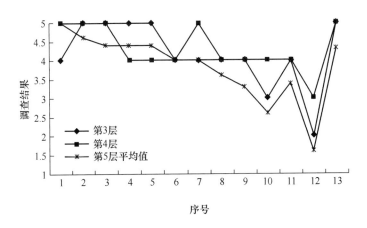

图 8.12 成熟度1级调查:报纸出版社工作计划调查结果

图8.14比较了两家公司在同一层的调查答复。在不同层次对相同问题的调查常常只在一点上不同,任何显著区别都会反映出由数字指标表现出来的弱项。在维修负责人层次,图8.13反映出在业务知识上的跳变,出版社的结果表明其预先工作的计划或执行力很差。在中级管理层层次,如图8.14所示,最重要的差别产生于执行任务必需的工具、安全性或零件,即工作类型和必需附件的细节。从逻辑上讲,此担忧产生于规划者和团队领导层次。在高级别员工层次,从图8.15中可以看到出版社的调查对象不明确,当他们被问及维修任务的安排与计划时分歧变得更大。

这种差别引起了人们对报纸出版社维修工作安排的担忧,但其他方面的非常正面的回答使这种担忧有所缓和。

调查获得的指标最终值汇总在表8.4中。其中,工作计划指标在三个层级和两个受审核工厂获得高值。调查产生的资产指标中大于4的有两个,表明计划是准确的(图8.16)。

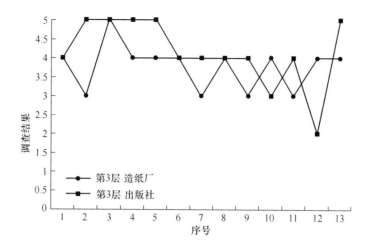

图 8.13 出版社与造纸行业工作计划调查结果:第 3 层

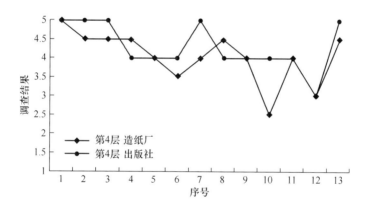

图 8.14 出版社与造纸行业工作计划调查结果:第 4 层

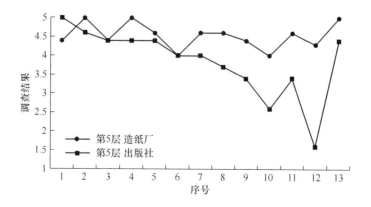

图 8.15 出版社与造纸行业工作计划调查结果:第 5 层次

表 8.4 评估行业的分层 WPLANI(工作计划指标)

WPLANI	出版社		造纸厂	
	第3层	4.154	第3层	3.769
	第4层	4.308	第4层	4.038
	第5层	3.821	第5层	4.536
WPLANI 平均值	4.094		4.114	

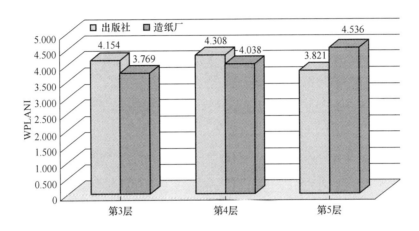

图 8.16 从计划工作调查提取的出版社与造纸行业 WPLANI

这些数值必须经由指标验证。对于工作安排的调查,采用数字指标 OI5 来验证维修小组的印象的准确性。WPLANI 参数的提取过程如图 8.17 所示,OI15 和 WOI12 指标表示为

$$OI5 = WOI12 = \frac{计划的定期维修工时}{可利用的维修总工时}$$

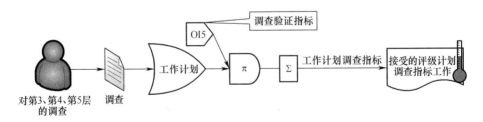

图 8.17 指标验证的 WPLANI 计算方法

OI5 指标代表相对于总计划的工作量,许多有关采用该指标的理论,"世界级"视角提出约 95% 的维修工时应属于有计划的维修,这解决了突发情况时可能缺少

劳动力从而导致加班的问题。

该策略来自对于闲置资源所产生浪费的厌恶,并且需要全面计划和控制,即接近 1 的指标。在过去的 3 年,许多公司已经接近 95%。这里,造纸公司 OI5 值为 96.96%,接近世界级指标,而出版社则极低,为 28.32%(表 8.5)。

表 8.5 验证过的 WPLANI

部门	WPLANI 调查与结果	OI5/%	接受的 WPLANI
造纸厂	4.115	96.96	3.9899
出版社	4.094	28.32	1.159

当由调查得到的值非常高时(1~5 的李克特量表上取值 4),意味着调查的结果是可靠的并且我们可以使用提出的模型。

对于出版社,指标与调查值相比有明显降低,反映出其对计划活动缺乏了解,这种情况表明传统调查模型是失败的。

2. 调查问卷:工作执行——WEXECI

从调查获得的第二个参数与预先安排的工作有关,是对执行这类工作的认识或感受。调查在相同的层次进行,造纸行业的答案如下。与工作执行相关的三个小组的回答如图 8.18 和表 8.6 所示。趋势是正面的,除第 9、第 11、第 14 和第 15 号回应代表的三个峰底除外。第 9 号的答案与对工作安排时间等的了解有关。该调查指标可通过数值指标验证。通常,部门对于工作执行是怀疑的,因为他们忽视了很多可从系统利用或易于检索的数据,数值指标验证了一些设备维修的悲观观点。

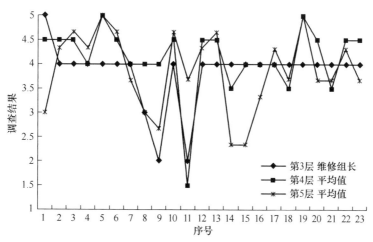

图 8.18 造纸行业工作执行调查结果

表 8.6 造纸行业工作执行调查结果

序号	第3层 维修组长	第4层 作业人员1	第4层 作业人员2	第4层 平均值	第5层 作业人员1	第5层 作业人员2	第5层 作业人员3	第5层 平均值
1	5	5	4	4.5	4	3	2	3.0000
2	4	5	4	4.5	5	5	3	4.3333
3	4	4	5	4.5	5	5	4	4.6667
4	4	4	4	4.0	5	5	3	4.3333
5	4	5	5	5.0	5	5	5	5.0000
6	4	5	4	4.5	5	5	4	4.6667
7	4	5	3	4.0	4	5	2	3.6667
8	3	5	4	4.5	4	3	2	3.0000
9	2	5	3	4.0	3	3	2	2.6667
10	4	5	4	4.5	5	5	4	4.6667
11	2	1	2	1.5	5	4	2	3.6667
12	4	5	4	4.5	5	5	3	4.3333
13	4	5	4	4.5	5	5	4	4.6667
14	4	5	2	3.5	4	1	2	2.3333
15	4	5	3	4.0	5	1	1	2.3333
16	4	5	3	4.0	4	5	1	3.3333
17	4	4	4	4	5	5	3	4.3333
18	4	5	2	3.5	5	5	1	3.6667
19	4	5	5	5	5	5	5	5.0000
20	4	5	4	4.5	5	5	1	3.6667
21	4	5	2	3.5	5	5	1	3.6667
22	4	5	4	4.5	5	5	3	4.3333
23	4	5	4	4.5	5	5	1	3.6667

11号答案反映了对各生产轮班资产的审查,这并不表示工作绩效的下降,因此不是一个负面指标。最后,14号和15号答复反映的是工作积压,这令人担忧,因为这是调度者的工作。

现在来看出版社(图8.19),在对工作执行的调查中,第二组答案反映的值明显较低,具体表现为了解和满意程度统一较低。

比较造纸行业和出版社行业的两家公司时,在各层次观察到以下情况。图8.20中,关于了解工作安排和如何开展工作这两个问题,造纸行业的维修主管似乎持有比出版社相应人员更悲观的观点。在中层经理层次,发现存在最大差异

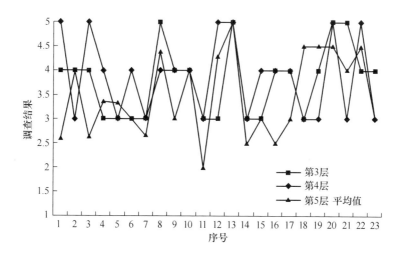

图 8.19 出版社成熟度 1 级调查结果：工作执行

的问题是对停机时间的了解、实际维修率以及预估与实际执行的比较。尽管有细微差别，但两个公司的值都很高，并且分值均为正面的（图 8.21）。对于维修主管，在第一个问题中可以观察到最重要的差别。这些问题中，造纸行业的管理者证实了具有关于既定维修程序的知识，从而形成与出版社职员知识的明显差距（图 8.22）。

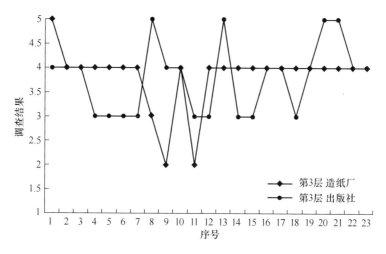

图 8.20 造纸行业与出版社工作执行调查结果：第 3 层

一旦按照针对指标提出的问题完成了调查的分析，就利用相关的数字度量来对其进行验证，就可获得以下数值，如表 8.7 所示。

377

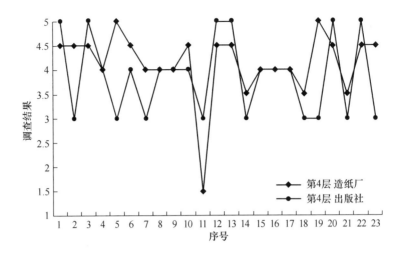

图 8.21 出版社与造纸行业工作执行调查结果:第 4 层

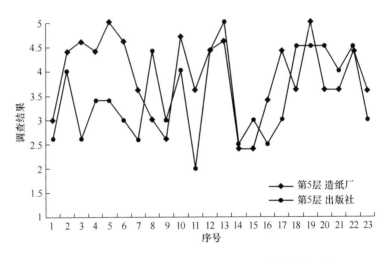

图 8.22 出版社与造纸行业工作执行调查结果:第 5 层

表 8.7 被评行业的 WEXECI(工作执行指标)

	造纸厂		出版社	
WEXECI	第 3 层	3.826	第 3 层	3.783
	第 4 层	4.130	第 4 层	3.870
	第 5 层	3.870	第 5 层	3.493
WEXECI 平均值	3.942		3.715	

图 8.23 表明不同层次之间数值的高度相关性,特别强调了较低层次的更现实

的认知。还可以看到对计划及其执行的了解更深。管理者依赖规划,但认为执行(由其负责)没有满足指标。数字指标的使用表明这种差别的认知受到两个指标的激励,这两个指标模糊了客户视角和内部过程视角。

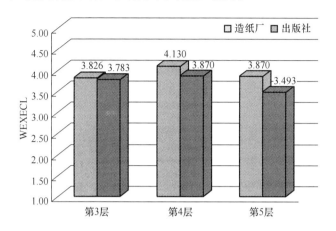

图 8.23 出版社与造纸行业各层 WEXECI

两个企业的平均值接近 4,并且不同层次之间比较一致,仅有细微差别。尽管调查的经典审核观点表明工作执行是成功的,但所提出的模型需要通过一系列相关数字指标对调查结果进行验证或确认,如图 8.24 所示。

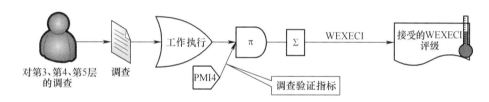

图 8.24 采用数字计算验证的 WEXECI

PMI4 是对调查进行验证的数字指标,表示为以下比值:

$$PMI4 = \frac{执行的预防性维修任务}{计划的预防性维修任务}$$

预防性维修需要一个根据工厂剪裁的大纲。要度量预防性维修的执行,是否取消大量的预定任务很重要。WCM 方面提出 95.00% 的符合率,造纸公司过去两年的符合率分别为 97.49% 和 99.49%,接近于此值。

在出版社,PMI4 指标令人烦恼,因为其反映出的预防性维修任务完成率为 40.00%,表明计划的失败率很高。更有问题的是,该指标验证了调查的结果,过去 3 年的情况反映了类似值,表明大量预防性任务并没有执行实施。这并非一次性的事件,而是维修部门的普遍情况(图 8.25)。各指标验证的结果如表 8.8 所示。

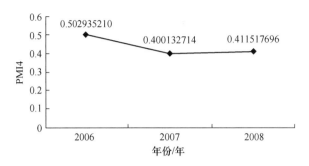

图 8.25 2006—2008 年出版社 PMI4 演化

表 8.8 验证的 WEXECI

部门	WEXECI 调查结果	PMI4/%	接受的 WEXECI
造纸厂	3.942	99.49	3.922
出版社	3.715	41.15	1.528

出版社的 WEXECI 指标验证值约在 1.5 的水平,低于可接受水平。在用 PMI4 验证调查后,造纸行业显示成功的值,这支持了维修小组的印象。如果把调查结果绘成图并由指标进一步验证,可得到图 8.26。图中给出了采用传统方法的调查结果,紧接着的是经相关数值指标验证或确认后的数值。

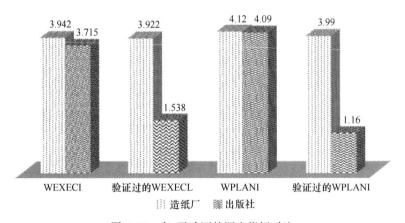

图 8.26 有/无验证的调查指标对比

传统方法和有验证的方法一致认为只有一家公司合格。在造纸行业公司,指标值和正面响应与维修部门成功的计划和工作执行相匹配。在出版社企业,传统方法仍是成功的,计划和执行均保持约 4 的高值。这种情况下,本书所提出的方法以及目标与数字指标混合就可以提供相关信息。对于出版社的情况,WPLANI 和

WEXECI 明显下降,并且处于不可接受水平。该方法表明需要将来自 ERP 和 CMMS 的数据与调查和采访的结果相结合,因为后者并不总是提供可靠的数据。COVENIN 标准的 Tavares 维修雷达图或结果可能是极度不准确的和主观的,表明的是期望而非实际的预测。

模型并未止于验证成熟度等级。还要利用世界级的 SMRP/EFNMS 值或公司值,计算调查中所验证的一系列数字指标,标记成熟度等级并显示改进的结果,或基于基准的变化而推荐改进。

8.3.4　计划与执行中有关人力资源时数的指标

人力资源信息系统的存在自 1998 年起就已经在讨论,与其他部门交换信息(在许多情况下为手动)的可能性使造纸行业提出的所有指标都包括在该成熟度等级。大部分数据来自 CMMS,一些来自 ERP。

分析内容包括:333183 个 WO,审核年度的直接费用为 113807806 欧元,维修工人约有 2634531 的工作时数。基于提供的数据量,我们可以假定其具有一定的可靠性。

出版社也有 CMMS 和 ERP,可以挖掘指标汇编所需数据,但它没有整合生产过程需要的某些记录,也没有形成计划停机和维修停机等概念。

1. OI25 指标

除计划人员的专业技术外,OI25 指标可以确定对计划恪守程度以及符合程度。内部人员和外部人员包括在计算内,还有所有预定的维修活动,无论是预防性维修、预测性维修或是修复性维修。图 8.27 描绘了造纸公司中计划内容与实际执行内容间的一致性。该结果以经历以及任务持续时间相关信息为基础,公司过去

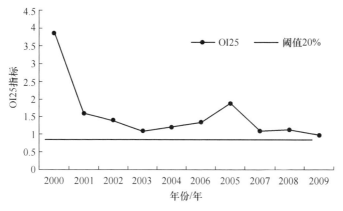

图 8.27　2000—2009 年的 OI25 指标

3年的最终值接近于1,加班低于阈值20%(表8.9)。

表 8.9 2000—2009 年的 OI25 指标

年份/年	预估时数/h	执行时数/h	OI25
2000	46056	177421	3.85228852
2001	146092	231193	1.58251650
2002	133124	186098	1.39792975
2003	146983	161210	1.09679351
2004	150353	181849	1.20948036
2005	227174	303597	1.33640734
2006	223029	419287	1.87996628
2007	237664	260060	1.09423388
2008	226975	258897	1.14064104
2009	123563	120194	0.97273456

$$OI25 = \frac{定期活动的直接维修工时}{直接员工的计划总工时}$$

形成对比的是,出版社的该指标值约为70%。为计算该值,我们估计了有计划但没有真实发生的小时数,结果值超出既定参考值的下限值,需要对计划进行审查。

2. OI5/WOI12 指标

OI5 和 WOI12 指标为

$$OI5 = WOI12 = \frac{计划的定期维修工时}{可利用的维修总工时}$$

作为对调查的一个评价方式,前面已经提到过该指标的重要性。了解预定活动所消耗时间与非计划性活动所消耗时间的比例很关键,并不希望零计划基础上的高水平即兴发挥。造纸行业的该指标值在期望的限度内,接近1和阈值WCM的界线(图8.28和表8.10)。

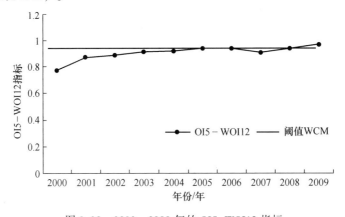

图 8.28 2000—2009 年的 OI5-WOI12 指标

表 8.10　2000—2009 年的 OI5-WOI12 指标

年份	可用时数/h	维修计划时数/h	OI5 WOI12
2000	228072	177421	0.77791662
2001	264220	231193	0.87500189
2002	208932	186098	0.89071085
2003	176226	161210	0.91479123
2004	197228	181849	0.92202426
2005	321242	303597	0.94507256
2006	445110	419287	0.94198513
2007	285098	260060	0.91217757
2008	274985	258897	0.94149499
2009	123951	120194	0.96968964

在出版公司，OI5 和 WOI12 指标值约为 28%，数值很低是由于工作计划性较差。这种情况下，分配到生产性资产的维修员工更多是执行更重要更紧急的其他任务。

3. WOI13/OI21/PMI10 指标

OTI13、OI21 和 PMI10 指标表示为

$$OTI13 = OI21 = PMI10 = \frac{维修加班时间}{维修工作总时间}$$

在造纸行业，加班百分比（包括分包商）只有 4.5%，这个数值在所有计算中保持不变。Hawkins 说过，正常加班应约为总工作时数的 6%，因此该公司在建议的限度内。与此相反，出版社上一年度的加班量增加到 8.45%，超出了建议的界线。这与执行预定的预防性维修不力相关。

4. PMI2 指标

PMI2 指标表示为

$$PMI2 = \frac{花在应急工作上的时间}{总的工作时间}$$

在造纸行业，紧急工作的下降趋势往往伴随着计划增加，达到接近"世界级"的值。只有 5% 的工作是紧急性的，并且公司过去 5 年已经达到低于 10% 的值（图 8.29 和表 8.11）。

在出版社，PMI2 指标达到 0.5% 的极小值。紧急工作时数指标相对于总体来说非常小。该比例比世界级阈值低 1/10，因此完美地落入建议参考值范围之内。该值之所以很低，明显是机器不需要连续密集生产的结果。

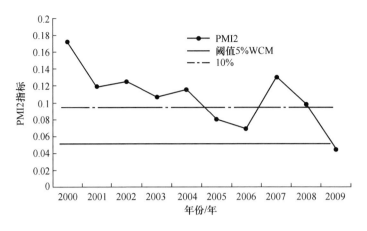

图 8.29 2000—2009 年的 PMI2 指标

表 8.11 2000—2009 年的 PMI2 指标

年份/年	紧急时数/h	总时数/h	PMI2
2000	38938	226147	0.17218004
2001	29409	247348	0.11889726
2002	20987	167541	0.12526486
2003	13467	125659	0.10717099
2004	11836	102476	0.11550021
2005	11957	150077	0.07967243
2006	14797	215629	0.0686225
2007	13840	106261	0.13024534
2008	9782	99563	0.09824935
2009	2303	51639	0.04459808

8.3.5 有关完成任务的指标

1. PMI4 指标

PMI4 指标表示为

$$PMI4 = \frac{执行的预防性维修任务}{计划的预防性维修任务}$$

已经注意到了预防性大纲要适应设施的实际情况、要实施更为严格的监控需求。相关指标假定需要执行这些计划性任务,而且对不执行这些任务要进行惩罚。WCM 方面提出 95% 的符合率,造纸公司非常接近该参考值(表 8.12)。

表 8.12　2000—2009 年的 PMI4 指标

年份/年	PM 计划的 WO 数	PM 执行的 WO 数	PMI4
2000	5202	5167	0.99327182
2001	8212	8140	0.99123234
2002	8966	8856	0.98773143
2003	8420	8301	0.98586698
2004	8291	8137	0.98142564
2005	10914	10877	0.99660986
2006	13599	13454	0.98933745
2007	16080	15160	0.94278607
2008	15904	15505	0.97491197
2009	9056	9010	0.99492049

出版社的 PMI4 指标令人担忧,结果显示关于计划的预防性维修任务,执行率为 41.15%,具有很高的计划失败率(图 8.30)。尤其麻烦的是,该指标也确认了调查结果,这么低的值使问卷获得的正面结果变为无效。尽管没有当年的值,该指标还是能反映该部门的常态,改进计划必须作为一个目标。

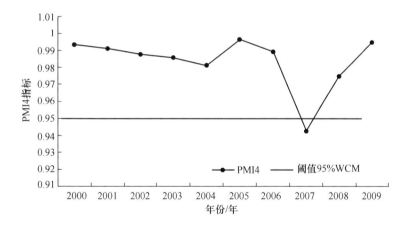

图 8.30　2000—2009 年的 PMI4 指标

2. PMI9 指标

PMI9 指标表示系统中的扭曲,即总的延迟工单百分比。WCM 认为符合率至少为 90%,但造纸公司在 WO 计划结束和实际结束之间具有延迟。这种失调不影响预测习惯的存在及维修计划的安排,即它影响效率但不会影响效能。造纸公司所发现的延迟工单值高(约为 90%),但这是一个不准的估计,很有可能需要一个修正因子,同时需要审查从工作完成到工单关闭的文件流程,以便找出其中的延迟环节(图 8.31 和表 8.13)。

PM19 指标表示为

$$PMI9 = \frac{\text{延误的 PM 任务数}}{\text{待处理的 PM 任务数}}$$

图 8.31 中可看到任务延迟的轻微下降,但应该引入修正因子来基于贴近实际的预测对未来资源进行优化。这些预测应低于最大 10% 的比例,或者如果我们采用 WCM 的观点则应该低于 5%。注意,完成和关闭日期必须匹配,避免发生误解。在一些情况下,WO 已经完成但没有关闭,即使其因为管理延迟使关闭日期与结束日期不同,但在预估中出现的仍然是关闭日期。因此,我们必须记住工单正式关闭和估计之间的必要重叠。

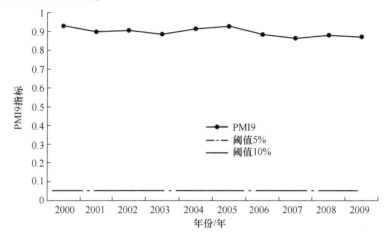

图 8.31 造纸行业 2000—2009 年的 PMI9 指标

表 8.13 造纸行业 2000—2009 年的 PMI9 指标

年份/年	PM 的 WO 数	PM 的延迟 WO 数	PMI9
2000	5167	4803	0.92955293
2001	8140	7323	0.89963145
2002	8856	8020	0.90560072
2003	8301	7347	0.88507409
2004	8131	7431	0.91390973
2005	10867	10081	0.92767093
2006	13422	11873	0.88459246
2007	15111	13060	0.86427106
2008	15399	13561	0.8806416
2009	7319	6381	0.87184042

在出版社,PMI9 指标显示为 100%,表明 100%的延迟工单是待处理的,产生了大量未完成或等待处理的 WO 数。

8.3.6 经济指标

1. PMI5 指标

PMI5 指标表示为

$$PMI5 = \frac{预防性维修任务的估计费用}{预防性维修任务的实际费用}$$

造纸行业 PMI5 的发展显然是正面向好的,加之在估计费用上取得的逐渐成功,使得其位于 Stegimelle 和 Olver 建议的 86%的比例(图 8.32)之上。费用预估上的成功表明需要转移到关注工单关闭结束上。在达到 86%的高度以后,必须有合理的时间和材料估计来长期维持该值(表 8.14)。

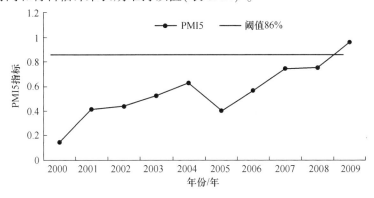

图 8.32 造纸行业 2000—2009 年的 PMI5 指标

表 8.14 造纸行业 2000—2009 年的 PMI5 指标

年份/年	PM 预估费用/欧元	PM 实际费用/欧元	PMI5
2000	107590	736886	0.14600630
2001	589879	1419977	0.41541448
2002	412779	943377	0.43755466
2003	509834	977547	0.52154423
2004	717312	1146086	0.62587973
2005	864702	2146930	0.40276208
2006	1232523	2174634	0.56677262
2007	1709426	2299764	0.74330497
2008	1697396	2258225	0.75165052
2009	915441	954888	0.95868940

出版社中的 PMI5 指标值为 75.89%，比国际组织推荐的值低 10%。

2. PMI11 指标

PMI11 指标表示为

$$PMI11 = \frac{预防性维修总费用}{预防性维修总费用 + 修复性维修总费用}$$

表 8.15 和图 8.33 展现了预防性维修和紧急修复性维修费用变化。有向上趋势，很少高于 80%，但处于 80% 与 85% 之间。表明了组织基于有效预防性维修而在维修计划安排上的努力，降低了紧急修复性维修的百分比。

表 8.15 和图 8.34 清晰地显示了最近财务年度该指标值逐渐增长。在 2009 年，指标达到 80%，实际上在建议值范围以内。适当保持此指标值高于 80% 意味着需要减少与"灭火"（被动性维修＝灭火）相关的维修。此外，无损检查替代被动性维修能显著改善生产性资产的 LCC。

表 8.15 造纸行业 2000—2009 年的 PMI11 指标

年份/年	预防性费用/欧元	紧急修复性费用/欧元	PMI11
2000	736886	1317432	0.35870104
2001	1419977	1584696	0.47258953
2002	943377	1231605	0.43374010
2003	977547	796109	0.55114802
2004	1146086	901982	0.55959372
2005	2146930	996701	0.68294593
2006	2174634	1418578	0.60520615
2007	2299764	1513661	0.60307047
2008	2258225	1202338	0.65256000
2009	954888	216289	0.81532339

出版社的 PMI11 指标值为 61.34%。预防性费用比例比建议值低 20 个百分点，修复性维修费用超出范围。修复性维修的体量可部分解释预防性维修的预定任务执行率的下降。

3. EI20 指标

EI20 指标表示为

$$EI20 = \frac{计划性维修停机费用}{维修总费用}$$

EI20 指标表示在计划停工期间进行的维修费用。过去，这是机械检修、大修或不能仓猝进行修复性处置的理想时期。由于现在对连续生产过程的要求，随着预防性和预测性维修的逐渐整合，公司降低了这部分停工预留时间百分比。这将

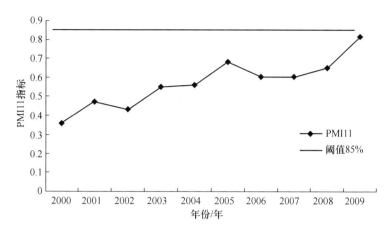

图 8.33 造纸行业 2000—2009 年的 PMI11 指标

显著减低对挑战式修复性维修的需求(表 8.16)。

图 8.34 显示了稳定下降的趋势。由于资产寿命的提高和减少旨在恢复机械的大修,不再需要此类停工。2009 年未包括在内,因为该指标计算的是年度费用。

表 8.16 造纸行业 2000—2008 年的 EI20 指标

年份/年	总费用/欧元	总停工费用/欧元	EI20
2000	8929291	865697	0.09695025
2001	10958492	1124512	0.10261558
2002	9251571	787121	0.08507971
2003	9881008	1773165	0.17945183
2004	9467956	844974	0.08924566
2005	12631135	757286	0.05995392
2006	16804142	1254420	0.07464945
2007	12172379	720179	0.05916502
2008	12262387	583496	0.04758421

对于出版社,EI20 指标是无意义的。因为该行业每天的生产持续 2h 或 3h,一天内的其余时间可用于进行必要的维修处置。甚至如果由于各种原因有必要延长维修或者如果无法解决的紧急停机发生时,它们有多余的生产设备达到日常制造的产量。

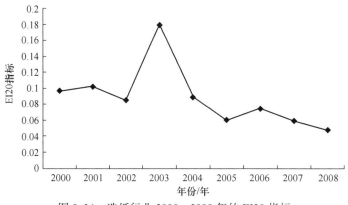

图 8.34　造纸行业 2000—2008 年的 EI20 指标

8.3.7　效能的技术指标

1. PMI12 指标

PMI12 指标表示为

$$\text{PMI12} = \frac{\text{预防性维修不可用时间}}{\text{预防性维修不可用时间} + \text{修复性维修不可用时间}}$$

计划与非计划维修相关的不可用时间是规划工作水平的"关键因素"。造纸公司满足 WCM 可用度超过 95% 的标准。显然,这意味着过去数年保持着成功的可用性规划和分配。这并不排除在后续 RCM 分析中发现因定期计划维修所引起的过量停机问题,可用度提升计划可包括更多的响应式维修(表 8.17)。

表 8.17　2000—2009 年的 PMI12 指标

年份/年	计划停工时数/h	非计划停工时数/h	PMI12
2000	27233	1281	0.95507470
2001	27042	3596	0.88262941
2002	22442	2482	0.90041727
2003	29656	2212	0.93058868
2004	30691	1493	0.95361049
2005	37116	1633	0.95785698
2006	67183	3142	0.95532172
2007	50343	2841	0.94658168
2008	51671	2089	0.96114211
2009	24496	640	0.97453851

图 8.35 显示了 PMI12 指标的发展趋势,即降低计划的停机时间,转而采用定

期维修。如前所述,这表明可以存在预防性维修安排,但在实现可用度或费用方面不一定是最优的。

与 EI20 一样,在存在轮班的行业 PMI12 和 TI20 指标是没有意义的,这和连续过程行业不一样。此类指标代表需要一种特殊情况,需要适应的记分卡。确定在某些类型行业中无意义的指标,确定并分离盲目乐观或悲观的数据十分重要。平衡记分卡是足够灵活的,能适应不同生产类型的公司。

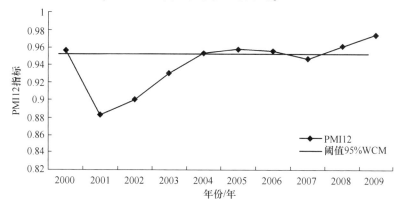

图 8.35　2000—2009 年的 PMI12 指标

2. TI20 指标

TI20 指标表示为

$$TI20 = \frac{造成不可用的计划维修和定期维修时间}{要求停机的计划维修和定期维修时间}$$

根据 UNE-EN 15341:2008,TI20 指标包括公司的所有计划性活动。在造纸行业,必须从两个不同视角计算该指标。第一个视角包括预防性维修活动和预测性维修活动以及此类活动造成的停工。如图 8.36 所示,在过去 8 年,TI20 指标明显逐渐向 1 收敛,这表明预防性停机的目标已经实现(表 8.18)。

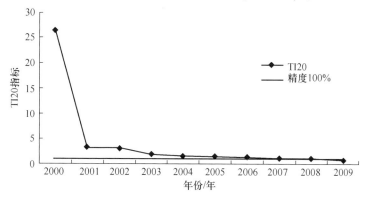

图 8.36　造纸行业 2000—2009 年的 TI20 指标:方法 1

表8.18 造纸行业2000—2009年的TI20指标：方法1

年份/年	停工PM时数/h	停工PM计划时数/h	TI20
2000	9666	365	26.48219180
2001	3004	938	3.20255864
2002	1812	593	3.05564924
2003	2679	1428	1.87605042
2004	5620	3560	1.57865169
2005	9798	6501	1.50715275
2006	15099	11246	1.34261071
2007	17715	16166	1.09581838
2008	17767	16582	1.07146303
2009	7801	10492	0.74351887

第二个视角考虑计划的所有活动，包括预防性、预测性和修复性维修、改进及扩展。停机时间回到类似先前的收敛阶段，并且逐渐趋近1。这表明近几年由于全面计划和远见，有效地安排了资产的非生产性时间。由于TI20指标的两个变量密切相关，并且在过去3年达到的值接近1，可以断定对预期不工作的计划是准确的(图8.37和表8.19)。

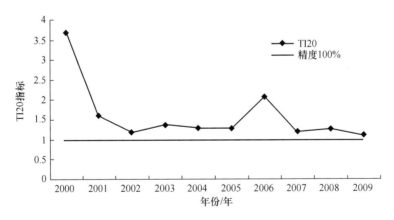

图8.37 造纸行业2000—2009年的TI20指标：方法2

表8.19 造纸行业2000—2009年的TI20指标：方法2

年份/年	停工计划时数/h	预防性计划时数/h	TI20
2000	28922	7820	3.69846547
2001	32048	19909	1.60972425

续表

年份/年	停工计划时数/h	预防性计划时数/h	TI20
2002	24568	20733	1.18497082
2003	30353	22227	1.36559140
2004	31907	24948	1.27894020
2005	38641	30080	1.28460771
2006	78004	37831	2.06190690
2007	51071	42830	1.19241186
2008	52945	41735	1.26859950
2009	24784	22255	1.11363738

由于生产过程的轮班性质,TI20指标在出版社是无意义的。机械师不需要计划维修的机器不可用性,因为他们在生产继续之前有数小时的空闲。指标集必须能够适应过程类型以创造可行的记分卡。

3. TI7指标

TI7指标表示为

$$TI7 = \frac{总的使用时间}{总的使用时间 + 计划性维修引起的不可用时间}$$

在造纸行业案例中,由计划维修而导致的不可用性(TI7指标的补数)符合SMRP的赋值。参考文献(Olver,2006)中赋值最大为6%,考虑了计划不可用性的三个组成部分:预防性、修复性和预测性维修中的计划任务。为了计算造纸行业的TI7,分析了三条独立的生产线,它们的停工与计划维修相关,并获得大于97%的平均值。这意味着计划维修对关停机器的需要程度极低,也表明作为连续过程行业的关键数据,可用度有所增加。此因素与全面规划资源相结合意味着预防性维修对资产可用度的非负面作用。通过引入预测性维修和RCM策略消除系统性维修时间表中要求的传统更换活动,这些数字可显著降低(图8.38和表8.20)。

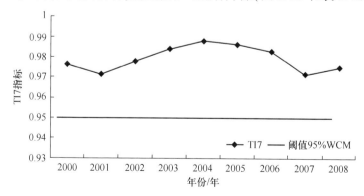

图8.38 造纸行业 2000—2008 年的TI7指标

表 8.20 造纸行业 2000—2008 年的 TI7 指标

年份/年	不可用性的维修时数/h	工作时数/h	TI7
2000	632	26280	0.97651605
2001	769	26280	0.97157011
2002	590	26280	0.97804243
2003	424	26280	0.98412223
2004	317	26280	0.98808136
2005	362	26280	0.98641243
2006	459	26280	0.98283406
2007	773	26280	0.97142646
2008	668	26280	0.97521152

出版行业没有为计划维修安排停机时间,意味着该比例达到100%。一方面这是一个能够产生可度量值的可计算指标;另一方面它并不适合确定基准。因为轮班过程的特有性质,该指标总为100%,因此任何部门间比较或工厂间比较都将产生错误理解。由于它转换成记分卡,将不再是成功策略的正面指标。变化几乎不可能,并且对任何企业目标没有贡献,因此它不是一个合适出版行业的指标。

4.OI11 指标

OI11 指标表示为

$$OI11 = \frac{应急修复性维修时间}{维修相关总不可用时间}$$

OI11 指标表示维修总不可用性中的被动性维修时数。只要紧急事件中有多名作业人员参与,分子就有可能大于分母(图 8.39 和表 8.21)。

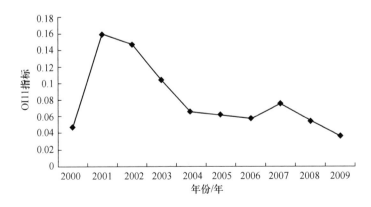

图 8.39 造纸行业 2000—2009 年的 OI11 指标

表 8.21 造纸行业 2000—2009 年的 OI11 指标

年份/年	停工维修时数/h	被动性维修时数/h	OI11
2000	32900	1548	0.04705167
2001	36331	5770	0.15881754
2002	27072	3959	0.14623966
2003	32586	3401	0.10436997
2004	33477	2186	0.06529856
2005	40295	2508	0.06224097
2006	81256	4673	0.05750960
2007	54049	4086	0.07559807
2008	55128	2996	0.05438253
2009	25429	935	0.03676904

在造纸业企业,描述 OI11 指标的图形显示出有趣的结果。首先,2000 年出现了一个小比例的被动性维修。可能的情况是,在 CMMS 的早期阶段没有从响应式维修中为修复性维修分配足够的时间,失去了从其他维修任务中识别紧急修复性维修任务。从这一点起,趋势是明显下降到约 5% 的下限值。这一下降涉及了因维修紧急事件所致不可用性的下降。因此,这种下降是"消防"思想如何淡出并转向计划的和受控的不可用性的一个重要指标。

由于出版社的轮班过程,OI11 指标值为 100%。这意味着紧急事件的专门时间与其导致的停工之间的总体相关性。其作为高值是合逻辑的,因为没有其他维修造成不可用性。

5. TI8、TI9 和 TI10 指标

TI8、TI9 和 TI10 指标表示为

$$TI8 = \frac{\text{导致不可用的预防性维修时间}}{\text{维修引起的总的不可用时间}}$$

$$TI9 = \frac{\text{导致不可用的系统性维修时间}}{\text{维修引起的总的不可用时间}}$$

$$TI10 = \frac{\text{导致不可用的 CBM 时间}}{\text{维修引起的总的不可用时间}}$$

继续来讨论造纸行业。在表 8.22 中,第一列表示维修的总不可用时数,第三和第四列分别表示预测性和预防性维修的 CBM 和 PM 造成的不可用时间。此例中,例行维修包括改进和预防性维修,因此造纸公司对指标 TI9 没有实际关联。在与连续过程相关的需要强大工作规划的公司中,预期如图 8.40 中所示的 TI8 和 TI10 指标表现。TI10 很少产生任何不可用性,因为公司使用了振动分析,一种不

需要关停机器的技术。

表 8.22 2000—2009 年的 IT8 和 IT10 指标

年份/年	停工维修时数/h	CBM 停机/h	PM 停机/h	TI8	TI10
2000	32900	242	9428	0.2866	0.0074
2001	36331	92	2934	0.0808	0.0025
2002	27072	41	1790	0.0661	0.0015
2003	32586	13	2673	0.0820	0.0004
2004	33477	38	5590	0.1670	0.0011
2005	40295	8	9793	0.2430	0.0002
2006	81256	27	15083	0.1856	0.0003
2007	54049	18	17706	0.3276	0.0003
2008	55128	150	17688	0.3209	0.0027
2009	25429	1	7800	0.3067	3.9325E−05

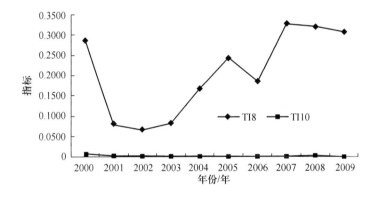

图 8.40 2000—2009 年的 TI8 和 TI10 指标

由于预防性维修的不可用性表现出一些起伏(2000 年前后,数据不完全可靠),从 7% 持续增长到 30%,预防性维修导致了 1/3 的不可用性。

结果与被动性维修及其不可用性降低一致,并且还与计划的修复性维修一致,将产生其余的大部分不可用性。这是合适的平衡,因为占近 100% 不可用性的过量预防性维修可能引起维修和生产中的资源浪费。应记住 RCM 策略要平衡地应用预防性维修,通过为计划性的和被动性的修复性维修预留空间来优化费用和可用度。如 Olver 所指出,计算这 3 种组成部分之和的补数可得到非计划维修所造成的不可用性,SMRP 很注重这一点。

在出版社,这些指标是毫无意义的,因为没有维修导致的不可用性。在此情况下,指标就是零,因为没有参考的不可用性。0 值还可能对基准造成误解,貌似策略的成功,但实际上是特殊类型过程的结果。

6. OI12、OI13 和 OI14 指标

这三项指标是总维修时数的联合统一分配(图 8.41、图 8.42 和表 8.23)。

OI12、OI13 和 OI14 指标表示为

$$OI12 = \frac{内部员工完成的机械维修工时}{直接维修员工总工时}$$

$$OI13 = \frac{内部员工完成的电气维修工时}{直接维修员工总工时}$$

$$OI14 = \frac{内部员工完成的仪器维修工时}{直接维修员工总工时}$$

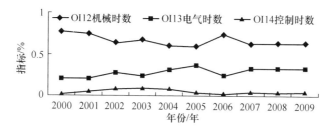

图 8.41 2000—2009 年的 OI12、OI13 和 OI14 指标

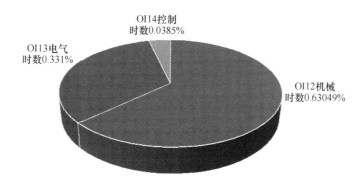

图 8.42 造纸行业 2009 年的 OI12、OI13 和 OI14 指标

除机械维修中的指标轻微下降外,各类维修指标很少显示变化,这促进了各行业电气和电子技术开发。这种分布很大程度将维修人员作为机械工,其次作为电工,仪表和控制装置任务的贡献较小,而且这些任务的快速变化和必要专业化导致了转包策略。这类维修外包很常见,否则会有资源闲置和较高的培训投入风险。

与出版社作业人员业务统一分类相关的 OI12、OI13 和 OI14 指标,在模板中是

毫无意义的,由于机器的性质,员工必须具有多方面的技能来解决问题。

表 8.23　2000—2009 年的 OI12、OI13 和 OI14 指标

年份/年	总时数/h	机械时数/h	电气时数/h	控制时数/h	OI12 机械时数/%	OI13 电气时数/%	OI14 控制时数/%
2000	226147	173937	46800	5410	0.76913	0.2069	0.0239
2001	247359	185302	50373	11684	0.74912	0.2036	0.0472
2002	167541	107818	46673	13050	0.64353	0.2786	0.0779
2003	125660	84866	29973	10820	0.67536	0.2385	0.0861
2004	102477	61995	32071	8411	0.60497	0.3130	0.0821
2005	150078	89432	55447	5289	0.59590	0.3695	0.0352
2006	215630	159213	51683	4733	0.73836	0.2397	0.0219
2007	106261	66811	34990	4460	0.62874	0.3293	0.0420
2008	99564	63077	33016	3471	0.63353	0.3316	0.0349
2009	51639	32558	17093	1988	0.63049	0.3310	0.0385

7. OI16、OI17、OI18、OI19 和 OI20 指标

OI16、OI17、OI18、OI19 和 OI20 指标是按维修类型分布的时数。

$$OI16 = \frac{修复性维修工时}{维修总工时}, \quad OI17 = \frac{应急修复性维修工时}{维修总工时}$$

$$OI18 = \frac{预防性维修工时}{维修总工时}, \quad OI19 = \frac{CBM 维修工时}{维修总工时}$$

$$OI20 = \frac{系统性维修工时}{维修总工时}$$

如 Mather 所指出的,WCM 提出以下工作时数分布:预防性维修 50%,预测性维修 30%,修复性维修 15%,紧急维修 5%。

造纸业案例的指标值为:预防性维修 30%,预测性维修 2%,修复性维修 62%,紧急维修 3%。

需要对这些值进行思考,因为它们远未达到世界级指标或 SMRP 的建议水平。SMRP 的被动性维修值应始终低于 10%,比 WCM 要求低 5%。这里给出的比例只是建议性指导:OI17 应下降,OI16 应下降,OI18 应升高,向上趋势 OI19 应升高。

显而易见,标准建议的百分比适用于一些工业行业(例如制药或食品),但有一些领域始终不发生预测性维修。汽车行业与造纸行业大不相同,例如没有广泛实施 CBM。表 8.24 给出了这些指标的具体值,但缺少系统性维修计划的指标值。

观察 OI17、OI18 和 OI19 指标,我们看到被动性维修降低与预防性和预测性维修的年增加持平(图 8.43 和图 8.44)。

表 8.24　2000—2009 年的 OI17、OI18 和 OI19 指标

年份/年	OI17 被动性维修%	OI16 修复性维修%	OI18 预防性维修%	OI19 CBM/%
2000	0.1707	0.3021	0.1159	0.0059
2001	0.1113	0.5274	0.1694	0.0112
2002	0.1093	0.6376	0.1664	0.0106
2003	0.0852	0.6182	0.2044	0.0129
2004	0.0780	0.6383	0.2064	0.0139
2005	0.0549	0.6427	0.2562	0.0079
2006	0.0580	0.6974	0.1936	0.0001
2007	0.0878	0.5422	0.3200	0.0001
2008	0.0580	0.5749	0.3258	0.0009
2009	0.0297	0.6253	0.2902	0.0177

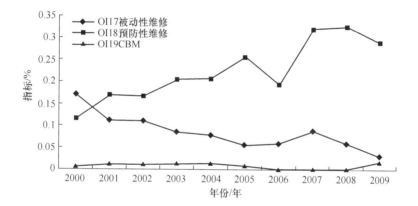

图 8.43　2000—2009 年的 OI17、OI18 和 OI19 指标

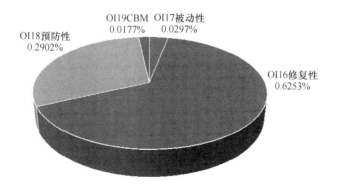

图 8.44　2009 年的 OI16、OI17、OI18 和 OI19 指标

修复性维修的百分比十分稳定,约保持在60%。根据SMRP-EFNMS,它应该降低但没有降低。然而,对该参数更详细的分析表明在比例重要性上有明显变化,建议有必要对比例进行修订(图8.45)。

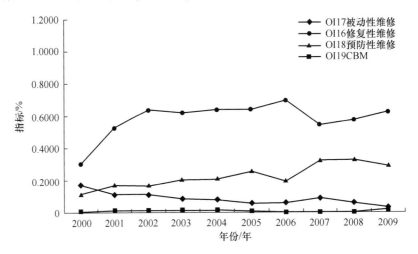

图8.45　2000—2009年的OI16、OI17、OI18和OI19指标

修复性维修百分比会明显变化的原因之一是CMMS中WO和数据完成编目。如果振动分析的调整结果归因于预测性而非修复性维修,或者如果目视检查的润滑结果视为预防性而非修复性时,修复性维修百分比将下降,使得该值与SMRP和EFNMS一致。表8.25、图8.46和图8.47给出了修复性维修在起因方面的演变。由于只有细微的变化,可以断定百分比较为稳定,这表明我们需要审查工作文件。

表8.25　2000—2009年的修复性维修来源

年份/年	自发维修来源	预防性维修来源	预测性维修来源
2000	0.8066	0.1381	0.0184
2001	0.8673	0.1096	0.0147
2002	0.8376	0.1448	0.0173
2003	0.8427	0.1317	0.0254
2004	0.8670	0.0983	0.0347
2005	0.9205	0.0644	0.0151
2006	0.9385	0.0508	0.0107
2007	0.8751	0.1070	0.0178
2008	0.8710	0.1030	0.0264
2009	0.8490	0.1319	0.0187

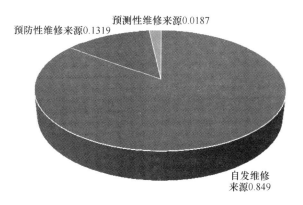

图 8.46 修复性来源(2009 年)

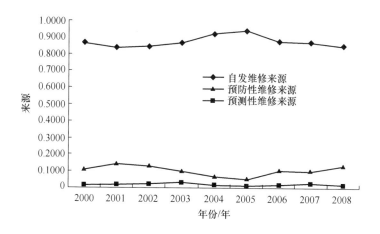

图 8.47 2000—2008 年的修复性维修来源

例如,起因于预防性维修的 14% 的修复性维修可以归类为预防性维修,CBM 活动引起的预测性维修同样也可以这样处理。自发维修需要进一步分析,即其是否与特定巡检路径有关。建议对修复性活动所要求的检查分类进行审查。这些度量将平衡四类维修的百分比,其趋势和阈值由 SMRP 和 EFNMS 提出。

对印刷行业中各类维修消耗时间分布的分析应该突出强调其没有系统性和预测性维修。时间分布包括维修人员承担装配和工程改进的大量时间,OI16、OI17 和 OI18 指标的百分比是根据机器上花费的时间计算的。如果不考虑花在机器上的时间,百分比可能有很大改变。

实际时间比例呈现这样一个情况,与预防性维修相比,修复性维修的百分比过大。原则上,该指标的纠正不应影响维修策略,相反地,它会影响 WO 分类,并按照 EFNMS 和 SMRP 重新分配百分比。

对于印刷出版社,当我们只考虑机器的维修处置,而忽略改进和修改的大量工作时,OI16、OI17 和 OI18 指标是合适的。具体指标值:OI16 为 38.5%,修复性维修百分比指标高于基准 15%~25%;OI17 为 0.5%,紧急或被动性维修在 10% 的阈值下,发生率低;OI18 为 59.9%,预防性维修是可接受的值,低于由 Mather 提出的值,但当我们考虑不存在预测性维修时,该百分比应增加。存在大量的各种非计划活动。

8.3.8 指标及评估总结

根据提出的模型,一旦确定了成熟度等级,必须执行两个任务。第一个要找到与审核层次对应的初步结果,并在处理下一个层次时掌握成熟度和安全性状态。这些初步结果是按照视角对调查获得的数据进行确认后推导计算得到的,即前面计算的第 1 层次 WEXECI(工作执行指标)和 WPLANI(工作计划指标)。其他数据与各种调查和指标相关。要计算数字指标并与参考值比较,确定它们是否达到世界级水平。图 8.48 给出的 2008 年出版维修服务时间分布表明预防性维修在 23%,修复性维修在 15%,而处置和改进及紧急性维修在 62%。

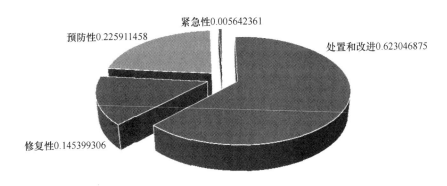

图 8.48　2008 年出版社维修服务时间分布

图 8.49 以长虚线大方框突出了主要建议和观察结果,包括技术和方法改进。方框左下方是此处所讨论的两个行业指标的汇总表。参考必须简单,只有在指标显示的值超出参考值范围时才会出现问题。在不平衡原因非常明确时应提出相关改进。任何情况下,最重要的是记录这种不平衡,以使审核部门能够重建其策略,使指标恢复正常值。

1. 造纸行业第 1 层记分卡

在该层列出的指标中,发现只有两个指标超出机构和顾问的建议,其中一个指标为 OI16,在图 8.50 中示出。OI16 对应修复性维修的百分比,前面已指出该指标

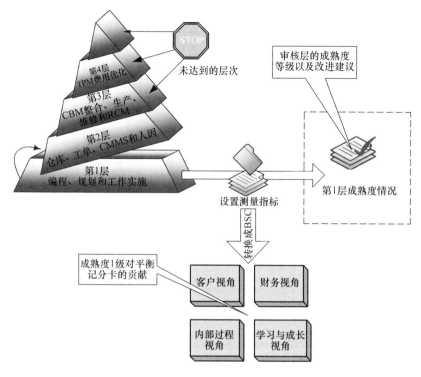

图 8.49 确定成熟度等级后的输出信息

应逐渐减小,不应保持不变。该指标的修正原则上应不影响现有维修策略。改变 WO 分类及其发生起因的合适分类,并按照 EFNMS 和 SMRP 提出的重新分配百分比。

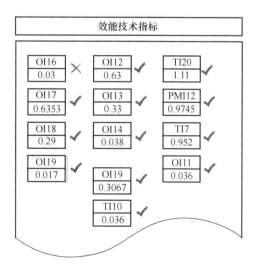

图 8.50 造纸行业效能指标在参考值范围内和超限汇总

与建议不协调的另一个指标是 PMI9,是由 WO 实施延迟造成的。应对相似工单进行分析,并且在 CMMS 中对估计值进行修正,这样能使资源计划建立在更接近实际的预测基础上。在这一点,对该层次的审核结束并将结果进行合并,可以进入第 2 层审核。该层的审核记录了前面给出的两个建议,但这些建议没有否定该层的符合性,因为已经对规划和工作执行进行了检验,而且不需要修改维修策略(图 8.51)。

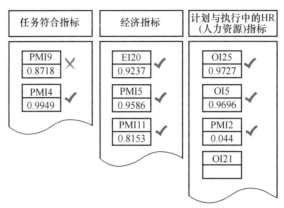

图 8.51 造纸行业在参考值范围内和超限造纸行业汇总

2. 出版社第 1 层记分卡

这些指标仅仅缺少维修停机。OI11 表明所有的不可用性均与修复性维修的紧急性相关,在这里此类不可用性最小,但为了改变维修部门始终处于"灭火"状态,这是一个负面的概念(图 8.52)。

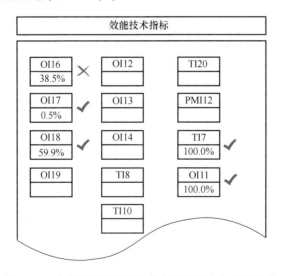

图 8.52 出版社效能指标在参考值范围内和超限汇总

图 8.53 中,任务符合性及其对应指标超出了参考值,也发现了加班有所增加,但这是由于新机械安装产生的暂时性问题。

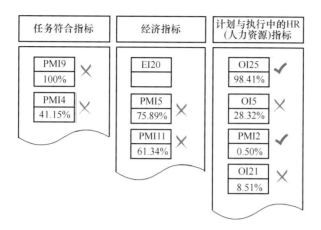

图 8.53　出版社效率指标在参考值范围内和超限汇总

当预算提供少量资源用于预防性维修,而选择修复性维修时,成本效益成为考虑因素。经济值的预测准确度低于国际机构推荐值。

8.4　第 n 层对平衡记分卡及其不同视角的贡献

审核一个层并获得技术建议后的下一个任务是根据参考文献(Kaplan,Norton,1996)的"平衡记分卡"将这些指标移动到记分卡。在演化的不同层级内审核各种指标,有助于创造控制面板的不同视角。每完成一个层级审核就可改善客户(生产)对维修的感知和认识,并且确保维修团队专业演变和成长。这些指标纳入为实现其目的而设计的策略中,将一系列目标结合起来,就可显示出所分析视角的改进(图 8.49)。

通过使用参考文献(Kaplan,Norton,1996)的"平衡记分卡",这些指标与其目标和策略相互关联。从客户视角,有四个主要目标:完善维修策略、提高质量、改善维修响应、提升安全性。

这 4 个目标中,与工作计划成熟度 1 级相关联的指标只影响维修响应改善,该目标采用如图 8.54 所示的策略来确保符合各自伙伴的指标。

图 8.54 显示出了失败的策略,并且指出失败的责任人。工作计划和日程安排的客户认识到改善维修响应的尝试中,出于此目的所使用的一些工具已经失败,这些指标的演变在部门改善响应的客户认知中得到显示。重要的是强调认知的动态

性质,它们取决于策略和目标。例如,计划维修实施的过度延迟可能表明预防性维修的计划不适合该部门,并且因此不适应修复性措施需要的响应能力。与此同时,我们发现有过量的修复性任务,它们可能是引起这类延迟的原因,表明维修部门客户的认知与工厂的实际需求不一致。

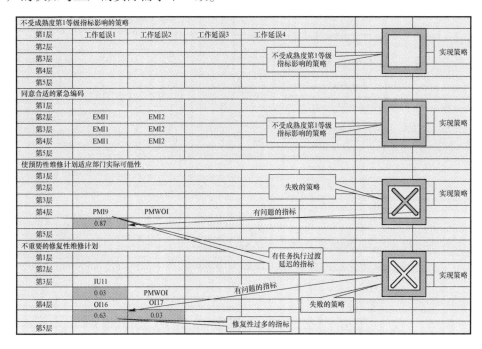

图 8.54　客户视角:改善维修响应

成熟度 1 级的指标是规划,这一点是合逻辑的。预防性维修安排、预定修复性措施的合理计划以及参数的多少由第 4 层的计划人员控制。他们可以创建模板或分配资源至较低层级。在计划和安排维修时,在改善维修响应的目标中存在一些不足,客户感受到了修复性和预防性维修的过度。其余目标不受成熟度 1 级指标的影响。

就财务视角而言,该等级的指标与两个目标一致:①提高可用度;②改善费用。为提高可用度,这些指标可以移动至 BSC,如图 8.55 所示。提高可用度的相关策略所涉及的指标均显示正面结果。由于实现了成熟度 1 级的目标,财务方面得到了强化。

财务视角第二个目标是改善费用。图 8.56 显示出成熟度 1 级的指标对目标费用改善的贡献是积极的,实施了费用模型一致的策略。成熟度 1 级对改善财务方面的所有贡献都是积极的,但在该等级并没有利用指标对某些策略进行度量,如能源消耗。受该等级指标影响的视角关注了部门的内部过程,为改善该视角,目标

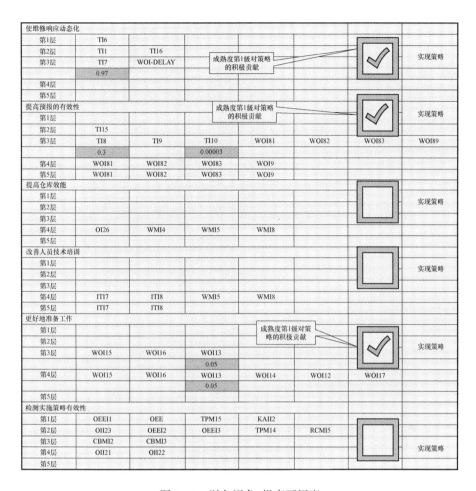

图 8.55 财务视角：提高可用度

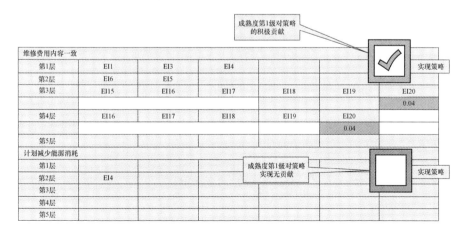

图 8.56 财务视角：改善费用

可以包括:改善工作组织、提高可靠性、提高维修仓库的库存水平、改善招聘。

成熟度1级为两个目标提供了多项指标,即改善工作组织和提高可靠性。图8.57显示出了这些指标在部门不同策略中的影响。一些指标的失败表明重新适当分配人员的策略没能实现,但采用预防措施和时间的分配在允许值内。从这方面讲,该策略开始起作用了。

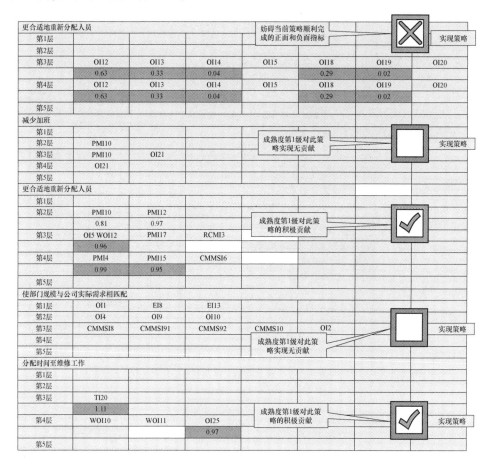

图8.57 内部过程视角:改善工作组织

在改善工作组织的目标中,成熟度1级显示积极值,预防性和预测性维修除外,其值低于建议水平。这表明需要改变分配给操作人员的任务,这在审核过程结束时的初步发现中也是明显的。

内部过程视角第二个目标是提高可靠性。如图8.58所示,对此目标的贡献很小,但是正面的。

紧急工作,即直接故障的专用PMI2指标的值在其推荐范围内,能看到朝着提高可靠性这一最终目标实现的积极进展。

使分解最小化								
第1层								
第2层								
第3层	PMI1							
第4层	PMI2							
	0.044							
第5层	PMI6	RCMI1						
了解设备可靠性及其演化,告知负责的用户								
第1层	TI2							
第2层	TI17	TI21	CBMI4	BCMI7				
第3层	TI17	TI21	CBMI4	BCMI7	TI18		RCMI2	
第4层	TI17	TI21	CBMI4	BCMI7				
第5层								

（成熟度第1级对策略的积极贡献 → 实现策略 ✓）
（成熟度第1级对此策略实现无贡献 → 实现策略 □）

图8.58 内部过程视角:提高可靠性

最后两个目标与成熟度1级或学习与成长没有共用指标。后一视角以人因为中心,在成熟度1级没有相关指标。这是合乎逻辑的,因为它是与效能和效率相关联的技术性层次,不含人因可改进的因素,即或多或少的自我养成与自我激励等（图8.59~图8.62）。

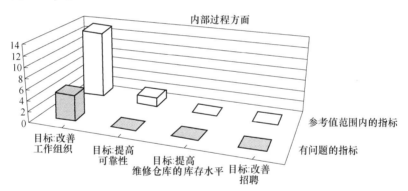

指标	目标:改善工作组织	目标:提高可靠性	目标:提高维修仓库的库存水平	目标:改善招聘
□ 有问题的指标	4	0	0	0
□ 参考值范围内的指标	13	1	0	0

图8.59 内部过程视角:造纸行业成熟度1级目标相关指标

前面图表从不同视角显示出与改善某些相关目标的实现有问题的指标数量。它们在指标的附近出现,当确实存在比较点时,这些指标在参考基准内或者其值可视为可接受的和正面的。值得注意的是,在具有连续流程的行业中,已经计算了该

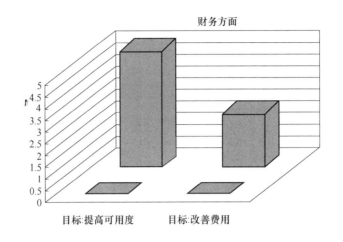

指标	目标:提高可用度	目标:改善费用
■ 有问题的指标	0	0
□ 参考值范围内的指标	5	2

图8.60 财务视角:造纸行业成熟度1级目标相关指标

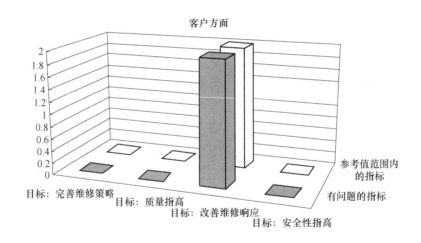

指标	目标:完善维修策略	目标:质量提高	目标:改善维修响应	目标:安全性提高
■ 有问题的指标	0	0	2	0
□ 参考值范围内的指标	0	0	2	0

图8.61 客户视角:造纸行业成熟度1级目标相关指标

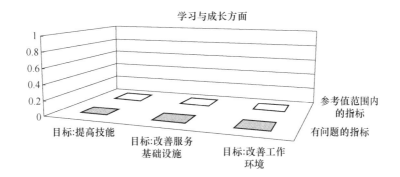

指标	目标:提高技能	目标:改善服务基础设施	目标:改善工作环境
□ 有问题的指标	0	0	0
□ 参考值范围内的指标	0	0	0

图 8.62　学习与成长视角:造纸行业成熟度 1 级目标相关指标

层次出现在控制面板中的所有指标,即模型 100%适合而不必舍去指标。

8.5　第 n 层次审核研究案例:第 2 层演化

一旦我们已经通过了预防性维修试验,第 2 层审核就要包括维修管理的两个必需元素:一个是合适的文档管理,包括 WO 的 CMMS 实施和有效存储;另一个是人因在维修职能中的适当嵌入、处理及其成长(图 8.63)。

如前所述,印刷厂审核中发现指标值有所不同,这是因为其生产策略与造纸行业截然不同,因此维修部门的需要也不同。生产结束通常发生在晚上 10 点或 11 点,但受制于第二天的报纸编辑,生产也可能持续到凌晨 1 点、2 点或 3 点。随后分配产品,从早上 6 点开始,将印本分散到不同的地理位置。

产品具有这类生产系统固有的两个特点:①产品的快速过期;②产品不可替代性。当然,由于很明显的原因,报纸会自动过期。由故障造成的生产单元损失可能是不可恢复的,因为生产时间段在一天内是不可重复的。此外,产品不能由其他内容取代,库存是不适用的,并且产品必须是新制造和配送的,不能替代。这要求生产性资产在工作时段的可用度是优先的,甚至为了达到设定的目标,增加一些冗余。

生产过程的这一显著特征表明,通过改善资产和减少单位成本,在财务方面有更大发展。此外,生产系统的特性否定了采用与对应成熟度等级关联的指标,因此

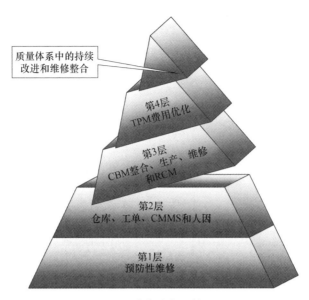

图 8.63　维修演化的第 2 层

这些指标在某些领域没有给予考虑。就这里的印刷企业,生产时段间隔的存在允许公司利用一天的其余时间或大部分时间进行修理或预防性维修,造成不可用、计划停工等的计划维修以及对其有依赖关系的指标在这里是没有无意义的,也是不适用的。

快速查看出版社成熟度 1 级目标的指标,表明不同视角因素受到与该成熟度等级相关的负面指标严重影响,这意味要克服这些问题,客户、财务和内部过程均受到这些指标的不利影响。

财务方面受超出可用度参考值的额外时数影响,可用度改进实现了,但投入的额外时数超过了建议值的 6%。在客户方面,改善维修响应的目标受到部门采用过量修复性维修的影响,客户认为这是缺少计划,表明需要更多预防性维修。最后,由于预防性维修的低投入,预防性维修的失败对内部过程形成了不利影响,又反过来触发了各方面的恶化。

不同 BSC 视角的预测,以及对工作实际执行调查所获负面指标的确认,可以产生一个有效且高效的计划维修大纲,也使引起负面评级指标的问题不再发生。

着重强调的是,如果已经使用大部分文献中提出的调查方法进行了审核,而且突出了 Venezuelan COVENIN 标准,就可能已经建立了成功的预防性维修大纲。如果审核只使用了数字指标,那么提出的建议就有可能缺乏对用户和利益相关者的足够了解。

在成熟度 1 级,定期维修应审核组织第 2 层的以下因素。

(1) 维修仓库和采购管理,包括采购、备件。

(2) WO系统。

(3) 计算机维修管理系统(CMMS)。

(4) 人员及分包商管理:①部门人员结构和工作确定,包括部门人员结构和工作确定、劳动环境、激励和培训;②分包。

8.5.1 维修仓库和采购管理

鉴于其对于客户的影响,仓库管理是寻求效率和效能的第一步。备件物流系统的评估分为四个部分,对客户、内部过程和财务的影响显著不同。例如,将程序转化为内部过程视角的行动响应(图8.64和表8.26)。

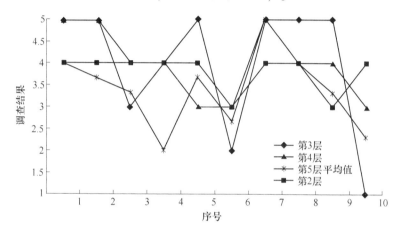

图8.64 出版社成熟度2级调查结果:采购程序

表8.26 出版社成熟度2级调查结果:采购程序

序号	第3层	第4层	第5层作业人员1	第5层作业人员2	第5层作业人员3	第5层平均	第2层采购管理
1	5	5	5	2	5	4.000	4
2	5	5	5	2	4	3.667	4
3	3	4	5	2	3	3.333	4
4	4	4	1	2	3	2.000	4
5	5	3	5	2	4	3.667	4
6	2	3	3	2	3	2.667	3
7	5	5	5	5	5	5.000	4
8	5	4	5	3	4	4.000	4
9	5	4	5	2	3	3.333	3
10	1	3	2	2	3	2.333	4

关于采购策略的调查问题通常是在四个层级,从采购指示到维修架构的最高层次。尽管是多层次的调查,但答案表现出的区别很小,没有一处能将调查对象区分开。对备件的认知有小的差异,问题 4 询问了受访者对采购程序的认知。问题 5 也有类似的小差异,问题涉及他们是否关注维修,还是仅仅关注好的价格和付款事项等。最后,在问题 10 中,有四个回答存在显著不同,但这只是对采购部门在规定采购产品要求方面的角色缺少了解的结果,这一差异反映了维修所追求的经济考量和技术效率。

表 8.27 和图 8.65 中,我们看到各个层次的平均值。单个值为 3.400 或更高,平均值为 3.800,表明认知不正确。为了利用建议的模型审核这一层级,调查的验证必须采用一系列数字指标,以证实 PURPROI 指标值。

$$PURPROI = 调查结果(采购程序) \cdot \overline{WMI6} \cdot \overline{WMI7} \cdot \overline{WMI9}$$
$$= 调查结果(采购程序) \cdot (1 - WMI6) \cdot (1 - WMI7) \cdot (1 - WMI9)$$

图 8.66 显示出确认过程,指标用于验证互补的 WMI6、WMI7 和 WMI9。

表 8.27 分层数字验证前的 PURPROI(采购程序指标)

	第 2 层	3.800
PURPROI	第 3 层	4.000
	第 4 层	4.000
	第 5 层	3.400
PURPROI 平均值		3.800

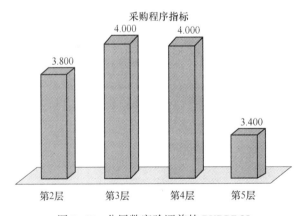

图 8.65 分层数字验证前的 PURPROI

1. WMI6、WMI7 指标

1) WMI6 指标

WM16 指标给出紧急采购订单的比例。

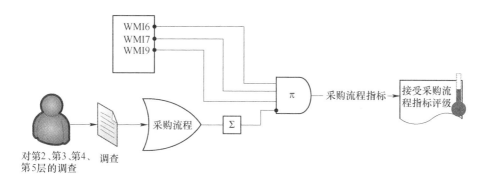

图 8.66　IPROCCOMP 确认过程

$$WMI6 = \frac{紧急采购订单总数}{采购订单总数}$$

此指标值为 10.67%,非常接近 WCM 的参考值,建议紧急情况采购订单总数仅占采购订单总数的 10%。

2) WMI7 指标

WMI7 指标表示为

$$WMI7 = \frac{购买一种产品的订单总数}{购买订单总数}$$

下达采购订单产生的费用为固定量,有时候超出订购件的费用。指标显示的值为 51.12%。此值过高,表明超过一半的采购只是单件,产生了高比例的费用。

2. WMI9 指标

维修负责人不能在规定的采购和供应商范围之外进行采购这一点是没有意义的。

一旦我们计算出了确认指标,就可以计算 PURPROI 的验证指标,计算值为 1.659。再一次根据传统方法,数值为 3.8 的调查通过了审核,当前采购程序由所涉及的四个层级签字背书(表 8.28)。然而,在审核阐述的结果中,验证指标表现出了明显下降,并且对该指标相关要素产生严重影响。

第二个方面的考虑是供应商管理,或对维修数据与采购之间相互关系的基本了解(表 8.29)。通过观察图 8.67,我们发现了供应链策略知识应用于维修和采购部门时存在重要差异,图形显示对供应过程某些方面的认知中有两个不同点几乎始终存在。表 8.30 按照层次给出了调查平均值,也给出了指标最终值。

表8.28 验证过的PURPROI(采购流程指标)

部门	PURPROI调查结果	WMI6%	WMI7%	WMI9	验证过的PURPROI
出版社	3.8	10.67	51.12	X	1.659

表8.29 出版社成熟度2级调查结果:供应商管理

序号	第3层	第4层	第5层 作业人员1	第5层 作业人员2	第5层 作业人员3	第5层 平均值	第2层 采购管理
11	4	4	4	2	4	3.333	4
12	2	3	4	2	3	3.000	4
13	5	3	5	2	3	3.333	4
14	5	3	4	2	3	3.000	4
15	1	2	3	3	3	3.000	3
16	2	3	4	3	4	3.667	4

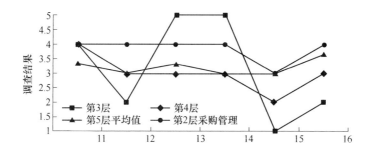

图8.67 出版社成熟度2级调查结果:供应商管理

表8.30 分层数字验证前的SUPMANI(供应商管理指标)

SUPMANI (供应管理指标)	第2层	3.833
	第3层	3.167
	第4层	3.000
	第5层	3.222
SUPMANI平均值		3.130

SUPMANI平均值为3.310,表明需要更好的内部沟通和程序说明(图8.68)。

第三个方面的考虑是器材到货的处理。这一部门的答案匹配得更加紧密,尤其是在两个决策层之间,如采购和维修管理(图8.69和表8.31)。

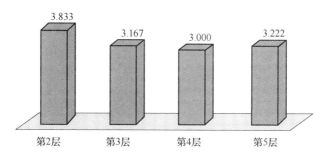

图 8.68 分层数字验证前的 SUPMANI

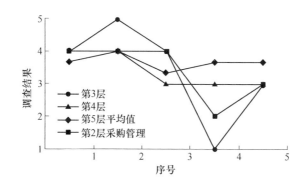

图 8.69 出版社成熟度 2 级调查结果:器材接收

表 8.31 出版社成熟度 2 级调查结果:器材接收

序号	第3层	第4层	第5层 作业人员1	第5层 作业人员2	第5层 作业人员3	第5层 平均值	第2层 采购管理
1	4	4	5	2	4	3.667	4
2	5	4	5	4	3	4.000	4
3	4	3	5	2	3	3.333	4
4	1	3	5	3	3	3.667	2
5	3	3	5	3	3	3.667	3

尽管匹配得更好,鉴于一些回答表达出了一致不满意,仍然需要给出建议,改善材料的接收、搬卸和储存(图 8.70 和表 8.32)。

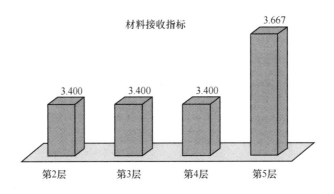

图 8.70 分层数字验证前的 MATRECI

表 8.32 分层数字验证前的 MATRECI(材料接收指标)

MATRECI	第 2 层	3.400
	第 3 层	3.400
	第 4 层	3.400
	第 5 层	3.667
MATRECI 平均值		3.467

最后也是最重要的,除了备件的购置,还需要考虑存储设备维修所需零件和其他材料的仓库运行。仓库运行的效能和效率是修理时间的关键,尤其是在紧急停机时(图 8.71 和表 8.33),能合理确定仓库规模、准确做出预测时,更能证明它的巨大价值。

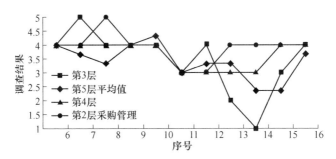

图 8.71 出版社成熟度 2 级调查结果:仓库管理

数字指标反映出对不同层次仓库的印象是否一致。除问题 13 和问题 14 外,其他回答具有很高的相关性,而在论成功或失败时,给出的回答是维修与采购相去甚远。这些区别转化成以下指标(图 8.72 和表 8.34)。因此,为验证仓库管理,调查采用了效率指标(图 8.73),这些指标是 WMI1、WMI3、WMI4 和 WMI8,与闲置零件或需要等待备件的工作相关。

表 8.33 出版社成熟度 2 级调查结果:仓库管理

序号	第3层	第4层	第5层 作业人员1	第5层 作业人员2	第5层 作业人员3	第5层 平均值	第2层 采购管理
6	4	4	4	4	4	4.000	4
7	5	4	5	3	3	3.667	4
8	4	4	4	3	3	3.333	5
9	4	4	5	3	4	4.000	4
10	4	4	5	4	4	4.333	4
11	3	3	5	3	4	3.000	3
12	4	3	5	2	3	3.333	3
13	2	3	5	2	3	3.333	4
14	1	3	2	2	3	2.333	4
15	3	4	4	1	2	2.333	4
16	4	4	3	4	4	3.667	4

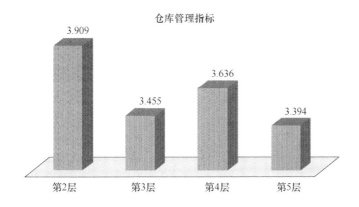

图 8.72 分层数字验证前的 WMANI

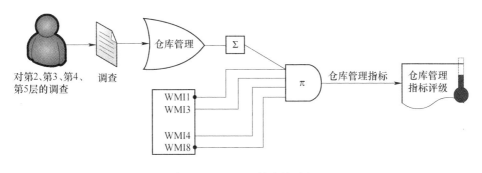

图 8.73 WMANI 的确认过程

$$\text{WMANI} = 调查结果(仓库管理) \cdot \overline{\text{WMI1}} \cdot \text{WMI3} \cdot \text{WMI4} \cdot \overline{\text{WMI8}}$$
$$= 调查结果(仓库管理) \cdot (1 - \text{WMI1}) \cdot \text{WMI3} \cdot \text{WMI4} \cdot (1 - \text{WMI8})$$

表 8.34 分层数字验证前的 WMANI(仓库管理指标)

WMANI	第 2 层	3.909
	第 3 层	3.455
	第 4 层	3.636
	第 5 层	3.394
WMANI 平均值		3.599

对于出版社,图 8.74 中指标结果如下。

3. 其他指标

1) WMI1 指标

$$\text{WMI1} = \frac{库存中闲置器材数}{库存器材总数}$$

显示指标值在 WCM 以内。具体值为 9.27%,低于 WCM 建议的 10% 呆滞件的值。

2) WMI3 指标

$$\text{WMI3} = \frac{仓库中受控备件总数}{总的可用库存(受控 + 不受控)}$$

此指标值为 84.14%,远低于世界级指标提出的 98%。近 14% 的差距代表巨大的效率损失。

3) WMI4 和 OI26 指标

$$\text{WMI4} = \text{OI26} = \frac{按订单完成备件总数}{申请的备件总数}$$

库存由维修管理,并且采购与故障引发的申请或需求相关联,这在 WO 等待备件中是透明的可见的。我们可以猜想该百分比与 WO 等待备件近似,但由于存在争议,该指标值没有形成定论。

4) WMI8 指标

$$\text{WMI8} = \frac{等待备件的维修工单数}{维修工单总数}$$

世界级指标对此的建议值为 2%。这里的实际值为 3%,非常接近考察期内等待备件的 WO 数值。该值在过去 3 年保持稳定,表明仓库几乎总是有需要的备件。当我们将调查结果与相关数字指标综合在一起时,WMANI 验证过的指标值为 2.583(表 8.35)。

表 8.35 验证的 WMANI(仓库管理指标)

部门	WMANI调查结果	WMI1/%	WMI3/%	WMI4/%	WMI8/%	验证过的WMANI
出版社	3.495	9.27	84.14	X	3	2.583

再一次通过数字指标实现调查及其结果的框架化。这里,差异不像采购程序那样明显,低效情况比较少,并且调查结果与目标指标更近似。图 8.74 中,经典方法获得调查值与由相关指标修正和调节后的值相比相去甚远。两项指标修正后,我们看到传统方法将采购效率和库存归类为良好或满意,而利用本书提出的方法将这些结果加以细化和修正后,则呈现为令人不满意的结果。

除调查确认中包括的数字指标外,控制面板还包含以下指标,它们在出版社的具体值与之前几点对应。

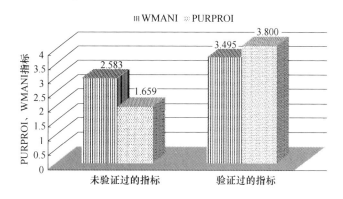

图 8.74 验证前后的 PURPROI 和 WMANI 指标

5) EI12/WMI2 指标

仓库的更新率过低,具体值为 12.11%,这意味着仓库备件库存过多。第 7 章给出的库存周转推荐值为 15%~20%。

6) EI11 指标

该指标历史最低值为 7.2%。通用参考值为 20%~30%,表明备件库存过多,并且只有在供应商交付不可靠时才是可合理解释的。

7) EI7 指标

EI7 指标具体值为 1.19%,在企业以及 EFNMS 和 SMRP 提出的至多 3% 的阈值范围内。

8) WMI10 指标

没有关于维修采购订单费用的量化数据。数据确认中采用了相近指标,并构成了库存记分卡。与基准的比较如图 8.75 所示。汇总采购和库存有关指标未给出过于乐观的观点,有一些超出参考值范围的指标并未量化,如采购订单费用是未知的。因此实际含义是负面多于正面,这对提出指标相关改善建议有影响。

将指标转化成平衡记分卡,观察它们对不同视角的正面和负面影响,区分立即改善的技术建议,说明对当前记分卡以及内外环境中的维修形象的贡献。

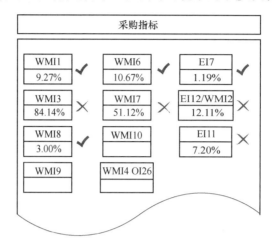

图8.75 采购和库存指标在参考值范围内和超限汇总

8.5.2 WO 系统

在提出的模型中,成熟度 2 级还要分析组织的 WO 系统,包括 WO 产生的文件流(图 8.76 和表 8.36)。

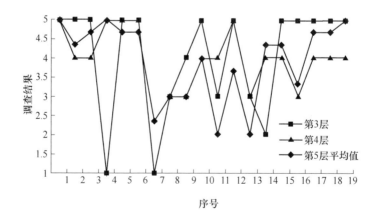

图8.76 出版社成熟度 2 级调查结果:工单系统

表8.36 出版社成熟度2级调查结果:工单系统

序号	第3层	第4层	第5层 作业人员1	第5层 作业人员2	第5层 作业人员3	第5层 平均值
1	5	5	5	5	5	5.000
2	5	4	5	4	4	4.333
3	5	4	4	5	5	4.667
4	1	5	5	5	5	5.000
5	5	5	5	5	4	4.667
6	5	5	5	5	4	4.667
7	1	1	1	3	3	2.333
8	3	3	4	2	3	3.000
9	4	3	4	2	3	3.000
10	5	4	4	4	4	4.000
11	3	4	1	2	3	2.000
12	5	5	1	5	5	3.667
13	3	3	1	2	3	2.000
14	2	4	5	4	4	4.333
15	5	4	5	4	4	4.333
16	5	3	5	2	3	3.333
17	5	4	5	5	4	4.667
18	5	4	5	5	4	4.667
19	5	4	5	5	5	5.000

我们发现WO发布人员的意见分歧很大,尤其是对于安全设备、备件及其优先权。这些差别将作为改进建议的根据。即便有些细微的差异,调查中三个层级的平均分数很高,接近4;平均指标也是令人满意的(图8.77和表8.37)。

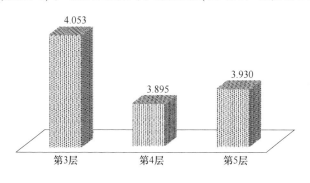

图8.77 分层数字验证前的WOSYSI(工单系统指标)

表 8.37 分层数字验证前的 WOSYSI(工单系统指标)

WOSYSI	第 3 层	4.053
	第 4 层	3.895
	第 5 层	3.930
WOSYSI 平均值		3.959

图 8.77 表明,事实上在不同的层次即便有细微差别,但对 WO 系统都有好的印象并严格遵守。图 8.78 含有检验、认可正面印象或展现不同观念的数字指标。

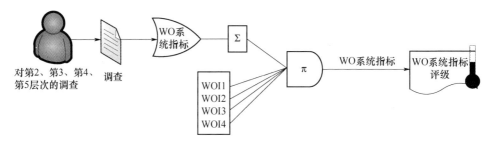

图 8.78 WOSYSI 验证过程

这里,验证工单系统需要获得四个指标：

$$WOSYSI = 调查结果(工单) \cdot WOI1 \cdot WOI2 \cdot WOI3 \cdot WOI4$$

这些指标代表了预算实际和 WO 活动,即在工厂可用度方面的花费实际情况是什么以及发生了哪些活动。指标描述如下。

WOI1 指标：WO 的精确度在 CMMS 中有所反映,有 6% 的误差。换言之,指标值达到了 94%。

WOI2 指标：指标具体值为 100%,因为登记的材料成本仅仅用在 WO 上。

WOI3 指标：由于分包商构成大量的工作和维修预算,忽视这一指标将使 WO 结果无效。

WOI4 指标：生产没有记录由维修造成的停机,因此唯一可靠的记录在于 WO,这意味着这些数据的可靠性低。没有 WOI3 指标,并且 WOI4 指标值未知,这使调查获得的指标无效,因为这些数据不能代表被审核公司的实际情况,它们没有反映分包商,这是公司的一个重要部分。工单也必须进行相应修订。此外,必须建立由维修和原材料质量缺陷等造成的生产不可用性记录(图 8.79)。

总的来说,指标不得忽略必须包含的重要信息,如外部 WO 人员、SCADAS 或生产计算机系统的平行记录。除了调查验证中使用的指标外,计算以下指标用于记分卡。

WOI5、WOI6 和 OI7 指标没有长期订单,因为此类订单属于装配或改进期,不

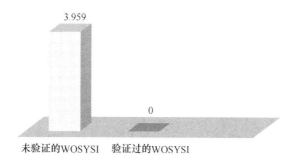

图8.79 验证过的和未验证的WOSYSI(工单系统指标)

适用于此情况。因此,这三个指标的值为0。

OI22指标:在WO整个计划中,仅有66%的WO按照计划时间表实施,其中大部分因增加的预防性维修所致。这是成熟度1级的直接结果,是该成熟度等级可容忍的。期望值是80%,这使该指标处不利位置。

WOI15指标:指标值为5.1%,达到世界级水平。世界级的推荐值为5%。

$$WOI15 = \frac{超出预算人工20\%的工单数}{维修工单总数}$$

WOI16指标:具体值为4.9%,也达到了世界级指标。

$$WOI16 = \frac{超出估计材料预算20\%的工单数}{维修工单总数}$$

WOI81指标:紧急工作比例为很小的3.5%,低于建议值5%,接近WCM。

$$WOI81 = \frac{紧急工单}{工单总数}$$

WOI82指标:预防性维修WO占比62.83%,相对于修复性和紧急WO是可接受的,未归入这3类活动的时数除外。

$$WOI82 = \frac{预防性维修工单数}{工单总数}$$

WOI83指标:指标值为24.83%,在推荐水平范围内,与资产保存无关任务所消耗时数除外。

$$WOI83 = \frac{修复性维修工单数}{工单总数}$$

这些结果推测了WCC指标。但调查某些指标显示出较大差异,需要反映WO文档流的某些要素级数据的真实性。尽管在成熟度1级存在工作规划和工作实施方面不足的前提下,这些百分比在成熟度2级是可以接受的,但也会导致所获得数据的不确定性。图 8.80 为 WO 来源比例。

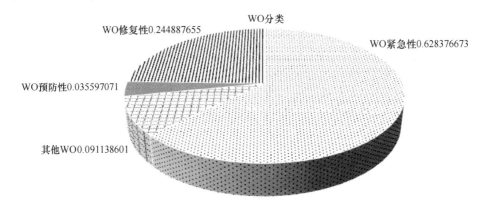

图 8.80　WO 来源比例

8.5.3　计算机维修管理系统

该成熟度等级上的另一个管理因素是计算机维修管理系统(CMMS)在决策中的适当应用以及维修部门系统信息的准确性和完整性(图 8.81)。

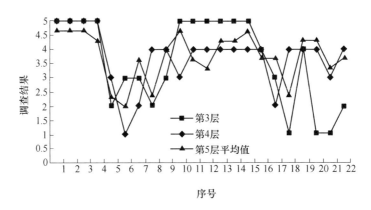

图 8.81　出版社成熟度 2 级调查结果：CMMS

一开始,调查相当一致。我们观察到调查响应的图形模式之间高度相关,差异发生在一些次要事项之间,如忽视与工厂其他系统的连通性或指标删除。所有低分值集中在技术信息、零件等方面,因此作为最新的信息储存库,CMMS 显然没有什么作用。作为调研对象的作业人员对数据的这些问题表现出了忧虑(表 8.38)。

表8.38 出版社成熟度2级调查结果:CMMS

序号	第3层	第4层	第5层 作业人员1	第5层 作业人员2	第5层 作业人员3	第5层 平均值
1	5	5	5	5	4	4.667
2	5	5	5	5	4	4.667
3	5	5	5	5	4	4.667
4	5	5	5	4	4	4.333
5	2	3	2	2	3	2.333
6	3	1	1	2	3	2.000
7	3	2	4	4	3	3.667
8	2	4	1	3	3	2.333
9	3	4	4	4	4	4.000
10	5	3	5	5	4	4.667
11	5	4	5	3	3	3.667
12	5	4	4	3	3	3.333
13	5	4	4	5	4	4.333
14	5	4	4	5	4	4.333
15	5	4	5	5	4	4.667
16	4	4	4	4	3	3.667
17	3	2	5	3	3	3.667
18	1	4	1	3	3	2.333
19	4	4	5	4	4	4.333
20	1	4	5	4	4	4.333
21	1	3	5	2	3	3.333
22	2	4	5	3	3	3.667

这些值转换为总体令人满意的结果,约为3.697,如图8.82所示。在对比图中,能看出不同部门的回应有一定的交叉,但调查值是有效的,四个指标与信息系统中数据准确性相关。这些指标应反映系统作为成本、劳动力、材料和库存资产信

息存储库的有效性(图8.83)。

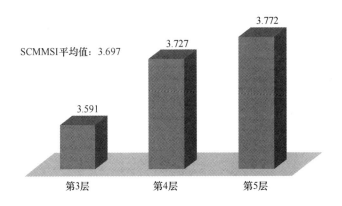

图8.82 分层数字验证前的SCMMSI(调查的CMMS指标)

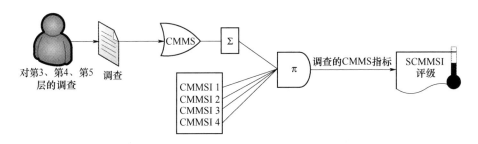

图8.83 ISISGMAO ISISCMMS 验证过程[①]

需要确认的指标如下。

CMMSI1 指标:指标值为94%,接近数据准确性和相关性的世界级标准。

CMMSI2 指标:CMMS 中包含了材料成本。维修总费用与 CMMS 记录的相关性为78.18%,低于建议值80%,但计算可能未考虑折旧、报废等。

CMMSI3 指标:CMMS 不包括分包数据,因此该指标值为零。与 WO 一样,这意味着费用和工作的百分比超出常规限制。

CMMSI4 指标:所有生产性资产都可在 CMMS 中找到,因此该指标值为100%。图8.84 显示调查获得的指标,其值达到3.67。相反,确认后的指标值为0,因为CMMS 中缺少关于分包的数据(表8.39)。图8.84 中间的条形图表明其余参数的调查验证值,没有考虑分包。该指标显示出明显下降,但保持在2.71(总分值为

---

① 译者注:ISISGMAO 似为软件信息集成研究所全球建模与同化办公室;ISISCMMS 似为软件信息集成研究所计算机维修管理系统。

5),这不尽如人意,但好过于零。系统必须包含承包,以反映在一些资产上已完成大部分工作。

表 8.39 验证过的 SCMMSI

部门	SCMMSI 调查结果	CMMSI1 /%	CMMSI2 /%	CMMSI3 /%	CMMSI4 /%	验证过的 SCMMSI
出版社	3.67	94.00	78.18	0	100.00	0

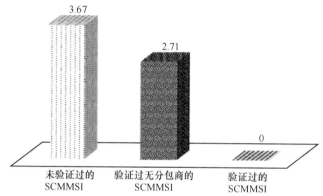

图 8.84 不同验证的 SCMMSI

除上述确认过的指标外,CMMS 还包括以下指标。

OI24 指标:该指标表明 100% 的维修人员在处理设备和输入数据,使它成为实施维修的非常积极的因素。该指标通过使员工参与多层次工具(之前仅与主管相关)使学习与成长得到改善,将对职员的技能产生积极影响。

CMMSI5 指标:指标值为 84.14%,备件的实际数量与 CMMS 的显示之间有滞后,与经济指标和仓库管理的情况一样。该值与世界级比例相去甚远,但不是担心的原因。

CMMSI7 指标:相关费用或用于特定设备的费用为预算总额的 85%。考虑到还有 15% 的维修预算没有分配给固定资产,这令人感到部分满意。这意味着可以覆盖相关费用,趋势是正面的,指标有增加倾向。

8.5.4 人员管理和分包

人员管理中要考虑的第一个方面类似于工作定义以及相关技术和人力资源经

理工作的定义的处理。

图 8.85 为出版社成熟度 2 级调查结果。

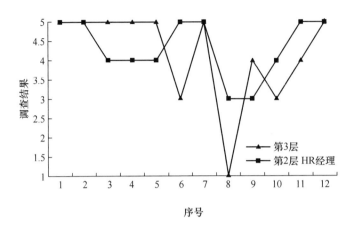

图 8.85　出版社成熟度 2 级调查结果：工作场所

技术响应水平和管理非常一致，并且匹配良好。多能化存在两方面差异，即维修负责人了解实践做法及其优先度，并能在人力资源寻求能力和技能时强调对技术的要求（表 8.40）。

表 8.40　WPLACEI 分层指标

WPLACEI （工作场所指标）	第 3 层	4.333
	第 2 层 HR 经理	4.167
WPLACEI 平均值		4.250

调查结果及其平均值产生非常高的数字。调查的响应是类似的，关于工作说明的指标很高并且是积极的。调查在两个相关部门进行，因此可以断定其准确地描述了工作及相关过程。

要考虑的第二个方面是部门使命和劳动氛围。答案符合维修人员的所有刻板印象。人力资源部门看不到部门的隔绝，但员工将其视为单独的团队，这是所有团队的共同之处。它们也注意到组织没有零轮换，当人们分配至生产、维修和质量等部门时，隔绝感不很明显。在缺少职业规划的情况下会出现孤独感，这通常发生在其他部门。显然，已经在组织中达到顶峰且不可能进一步提升的感觉会有不利影响（图 8.86 和表 8.41）。

这些调查获得的数据应与人力资源部门定期进行的招聘环境调查相对照。职员对维修满意度与审核结果之间相关性的全面解读将验证所述观点（表 8.42）。

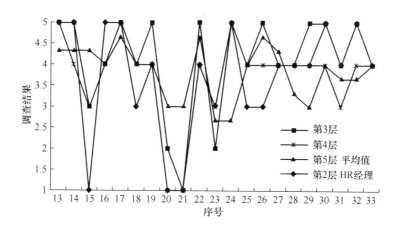

图8.86 出版社成熟度2级调查结果:部门使命和工作氛围

表8.41 出版社成熟度2级调查结果:部门使命和工作氛围

序号	第3层	第4层	第5层作业人员1	第5层作业人员2	第5层作业人员3	第5层平均值	第2层HR经理
13	5	5	5	4	4	4.333	5
14	5	4	4	5	4	4.333	5
15	3	3	5	4	4	4.333	1
16	4	4	3	5	4	4.000	5
17	5	5	5	4	5	4.667	5
18	4	4	4	4	4	4.000	3
19	5	4	4	4	4	4.000	4
20	2	1	3	3	3	3.000	1
21	1	1	4	2	3	3.000	1
22	5	4	5	5	4	4.667	4
23	2	3	2	3	3	2.667	3
24	5	5	2	3	3	2.667	5
25	4	4	4	4	4	4.000	3
26	5	4	4	5	5	4.667	3
27	4	4	4	5	4	4.333	4
28	4	4	2	4	4	3.333	4
29	5	4	3	3	3	3.000	4

续表

序号	第3层	第4层	第5层 作业人员1	第5层 作业人员2	第5层 作业人员3	第5层 平均值	第2层 HR 经理
30	5	4	4	4	4	4.000	5
31	4	3	3	4	4	3.667	4
32	5	4	3	4	4	3.667	5
33	4	4	4	4	4	4.000	4

表 8.42 CLIMMISI 分层指标

CLIMMISI(部门使命 和工作氛围指标)	第2层 HR	3.714
	第3层	4.095
	第4层	3.714
	第5层	3.825
CLIMMISI 平均值		3.837

人因的最后一方面是通过工作上的培训和学习所发生的激励和培训,它们具有特别相关性(图 8.87 和表 8.43)。

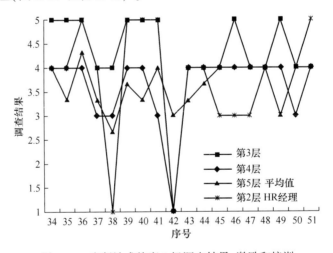

图 8.87 出版社成熟度2级调查结果:激励和培训

问题的答案揭示了与审核结果相关的某些细微差别。第一点是几乎所有的答案超出第3层,调查对象对激励和培训的评估一般是正面的(表 8.44)。

图 8.89 所示为 MOTTRAI 指标的验证过程,这些指标是从激励和培训的相关调查获得的。在这里,有些指标的验证信息是不可能访问的,因此验证过程也不考虑这些指标。

表8.43 出版社成熟度2级调查结果:激励和培训

序号	第3层	第4层	第5层 作业人员1	第5层 作业人员2	第5层 作业人员3	第5层 平均值	第2层 HR经理
34	5	4	4	4	4	4.000	4
35	5	4	3	4	3	3.333	4
36	5	4	4	5	4	4.333	5
37	4	3	3	3	4	3.333	4
38	4	3	3	2	3	2.667	1
39	5	4	4	4	3	3.667	5
40	5	4	3	4	3	3.333	5
41	5	3	4	4	4	4.000	5
42	1	1	3	3	3	3.000	1
43	4	4	3	4	3	3.333	4
44	4	4	4	4	3	3.667	4
45	4	4	4	4	4	4.000	3
46	5	4	4	4	4	4.000	3
47	4	4	4	4	4	4.000	3
48	4	4	4	4	4	4.000	4
49	5	4	3	3	3	3.000	3
50	4	3	4	4	4	4.000	4
51	4	4	4	4	4	4.000	5

表8.44 MOTTRAI分层指标

MOTTRAI（动机和培训指标）	第2层 HR	3.722
	第3层 HR	4.278
	第4层 HR	3.611
	第5层 HR	3.648
MOTTRAI平均值		3.815

有一点很重要,就是要对数值为零的指标做出区分,一种情况是WO和CMMS中缺乏分承包商信息,使得调查和过程无效;另一种情况是指标值未知,很难或甚至不可能获取的信息,ITI7、ITI8、ITI9和ITI10指标就是这种情况。这些指标与知识缺乏造成的时间损失或者相同原因的任务重复有关,收集此类信息需要绝对的自由裁量权,因为数据非常敏感。在灾难情况下,缺少集体培训显然将发生事故。很少有人能记住这些,也很少登记。因此,指标验证过程不涉及它们。

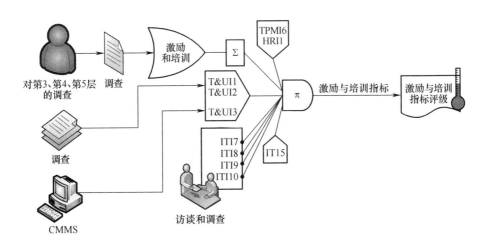

图 8.88　MOTTRAI 指标的验证过程

同样适用的还有 T&UI1、T&UI2 和 T&UI3 指标。这些是设备和技术人员满意度指标,不反映人力资源部门进行的职业氛围调查,并且不能够利用上述调查。ITI3 和 ITI4 指标也与人力资源部门相关,因为它们表明阅读水平或技能以及胜任能力。当维修作业人员需要特殊技能时,应将它们记录下来。最后,ITI5 指标表明培训与获得技能之间的对应,但未量化,该指标似乎是人力资源的一部分,但这里用于获得关于提供培训的个人发展的反馈。TPMI6 和 HRI1 是缺勤百分比和自愿离职的指标。此处我们处理的是零指标(没有自愿缺勤或很少)。在缺少其他提出的指标时,可以断定这些调查完全符合当前指标。

图 8.89 的简化验证过的模型与现有指标相符,其值为 3.81。这是令人满意的结果,表明员工受到激励,并且培训需求正在满足(表 8.45)。

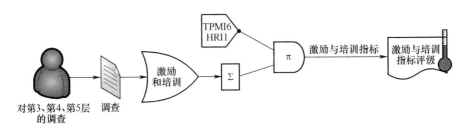

图 8.89　MOTTRAI 指标的简化验证过程

表 8.45　验证过的 MOTTRAI

部门	MOTTRAI 调查结果	TPMI6/%	HRI1/%	验证过的 MOTTRAI
出版社	3.81	0	0	3.81

在该成熟级首次进行这方面的审核,许多指标缺失或不可用,这在控制面板中具有直接后果。这种缺失妨碍我们掌握与这些指标相关的策略是否成功,我们不能准确预估战略目标是否实现。但这并不意味着行为不正确或者与战略不符,只是未经过度量,它们的影响未知。首次审核观察到这些缺点会提出合理布置"传感器管理"方向,后续审核就可以利用这些数据并进行跟踪。

除验证给出的指标外,控制面板还包括以下指标。

CMMSI8 指标:每个主管的作业人员数量约为 8 个。由于维修团队很小,该值较小,其提出的参考值范围是 15~20。

CMMSI91 指标:比例与前一个相等,即 8 个人。该值在建议参考值范围内,因为其少于每个计划者 20 个或 30 个作业人员。

CMMSI92 指标:该指标无意义,因为培训是外包的,或者如果由内部人员进行,其未公布或登记。

CMMSI10 指标:在缺少配给维修的间接行政人员时,该指标值为空。其具体指标值不满足每三个或五个工人一个行政人员的比例,按照此比例需要两个行政人员。

EI8 指标:指标值为 70.85%,符合 70~30 比例的历史趋势。但鉴于分包人员不知情,必须仔细计算该值。超出此指标 30% 的维修预算可能对应于材料和分包工人,如果这些意味着劳动力明显增加,百分比将会相应地超出。

EI13 指标:由于没有间接员工,此指标值为空,技术人员必须承担这些职能。

OI1 指标:指标值为 10.66%,在参考值范围内,因为其代表行业的正常百分比。

OI2 指标:没有间接员工,指标值为空,并且评估必然是负面的。

OI3 指标:没有间接员工,指标值为空,并且评估必然是负面的。

HRI2 指标:目前不能直接访问这些数据。

OI15 指标:指标值为 100%,显然多能化在维修部门是正面的特征,这在小型团队中避免重复特别有用,尤其是当团队不能划分机械、电力和电子时。

OI10 指标:所有人员轮班工作,包括维修人员。当集中生产时,即便在深夜维修负责人也要负责所有轮班。这表明轮班的大众化,倾向于内部人员,并且增强外部观念。

ITI1、EI21 指标:ITI1 和 EI21 指标的值分别为 115.7 欧元和 150.5 欧元,维修相关培训中每个员工的费用值。数值过低,表明维修培训中的投资较高但仍不够。此值低于 Padesky 提出的每个员工每年花在培训上的 2000 欧元。鉴于机械的技术复杂化,需要反思并且提出更新技术员知识的需求。

$$ITI1 = \frac{总的培训预算}{员工总人数}, \quad EI21 = \frac{维修人员培训费用}{有效维修人数}$$

ITI21 指标:每个员工每年培训时数及相应预算的指标值下降了,目前的指标值为 8.6h,需要审查。

ITI22 指标:该指标未量化,指公司既不正式也未度量的一类培训。我们不能创造负面指标,相反需要在允许度量的点设置"感知器管理"。

ITI6 指标:2008 年,总共 8 个员工有 3 个培训师,比例很高。此外,各培训师培训其他人花费少量时间。这是专业化的明显标志,但由于教学的时数减少,并没有建立起该指标的相关性。

ITI11 指标:指标值为 0.3%,不符合 Padesky 提出的 3% 的参考值,实际上仅为参考值的 1/10,说明很小百分比的培训投资。该指标可在 SMRP 和 EFNMS 中找到参考。

OI23 指标:指标值为 0.6%,并且低于预期,参考值为 3%。

KAII4 指标:此指标未量化,也没有正式的建议。这似乎处于起步阶段,还没有文档来收集信息来确定系统化应用、拒绝还是简单应用,这促使在后面步骤中提出了一条变革建议。

人力资源部门员工的最后一方面是外包,即外部人员一起参与维修过程。这方面涉及拟定招聘策略、选择分包商和监控完成的工作。关于承包及其过程的数据是罕见且矛盾的,非常不可信(图 8.90 和表 8.46)。我们看到了理解上的明显不同,招聘者认为合同签约的维修是按小时雇用,但维修小组否认这一点。类似地,并没采用拟议的维修合同编制标准,还缺少对现有维修工艺和标准合同的了解。

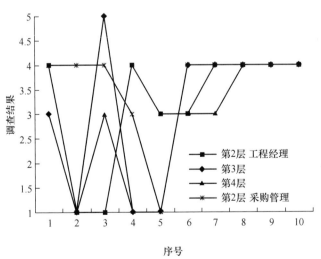

图 8.90 出版社成熟度 2 级调查结果:招聘策略

表 8.46 出版社成熟度 2 级调查结果:招聘策略

序号	第2层 工程经理	第3层	第4层	第2层 采购管理
1	4	3	4	4
2	1	1	1	4
3	1	5	3	4
4	4	1	1	3
5	3			1
6	3	4	3	4
7	4	4	3	4
8	4	4	4	4
9	4	4	4	4
10	4	4	4	4

出版社成熟度 2 级调查见图 8.91、表 8.47、图 8.92 和表 8.48。

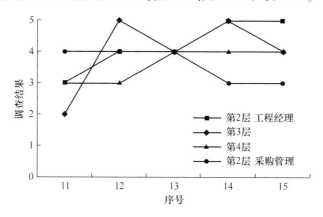

图 8.91 出版社成熟度 2 级调查结果:承包商选择

表 8.47 出版社成熟度 2 级调查结果:承包商选择

序号	第2层 工程经理	第3层	第4层	第2层 采购管理
11	3	2	3	4
12	4	5	3	4
13	4	4	4	4
14	5	5	4	3
15	5	4	4	3

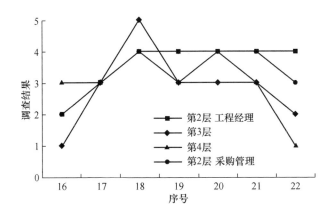

图 8.92 出版社成熟度 2 级调查结果:承包商监督

表 8.48 出版社成熟度 2 级调查结果:承包商监督

序号	第2层 工程经理	第3层	第4层	第2层 采购管理
16	2	1	3	2
17	3	3	3	3
18	4	5	4	4
19	4	3	3	4
20	4	3	4	4
21	4	3	3	4
22	4	2	1	3

对供应商选择的理解上,在评估程序、如何工作以及所提供各项服务的保证等方面存在明显的差别。

最后,关于各类承包商监督的调查回答体现出了在对控制工作所遵守程序的了解上具有差别。我们关注监管供应商程序的不同意见,对不符合工作的惩罚或罚款的理解存在差别。从这些调查获得的指标稍后按照分层模型给出。当我们不考虑量表有利于给出正面回应特性时,这些值都很高(表 8.49)。

表 8.49 CONTPOLI、SELCONTI 和 CONTSUPI 分层指标

CONTPOLI (承包策略指标)	第2层 工程	3.200
	第3层	3.333
	第4层	3.000
	第2层 采购	3.600

(续)

	CONTPOLI 平均值	3.283
CONTSELI (承包商选择指标)	第2层 工程	4.200
	第3层	4.000
	第4层	3.600
	第2层 采购	3.600
	CONTSELI 平均值	3.850
CONTSUPI (承包商监督指标)	第2层 工程	3.571
	第3层	2.857
	第4层	3.000
	第2层 采购	3.429
	CONTSUP 平均值	3.214

这就是为什么约3.2的值代表承包过程参与人员给出的一个较低估计值,他们的估计以其对合同商的信心以及关于分包过程的知识为基础(图8.93)。分包指标未包括在系统内,没有办法分析它们。换言之,无法根据签署协议的合同和重复率极低的工作来对服务相关的可用度进行验证指标计算。因此,我们采用了 SUBCI1 和 SUBCI2。①

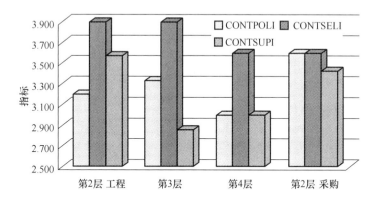

图 8.93 关于分包的分层指标

$$CONSUPI = 调查结果(CONSUP) \cdot CONTI1 \cdot \overline{CONTI2}$$
$$= 调查结果(CONSUP) \cdot CONTI1 \cdot (1 - CONTI2)$$

---

① 译者注:原文如此,似有错。SUBCI1 和 SUBCI2 应为 CONTI1 和 CONTI2。

$$\text{CONTI1} = \frac{\text{合同服务的可用时间}}{\text{要求的时间}}, \quad \text{CONTI2} = \frac{\text{需要返工的工作数量}}{\text{承包商完成的工作数量}}$$

这里,CONTI3、CONTI4 和 CONTI5 涉及承包商的技术资格和经验,EI22、EI23 和 EI24 指标与其技术专长有关,与外包的资产是机械、电气或者仪表类型有关。也没有计算分包的总经济指标 EI9 和 EI10。事实上,人力资源部门没有可用于 EI9 指标的数据,主要涉及与整体维修预算和人员分包费用相关的数据。我们可以尝试计算的唯一指标是 EI10。

$$\text{EI10} = \frac{\text{总的合同维修总费用}}{\text{维修总费用}}$$

每年发生约 100000 欧元的外包费用,是总维修预算的大约 20%,尽管我们对这些雇用人员知之甚少,但该比例也符合建议的参考值。

8.6 较高层级的记分卡发展

本节描述前面讨论的两个组织层次的控制面板,讨论 1 层到 2 层的演变。解释控制面板层级版本的形式。这些视角表明了合规方面的优点和缺点,指出不同层次(用户或所有者)是否准备改进工作中存在问题的指标。

8.6.1 第 1 层记分卡

在造纸行业记分卡中,第 1 层主要提供效能指标,因此这方面比较成熟。指标会在国际机构或公司自身建议的参考值范围内。这种情况下,指标为"正面的",用深红色表示,将对战略的发展有所贡献,也对目标及相关领域做出积极贡献。偏离既定值和参考值范围,与国际机构或公司自身推荐值明显不同的指标标为中度深灰色。一项战略或目标有多选项指标属于中度深灰色时,就意味着策略或目标的失败,并且涉及负面认知。

控制面板上至少两类指标应该考虑。第一类是在特定公司中无意义的指标,这和出版社维修停机的情况一样,即生产职能性质决定了不需要这类指标,要以不同的颜色反映出来,即灰色。最后,还有一类是不能计算的指标,原因有缺乏数据日志,或者数据的访问很复杂且敏感,这些数据无法计算使得不可能了解是好是坏,也不能知道策略是否有进展或是好是坏,因此我们不知道其对于关联目标的实现有正面贡献或是负面作用。一个例子是"软"参数的效率指标,对其作用的度量是不直接或不可量化的,很少有记录能用于审核员进行估计。重要的是不要混淆这些指标。由于缺少公司指示,可能没有计算这些指标,或者公司可能不理解这些数据,例如如果计算值为零,可能很难区分是正面指标还是负面指标。重要的是要认识到当我们遇到值为零的指标时,不能假定是否缺乏数据的,相反我们应该考虑有效或无效。

第1层的记分卡具有很强的效能征候。值得注意的是,所计划工作的实施应生成一个可视图形数据,能认识到该层失败的影响。

1. 第1层:客户视角

当太多的定期维修任务延迟时,修复性维修太多,并且故障和停机之间的相关性太高,必须完成以下工作:一是调整预防性维修来适应具体部门;二是以更好的方式计划非紧急性修复性维修。这两个方面的工作都将改善部门的响应,这是客户重视的地方。

值得注意的是,在第1层次可以计算与此相关的所有指标,可以访问所有相关数据(图8.94)。

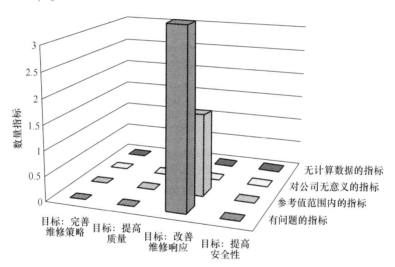

指标	目标:完善维修策略	目标:提高质量	目标:改善维修响应	目标:提高安全性
■ 有问题的指标	0	0	3	0
■ 参考值范围内的指标	0	0	1	0
□ 对公司无意义的指标	0	0	0	0
■ 无计算数据的指标	0	0	0	0

图8.94 客户视角:出版社的第1层

2. 第1层:财务视角

该视角一般与效率相关,有提高生产性资产可用度的明显意图。然而,这是以过度增加加班为代价的,从财务视角看,要受到惩罚。这些指标在财务方面是无意义的,因为计划维修的不可用性在此特殊领域不存在(图8.95)。

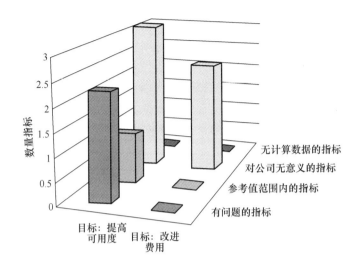

指标	目标:提高可用度	目标:改进费用
■ 有问题的指标	2	0
■ 参考值范围内的指标	1	0
□ 对公司无意义的指标	3	2
■ 无计算数据的指标	0	0

图8.95 财务视角:出版社的第1层

3. 第1层:内部过程视角

该层的内部过程是由改善工作组织的目标所引导的,图8.96显示大量的正面和负面指标,使得目标极度复杂化。

当更仔细地查看控制面板以及改善工作组织的目标时,可以看到最好的策略是操作人员多能化。如果员工的工作时间用于维修计划的不同任务,预防性维修将会减少。然而,由于预防性维修计划对人员数量来说已经过大,使预防性维修合理化的策略已经失败。因此,策略是不成功的。

其中一个指标似乎缺乏意义。需要使记分卡适应不同的公司,我们必须跳出固有模式来想问题,错误的度量可能造成不必要的警告或者给出不正确的结果。

4. 第1层:学习与成长视角

在第1层没有形成该视角,没有与此方面相关的指标(图8.97)。

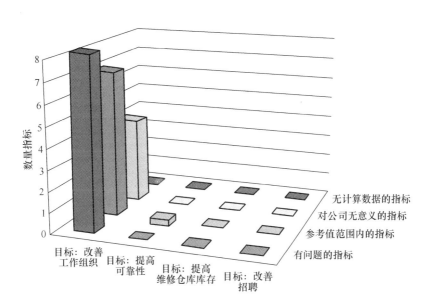

指标	目标：改善工作组织	目标：提高可靠性	目标：提高维修仓库库存	目标：改善招聘
■ 有问题的指标	8	0	0	0
▨ 参考值范围内的指标	7	1	0	0
□ 对公司无意义的指标	4	0	0	0
■ 无计算数据的指标	0	0	0	0

图 8.96 内部过程视角：出版社的第 1 层

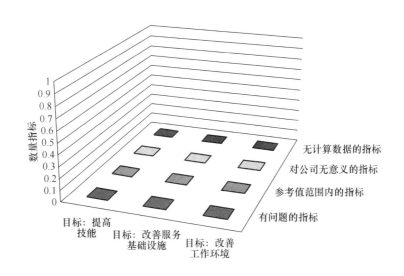

443

指标	目标：提高技能	目标：改善服务基础设施	目标：改善工作环境
■ 有问题的指标	0	0	0
■ 参考值范围内的指标	0	0	0
□ 对公司无意义的指标	0	0	0
■ 无计算数据的指标	0	0	0

图 8.97 学习与成长视角：出版社的第 1 层

8.6.2 第 2 层记分卡

综上所述，第 2 层次考虑的是效率，以下列出该层的各视角。

1. 第 2 层：客户视角

以下目标与提高客户的效率相关，包括完善维修策略、提高质量、改善维修响应、改善安全性。

在第 2 层之前，并没有制定此目标，因为 WO 系统或维修仓库管理意味着作为内部过程进行改善，而培训则影响学习与成长视角。该例中，第 2 层的评估显示增加定期维修工作的策略已经失败，并且由于不能计算必须重复的工作数量，提高质量的目标也变得模糊不清(图 8.98)。

2. 第 2 层：财务视角

因为在管理和维修的经济考量方面更加重视效率，该视角在第 2 层广为发展（图 8.99）。经济前景的改善有两个目标：一是提高可用度；二是改善成本。

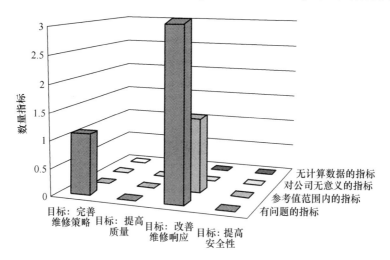

指标	目标:完善维修策略	目标:提高质量	目标:改善维修响应	目标:提高安全性
■ 有问题的指标	1	0	3	0
■ 参考值范围内的指标	0	0	1	0
□ 对公司无意义的指标	0	0	0	0
■ 无计算数据的指标	0	2	0	0

图 8.98　客户视角:出版社的第 2 层

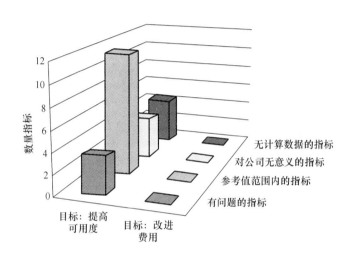

指标	目标:提高可用度	目标:改进费用
■ 有问题的指标	2	0
■ 参考值范围内的指标	11	0
□ 对公司无意义的指标	3	0
■ 无计算数据的指标	4	0

图 8.99　财务视角:出版社的第 2 层

　　根据提出的控制面板模型和审核时间演变,费用按各指标显示在更高层次。在第 2 层,提高可用度的目标继续发展,但成本的改善没有具体指标。

　　可用度的改善是明显的。WMI8 表明几乎没有工作在等待备件,而 WOI81 表明紧急 WO 数量有所减少。这有助于响应的改善,也因此得到更高的生产设备可用度,这在紧急 WO 比例低且相关停机时间最小的时候非常明显。

　　在该层次,正面指标和财务方面改善在第一层次结果的基础上有进一步的发展,结果更聚焦于效率,表现为少量可用度指标的提高。此外,一系列指标与培训人员的策略度量相匹配。

3. 第2层:内部过程视角

该视角继续发展改善工作组织这一目标。该目标的指标是正面与负面的混合,合理化预防性维修的使用策略除外,它表现为负面的指标。如前所述,预定过多的工作造成预防性维修计划在规模上的错误。

提高可靠性的目标在该层次只是略有发展,在较高层次将采用 RCM 或 TPM 策略解决此问题。即使这样仍然还有两个目标:增加备件库存和改进分包过程。对于前者,我们可以看到相等数量的正面和负面指标,因此未满足策略,并且满足目标的正面贡献也是存疑的。更明显由外包导出的消极方面,我们看到大量的负面指标以及未知指标,我们不能量化目标是否实现,但度量显示没有积极的迹象(图 8.100)。

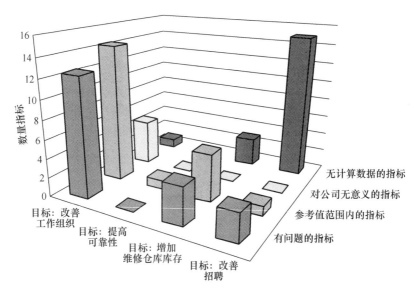

指标	目标: 改善工作组织	目标: 提高可靠性	目标: 改善维修仓库库存	目标: 改善招聘
■ 有问题的指标	12	0	4	3
▨ 参考值范围内的指标	14	1	5	1
□ 对公司无意义的指标	4	0	0	0
■ 无计算数据的指标	1	0	3	15

图 8.100 内部过程视角:出版社的第2层

4. 第2层:学习与成长视角

在第2层,我们开始制定策略来实现学习与成长视角的关键目标。三个目标对此具有影响,并且同时受到维修水平成熟过程的影响,包括提高技能、改善服务基础设施、改善工作环境。

如图8.101所示,在第2层度量了17项指标,计划涵盖了与此目标相关联的所有指标。这些指标完全涵盖以下策略的第一条,部分涵盖第二条策略。这两项策略是提高员工技能和促进员工建言献策。也就是说,对提高技能的目标进行度量几乎是明确的。对于提高知识和技能的策略,存在大量与培训减少相关的负面指标,还有另一组指标没有可用信息。无法了解后者的状态,即它们对策略实现是否具有正面或负面的贡献。同样地,促进员工建言献策的策略也是失败的,因为该层次的指标是不可度量的。因此,应设置感知器来满足这些参数的后续度量。总之,由于负面指标和未知数据的存在,目标未能实现。

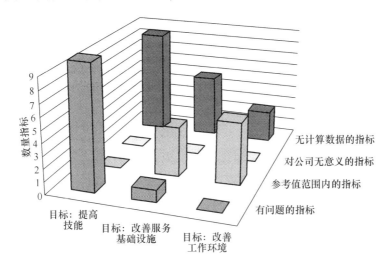

指标	目标:提高技能	目标:改善服务基础设施	目标:改善工作环境
有问题的指标	9	1	0
参考值范围内的指标	0	4	5
对公司无意义的指标	0	0	0
无计算数据的指标	8	5	2

图8.101 学习与成长视角:出版社的第2层

除对该层次进行评估外,控制面板还能够显示改善工作所涉及的人或部门,以明确他们后续审核中的职责。

如图 8.102 所示为另外两个目标代表的不同方面。服务基础设施改善的指标数有所减少,工作环境减少得更多。服务基础设施的改进创造了部分积极的场景,可度量的指标中两种策略是正面的,一些外包指标可在后续步骤中获得。只有一项与 ERP 与 CMMS 中材料相关的指标是消极的。

最后,改善工作环境的目标具有多个正面值,少数无法计算的除外,而且没有负面值。在可以度量的指标中,该层次对劳动氛围的贡献全部是正面的。由此提出设置"管理感知器"的需要,以实现不可测量对象的度量。

8.6.3 控制面板分层及指标确认

控制面板针对不同成熟度等级提出策略,完成与测量相关的指标,并将目标指向要改进的方面。如上所述,图 8.102 将指标分为四类。

参考值范围内的指标
有问题的指标
对公司无意义的指标
无计算数据的指标

图 8.102 记分卡上指标的灰色码

记分卡给出了不同的视角以及支持指标的分层策略和目标,并指出当前的问题或成就,还显示成功或失败指标的用户或所有者。

以下是到成熟度 2 级的一些策略,大多数已经填写了指标。我们可以观察指标分层的效果以及使用它们带来的好处。

计划紧急修复性维修的策略与改善维修响应的目标相关联。该策略在两个层次提出了指标:维修负责人、控制人或监管人员。维修负责人有一项指标令人担忧,因为整个不可用时间都是紧急修复性维修所致。如果我们想要根除仅是"灭火"的感觉,必须修正指标。相反地,监管员必须处理过多的修复性维修,因此必须重新计划预防性维修。这两类行动人负责此策略的成功实施(图 8.103)。

第 1 层			
第 2 层			
第 3 层	OI11		
	100		
第 4 层	OI16	OI17	
	38.5	0.5	
第 5 层			

图 8.103 分层策略:紧急修复性维修计划

员工能力提高有不同的策略,因为与学习和成长目标有关(图 8.104)。这些指标在高层次是悲观的,而在较低层次要么是负面的,要么是其计算数据未知。两者都受相关策略的行为人限制,在此情况下,董事长必须增加形成性行为,并且在低层次设置感知器。

下面的策略表明实际上是忽略了设备与需求的匹配。由维修负责人和主管建立必要指标缺乏计算数据,只有与使用计算机人数有关的 OI24 指标是已知的。如果想了解策略状态,我们必须督促相关人员定期查询信息(图 8.105)。

在提高员工保留的 WCC 策略中,一系列指标显示成功,是与裁员和缺勤相关的指标。这表明保留员工的策略是成功的,并且所有层都在根据既定目标努力。这些数据中,人员职级是按总年数计算的,这是一种数据类型,其系统性审核并不复杂(图 8.106)。

第1层	ITI1	EI21	ITI21	ITI11			
	115	150	8.6	0.30%			
第2层	ITI1	EI21	ITI21	ITI11	ITI3	ITI4	ITI5
		115					
第3层	ITI3	ITI4	ITI5	OI23	ITI6	ITI22	
				0.60%	0.375		
第4层							
第5层							

图 8.104 分层策略:提高员工技术和专业技能

第1层						
第2层						
第3层	T&UI3	OI24				
		100%				
第4层	T&UI1	T&UI2				
第5层						

图 8.105 分层策略:技术和管理设备与所需服务相匹配

第1层				
第2层	HRI1	HRI2		
	0			
第3层	HRI1	HRI2	TPMI6	
	0		0	
第4层	TPMI6			
	0			
第5层	TPMI6			
	0			

图 8.106　分层策略:提高保留员工的水平

重新合理安置人员的策略显示出同样的成功。该策略及其主要行动人,即维修负责人及监管在大多数指标中都是成功的。为使该策略成功,必须重新分配维修时数来增加预防性维修(图 8.107)。

第1层							
第2层							
第3层	OI12	OI13	OI14	OI15	OI18	OI19	OI20
	多元性	多元性	多元性	100%	22/59.9	0	
第4层	OI12	OI13	OI14	OI15	OI18	OI19	OI20
	多元性	多元性	多元性	100%	22/59.9	0	
第5层							

图 8.107　分层策略:适当地重新分配人员

一个有清晰问题的策略例证与预防性维修的实施有关。例中,行为人是工厂负责人、维修负责人及其主管,在第2层必须认识到已经为修复性维修分配到了太多的预算,而实际执行了40%的预定任务,对费用的预测很差。最后,维修负责人将发现用于计划维修的时间是极少的,这意味着维修策略不符合WCM参数。这些层次对这些指标相关的绩效负责(图 8.108)。

第1层			
第2层	PMI11	PMI12	
	61.34		
第3层	OI5 WOI12	PMI7	RCMI3
第4层	PMI4	PMI5	CMMS6
	41.15	75.89	
第5层			

图 8.108　分层策略:合理化预防性维修

调整部门规模适应公司要求的策略提出,除了要找到问题所在,还需要清晰地确认指标以及指标的所有者和使用者,从而决定如何解决问题,确定解决方案的设计师等(图8.109)。

第1层	OI1	EI8	EI13			
	10%	70%	0			
第2层	OI4	OI9	OI10			
			100%			
第3层	CMMS8	CMMS91	CMMS92	CMMS10	OI2	OI3
	8	8		0	0	0
第4层						
第5层						

图8.109 分层策略:使部门规模与公司实际需要相匹配

确定库存到底需要什么的策略并没有对高层构成问题,预算或工厂均未表现出任何问题迹象。相反,维修负责人发现了有问题的指标,如已经消耗的百分比、过低的库存周转。维修总监是主要参与者,也是改进指标的所有者。某些宏观控制可能不会关注这一方向,但它们会与维修首席有关(图8.110)。

第1层	EI7			
	1.19%			
第2层	EI7			
	1.19%			
第3层	EI11	EI12	WMI2	
	7.20%	12.11%	12.11%	
第4层	WMI1	WMI3	CMMS5	RCMI8
	9.27%	84.14%	84.14%	
第5层				

图8.110 分层策略:重新确定维修库存的必需件

当我们找出后续出现的各类情况时,初次审核中是有问题的。首先,我们可以看到在一个关键事项中几乎缺失全部数据,这里指的是外包业务。董事长设定了该模式下的签约外包工作百分比,并作为实现的目标,较低层次则负责分配此预算。但是没有关于承包商经验资格的记录,也缺乏对在工厂内工作的外部人员的了解。前面提到过,这不意味着这些值为零,只是未知,还需要适当的度量感知器。第3层和第4层的中度深灰色指标的情况有所不同,数值为空,WO的信息没有输入 CMMS。在此情况下,中度深灰色中的负面值表明这并非无知,而是故意的数据缺失,必须得到纠正(图 8.111)。

验证当前雇佣系统的共存					
第1层	EI10				
	20%				
第2层	EI9				
第3层	EI9	EI22	EI23	E124	WOI3
					0
第4层	WOI3	EI22	EI23	EI24	CMMS3
	0				0
第5层					

评定承包商表现等级				
第1层				
第2层	CONTI3	CONTI4	CONTIS	
第3层	CONTI1	CONTE		
第4层	CONTI1	CONTE		
第5层				

图 8.111 分层策略:验证当前招聘系统的适合性

附录
完成调查的说明

调查中,将用1~5填写对应水平,表达与所述问题或陈述的赞同程度。如果答案为"是"或"否",分别对应5或1;如果你不想明确回答,但在某种程度上接近肯定或否认,则可以给出2、3、4的答案(附图1)。

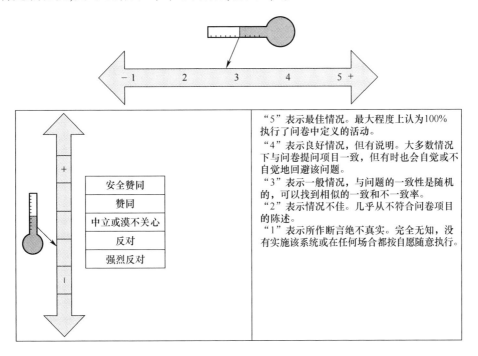

附图1 数字式赋值说明

进行调查的层级结构如图附图2所示。

某些情况下,有必要在WO对应的维修部门进行调查,因为在金字塔上层只能观察到下层中与其直接关联的职位,包括办公室和行政人员,甚至公司的代表。

通过这种方式,第3层的调查会涉及总部及生产维修部门或质量(具有操作

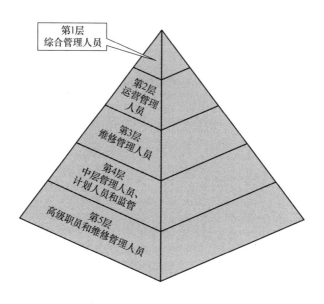

附图 2 进行调查的层级结构

区域的同级组织)部门(附图 3)。

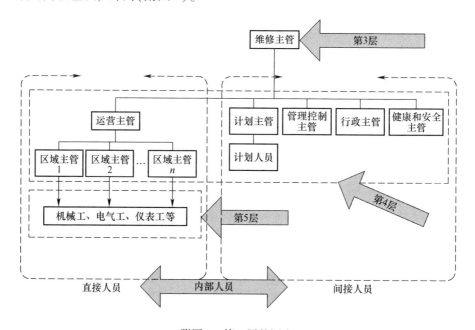

附图 3 第 3 层的调查

同样,从组织结构图(附图 4)中可以看出,有必要对负责财务经理或人力资源经理等两个同等层级的领域进行调查。

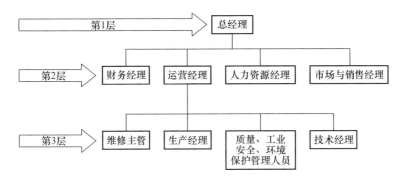

附图4　组织结构图

A.1　0级演化：管理层的维修承诺和知识

调查的目标受众：第1、第2和第3层

（1）是否将"维修"纳入企业业务计划中？
（2）是否具有具体且可度量的维修目标？
（3）维修绩效是否具有一致的指标？
（4）总体组织结构图中是否有一个正确定义和定位的管理和中层管理维修组织结构图？
（5）这些目标是否被具体纳入整体业务目标？
（6）是否所有员工都明白既定目标并且需要他们参与来实现目标？
（7）是否定期检查结果和设定的目标？
（8）他们是否采取并实施改进措施来提高维修效率？
（9）这些措施的有效性是否得以衡量？
（10）企业中不同工厂或生产区域之间的维修策略是否一致？

指标：

$$EI1 = \frac{维修总费用}{资产更换价值}, \quad OEE = OEEI1 \times OEEI2 \times OEEI3$$

$$OEEI1 = 可用度 = \frac{总的可工作时间}{规划的时间}$$

$$TI1 = \frac{总的使用时间}{总的使用时间 + 总的不可用时间}$$

$$TI2 = \frac{要求时间内实现的可用时间}{要求的时间}$$

$$OEEI2 = 绩效效率 = \frac{规划时间内的实际产量}{规划时间内的计划产量}$$

$$OEEI3 = 合格率 = \frac{总产量 - 不合格品数}{总产量}$$

$$EI3 = \frac{维修总费用}{生产数量}, \quad TPMI5 = 单位生产费用的降低量$$

A.2　1级演化

1）调查的目标受众：第3、第4和第5层；调查问卷：工作实施

工作计划（WORK-PLAN）

（1）是否有来自其他领域（如生产、质量或劳动风险）对维修部门的工作要求？

（2）是否规定工作的优先顺序？

（3）是否能根据已规划的工作得知工作量？

（4）这项工作是否经过规划（设计）？

（5）这项工作是否经过计划？

（6）经过计划和规划（设计）的工作所需时间是否有一定的准确性？

（7）是否控制执行和结果？

（8）95%的维修是否至少在实践的前一天经过程序确定？

（9）备件、硬件、必要的设备和文件是否准备齐全并适用于工作？

（10）计划人员是否清楚地指出待使用的硬件和待更换的组件？

（11）是否已经建立与工作有关的指令或程序？

（12）人员是否在进行任务前一天就知道他们将要做什么？

（13）计划人员的职能是否确定？

2）调查问卷：工作实施

工作实施（WORK-EXEC）

（1）方案和不可预见的情况之间是否有关系？

（2）预定维修的工作大纲是什么？

（3）是否已确定预防性维修程序？

（4）是否已确定修复性维修程序？

（5）是否有针对定期检查的维修程序（检查表、说明、步骤、频率等）？

（6）能力/技能、材料和工具是否适用于必要程序？
（7）是否有办法来分析假想的计划、实际执行、不清晰性、偏差和异常现象之间的差异？
（8）是否已知未完成的工作和预定工作的比例？
（9）是否已知加班时长与非预定工作和预定工作时长之间的关系？
（10）基于组件的状态/状况是否实施预防性维修？
（11）如何进行换班后的设备例行检查？
（12）是否有每日例行时间表？
（13）日常维修和处置是否有记录？
（14）是否已知诊断故障所需的时间？
（15）是否已知每个时期待完成工作的确切数量？
（16）团队是否能控制完成工作所需的时间？
（17）信息是否有用？
（18）是否有紧急工作和项目记录？
（19）是否根据不同的参与人员按机械维修、电气等类型记录工作？
（20）是否按故障量化损失的生产时间？
（21）是否将维修的延迟量化？
（22）如何在设备修理期间保持掌控？
（23）与工单（WO）中规定的时间相比，实际时间是多少？

指标

$$OI25 = \frac{定期活动的直接维修工时}{直接员工的计划总工时}$$

$$OI5 = WOI12 = \frac{计划的定期维修工时}{可利用维修总工时}$$

$$WOI13 = OI21 = PMI10 = \frac{维修加班时间}{维修工作总时间}$$

$$PMI2 = \frac{花在应急工作上时间}{总的工作时间}$$

$$PMI4 = \frac{执行的预防性维修任务}{计划的预防性维修任务}$$

$$PMI5 = \frac{预防性维修任务的估计费用}{预防性维修任务的实际费用}$$

$$PMI9 = \frac{PM 延误的任务数}{PM 待处理任务数}$$

$$PMI11 = \frac{预防性维修总费用}{预防性维修总费用 + 修复性维修总费用}$$

$$EI20 = \frac{\text{计划性维修停机费用}}{\text{维修总费用}}$$

$$PMI12 = \frac{\text{预防性维修不可用时间}}{\text{预防性维修不可用时间} + \text{修复性维修不可用时间}}$$

$$TI20 = \frac{\text{造成不可用的计划维修和定期维修时间}}{\text{要求停机的计划维修和定期维修时间}}$$

$$TI7 = \frac{\text{总的使用时间}}{\text{总的使用时间} + \text{计划性维修引起的不可用时间}}$$

$$TI8 = \frac{\text{导致不可用的预防性维修时间}}{\text{维修引起的总的不可用时间}}$$

$$TI9 = \frac{\text{导致不可用的系统性维修时间}}{\text{维修引起的总的不可用时间}}$$

$$TI10 = \frac{\text{导致不可用的 CBM 时间}}{\text{维修引起的总的不可用时间}}$$

$$OI11 = \frac{\text{应急修复性维修时间}}{\text{维修相关总不可用时间}}$$

$$OI12 = \frac{\text{内部员工完成的机械维修工时}}{\text{直接维修员工总工时}}$$

$$OI13 = \frac{\text{内部员工完成的电气维修工时}}{\text{直接维修员工总工时}}$$

$$OI14 = \frac{\text{内部员工完成的仪器维修工时}}{\text{直接维修员工总工时}}, \quad OI16 = \frac{\text{修复性维修工时}}{\text{维修总工时}}$$

$$OI17 = \frac{\text{应急修复性维修工时}}{\text{维修总工时}}, \quad OI18 = \frac{\text{预防性维修工时}}{\text{维修总工时}}$$

$$OI19 = \frac{\text{CBM 维修工时}}{\text{维修总工时}}, \quad OI20 = \frac{\text{系统性维修工时}}{\text{维修总工时}}$$

A.3 2级演化

1）调查问卷：采购；调查的目标受众：第3、第4和第5层；采购部门、质量和财务部门

采购程序（PUR-PRO）

（1）企业是否规定了采购程序，并加以应用？

（2）是否采用备件管理的采购程序？

（3）该程序是否规定了对订单金额所需的授权级别？

(4) 采购程序是否符合灵活性和速度要求？
(5) 采购程序是否具备紧急计划和优先事项？是否需要签名或特殊授权？
(6) 是否已知与采购订单相关的费用(如运输费、通话费、传真费)？
(7) 是否有针对紧急采购的备选方式？
(8) 订单的规格是否满足条件？
(9) 是否已检查每个采购订单的技术规格？
(10) 采购部门是否参与对采购规范的确定？

供应商管理(SUP-MAN)

(1) 是否对市场供应状况(价格/供应商)具有充分的了解？
(2) 是否具有对供应商予以批准/接受的程序？
(3) 是否与普通供应商有正式协议？
(4) 这些协议是否适用于日常购买？
(5) 与供应商的协商内容是否包括采购和维修？
(6) 是否定期执行供应商评估(服务/价格)？

2) 调查问卷:备件

器材接收(MAT-REC)

(1) 是否建立针对所采购器材的适当的质量控制体系？
(2) 接收人员是否可靠？
(3) 是否可以接收各种各样的供应品？
(4) 是否有明确的备件储存程序？
(5) 是否已经确定备件的储存条件(温度、旋转、湿度)？

存储管理(WAR-MAN)

(1) 有无对风险和危险条件进行分析以确定最小库存？
(2) 是否已知库存品价值？
(3) 是否将订单费用考虑在内以确定理想的交货日期？
(4) 是否建立备件管理控制系统(地点、数量、轮换等)？
(5) 是否设定备件数量的断供点？
(6) 是否编有一套指南或程序来规定部件是否需要修复或更换？
(7) 是否已知服务质量,以及正确获得所需备件的维修次数的百分比？
(8) 是否完成全部或部分库存的清点？
(9) 备件是否由于技术陈旧、缺乏使用或损坏等而拒绝储存？
(10) 每个关键设备是否有相应的储存目录？

指标

$$WMI1 = \frac{库存中闲置器材数}{库存器材总数}$$

$$WMI3 = \frac{仓库中受控备件总数}{总的可用库存(受控 + 不受控)}$$

$$WMI4 = OI26 = \frac{按订单完成备件总数}{申请的备件总数}$$

$$WMI8 = \frac{等待备件的维修工单数}{维修工作工单总数}$$

$$WMI6 = \frac{紧急采购订单总数}{采购订单总数}$$

$$WMI7 = \frac{购买一种产品的订单总数}{购买订单总数}$$

$$WMI9 = \frac{信用卡支付器材费用}{维修器材总费用}$$

$$EI12 = \frac{维修物品的总费用}{维修物品的平均库存价值}$$

$$EI11 = \frac{维修物品的总费用}{维修总费用}$$

$$EI7 = \frac{维修物品的平均库存价值}{资产更换价值}$$

$$WMI10 = 处理一个订单的内部费用$$

$$WMI2 = \frac{仓库年度使用费用}{仓库总估计费用}$$

3）调查问卷：工单系统；调查的目标受众：第3、第4和第5层

工单系统（WO-SYS）

（1）是否有工单（WO）系统？

（2）该系统是否分析所有维修活动（预测性、预防性和修复性维修活动）？

（3）是否使用工单？

（4）其他不同维修部门能否发出工单？

（5）工单是否通过 CMMS 管理？

（6）工单的进展是否受到控制？

（7）是否可以在几小时内载入某些项目的永久性 WO 或空白的 WO？

（8）故障报警与发出工单之间的时长是否已知？

（9）用来批准工单的平均时间是否已知？

（10）是否可以清楚地知晓人员、必要的时间以及工作完成情况？

（11）有关工单的安全说明是否清楚？

（12）工单是如何用于所有类型的工作（计划的、非计划的、机械、电气、改进等工作）的？

(13) 用于机器设备的工单程序是否包括高处作业、切割和焊接、火灾危险区域、电气、密闭空间、防爆区域,或根据所执行工作的工单?

(14) 是否在工单中确定了优先顺序?

(15) 工人完成一项任务后是否通知 WO 调度员?

(16) 相对于工单计划,实际执行时的时间或材料方面的控制偏差是否定期出现?

(17) 是否根据设备和组件将工单归档?

(18) 工单执行人员是否有可能指出在工单中已完成工作的观测结果(例如所发现的问题)?

(19) 工单执行人员是否有可能就机器状况或可能的改进措施提出附加意见?

指标

$$WOI1 = \frac{所有工单的维修人工费}{总维修人工费}$$

$$WOI2 = \frac{所有工单的维修器材费用}{总的维修器材费用}$$

$$WOI3 = \frac{所有工单的转包商费用}{维修合同商总费用}$$

$$WOI4 = \frac{工单中登记的维修停工费用}{总的维修停工费用}$$

$$WOI5 = \frac{计入固定工单的维修人工费}{总的维修人工费}$$

$$WOI6 = \frac{计入固定工单的维修材料费}{总的维修材料费}$$

$$WOI7 = \frac{计入固定工单的专用设备费用}{专用设备总费用}$$

$$TI16 = \frac{总的使用时间}{维修工单数}$$

$$OI22 = \frac{按计划执行的维修工单数}{计划的维修工单数}$$

$$WOI15 = \frac{超出预算人工 20\% 的工单数}{维修工单总数}$$

$$WOI16 = \frac{超出估计材料预算 20\% 的工单数}{维修工单总数}$$

$$WOI81 = \frac{紧急工单}{工单总数}$$

$$WOI82 = \frac{预防性维修工单数}{工单总数}$$

$$WOI83 = \frac{修复性维修工单数}{工单总数}$$

4）调查问卷：CMMS（计算机维修管理系统）；调查的目标受众：第3、第4和第5层

CMM-SYS

（1）工厂是否有维修管理或CMMS软件？

（2）是否每个人都可以用相应ID访问软件？

（3）是否根据作业人员指示为CMMS设定固定时间？

（4）CMMS是否具有设备的组件技术信息？

（5）是否可以提供一种CMMS用于具有指定代码的设备及其组件？

（6）这个数字系统是否以正式的方式作为技术文件、更换应用软件和/或工单的一部分得以使用？

（7）每个计算机系统中的技术信息是否都能及时更新？

（8）维修计划/标志信息是否上报该系统并定期自动生成？

（9）CMMS是否用来计划工作和控制待执行的工作？

（10）是否创建维修工作的软件程序？

（11）每个小组是否都有用简便方法显示的相关维修程序？

（12）CMMS是否有每个小组的维修历史记录？

（13）CMMS是否有已执行维修的记录？

（14）CMMS中是否记录储存仓库中有无备件可用？

（15）是否以系统且规律的方式更新系统中的文档？

（16）是否以系统且规律的方式将信息与工单系统①上的类似记录做比较？

（17）CMMS是否与工单系统②（例如采购、财务或人力资源系统）联网以更新和交换信息？

（18）是否可以轻松访问系统中包含的信息？

（19）CMMS是否有使用设备的生产作业人员的记录？

（20）是否开展针对CMMS使用的培训大纲？

（21）CMMS是否具有准确的信息来控制效率指标？

指标

$$OI24 = \frac{实际使用计算机的内部维修员工人数}{实际内部直接员工人数}$$

---

① 译者注：原文如此，但与7.5.3节中的应条文比较，"工单系统"应为"其他系统"。

② 译者注：原文如此，但与7.5.3节中相应条文比较，"工单系统"应为"其他系统"。

$$\text{CMMSI1} = \frac{\text{CMMS 中的总人工费}}{\text{ERP 中的总维修人工费}}$$

$$\text{CMMSI2} = \frac{\text{CMMS 中的总材料费}}{\text{ERP 中的总材料费}}$$

$$\text{CMMSI3} = \frac{\text{CMMS 中的总转包商费用}}{\text{ERP 中的总转包商费用}}$$

$$\text{CMMSI4} = \frac{\text{CMMS 中的机器总数}}{\text{工厂登记注册的机器总数}}$$

$$\text{CMMSI5} = \frac{\text{CMMS 中的备件总数}}{\text{工厂的备件总数}}$$

$$\text{CMMSI7} = \frac{\text{CMMS 中单台设备的总维修费用}}{\text{ERP 中的总维修费用}}$$

5）调查问卷：人员管理和转包商；目标受众：第3、第4和第5层；（维修管理者）人力资源管理

工作场所（WOR-PLA）

（1）是否对每个维修作业人员的工作进行确定？

（2）是否详细说明每个工作所需的知识？

（3）是否定期审查这些工作说明？

（4）这些说明是否用来确定培训需求并对需求进行定义？

（5）这些说明与一个部门既定的未来运营目标和战略有关联的定义和内容是什么？

（6）维修人员掌握的技能是否全面？

（7）维修部门的高级职员与行政管理之间是否得到平衡？

（8）员工的主要专长是什么？

（9）用于界定员工水平和分配工作的员工专业知识是怎样的？

（10）工作人员的剩余工作负担是否已知？

（11）分配给使用人员的日常工时（任务）的位置是否已知？

（12）是否有针对进出人员的控制系统？

公司使命和劳动氛围（MIS-CLIM）：第3、第4和第5层目标受众

（1）维修工作是否被人们认为需要体力与智力相结合？

（2）维修人员在公司中是否有自豪感？

（3）维修部门是否有孤立感？

（4）工作人员享有工作场所需要的全部技术手段和便利设施吗？

（5）在维修工作中是否重视自主权和主动性？

（6）员工是否有自主权并表现出主动性？

（7）维修人员之间的合作是否友好？

（8）企业是否已建立人员轮岗政策？

（9）该政策是否适用于维修？

（10）是否觉得维修人员在企业里扮演重要角色？

（11）是否为维修人员制定职业规划？

（12）维修人员是否了解企业目标、使命和愿景？

（13）维修人员的主要职责是否是着重于装置或设备的可用性？

（14）员工是否熟悉公司目标？

（15）维修人员在公司是否有资历？

（16）他们是否召开定期会议来了解部门目标并谈论自己？

（17）部门是否清楚了解并理解其愿景和目标？

（18）员工是否认识到预防重大问题的预防性工作与修复性工作的区别？

（19）生产与维修之间的关系是否是积极的且相互协作的？

（20）这种态度是否对维持更高水平有积极的作用？

（21）与维修有关的部门是否合作？

激励与培训（MWO-TRA）：第3、第4和第5层调查的目标受众

（1）是否公平对待每位职工？

（2）是否提供对失误和成功的（正面或负面）反馈？

（3）是否营造一种互相尊重的氛围，使员工的诉求能够得以倾听？

（4）是否定期与员工会面，就部门不断发展的未来目标和/或计划的决定进行沟通？

（5）系统是否提供建议和有效的管理？

（6）是否有一套绩效评估和职业发展或职业计划系统？

（7）该系统是否用于发现培训需求？

（8）该系统是否用来确立目标并确保工人实现这些目标？

（9）该系统是否用来在实现目标的基础上奖励员工？

（10）是否具备完成工作所需的足够的工具和设备？

（11）培训水平是否与设备所需的技术相匹配？

（12）培训结果是否得到评估？评估是否持续进行？

（13）培训是否能保证所培养出的技术人员具备很全面的技能？

（14）员工是否将技术和方法的培训信息提供给教室、车间或现场的同事？

（15）员工是否向上级提出培训需求？

（16）从员工身上可否看出所获培训带来的积极影响？

（17）良性信息是否可以减少培训错误和停机时间？是否存在这种看法？

（18）维修人员的流动量有多高？

指标

$$\text{CMMSI8} = \frac{\text{全职维修员工总人数}}{\text{主管人数}}, \quad \text{CMMSI91} = \frac{\text{全职维修员工总人数}}{\text{计划人员总人数}}$$

$$\text{CMMSI92} = \frac{\text{全职维修员工总人数}}{\text{培训人员总人数}}, \quad \text{CMMSI10} = \frac{\text{维修技术人员总人数}}{\text{管理保障人员总人数}}$$

$$\text{EI8} = \frac{\text{内部维修人员的总费用}}{\text{维修总费用}}, \quad \text{EI13} = \frac{\text{间接维修人员费用}}{\text{维修总费用}}$$

$$\text{OI1} = \frac{\text{实际内部维修员工人数}}{\text{实际内部员工总人数}}, \quad \text{OI2} = \frac{\text{实际的非直接维修员工人数}}{\text{实际内部员工总人数}}$$

$$\text{OI3} = \frac{\text{实际内部维修员工人数}}{\text{实际直接维修员工人数}}, \quad \text{HRI2} = \frac{\text{注册员工企业工龄总和}}{\text{员工总人数}}$$

$$\text{OI15} = \frac{\text{具有各种活动的实际内部维修员工}}{\text{实际的内部维修员工}}$$

$$\text{OI10} = \frac{\text{轮班工作的直接维修员工人数}}{\text{实际直接维修员工总人数}}$$

$$\text{ITI1} = \frac{\text{总的培训预算}}{\text{员工总人数}}, \quad \text{EI21} = \frac{\text{维修人员培训费用}}{\text{有效维修人数}}$$

$$\text{ITI21} = \frac{\text{总的培训时数}}{\text{员工总人数}}, \quad \text{ITI22} = \frac{\text{总的人际培训时数}}{\text{员工总人数}}$$

$$\text{ITI6} = \frac{\text{培训师总人数}}{\text{维修员工总人数}}, \quad \text{ITI11} = \frac{\text{年度培训预算}}{\text{年度工人工资预算}}$$

$$\text{OI23} = \frac{\text{内部员工维修培训工时}}{\text{维修总工时}}, \quad \text{ITI5} = \text{提供培训和获得能力之间的相应水平}$$

$$\text{KAII4} = \frac{\text{维修雇员提出的建议数}}{\text{维修雇员总人数}}, \quad \text{ITI3} = \text{工人阅读水平}$$

$$\text{ITI4} = \text{从部门或国家考试获得的技能水平}$$

$$\text{ITI7} = \frac{\text{缺乏培训所致操作差错产生的不工作时间}}{\text{总的不工作时间}}$$

$$\text{ITI8} = \frac{\text{缺乏培训所致维修差错产生的不工作时间}}{\text{总的不工作时间}}$$

$$\text{ITI9} = \frac{\text{缺乏知识所致损失的时间}}{\text{总工作时间}}$$

$$\text{ITI10} = \frac{\text{缺乏知识所致重复维修的时间}}{\text{总工作时间}}$$

$$\text{T\&UI1} = \frac{\text{对个人设备满意的维修工人数}}{\text{维修工总人数}}$$

$$T\&UI2 = \frac{对所拥有技术设备满意的维修职员人数}{维修职员总人数}$$

$$T\&UI3 = \frac{对维修设备的实际投资}{对维修设备的计划投资}$$

$$TPMI6 = \frac{缺勤总小时数}{考察范围内的总小时数}, \quad HRI1 = \frac{自愿离职员工人数}{员工总人数}$$

6)调查问卷:转包合同;目标受众:第2、第3和第4层;采购管理、财务管理和人力资源管理

招聘政策(REC-POL)

(1)企业是否可以因缺乏合格人员和工作量大而将服务转包?

(2)员工是否可以随时执行日常维修工作?

(3)是否考虑由公司内部人员来管理外包费用?

(4)是否有经过标准确定的合同?

(5)企业如何考虑到以 UNE-EN 13269:2003 的建议为基础编写合同?

(6)是否有招聘政策或正式的招聘方法?

(7)招聘政策是否有效且高效?

(8)合同规范是否清晰?

(9)服务质量是否确定明确?

(10)是否确定了服务范围和交易条件?

承包商选择(CONT-SEL)

(1)是否拥有根据专门技术、反应时间、费用、经验、遵守安全规章等来评估供应商的流程?

(2)维修主管是否参与承包商的选择和工作的分配?

(3)承包商是否了解企业的劳动政策?

(4)企业是否了解承包商的经济偿付能力?

(5)企业是否了解承包商的专业水平?

承包商监督(CONT-OVER)

(1)是否有关于转包的补充手册?

(2)是否有正式的承包商工作控制机制?

(3)内部人员和外部人员之间是否有融洽的关系?

(4)是否有正规机制确保对承包商工作质量的管理?

(5)是否有正规机制监督承包商的工作安全性?

(6)是否有对承包商工作截止期限的正式控制机制?

(7)是否有针对延误的惩罚?

指标

$$EI9 = \frac{外部维修人员的总费用}{维修总费用}, \quad EI10 = \frac{总的合同维修总费用}{维修总费用}$$

$$CONTI1 = \frac{合同服务的可用时间}{要求的时间}, \quad CONTI2 = \frac{需要返工的工作数量}{承包商完成的工作数量}$$

$$CONTI3 = 承包商在参考领域的经历(年), \quad CONTI4 = 作为供应商的质量认证$$

$$CONTI5 = 外包人员的技术水平, \quad EI22 = \frac{机械维修合同总费用}{维修总费用}$$

$$EI23 = \frac{电气维修合同总费用}{维修总费用}, \quad EI24 = \frac{仪器维修合同总费用}{维修总费用}$$

A.4　3级演化

1) 调查问卷:CBM;调查的目标受众:第3层和第4层

基于状态的维修(CBM)

(1) 检查时是否进行维修?

(2) 是否对重要设备进行预测性维修工作?

(3) 这些日常工作是否有确定的频率?

(4) 每项日常工作是否都有规定的流程?

(5) 是否对预测性维修的结果(例如未来趋势)和生产数据进行分析?

(6) 执行的预测性维修操作是否基于该分析?

(7) 自启动 CBM 后,故障次数是否有所下降?

(8) 自启动 CBM 后,日常例行维修、修复性维修和预防性维修工作的百分比是否有所改变?

(9) 计算是否证实使用这些技术可以避免不必要的费用?

(10) 是否由内部员工进行预测性分析?

(11) 员工是否接受了 CBM 方面的培训?

(12) 是否具有改善或添加预测性维修的日常工作机制?

(13) 是否基于已建立的指标,如变量、温度等,开展监测工作?

(14) 是否召开简短的日常会议,审查和控制计划的任务、分析和日常工作结果?

(15) 日常维修中是否确定并赋予了员工修复性维修任务?

指标

$$PMI6 = \frac{应该可以避免的故障次数}{总的故障次数}, \quad TI10 = \frac{CBM 引起的不可用时间}{维修引起的总的不可用时间}$$

$$PMI7 = \frac{MP\ 检查生成的工单总数}{生成的工单总数}, \quad CBMI11 = \frac{预测性维修总小时数}{维修总小时数}$$

$$CBMI12 = \frac{预测性维修费用}{维修总费用}, \quad OI19 = \frac{CBM\ 维修工时}{维修总工时}$$

$$MTBF = CBMI4 = \frac{纳入考察范围的总小时数}{设备故障次数}$$

CBMI2 = 采用预测性维修避免的费用

$$CBMI3 = \frac{当前维修费用}{采用\ CBM\ 之前的维修费用}, \quad EI17 = \frac{CBM\ 费用}{维修总费用}$$

2）调查问卷:维修和生产的整合;调查的目标受众:第 2、第 3 和第 4 层;生产管理和中层管理

生产计划(PROD-PLAN)

（1）是否制订了日常生产计划？

（2）是否有每周商定的维修安排？

（3）该安排是否规定了计划的停工事项？

（4）是否规定了停工和格式变更的时间？

（5）是否审查了日常生产和维修大纲？

（6）是否规定了设备维修时间？

（7）是否能在不损害已经计划产量的情况下完成维修工作量？

（8）是否有囊括主要维修活动的长期生产计划？

资产信息(NO-AS)

（1）是否有公司资产清单？该清单是否已加密？

（2）每个项目是否有技术说明书？

（3）维修和生产管理软件之间是否有联系？

（4）是否有描述并确定所有计算机的车间布局？

（5）生产系统是否设置了平行的生产线？

（6）是否根据重要工艺来确定生产线？

（7）是否按照一些准则划分生产区域？

（8）为了将资源集中在重要的资产上是否进行了危害性分析？

（9）其他设备的故障发生率能否量化？

（10）各项资产是否按规定进行了分析？

（11）是否满足这些规则？

（12）一些设备是否出现了瓶颈？

（13）公司是否知道生产线上的每项工艺所需的时间？

（14）是否有安装工艺示意图？

(15) 是否有任何待安装管道(电气管道线、气管、水管等)的示意图?
(16) 是否有仪表和过程的 PID(管路和仪表布置示意图)?
(17) 所有计算机中是否都有相关目录和技术资料?
(18) 生产和维修是否共享技术资料?
(19) 出现停工或故障时,是否能获取技术资料?

性能控制(PERF-CON)
(1) 是否有既能记录故障时间又能与生产和维修共享信息的系统?
(2) 是否严格控制了从机器停工到再次启用的时间和各个阶段的维修时间?
(3) 如何将工单产品输入系统?
(4) 是否记录了每台机器/每条生产线的停工时间和性能?
(5) 是否分析了停工时间和停工原因?
(6) 是否分析了维修和生产,以及停工产生的费用?
(7) 是否测量了停工导致的时间和产量损失?
(8) 与维修关联的不同可用度是如何计算的?
(9) 是否记录了重要设备的下降产量?
(10) 是否采取纠正措施去消除原因?

指标

$$TI1 = \frac{总的使用时间}{总的使用时间 + 总的不可用时间}$$

$$TI2 = \frac{要求时间内实现的可用时间}{要求的时间}$$

$$TI6 = \frac{总的使用时间}{总的使用时间 + 故障引起的不可用时间}$$

$$TI18 = \frac{危害性分析包含的系统数量}{系统总数}$$

$$CMMSI4 = \frac{CMMS 中的机器总数}{工厂登记注册的机器总数}, \quad EI16 = \frac{预防性维修费用}{维修总费用}$$

3) 调查问卷:RAMS 和 RCM 分析;调查的目标受众:第 2、第 3 和第 4 层

RAMS 知识和概念(RAMS-KNO)
(1) 公司是否有关键的和重要的设备清单?
(2) 雇员是否知道关键设备、优先设备和次要设备之间的区别?
(3) 是否已经确定了设备的关键部件?
(4) 是否知道故障的主要原因?
(5) 是否根据备件的现状对其进行修理?
(6) 是否定期检查关键设备的重要组件?

（7）这些修正是否导致纠正措施的产生并给出答案？
（8）是否有针对组件的正式检查计划？
（9）设备修改是否有具体的流程？
（10）这项流程是否考虑了维修问题？
（11）修改流程是否说明了如何更新现有的技术文件？
（12）是否审核了该流程？
（13）是否借鉴维修部门的经验来选择新设备或改进现有设备？
（14）设计或购买新设备时是否考虑了维修性和可靠性？
（15）是否考虑了新机器每个组件的可达性，例如，充分执行检查或其他维修任务的能力？
（16）知晓可靠性概念吗？
（17）能够确定关键设备的可靠性吗？
（18）是否了解关键设备的故障？
（19）是否分析了设备寿命周期内的维修费用？
（20）FMEA 方案是否包括维修、生产、采购和工程？
（21）FMEA 是否是用于机械采购的一项工具？
（22）谁在参与设备选择过程中使用的 FMEA 分析？
（23）是否用 FMEA 技术为关键设备制订预防性维修计划？
（24）这些技术是否足以消除不必要的检查？
（25）是否量化 FMEA 结果的取值？
（26）FMEA 是否用于实施改进和技术更新？
（27）FMEA 是否用于新设备的设计？
（28）当前维修分析采用 RCM 吗？
（29）是否实施了 RCM？
（30）是否理解 RCM 原理？
（31）是否利用历史数据来提高关键设备的可靠性？
（32）是否利用数据/历史设备来提高所有设备零部件的可靠性？
（33）是否系统地计算了设备及其零部件的 MTBF 和 MTTR 指标？
（34）是否定期检查这些指标来查探改进，反之亦然？
（35）设备的改进是否被保存并存档？
（36）是否执行并检查了测试？
（37）是否用以前的量值来预防问题的再次发生？

指标

RAMSI1 = 设备或系统的可靠性 $R(t)$， RAMSI2 = 设备或系统的维修性 $M(t)$

RAMSI3 = 设备或系统的 MTBF， RAMSI4 = 设备或系统的 MTTR

$$\text{RAMSI5} = 设备或系统的风险率 \lambda(t), \quad \text{TI18} = \frac{危害性分析包含的系统数量}{系统总数}$$

$$\text{RCMI2} = \frac{进行了原因分析的设备故障数}{设备故障总数}$$

$$\text{RCMI3} = \frac{关键设备中审查过的预防性维修任务数量}{关键设备总的预防性维修任务数量}$$

$$\text{RCMI4} = \frac{关键设备中审查过的预测性维修任务数量}{关键设备总的预测性维修任务数量}$$

$$\text{RCMI5} = 采用 \text{RCM} 节省的费用, \quad \text{RCMI8} = \frac{关键设备中审查过的备件数}{关键设备的总备件数}$$

4）调查问卷：安全性；调查的目标受众：第2、第3、第4和第5层；人力资源管理

安全知识概念（SAF-KNO）

（1）公司是否有安全海报或在工作中展示安全海报？

（2）公司是否将安全方面视为优先考虑事项？

（3）相关机制是否能向管理层通报不安全情况？

（4）企业是否在工作中设立安全委员会和卫生委员会？

（5）企业是否举办安全研讨会或演讲？

（6）维修工作是否以安全为第一要务？

（7）企业是否举行特定的安全会议？

（8）企业员工是否都了解安全政策或法规，以及卫生要求？

（9）企业是否设立负责卫生与安全的部门？

（10）企业是否意识到维修工人所面临的新增风险？

（11）企业是否具有对安全工作实施奖励和激励的体系？

（12）工作场所的安全和卫生工作能给公司带来什么利益？

（13）员工是否收到关于安全的书面或口头指示？

（14）企业是否定期检查安全控制？

（15）员工是否都了解安全委员会的职能和工作场所中的卫生要求？

（16）员工是否遵守安全政策？

（17）企业是否评估了不同工作的风险？

（18）企业是否已经制定流程和有关维修安全行为的具体规定？

（19）部门的首要任务是否是遵守安全规定？

（20）是否已经确定相关操作人员面临的风险？

（21）维修项目设备和工具是否可用？

（22）企业是否有设备和测量工具校准规程？

（23）企业是否将校准和设备检查记录归档？

指标

$$OI6 = \frac{维修员工工伤次数}{总的实际维修员工人数}, \quad TI5 = \frac{维修所致的工伤人数}{工作时间}$$

$$OI7 = \frac{维修员工工伤损失工时}{维修员工完成总工时}$$

$$TI3 = \frac{维修引起的产生环境危害的故障次数}{日历时间}$$

A.5 4级演化

1）调查问卷：费用模型和财务优化；调查的目标受众：第2层和第3层；财务管理

管理和预算控制（BUD-MAN）

（1）部门是否预先批准预算？
（2）是否每个月都控制成本？
（3）是否参照先前设置的一些指标控制费用？
（4）周期性控制结果和指标是否用于驱动生产线和维修线的中间媒介？
（5）测算的实际费用和预算费用之间存在怎样的偏差？
（6）设备是否有维修费用控制？
（7）是否按所用的维修类型控制昂贵的费用？
（8）每个小组是否都对维修费用进行统计控制？
（9）是否对可用设备规定库存规模？
（10）每个小组都知道相关备件的费用吗？
（11）是否知道维修的人力费用？
（12）外包工作是否比使用自身资源更节省费用？
（13）能否根据备选方案的费用制定维修策略？

费用结构（COST-STR）

（1）是否有定义明确的维修费用结构？
（2）该模型是否包含直接费用和间接费用？
（3）该费用模型是否用于未来决策的制定？
（4）是否按照生产区域制定费用？
（5）是否了解设备的采购日期？
（6）是否按照设备和设备的每个组件制定费用？

（7）是否了解设备的采购价格？
（8）是否制定了设备的折旧率？
（9）已知故障导致的生产损失费用有多少？
（10）费用模型是否涵盖了一般传统上的隐蔽故障？
（11）是否每年都评估设备的更换？
（12）是否了解维修费用和产品总费用之间的关系？
（13）是否了解一台全新设备的总费用？
（14）是否了解设备停止不用的费用并进行划分？
（15）是否将费用划分为临时费用和变动费用，即临时的（员工、计划维修和投资）和变动的（员工、备品备件、能源和租金）？
（16）维修人员和生产之间是否存在关联？

指标

$$EI1 = \frac{维修总费用}{资产更换价值}, \quad EI2 = \frac{维修总费用}{增值 + 外部维修费用}$$

$$EI3 = \frac{维修总费用}{生产数量}, \quad EI4 = \frac{维修总费用}{生产转换费用}$$

$$EI5 = \frac{维修总费用 + 与维修相关的设备不可用费用}{生产数量}$$

$$EI8 = \frac{内部维修人员的总费用}{维修总费用}, \quad EI9 = \frac{外部维修人员的总费用}{维修总费用}$$

$$EI10 = \frac{总的合同维修总费用}{维修总费用}, \quad EI13 = \frac{间接维修人员费用}{维修总费用}$$

$$EI15 = \frac{修复性维修费用}{维修总费用}, \quad EI16 = \frac{预防性维修费用}{维修总费用}$$

$$EI17 = \frac{CBM 费用}{维修总费用}, \quad EI18 = \frac{系统性维修费用}{维修总费用}$$

$$EI19 = \frac{改进性维修费用}{维修总费用}$$

2）调查问卷：生产员工进行的维修；调查的目标受众：第2、第3和第4层；生产经理和领域主管

全员生产维修（TPM）

（1）是否由操作机器的员工进行基本的维修？
（2）这些操作人员是否接受了如何完成简单维修任务的培训？
（3）操作人员进行的维修是否有明确规定的流程（清洗、润滑和检查）？
（4）员工是否意识到作业顺序和清洁的重要性？

（5）生产操作人员进行的维修是否包括清洗、检查和涂润滑油等基本任务？

（6）生产人员和维修人员是否按照既定的维修计划合作？

（7）操作人员是否负责内务处理？

（8）管理团队是否已经意识到对维修实施的重要性和进行维修和生产的需求？

（9）是否每个设施都有一个明确规定的可用的维修计划？

（10）是否有针对维修计划的实施方式 和合规（周期性）审核？

（11）是否有显示维修项目成功或失败情况的可视指标,如图表或图形？

（12）是否有用于检查规定任务实现情况的检查单？

（13）生产人员是否已经接受了维修和安全规则培训？

（14）是否涵盖了所有维修活动的日程安排？

（15）是否每天进行检查以及是否将结果送至员工和相关区域处？

（16）是否根据一些既定指标开展后续行动？

（17）是否有一项通过分析所有雇员都参与的过程来消除浪费的政策？

（18）是否召开简短的日常会议,以审查和控制计划的任务？

（19）是否给员工规定和分配纠正措施,以便查看日常维修实施中发现的问题的结果？

（20）这些纠正措施是否伴有明确的和指定的后续行动？

指标

$$OI4 = \frac{生产作业人员完成的维修工时}{直接维修员工的总工时}$$

$$OI9 = \frac{生产作业人员完成的维修工时}{生产作业人员的总工时}$$

$$OII1 = \frac{生产操作人员完成的预防性维修小时数}{预防性维修总的小时数}$$

$$OII23 = \frac{第 n 年度操作人员完成的预防性维修小时数}{第 n-1 年度操作人员完成的预防性维修小时数}$$

$$TPMI3 = \frac{5S 活动包含的关键设备数}{关键设备总数}$$

A.6　5级的演化

调查问卷:持续改进;调查的目标受众:第2~第5层。

质量和持续改进(QUA-KAI)

（1）是否有既定的维修流程？
（2）这些流程是否是 ISO 9000 质量体系中规定的流程？
（3）体系中的每个小组是否都有维修工作安排？
（4）是否使用"防差错"理念避免失误？
（5）每个小组是否都有维修记录？
（6）是否系统地和定期地更新记录？
（7）是否有维护和更新信息的流程？
（8）是否保存操作人员记录和相应授权，用于设备的操作？
（9）是否用 FMEA 分析生产停工及其原因，以便制定纠正措施？
（10）是否分析了产量下降的原因？
（11）是否分析了产品拒收情况？
（12）这些分析是否由生产和维修混编团队进行？
（13）公司是否获得了生产和维修员工提供的改进建议？
（14）是否分析了这些建议的经济影响？
（15）是否根据工作时间和结果每 1~2 年对维修计划进行一次改进？
（16）是否应用了先进的统计技术？
（17）是否定期审核部门及其职能？
（18）是否有基于基准测试的改进策略？
（19）维修部门是否与集团或部门的其他工厂/部门进行定期基准测试？
（20）是否审查基准测试结果并进行交流？
（21）是否用这些结果实施改进计划？
（22）六西格玛(6σ)理念是否用作持续改进的工具？
（23）是否通过 5S 改善工作场所和设备，从而加强秩序、清洁度、标准化、组织和集成？
（24）是否有既定的运营和财务管理指标？
（25）这些指标的规定是否基于计算方法、信息来源、发生频率和责任？
（26）是否了解与该指标和其特别规定有关的所有领域和相关人员？
（27）是否为每项指标确定了目标？
（28）是否对这些指标进行了基准测试？
（29）这些指标是否用作决策制定的基础？
（30）员工是否定期达成沟通指标？
（31）管理指标和改进之间是否存在关联？
（32）不同部门是否采用专门设备以便解决重要问题？
（33）一个多部门改进小组是否采用了实践和故障分析方法？

(34) 这些小组有定期会议及计划吗?

指标

$$OI8 = \frac{用于持续改进的工时}{维修员工总工时}$$

$$OII31 = \frac{每个生产操作人员的设备改进小时数}{每个生产操作人员的总工作小时数}$$

$$OII32 = \frac{每个维修作业人员的设备改进小时数}{维修作业人员的总工作小时数}$$

$$KAII3 = \frac{持续改进活动包含的关键设备数}{关键设备总数}$$

$$TPMI2 = \frac{设计改进研究涉及的关键设备数}{关键设备总数}$$

$$TPMI3 = \frac{5S活动包含的关键设备数}{关键设备总数}, \quad EI19 = \frac{改进性维修费用}{维修总费用}$$

$$KAII4 = \frac{维修雇员提出的建议数}{维修雇员总人数}$$

参考文献

Adams, S. (1996). The development of strategic performance metrics. *Engineering Management Journal*, 7,1.

Ahlmann, H. (2002). From traditional practice to the new understanding: The significance of life cycle profit concept in the management of industrial enterprises. *Proceedings of the International Foundation for Research in Maintenance, Maintenance Management & Modelling*, Växjö, Sweden, May 6–7,2002.

Alfaro, J. J. (2000). Modelos de medición del rendimiento, Reporte Interno. UPV: Valencia, Spain.

Alfaro, J. J., Ortiz, A., and Poler, R. (2001). La medición del rendimiento en contexto de integración empresarial. *IV Congreso de Ingeniería de Organización*, Seville, Andalusia.

Al-Najjar, B. (1996). Total quality maintenance: An approach for continuous reduction in costs of quality products. *Journal of Quality in Maintenance Engineering*, 2(3), 4–20.

Al-Najjar, B. (May 2007). The lack of maintenance and not maintenance which costs: A model to describe and quantify the impact of vibration-based maintenance on company's business. *International Journal of Production Economics*, 107(1), 260–273.

Alsyouf, I. (2006). Measuring maintenance performance using a balanced scorecard approach. *Journal of Quality in Maintenance Engineering*, 12(2), 133–149.

Al-Zaharani, A. (2001). Assessment of factors affecting building maintenance management auditing in

Saudi Arabia. Master's thesis. King Fahd University of Petroleum and Minerals: Dhahran, Saudi Arabia.

APQC. (1996). Corporate performance measurement benchmarking study report. American Productivity & Quality Centre: Houston, TX.

Arata, A. (2002). Análisis del Comportamiento real de la Tasa de Falla en Equipos Complejos. www.mantencion.com. Accessed on November 27, 2011.

Arbulu, T. and Vosberg, B. (2007). Feasibility study and cost benefit analysis of thin-client computer system implementation onboard United States Navy ships. Naval Postgraduate School: Monterey, CA.

Arditi, D., Kale, S., and Tangkar, M. (1997). Innovation in construction equipment and its flow into the construction industry. *Journal of Construction Engineering and Management*, 123(4), 371–378.

Arenas, J. M. (2000). Control de tiempos y productividad: La ventaja competitiva. Paraninfo Thomson Learning: Madrid, Spain.

Armitage, W. and Jardine, A. K. S. (1968). Maintenance performance ± a decision problem. *International Journal of Production Research*, 7(1), 15–22.

Arts, R., Knapp, G., and Mann, L. (1998). Some aspects of measuring maintenance performance in the process industry. *Journal of Quality in Maintenance Engineering*, 4(1), 6–11.

Asset Capability Management (ACM). (2004). Asset management: A source of additional profitability. http://www.plant-maintenance.com/downloads/PACE_April02.pdf, visited October 25, 2009.

Atkinson, A. A., Waterhouse, J. H., and Wells, R. B. (1997). A stakeholder approach to strategic performance measurement. *Sloan Management Review*, 38(3), 25–37.

Barringer, P. and Weber, D. (1995). Where is my data for making reliability improvements? *Fourth International Conference on Process Plant Reliability*, Houston, TX, November 14–17, 1995.

Ben-Daya, M. and Duffuaa, S. O. (1995). Maintenance and quality: The missing link. *Journal of Quality in Maintenance Engineering*, 1(1), 20–26.

Bertalanffy, L. (1969). *General System Theory, Foundations Development Applications*. George Breaziller: New York.

Bester, Y. (1999). Qualimetrics and qualieconomics. *The TQM Magazine*, 11(6), 425–443.

Besterfield, D., Besterfield-Michna, C., Besterfield, G., and Besterfield-Sacre, M. (2002). *Total Quality Management*, 3rd edn. Prentice-Hall International, Inc.: Englewood Cliffs, NJ.

Bifulco, G., Capozzi, S., Fortuna, S., Mormile, T., and Testa, A. (2004). Distributing the train traction power over cars: Effects on dependability analyzed based on daily duty-cycle. *The International Journal for Computation and Mathematics in Electrical and Electronic Engineering*, 23(1), 209–224.

Bivona, E. and Montemaggiore, G. (2005). Evaluating fleet and maintenance management strategies through system dynamics model in a city bus company. *International System Dynamics Conference*,

Boston, MA, July 17-21, 2005.

Blanchard, B., Verma, D., and Peterson, E. (1995). *Maintainability: A Key to Effective Service Ability and Maintenance Management*. John Wiley & Sons, Inc.: New York.

Blanchard, B. S. and Fabrycky, W. J. (1990). *Systems Engineering and Analysis*, 2nd edn. Prentice Hall, Inc.: Englewood Cliffs, NJ.

Blanchard, B. S. (1974). *Logistics Engineering and Management*. Prentice Hall, Inc.: Englewood Cliffs, NJ.

Blanchard, B. S. (1997). An enhanced approach for implementing total productive maintenance in the manufacturing environment. *Journal of Quality in Maintenance Engineering*, 7(2), 69-80.

Bourne, M. (1999). Designing and implementing a balanced performance measurement system. *Control-Official Journal of the Institute of Operations Management*, 21-24.

Bravo, S. (2006). La vida útil de un activo y política de reemplazo de activos. Cuadernos de Difusión. Universidad ESAN: Lima, Perú.

BS 6548 Part 2. (1992). Guide to maintainability studies during the design phase. British Standards Institutes: London, U. K.

BSI. (1984). Glossary of maintenance terms in terotechnology. BS3811. British Standard Institution (BSI): London, U. K.

Burcher, P. and Stevens, K. (1996). Measuring up to world class manufacturing. *Control-Official Journal of the Institute of Operations Management*, 22:17-21.

Cáceres, B. (2004). Cómo Incrementar la Competitividad del Negocio mediante Estrategias para Gerenciar el Mantenimiento. *VI Congreso Panamericano de ingeniería de Mantenimiento*, México, D. F.

Cameron, K. S. (1986). A study of organizational effectiveness and its predictors. *Management Science*, 32(1), 87-112.

Camp, R. C. (1989). *Benchmarking: The Search for Industry Best Practices That Lead to Superior Performance*. ASQC Quality Press: Milwaukee, WI.

Campbell, J. P., Dunnette, M. D., Lawler, E. E., and Weick, K. E. (1970). *Managerial Performance and Effectiveness*. McGraw-Hill: New York.

Campbell, J. P., McCloy, R. A., Oppler, S. H., and Sager, C. E. (1993). A theory of performance. In Schmitt, N. and Borman, W. (Eds.), *Personnel Selection in Organizations*. Jossey-Bass: San Francisco, CA, pp. 35-69.

Campbell, J. D. (1995). *Uptime Strategies for Excellence in Maintenance Management*. Productivity Press: Portland, OR.

Campbell, J. D. (1999). *Uptime: Strategies for Excellence in Maintenance Management*. Productivity Press: Portland, OR, pp. 10-20, 158-164.

Campos, J. (2009). Development in the application of ICT in condition monitoring and maintenance. *Computers in Industry*, 60, 1-20.

Cao, H. et al. (2009). RFID in product lifecycle management: A case in automotive industry.

International Journal of Computer Integrated Manufacturing, 22(7), 616-637.

Case, J. (1998). Using measurement to boost your unit's performance. *Harvard Management Update*, 3, 1-4.

Casto, P. (2007). 5.4.3 Schedule compliance—Hours. SMRP Best Practice Metrics. Society for Maintenance and Reliability Professionals: McLean, VA.

Castro, H. F. and Lucchesi, C. K. (2003). Availability optimization with genetic algorithm. *International Journal of Quality Reliability Management*, 20(7), 847-863.

Cea, R. (2002). Programa Computacional de Apoyo al Análisis de la Seguridad de Funcionamiento en Equipos Productivos. Facultad de Ingenieria, Escuela de Ingeniería E. Mecánica, Universidad de Talca: Talca, Chile.

Cérutti, O. and Gattino, B. (1992). Indicateurs et tableaux de bord. AFNOR Gestion: Paris, France.

Chapman, H. W. (1960). Attitudes toward legal agencies of authority for juveniles. A comparative study of one hundred thirty-three delinquent and one hundred thirty-three no delinquent boys in Dayton, Ohio. Dissertation. Abstr. 20, n. 7. Ohio State University, Columbus, OH.

Charnes, A., Clark, C. T., Cooper, W. W., and Golany, B. A. (1985). A developmental study of data envelopment analysis in measuring efficiency of maintenance units in the US Air Forces. *Annals of Operations Research*, 2(1), 95-112.

Chatin, O., Beloeuvre, F., Verdier, H., Cruel, O., and Malleret, V. (1995). Cómo evaluar la eficacia del departamento de compras. *Harvard Deusto Business Review*, 65, 76-84.

Clarke, P. (2002). Physical asset management strategy development and implementation. *Proceedings of the ICOMS*, Perth, Western Australia, Australia, 2002.

Coelo, C. and Brito, G. (2007). Proposta de modelo para controle de custos de manutençã com enfoque na aplicação de indicadores balanceados. *Boletim Técnico Organização & Estratégia*, 3(2), 137-157.

Coetzee, J. L. (1997). Towards a general maintenance model. In Martin, H. H. (Ed.), *Proceedings of IFRIM'97*, Hong Kong, China, Paper 12, pp. 1-9.

Coetzee, J. L. (1998). *Maintenance*. Maintenance Publishers: Hatfield, Johannesburg.

Coetzee, J. L. (1999). An holistic approach to the maintenance problem. *Journal of Quality in Maintenance Engineering*, 5(3), 276-280.

Cooke, F. (2000). Benchmarking og inikatorer innen vedlikehold. Norsk Forening for Vedlikehold: Lysaker, Norway.

COVENIM 2500-93. (1993). Manual para evaluar los sistemas de mantenimiento en la industria. 1ª Revisión. Comisión Venezolana de Normas Industriales. Ministerio de fomento. FONDONORMA: Caracas, Venezuela.

Cross, K. F. and Lynch, R. L. (1988). The SMART way to sustain and define success. *National Productivity Revieiw*, 8(1), 23-33.

Dalmau, I. (2007). Evaluación de la carga mental en tareas de control. Técnicas subjetivas y medidas de exigencia. Tesis doctoral. UPC: Barcelona, Spain.

Dean, P. (2008). Maintenance key performance indicator 024—And others. Shire Systems Ltd. : Hampshire, UK. (First published in *Industrial Plant & Equipment Magazine*).

De Garmo, P. and Canada, R. (1973). *Engineering Economy*, 5th edn. Macmillan Publishing Company, Inc. : New York, p. 493.

De Groote, P. (1995). Maintenance performance analysis: A practical approach. *Journal of Quality in Maintenance Engineering*, 1(2), 4-24.

De Jong, E. (1997). Maintenance practices in small to medium sized manufacturing enterprises (SMEs). National Key Centre for Advanced Materials Technology, Monash University: Melbourne, Victoria, Australia.

Dekker, R. (1996). Applications of maintenance optimization models: A review and analysis. *Reliability Engineering & System Safety*, 51, 229-240.

De Lemos, L. (2003). Metodología general para auditar programas de mantenimiento. III congreso bolivariano de Ingeniería Mecánica, Lima, Perú.

Denison, D. R. (1990). *Corporate Culture and Organizational Effectiveness*. John Wiley & Sons: New York.

De Toni, A. and Tonchia, S. (2001). Performance measurement systems—Models, characteristics and measures. *International Journal of Operations & Production Management*, 21(1/2), 46-71.

De Wit, B. and Meyer, R. (1998). *Strategy—Process, Content, Context: An International Perspective*, 2nd edn. International Thomson Business Press: London, U. K.

Diaz, A. and Fu, M. C. (1995). Multi-echelon models for repairable items: A review. Institute for Systems Research, University of Maryland: College Park, MD.

DiStefano, R. and Hawkins, B. (2006). Guideline 1.0—Determining replacement asset value (RAV). SMRP Best Practice Metrics. Society for Maintenance and Reliability Professionals: McLean, VA.

DiStefano, R. (2006). 1.4 Stocked MRO inventory value as a percent of replacement asset value (RAV). SMRP Best Practice Metrics. Society for Maintenance and Reliability Professionals: McLean, VA.

DiStefano, R. (2007). 5.5.71 Contractor costs. SMRP Best Practice Metrics. Society for Maintenance and Reliability Professionals: McLean, VA.

Dixon, J. R., Nanni, A. J. Jr., and Vollmann, T. E. (1990). *The New Performance Challenge: Measuring Operations for World-Class Competition*. Business One Irwin: Homewood, IL.

Dohi, T., Kaio, N., and Osaki, S. (1998). Minimal repair policies for an economic manufacturing process. *Journal of Quality in Maintenance Engineering*, 4(4), 248-262.

Douwe, S., Flapper, P., Fortuin, L., and Stoop, P. M. (1996). Towards consistent performance management systems. *International Journal of Operations & Production Management*, 16(7), 27-37.

Drenth, J. D., Thierry, H., and de Wolf, C. J. (1998). *Organizational Psychology*. Hove,

Psychology Press Ltd.: Chichester, U.K.

Duarte, T., Jiménez, R., and Ruiz, M. (Agosto 2007). Contabilidad del capital intelectual. *Scientia Et Technica*, XIII(035), 339-344. Universidad Tecnológica de Pereira: Pereira, Colombia.

Duffuaa, S.O. and Ben-Daya, M. (1995). Improving maintenance quality using SPC tools. *Journal of Quality in Maintenance Engineering*, 1(2), 25-33.

Duffuaa, S.O. and Raauf, A. (1996). Continuous maintenance productivity improvement using structured audit. *Internal Journal of Industrial Engineering*, 3(3), 151-166.

Duffuaa, S.O., Raouf, A., and Campbell, J.D. (1998). *Planning and Control of Maintenance Systems: Modeling and Analysis*. John Wiley & Sons, NY.

Dunn, R. (1999). Basic guide to maintenance benchmarking. *Plant Engineering*. http://www.plantengineering.com. 53:1.

Dwight, R.A. (1994). Performance indices: Do they help with decision-making? *Proceedings of ICOMS-94*, Sydney, New South Wales, Australia, Paper 12, pp. 1-9.

Dwight, R.A. (1995). Concepts for measuring maintenance performance. In Martin, H. (Ed.), *New Developments in Maintenance*. Moret Ernst & Young Management Consultants: Utrecht, the Netherlands, pp. 109-125.

Dwight, R. (1999). Searching for real maintenance performance measures. *Journal of Quality in Maintenance Engineering*, 5(3), 258-275.

EASA /JAR145. (2003). Aviation maintenance human factors. Aircraft Maintenance Standards. Department, Safety Regulation Group, Civil Aviation Authority: West Sussex, U.K.

Ebeling, C.E. (1997). *An Introduction to Reliability and Maintainability Engineering*. McGraw-Hill Companies, Inc.: New York.

Eccles, R.G. (1995). The performance measurement manifesto. In Holloway, J., Lewis, J., and Mallory, G. (Eds.), *Performance Measurement and Evaluation*. Sage Publications: London, U.K., pp. 5-14.

European Environment Agency (EEA). (1999). Environmental indicators: Typology and overview. Technical Report No. 25. EEA: Copenhagen, Denmark.

EFNMS Working Group 7. (2002). European Federation of National Maintenance Society. Benchmarking definitions and indicators. Version 1.0. http://www.efnms.org/publications/13defined101.doc.

EFNMS. (2006). European Federation of National Maintenance Societies. Maintenance key performance indicators, www.efnms.org/efnms/publications/Firstworkoshopforfoodand pharmeceuticalbusiness.doc.

Emiliani, M.L. (1998). Lean behaviours. *Management Decision*, 36(9), 615-631 (MCB University Press).

EN 13306. (2001). Maintenance terminology standard. European Standard, 57p. http://shop.bsigroup.com/ProductDetail/? pid=000000000030187553.

EN 15341. (2007). Maintenance key performance indicators. http://shop.bsigroup.com/Product

Detail/? pid=000000000030140422.

Espinoza, M. (2005). Strategy to maximize maintenance operation. Faculty of Business Administration, Simon Fraser University: Burnaby, British Columbia, Canada.

ESREDA. (2001). Handbook on maintenance management. Managing risk. ESReDA: Oslo, Norway.

Fabrycky, W. J. and Blanchard, B. S. (1991). *Life-Cycle Cost and Economic Analysis.* Prentice Hall, Inc. : Englewood Cliffs, NJ.

Fernández, F. and Salvador, R. (2005). Medición y gestión del Capital Intelectual: Aplicación del modelo Intelec al mantenimiento técnico. *IX Congreso de Ingeniería de Organizatión*, Gijón, Spain.

Fitzgerald, L., Johnston, R., Brignall, T. J., Silvestro, R., and Voss, C. (1991). Performance measurement in service business. The Chartered Institute of Management Accountants: London, U. K.

Galar, D., Berges, L., and Royo, J. (2009). Construcción de KPIs de mantenimiento en base a los parámetros RAMS: La necesidad de un cuadro de mando. *II Jornadas internacionales de Asset Management. XI Jornadas de Confiabilidad*, Valencia, Spain.

Galar-Pascual, D., Berges-Muro, L., and Royo-Sanchez, J. (June 2010). The issue of performance measurement in the maintenance function. *DYNA Ingeniería e Industria*, 85(5), 429–438.

García, G. (2002). Management. La Resistencia al Cambio. Como Administrarla. http://www.hacienda. go. cr/centro/datos/Articulo/La resistencia al cambio- cómo administrarla. doc. Accessed on November 27, 2015.

Gelders, L., Mannaerts, P., and Maes, J. (1994). Manufacturing strategy, performance indicators and improvement programmes. *International Journal of Production Research*, 32(4), 797–805.

Geraerds, W. M. J. (1990). The EUT-maintenance: Model. In Martin, H. H. (Ed.) *New Developments in Maintenance.* Moret Ernst & Young Management Consultants: Utrecht, the Netherlands, pp. 1–15.

Gold, P. and Packer, A. (1990). Literacy audit of maintenance workers. Final Report. Interactive Training, Inc. : Alexandria, VA. Sponsors: Employment and Training Administration (DOL), Washington, DC; Office of Strategic Planning and Policy Development.

González, J. (2003). La Resistencia al Cambio, http://www. infosol. com. mx/. Accessed on August 19, 2011.

González, F. J. (2005). Proceso metodológico para reorganizar los Departamentos de Mantenimiento integrando nuevas técnicas. *Mantenimiento: Ingeniería industrial y de edificios*, 181, 21–28.

Green, A. E. and Bourne, A. J. (1972). Reliability Technology. John Wiley & Sons: New York.

Grenčík, J. and Legat, V. (2007). Maintenance audit and benchmarking—Search for evaluation criteria on global scale. *Eksploatacja i niezawodność*, 3(35), 34–39 (PNTTE, Warszawa).

Grothus, H. (1974). *Die total vorbeugende Instandhaltung.* Grothus: Dorsten, Germany.

Hammer, M. and Champy, J. (1993). *Reengineering the Corporation.* Harper Business: New York.

Hansson, J. (2003). Total quality management—Aspects of implementation and performance investigations with a focus on small organisations. Doctoral thesis. Department of Business

Administration and Social Science, Luleå University of Technology: Luleå, Sweden.

Hawkins, B. (2007). 5.4.9 Ready backlog. SMRP Best Practice Metrics. Society for Maintenance and Reliability Professionals: McLean, VA.

Hawkins, B. (2007). 5.5.72 Contractor hours. SMRP Best Practice Metrics. Society for Maintenance and Reliability Professionals: McLean, VA.

Hawkins, B. (2007). 5.1.1 Corrective maintenance cost. SMRP Best Practice Metrics. Society for Maintenance and Reliability Professionals: McLean, VA.

Hawkins, B. (2007). 5.1.2 Corrective maintenance hours. SMRP Best Practice Metrics. Society for Maintenance and Reliability Professionals: McLean, VA.

Hendricks, K. and Singhal, V. (1997). Does implementing an effective TQM program actually improve operating performance? Empirical evidence from firms that have won quality awards. *Management Science*, 43(9), 1258-1274.

Hernandez, E. (2000). Sistema de Cálculo de Indicadores para el mantenimiento. III Congreso cubano de Ingeniería y Reingeniería de Mantenimiento. http://www.columbia. Accessed on December 2, 2011.

Herzberg, F. (January/February 1968). One more time: How do you motivate employees? *Harvard Business Review*, 5-16.

Hicks, H. G. and Gullett, C. R. (1985). *Management*. McGraw-Hill: Singapore.

Hill, T. (1995). Manufacturing Strategy. MacMillan Press Ltd.: London, U. K.

Hoberg, W. A. and Rudnick, M. F. (1994). The role of assessments in a switching supplier's TQM system. *IEEE Global Telecommunications Conference*, 3, 1591-1595.

Hollnagel, E. (1998). Context, cognition, and control. In Waern, Y. (Ed.), *Co-operation in Process Management Cognition and Information Technology*. Taylor & Francis Group: London, U. K.

Hronec, S. M. (1993). *Vital Signs: Using Quality, Time, and Cost Performance Measurements to Chart Your Company's Future*. AMACOM: New York.

Huang, S. and Dismukes, J. P. (2003). Manufacturing productivity improvement using effectiveness metrics and simulation analysis. *International Journal of Production Research*, 41(3), 513-527.

Hutchins, E. (1995). *Cognition in the Wild*. MIT Press: Cambridge, U. K.

Idhammar, C. (February 1991). Maintenance assessments. *Pulp & Paper*, 65(2), 45.

Idhammar, C. (1997). The Emperor's new clothes and benchmarking data. *Pulp & Paper*, 71(7), 57.

IEC 60050-191. (1990). International Electrotechnical Commission. International Electrotechnical Vocabulary, Chapter 191: Dependability and Quality of Service, Geneva, Switzerland.

IEC 60300 – 1. (1993). Dependability Management, Application Guide-Reliability Centered Maintenance, https://webstore.iec.ch/publication/1296.

Iglesias, R. and Treto, O. (2000). Auditorias de mantenimiento con Macwin auditor. *III Congreso cubano de ingeniería y reingeniería de mantenimiento*. Centro de Estudio de Innovación y

Mantenimiento (CEIM): Ciudad de La Habana, Cuba.

International Atomic Energy Agency (IAEA). (1986). Summary report on the post-accident review meeting on the Chernobyl accident. International Atomic Energy Agency Safety Series 75-INSAG-l. IAEA: Vienna, Austria.

International Atomic Energy Agency (IAEA). (1991). Safety culture. International Atomic Energy Agency Safety Series 75-INSAG-4. IAEA: Vienna, Austria.

ISO 8402 (1994). Quality Management and Availability Assurance Vocabulary. http://www.iso.org/iso/catalogue_detail.htm?csnumber=20115.

Ivančić, I. (1998). Development of maintenance in modern production. *Euromaintenance' 98* Conference proceedings, Dubrovnik, Croatia

Jantunen, E., Gilabert, E., Emmanoulidis, C., and Adgar, A. (2010). E-maintenance, a means to high overall efficiency. *Engineering Asset Lifecycle Management*, 20, 688–696.

Jayet, C., Leplat, J., Guillermain, H., Mazet, C., Marioton, J., Pondaven, S., Abela, E., Roger, T., and Mazeau, M. (1993). Performances humaines & techniques, Septembre-Octobre, n° 66. DOSSIER: Fiabilité et erreurs humaines.

Jeong, S., Min-Hur, S., and Suh, S. H. (2009). A conceptual framework for computer-aided ubiquitous system engineering: Architecture and prototype. *International Journal of Computer Integrated Manufacturing*, 22(7), 671–685.

Johnson, A. V. (1968). Motivation of labour, staff and management, organization of maintenance. *Proceedings of Conference ISI*, Iron and Steel Institute, London.

Johnson, H. T. and Kaplan, R. S. (1987). *Relevance Lost: The Rise and Fall of Management Accounting*. Harvard Business School Press: Boston, MA.

Jones and Rosenthal. (1997). Assessing maintenance performance. *Maintenance Technology Magazine*. https://www.maintenancetechnology.com/1997/ll/assessing-maintenance-performance. (Accessed on November 27, 2015).

Jun, H. B. et al. (2009). A framework for RFID applications in product lifecycle management. *International Journal of Computer Integrated Manufacturing*, 22(7), 595–615.

Jurán, J. M. (1974). *Quality Control Handbook*, 3rd Edition. McGraw-Hill: New York.

Jurán, J. M. (1995). *Análisis y planeación de la calidad*, 3rd Edition. McGraw-Hill: México.

Kahn, J. (2006). Applying six sigma to plant maintenance improvement programs. JK Consulting: Fayetteville, GA.

Kahn, J. and Gulati, R. (2006). SMRP maintenance and reliability metrics. *EuroMaintenance* 2006, Basel, Switzerland.

Kahn, J. and Olver, R. (2008). EFNMS-SMRP maintenance and reliability indicator harmonization project. TSMC Production & Maintenance Consultants: Espergærde, Denmark.

Kaiser, H. H. (1991). Maintenance management audit. Construction Consultants & Publishers: Kingston, MA.

Kaiser, H. H. (1991). *Maintenance Management Audit*. R. S. Means Company, Inc.:

Kingston, MA.

Kaiser, H. and Kirkwood, D. (1997). Maintenance management audits. *American Society for Healthcare Engineering* 34th Annual Conference & Technical Exhibition, San Antonio, CA.

Kans, M. and Ingwald, A. (2008). Common database for cost-effective improvement of maintenance performance. *International Journal of Production Economics*, 113(2), 734–747.

Kaplan, R. S. and Norton, D. P. (1992). The balanced scorecard ± measures that drive performance. *Harvard Business Review*, 70(1), 71–79.

Kaplan, R. (1994). Devising a balanced scorecard matched to business strategy. *Planning Review*, 22(5), 15.

Kaplan, R. and Norton, D. (1996). *The Balanced Scorecard: Translating Strategy into Action*. Harvard Business School Press: Boston, MA.

Kaplan, R. S. and Norton, D. P. (1996). Using the balanced scorecard as a strategic management system. *Harvard Business Review*, 74(1), 75–85.

Kaplan, R. S. and Norton, D. P. (1996). *The Balanced Scorecard*. Harvard Business School Press: Boston, MA.

Kaplan, R. and Norton, D. (1997). *Cuadro de Mando Integral*. Gestión 2000: Barcelona, Spain.

Kardec, A. and Nascif, J. (2003). *Manutenção: Função Estratégica*. 3rd edition. Qualitymark: Rio de Janeiro, Brazil.

Kast, F. E. and Rosenzweig, J. E. (1985). *Organization and Management*. McGraw-Hill: Singapore.

Katsllometes, J. (2004). How good is my maintenance program? *Plant Operators Forum 2004*, Denver, CO.

Kaydos, W. (1991). *Measuring, Managing and Maximizing Performance*, 1st edn. Productivity Press, Inc.: Portland, OR.

A. T. Kearney Company. (1988). The seven best of the best maintenance in North America. A. T. Kearney Company: Chicago, IL.

Keegan, D. P, Eiler, R. G., and Jones, C. R. (1989). Are your performance measures obsolete? *Management Accounting*, 70(12): 45–50.

Keller, M. (1989). General Motors: El amargo despertar. Biblioteca Deusto de Empresas y Empresarios. Planeta De Agostini: Barcelona, Spain.

Kelly, A. (1984). *Maintenance Planning and Control*. Butterworth-Heinemann: Oxford, U. K.

Kelly, A. (1989). Maintenance and its management. *Conference Communications*, Monks Hill, Surrey, U. K.

Kelly, A. (1997). *Maintenance Organization and Systems*. Butterworth-Heinemann: Oxford, U. K.

Kelly, A. (1997). *Maintenance Strategy*. Butterworth-Heinemann: Oxford, U. K.

Kelly, A. and Harris, M. J. (1998). Gestión del mantenimiento industrial. Fundación Repsol: Madrid, Spain.

Killet, G. (2001). *Measuring Maintenance Performance: A Structured Approach*. Elmina Associates Ltd.: Wiltshire, UK.

Knezevic, J. (1996). *Mantenibilidad*. Instituto Superior de Defensa (ISDEFE): Madrid, Spain.

Knezevic, J., Papic, L., and Vasic, B. (1997). Sources of fuzziness in vehicle maintenance management. *Journal of Quality in Maintenance Engineering*, 3(4), 281–288.

Yan, J., Koc, M., and Lee, J. (2004). A prognostic algorithm for machine performance assessment and its application. *Production Planning & Control*, 15(8): 796–801.

Komonen, K. (1998). The structure and effectiveness of industrial maintenance. *Acta Polytechnica Scandinavica, Mathematics, Computing and Management in Engineering Series*, 93.

Kostic, S. B. and Arandjelovic, V. D. (1995). Dependability, a key factor to the quality of products. *International Journal of Quality & Reliability Management*, 12(7), 36–43.

Kotler, P., Armstrong, G., Saunders, J., and Wong, V. (1999). *Principles of Marketing*, 2nd European edn. Prentice Hall Europe: London, U. K.

Kumar, U. D. (1997). Analysis of fault tolerant systems operating under different stress levels during a mission. *International Journal of Quality & Reliability Management*, 14(9), 899–908.

Kumar, U. and Ellingsen, H. P. (2000). Design and development of maintenance performance indicators for the Norwegian oil and gas industry. *Proceedings of the 15th European Maintenance Congress: Euromaintenance 2000*, The Swedish Maintenance Society (UTEK) and The European Federation of National Maintenance Societies (EFNMS), Gothenburg, Sweden, March 2000, pp. 224–228.

Kuratomi, O. and Alvarez, H. (2007). Gestión de la información para el análisis de las averías. TPM Knowledge Center, www.ceroaverias.com. Barcelona, Spain.

Kutucuoglu, K. Y., Hamali, J., Irani, Z., and Sharp, J. M. (2001). A framework for managing maintenance using performance measurement systems. *International Journal of Operations & Production Management*, 21(1/2), 173–195.

Labib, A. (1998). World-class maintenance using a computerized maintenance management system. *Journal of Quality in Maintenance Engineering*, 4(1), 66–75.

Lambán, M. P., Royo, J., and Berges, L. (2009). Modelo de gestión económica de la Cadena de Suministro. *Primer Congreso de Logística y Gestión de la Cadena de Suministro*. Zaragoza, Spain.

Langdon, D. (2007). Life cycle costing (LCC) as a contribution to sustainable construction: A common methodology. Literature review. Davis Langdon Management Consulting: London, U. K.

Lehtinen, E. and Wahlström, B. (1996). Management of safety through performance indicators for operational maintenance. *IAEA Specialist Meeting on Methodology for Nuclear Power Plant Performance and Statistical Analysis*, Vienna, Austria.

Lepplat, J. and Terssac, G. (1990). *Les facteurs humains de la fiabilité*. 1st edition. Octares: Marseille, France.

Levitt, J. (1997). *The Handbook of Maintenance Management*, 1st edn. Industrial Press, Inc.: New York.

Levrat, E., Iung, B., and Crespo Marquez, A. (2008). E-maintenance: Review and conceptual framework. *Production Planning and Control*, 19(4), 408–429.

Lewis, E. (1987). *Introduction to Reliability Engineering*, 2nd Edition. John Wiley & Sons: New York

Likert, R. (1932). A technique for measurement attitudes. *Archives of Psychology*, 22(140), 55.

Liyanage, J. and Kumar, U. (2003). Towards a value-based view on operations and maintenance performance management. *Journal of Quality in Maintenance Engineering*, 9(4), 333–350.

Lloyd, D. K. and Lipow, M. (1962). *Reliability: Management, Methods, and Mathematics*. Prentice Hall, Inc.: Englewood Cliffs, NJ.

Löfsten, H. (1999). Management of industrial maintenance—Economic evaluation of maintenance policies. *International Journal of Operations & Production Management*, 19(7), 716–737.

López, A. (1998). *El cuadro de mando y los sistemas de información para la gestión empresarial*. Monografías. AECA: Madrid, Spain.

López, J. and Gadea, A. (1992). *El control de gestión en la administración local*. Gestión 2000: Barcelona, Spain.

Löppönen, P. (1998). Maintenance management development program for 20 production line company. *Euromaintenance' 98 Conference Proceedings*, Dubrovnik, Croatia.

MacArthur, R. (2004). EAM made simple, well, kind of simple. Genesis Solutions. http://www.GenesisSolutions.com. Amsterdam, the Netherlands.

Machinery and Allied Products Institute Equipment. (1956). Replacement and depreciation— Policies and practices. Machinery and Allied Products Institute: Washington, DC.

Mann, L. Jr. (1983). *Maintenance Management*. P. C. Heath and Company Publishers: London, U. K.

Manoochehri, G. (1999). Overcoming obstacles to developing effective performance measures. *Work Study*, 48(6), 223–229. http://www.emerald-library.com.

Manuele, F. A. (2005). Serious injury prevention. *Occupational Health & Safety*, 74(6), 74–83.

Martínez, L. (2007). Organización y planificación de sistemas de mantenimiento. Centro de Altos Estudios Gerenciales, Instituto Superior de Investigación y Desarrollo: Caracas, Venezuela.

Martorell, S., Sánchez, A., Muñoz, A., Pitarcha, J. L., Serradella, V., and Roldanb, J. (1999). The use of maintenance indicators to evaluate the effects of maintenance programs on NPP performance and safety. *Reliability Engineering & System Safety*, 65(2), 85–94.

Maskell, B. H. (1991). *Performance Measurement for World Class Manufacturing*. Productivity Press: Portland, OR.

Maslow, A. A. (1954). *Motivation and Personality*. Harper and Brothers: New York.

Mata, D. and Aller, J. (2008). Análisis Probabilístico del Mantenimiento Predictivo y Correctivo de Máquinas Eléctricas Rotativas en una Planta Siderúrgica. *Revista Universidad, Ciencia y Tecnología de la Universidad Nacional Experimental Politécnica "Antonio José de Sucre"*, 49, 1–6.

Mather, D. (2002). *CMMS: A Timesaving Implementation Process*. CRC Press: Boca Raton, FL.

Mather, D. (2003). The errors in availability, www.reliabilityweb.com. Accessed on June 5, 2011.

Mather, D. (2005). *The Maintenance Scorecard: Creating Strategic Advantage*. Industrial Press: New

York.

Mayo, E. (1945). *The Social Problems of an Industrial Civilization*. HGS & A.: Boston, MA.

McGregor, D. (1960). *The Human Side of Enterprise*. McGraw-Hill: New York.

Mendoza, J. (2007). TPM—Mantenimiento Productivo Total. Tesis doctoral. Escuela Superior de Ingeniería Mecánica y Eléctrica, Instituto Politécnico Nacional: Mexico, DF.

Maintenance Engineering Society of Australia (MESA). (1995). Capability assurance: A generic model of maintenance. Maintenance Engineering Society of Australia (MESA): Barton, Australian Capital Territory, Australia.

Meyer, M. W. (1996). Los secretos de la mejora de los resultados empresariales. In *Nuevas Ideas de Management* (IMD London Business School, n° 14). Recoletos: Madrid, Spain.

Mijten, B. (2008). Reliability Integrated Solution (RIS): The right move: The strategy for getting the most out of assets. *ABB Review*, www.abb.com/abbreview. (Accessed March 12, 2011).

MIL-HDBK 217E. (1986). Military handbook—Reliability prediction of electronic equipment. Issue E. U. S. Department of Defense: Washington, DC.

MIL-HDBK-472. (1984). Maintainability prediction. U. S. Department of Defense: Washington, DC.

Miller, P. (1997). Performance measurements within package enabled re-engineering. *Control-Official Journal of the Institute of Operations Management*, 23, 20–22.

Miser, H. J. and Quade, E. S. (1988). *Handbook of Systems Analysis: Craft Issues and Procedural Choices*. Elsevier Science Publishing Co.: New York.

Mitchell, J. (1998). Dollars: The only real measure of equipment effectiveness. http://www.mt-online.com. Accessed on February 14, 2011.

Mitchell, J. S. (1998). Profit centered maintenance—A new vision. http://www.mimosa.org/papers.htm. Accessed on May 11, 2001.

Mitchell, J. S. et al. (2002). *Physical Asset Management Handbook*, 3rd edn. Gulf Publishing Company: Houston, TX.

Mitchell, M. (2006). 5.11.2 PM & PdM effectiveness. SMRP Best Practice Metrics. Society for Maintenance and Reliability Professionals: McLean, VA.

Mitra, A. (1998). *Fundamentals of Quality Control and Improvement*, 2nd Edition. Prentice-Hall: Upper Saddle River, NJ.

Monchy, F. (1990). *Teoría y práctica del mantenimiento industrial*, Primera edición. Editorial Masson: Barcelona, Spain.

Monga, A. and Zuo, M. (2001). Optimal design of series-parallel systems considering maintenance and salvage value. *Computers & Industrial Engineering*, 40, 323–337.

Moubray, J. M. (1997). *RCMII Reliability-Centered Maintenance*, 2nd edn. Industrial Press: New York.

Muchiri, P. N. and Pintelon, L. (2008). Performance measurement using overall equipment effectiveness (OEE): Literature review and practical application. *International Journal of Production Research*, 46(13), 3517–3535.

Muchiri, P. N., Pintelon, L., Martinb, H., and Meyerc, A. M. (2010). Empirical analysis of maintenance performance measurement in Belgian industries. *International Journal of Production Research*, 48(20),5905–5924.

Muller, A., Suhner, M. C., and Lung, B. (2007). Formalization of a new prognosis model for supporting proactive maintenance implementation on industrial system. *Reliability Engineering & System Safety*, 93(2), 234–253.

Müller, A., Crespo-Marquez, A., and lung, B. (2008). On the concept of e-maintenance: Review and current research. *Reliability Engineering & System Safety*, 93(8), 1165–1187.

Murthy, D. N. P., Atrens, A., and Eccleston, J. A. (2002). Strategic maintenance management. *Journal of Quality in Maintenance Engineering*, 8(4), 287–305.

Nachlas, J. (1995). *Fiabilidad*. Instituto Superior de Defensa (Isdefe): Madrid, España.

Nahmias, S. (1981). Managing reparable item inventory systems: A review. In Schwarz, L. B. (Ed.), *Multi-Level Production/Inventory Control Systems: Theory and Practice*, Vol. 16: Studies in the Management Science. North Holland: Amsterdam, the Netherlands.

Nakajima, S. (1988). *Introduction to TPM: Total Productive Maintenance*. Productivity Press, Inc.: Cambridge, U. K., p. 129.

Neal, A. and Griffin, M. A. (2004). Safety climate and safety at work. In Barling, J. and Frone, M. R. (Eds.), *The Psychology of Workplace Safety*. American Psychological Association: Washington, DC.

Neely, A. and Adams, C. (2001). Perspectives on performance: The performance prism, www. som. cranfield. ac. uk/som/cbp/adn. htm. Accessed on September 16, 2011.

Nelson, K. and McLean, S. (2007). 5.4.11 PM & PdM work orders overdue. SMRP Best Practice Metrics. Society for Maintenance and Reliability Professionals: McLean, VA.

Noghin, V. (2005). *Decision Making in Multicriteria Environment: A Quantitative Approach*, 2nd edn. FIZMATLIT: Moscow, Russia [in Russian]. ISBN 5-9221-0274-5.

NOR, A. (1984). Recueil des normes françaises des corps gras, graines oléagineuses et produits dérivés. Association Française de NORmalisation eds, Paris, 95.

Núnez de Sarmiento, M. and Gómez, O. (2005). El Factor Humano: Resistencia a la Innovación tecnológica. Revista ORBIS Ciencias Humanas, 1(1), 23–34.

O'Connor, P. D. (1985). *Practical Reliability Engineering*, 2nd edn. John Wiley & Sons: New York.

O'Hanlon, T. and Nicholas, J. (2005). Reliability centered maintenance survey. *Reliability Magazine Uptime Magazine*. December, 13–15.

O'Hanlon, T. (2006). RCM benchmarking survey results. *2006 NPRA Reliability & Maintenance*, San Antonio TX.

Olafsson, S. V. (1990). An analysis for total productive maintenance implementation. MSc thesis. Virginia Polytechnic State University: Blacksburg, VA.

Olszewski, R. and O'Hanlon, T. (June 2001). Results of CMMS effectiveness survey. *Maintenance*

Technology Magazine. June 2011, 37-39.

Olver, D. (2006). 3.2 Total downtime. SMRP Best Practice Metrics. Society for Maintenance and Reliability Professionals: McLean, VA.

Olver, D. (2006). 3.3 Scheduled downtime. SMRP Best Practice Metrics. Society for Maintenance and Reliability Professionals: McLean, VA.

Olver, D. (2006). 3.4 Unscheduled downtime. SMRP Best Practice Metrics. Society for Maintenance and Reliability Professionals: McLean, VA.

Olver, D. (2006). 4.1 Rework. SMRP Best Practice Metrics. Society for Maintenance and Reliability Professionals: McLean, VA.

Olver, D. (2007). 5.4.1 Reactive work. SMRP Best Practice Metrics. Society for Maintenance and Reliability Professionals: McLean, VA.

Olver, D. (2007). 5.4.2 Proactive work. SMRP Best Practice Metrics. Society for Maintenance and Reliability Professionals: McLean, VA.

Olver, R. and Kahn J. (2007). SMRP maintenance and reliability metrics development. *MARCON 2007*, Knoxville, TN.

Ortiz, A. (1998). Propuesta para el desarrollo de programas de integración empresarial en empresas industriales. Aplicación a una empresa del sector cerámico. Tesis doctoral. Universidad Politécnica de Valencia, Valencia, Spain.

Padesky, J. and Dunlap, D. (2006). 4.2.3 Maintenance training ROI. SMRP Best Practice Metrics. Society for Maintenance and Reliability Professionals: McLean, VA.

Padesky, J. and Hawkins, B. (2007). 5.4.5 Standing work orders. SMRP Best Practice Metrics. Society for Maintenance and Reliability Professionals: McLean, VA.

Padesky, J. and Mitchell, M. (2007). 5.5.6 Craft worker on shift ratio. SMRP Best Practice Metrics. Society for Maintenance and Reliability Professionals: McLean, VA.

Padesky, J. (2007). 4.2.1 Maintenance training hours. SMRP Best Practice Metrics. Society for Maintenance and Reliability Professionals: McLean, VA.

Papazoglou, I. A. and Aneziris, O. (January 1999). On the quantification of the effects of organizational and management factors in chemical installations. *Reliability Engineering & System Safety*, 63(1), 33-45.

Parida, A., Ahren, T., and Kumar, U. (2003). Integrating maintenance performance with corporate balanced scorecard. *COMADEM 2003, Proceedings of the 16th International Congress*, Växjö, Sweden, August 27-29, 2003, pp. 53-59.

Parida, A., Phanse, K., and Kumar, U. (2004). An integrated approach to design and development of e-maintenance system. *VETOMAC-3 and ACSIM-2004*, New Delhi, India, December 6-9, 2004, pp. 1141-1147.

Parida, A. and Kumar, U. (2006). Maintenance performance measurement (MPM): Issues and challenges. *Journal of Quality in Maintenance Engineering*, 12(3), 239-251.

Parida, A. and Chattopadhyay, G. (2007). Development of a multi-criteria hierarchical framework for maintenance performance measurement (MPM). *Journal of Quality in Maintenance Engineering*, 13(3), 241-258.

Parida, A. and Kumar, U. (2009). *Handbook of Maintenance Management and Engineering*, Part I, pp. 17-41.

Pathmanathan, V. (1980). Construction equipment downtime costs. *Journal of Construction Division*, 106(4), 604-607. Springer: London.

Peters, T. J. and Waterman, R. H. (1982). *In Search of Excellence: Lessons from America's Best-Run Companies*. Warner Books, NY.

Peterson, S. B. (2004). Developing an asset management strategy. Strategic Asset Management, Inc.: Unionville, CT. http://www.samicorp.com/Publications.html.

Pintelon, L. and Van Puyvelde, F. (1997). Maintenance performance reporting systems: Some experiences. *Journal of Quality in Maintenance Engineering*, 3(1), 4-15.

Pintelon, L. and Van Puyvelde, F. (2006). *Maintenance Decision Making*. Acco: Leuven, Belgium.

Price Water House Coopers. (1999). Questionnaire of auditing, Toronto, Ontario, Canada. Productivos. Facultad de Ingenieria, Escuela de Ingeniería E. Mecánica, Universidad de Talca: Talca, Chile.

Racoceanu, D. and Zerhouni, N. (2002). Modular modelling and analysis of a distributed production system with distant specialised maintenance. *Proceedings of the 2002 International Conference Robotic and Automation*, Washington, DC.

Raouf, A. (1994). Improving capital productivity through maintenance. *International Journal of Operations & Production Management*, 14(7), 44-52.

Raouf, A. and Ben-Daya, M. (1995). Total maintenance management: A systematic approach. *Journal of Quality in Maintenance Engineering*, 1(1), 6-14.

Rasmussen, J. (1979). On the structure of knowledge—A morphology of mental models in a man-machine system context. Risø Report M-2192. Risø National Laboratory: Roskilde, Denmark.

Rasmussen, J. (1982). Human errors: A taxonomy for describing human malfunctions in industrial installations. *Journal of Occupational Accidents*, 4, 311-335.

Rasmussen, J. (1983). Skills, rules, knowledge: Signals, signs and symbols and other distinctions in human performance models. *IEEE Transactions: Systems, Man and Cybernetics SMC*, 13, 257-267.

Rasmussen, J. (1987). Cognitive control and human error mechanisms. In Rasmussen, J., Duncan, K., and Leplat, J. (Eds.), *New Technology and Human Error*. John Wiley & Sons: New York.

Ravindran, A., Philips, D. T., and Solberg, J. J. (1987). *Operations Research, Principles and Practice*, 2nd edn. John Wiley & Sons: New York.

Ray, P. K., and Sahu, S. (1990). Productivity management in India: a Delphi study. *International Journal of Operations & Production Management*, 10(5): 25-51.

Reason, J. (1990). *Human Error*. Cambridge Press: New York.

Reichers, A. and Schneider, B. (1990). Climate and culture: An evolution of constructs. In

Schneider, B. (Ed.), *Organizational Climate and Culture*. Jossey-Bass: San Francisco, CA, pp. 5-39.

RELIASOFT. (2002). BlockSim version 6 user's guide. ReliaSoft Corporation: Tucson, AZ.

Rensen, E. J. K. (1995). Maintenance audits, a conceptual framework. In Martin, H. H. (Ed.), *New Developments in Maintenance*. Moret Ernst & Young Management Consultants: Utrecht, the Netherlands, pp. 83-94.

Rey, F. (1996). Hacia la excelencia en mantenimiento. TGP Hoshin: Madrid, Spain.

RGP Rover Group. (1997). Effective maintenance management manual. RPG: Stockholm, Sweden.

Riis, J. O., Luxhoj, J. T., and Thorsteinsson, U. (1997). A situational maintenance model. *International Journal of Quality & Reliability Management*, 14(4), 349-366.

Robbins, S. (1999). *Comportamiento Organizacional*, Octava Edición. Editorial Prentice Hall: México.

Rokeach, M. and Eglash, A. (1956). A scale for measuring intellectual conviction. *Journal of Social Psychology*, 44, 135-141.

Rolstadås, A. (1995). *Performance Management*. Chapman & Hall: London, U.K.

Rousseau, D. M. (1990). Assessing organizational culture: The case for multiple methods. In Schneider, B. (Ed.), *Organizational Climate and Culture*. Jossey-Bass: San Francisco, CA.

Sakiya, T. (1994). *Honda Motor, los hombres la dirección y las máquinas*. Biblioteca Deusto de Empresas y Empresarios. Planeta De Agostini: Barcelona, Spain.

Schneidewind, N. (1999). Measuring and evaluating maintenance process using reliability, risk, and test metrics. *IEEE Transactions on Software Engineering*, 25(6), 768-781.

Sexto, L. (2000). Mantenimiento industrial: Cenicienta que aguarda por su príncipe. Centro de Estudio Innovación y Mantenimiento Instituto Superior Politécnico José Antonio Echeverría: Ciudad de La Habana, Cuba.

Sharp, J. M., Irani, Z., Wyant, T., and Firth, N. (1997). TQM in maintenance to improve manufacturing performance. *Proceedings of PICMET Conference*, Portland, OH.

Sherwin, D. (2000). A review of overall models for maintenance management. *Journal of Quality in Maintenance Engineering*, 6(3), 138-164.

Silter, G. (2003). Life cycle management in the US Nuclear Power Industry. *Transactions of the 17th International Conference on Structural Mechanics in Reactor Technology (SMiRT 17)*, Prague, Czech Republic.

Smith, A. and Hinchcliffer, G. R. (2003). *RCM Gateway to World Class Maintenance*. Elsevier Butterworth-Heinemann: Oxford, U.K.

Smith, R. and Hawkins, B. (2004). *Lean Maintenance*. Elsevier Butterworth-Heinemann: Burlington, MA.

Smith, B. (2006). 5.1.3 Planning variance index. SMRP Best Practice Metrics. Society for Maintenance and Reliability Professionals: McLean, VA.

SMRP Certifying Organization. (2006). Reference guide for certification in maintenance and reliability management, 3rd edn. Society for Maintenance and Reliability Professionals: McLean, VA.

SMRP Best Practices Committee. (2007). SMRP best practice metrics glossary. Society for Maintenance and Reliability Professionals: McLean, VA.

SMRP Press Release. (2007). Global indicators for maintenance and availability performance. Society for Maintenance and Reliability Professionals: McLean, VA.

Söderholm, P. (2005). Maintenance and continuous improvement of complex systems linking stakeholder requirements to the use of built-in test systems. Doctoral thesis. Department of Business Administration and Social Science, Luleå University of Technology: Luleå, Sweden.

Solomon Associates. (2002). Solomon Associates: Dallas, TX. http://solomononline.com/about (Accessed November 27, 2015).

Sols, A. and Múñoz, J. M. (Agosto-Septiembre 2006). El apoyo logístico basado en las prestaciones. *Revista General de Marina*, 251(8): 265–272.

Stegimelle, J. and Olver, D. B. (2006). 5.1.1 Actual hours to planning estimate. SMRP Best Practice Metrics. Society for Maintenance and Reliability Professionals: McLean, VA.

Stegimelle, J. (2007). 5.4.4 Schedule compliance—Workorders. SMRP Best Practice Metrics. Society for Maintenance and Reliability Professionals: McLean, VA.

Stephan, A. (1996). Measuring TPM performance. *ICOMS Conference*, Melbourne, Victoria, Australia, May 1996.

Steward, T. (1997). La nueva riqueza de las Organizaciones: El gran capital intelectual. Editorial GRANICA: Buenos Aires, Argentina.

Sueiro, G. (Mayo-Junio 2007). Combatiendo los "costes ocultos". Industria Bebible Año 2, Número 11.

Sumanth, D. (2001). *Administración para la productividad total*. Compañía Editorial Continental: México.

Svantesson, T. (2001). Course materials handed out at the UTEK conference "Aktuellt inomm underhåll". UTEK: Stockholm, Sweden.

Svantesson, T. (2002). Nordic benchmarking analysis and EFNMS key figures. *Euromaintenance 2002*, Helsinki, Finland.

Svantesson, T. (2007). Continuous improvement hours. SMRP Best Practice Metrics. Society for Maintenance and Reliability Professionals: McLean, VA.

Svantesson, T. (2008). Benchmarking in Europe. *EuroMaintenance 2006. 3rd World Congress*, Basel, Switzerland.

Svantesson, T. (2008). Utilizing benchmark metrics to build and manage a strategy for maintenance improvement. *TSMC Production and Maintenance Consultants: Asset Management and Maintenance Journal*, 1, 8.

Svantesson, T., Olver, R., and Kahn, J. D. (2008). EFNMS SMRP maintenance and reliability indicator harmonization project. *Euromaintenance 2008*, Brussels, Belgium, April 2008.

Svantesson, T. and Olver, R. (2008). SMRP-EFNMS benchmarking workshop. *Euromaintenance 2008*, Brussels, Belgium, 2008.

Swanson, L. (2001). Linking maintenance strategies to performance. *International Journal of Production Economics*, 70(3), 237-244.

Jenkins, D. (1975). Job Reform in Sweden: Conclusions from 500 Shop Floor Projects. Swedish Employers' Confederation, Technical Department.

Tagiuri, R. and Litwin, G. H. (1968). *Organizational Climate: Explorations of a Concept*. Graduate School of Business Administration, Harvard University: Cambridge, MA.

Tavares, L. (2001). *Auditorías de Mantenimiento*. Revista Mantenimiento: San José, CA.

Tavares, L. (2002). *Administración Moderna del Mantenimiento*. http://www.datastream.net/latinamerica/libro/lourival.asp (libro digital). Datastream: Rio de Janeiro, Brazil.

Tavares, L. (2006). Selección de software de mantenimiento. *Reliability World*, Centro CONVEX, Monterrey, N. L., México, Junio 5-9, 2006.

Taylor, J. C. and Felten, D. F. (1993). *Performance by Design: Sociotechnical Systems in North America*. Prentice Hall: Englewood Cliffs, NJ.

Teixeira, A. (2001). Multicriteria decision on maintenance: Spares and contract planning. *European Journal of Operational Research*, 129,235-241.

The Institute of Internal Auditors. (1992). *A Common Body of Knowledge for Practice of Internal Auditing*. IIA Inc., Altamonte Springs, FL.

Thuesen, G. J. and Fabrycky, W. J. (1993). *Engineering Economy*, 8th edn. Prentice Hall, Inc.: Englewood Cliffs, NJ.

Thumann, A. (1995). *Handbook of Energy Audits*, 4th Edition. Prentice-Hall: Lilburn, Georgia.

Thun, J.-H. (2008). Supporting total productive maintenance by mobile devices. *Production Planning and Control: The Management of Operations*, 19(4), 430-434.

Tomlingson, P. D. (1992). *Effective Maintenance: The Key to Profitability: A Managers Guide to Effective Industrial Maintenance Management*, 1st edn. International Thomson Publishing: New York.

Training Resources and Data Exchange(TRADE) and Performance-Based Management Special Interest Group. (1995). How to measure performance: A handbook of techniques and tools. Prepared for the Special Project Group, Assistant Secretary for Defense Programs and the U. S. Department of Energy: Washington, DC.

Trunk, C. (1997). The nuts and bolts of CMMS. *Material Handling Engineering*, 52(9), 47-53.

Tsang, A. H. C. (1998). A strategic approach to managing maintenance performance. *Journal of Quality in Maintenance Engineering*, 4(2), 87-94.

Tsang, A., Jardine, A., and Kolodny, H. (1999). Measuring maintenance performance: A holistic approach. *International Journal of Operations & Production Management*, 19(7), 691-715.

Tsang, A. (2002). Strategic dimensions of maintenance management. *Journal of Quality in Maintenance Engineering*, 8(1), 7-39.

UNE 200001-3-2:2001. (2001). Gestión de la confiabilidad. Parte 3: Guía de aplicación. Sección 2: Recogida de datos de confiabilidad en la explotación. AENOR: Madrid, Spain.

UNE 200001-3-4:1999. (1999). Gestión de la confiabilidad. Parte 3: Guía de aplicación. Sección 4: Guía para la especificación de los requisitos de confiabilidad. AENOR: Madrid, Spain.

UNE 200001-3-5:2002. (2002). Gestión de la confiabilidad. Parte 3-5: Guía de aplicación. Condiciones para los ensayos de fiabilidad y principios para la realización de contrastes estadísticos. AENOR: Madrid, Spain.

UNE 200001-3-9:1999. (1999). Gestión de la confiabilidad. Parte 3: Guía de aplicación. Sección 9: Análisis del riesgo de sistemas tecnológicos. AENOR: Madrid, Spain.

UNE 200004-1:2002. (2002). Cribado de elementos mediante esfuerzos. Parte 1: Elementos reparables fabricados en lotes. AENOR: Madrid, Spain.

UNE 200004-2:2003. (2003). Cribado de fiabilidad mediante esfuerzos. Parte 2: Componente electrónicos. AENOR: Madrid, Spain.

UNE 20654-1:1992. (1992). Guía de la mantenibilidad de equipos. Parte 1: Introducción, exigencias y programa de mantenibilidad. AENOR: Madrid, Spain.

UNE 20654-3:1996. (1996). Guía de la mantenibilidad de equipos. Parte 3: Secciones seis y siete. Verificación, recogida, análisis y presentación de datos. AENOR: Madrid, Spain.

UNE 20654-4:2002. (2002). Guía de mantenibilidad de equipos. Parte 4-8: Planificación del mantenimiento y de la logística de mantenimiento. AENOR: Madrid, Spain.

UNE 20654-6:2000. (2000). Guía de mantenibilidad de equipos. Parte 6: Sección 9: Métodos estadísticos para la evaluación de la mantenibilidad. AENOR: Madrid, Spain.

UNE 20812:1995. (1995). Técnicas de análisis de la fiabilidad de sistemas. Procedimiento de análisis de los modos de fallo y de sus efectos (AMFE). AENOR: Madrid, Spain.

UNE 20863:1996. (1996). Guía para la presentación de resultadosde predicciones de fiabilidad, disponibilidad y mantenibilidad. AENOR: Madrid, Spain.

UNE 21406:1997. (1997). Aplicación de las técnicas de Markov. AENOR: Madrid, Spain.

UNE 21925:1994. (1994). Análisis por árbol de fallos (AAF). AENOR: Madrid, Spain.

UNE 66174:2003. (2003). Guía para la evaluación del sistema de gestión de la calidad según la Norma UNE-EN ISO 9004:2000. AENOR: Madrid, Spain.

UNE 66175:2003. (2003). Sistemas de gestión de la calidad. Guía para la implantación de sistemas de indicadores. AENOR: Madrid, Spain.

UNE EN 13269:2003. (2003). Guía para la preparatión de contratos de mantenimiento. AENOR: Madrid, Spain.

UNE EN 13306:2002. (2002). Terminología del mantenimiento. AENOR: Madrid, Spain.

UNE-EN 13460:2003. (2003). Mantenimiento. Documentos para el mantenimiento. AENOR: Madrid, Spain.

UNE-EN 15341:2008. (2008). Mantenimiento. Indicadores clave de rendimiento del mantenimiento. AENOR: Madrid, Spain.

UNE-EN 60300-1:1996. (1996). Gestión de la confiabilidad. Parte 1: Gestión del programa de confiabilidad. AENOR: Madrid, Spain.

UNE-EN 61078:1996. (1996). Técnicas de análisis de la confiabilidad. Método del diagrama de bloques de la fiabilidad. AENOR: Madrid, Spain.

UNE-EN 61703: 2003. (2003). Expresiones matemáticas para los términos de fiabilidad, disponibilidad, mantenibilidad y de logística de mantenimiento. AENOR: Madrid, Spain.

UNE-EN ISO 9001:2000. (2000). Quality management systems—Requirements, AENOR: Madrid, Spain.

Van Rijn, C. (2007). Asset management at the millennium. The Plant Maintenance Resource Center: Calabasas, CA. http://www.plant-maintenance. Accessed on May 19, 2011.

Vergara, E. (2007). Análisis de confiabilidad, disponibilidad y mantenibilidad del sistema de crudo diluido de petrozuata. Decanato de Estudios de Postgrado, Universidad Simón Bolívar: Caracas, Venezuela.

Visser, J. K. and Pretorious, M. W. (2003). The development of a performance measurement system for maintenance. *SA Journal of Industrial Engineering*, 14(1), 83-97.

Vorster, M. C. and De la Garza, J. M. (1990). Consequential equipment costs associated with lack of availability and downtime. *Journal of Construction Engineering and Management-ASCE*, 116(4), 656-669.

Vosloo, M. (1999). A conceptual model for the development of a maintenance philosophy. PhD thesis. University of Pretoria: Pretoria, South Africa, pp. 129-132.

Wardehoff, E. C. (November 19, 1992). Journey to world-class levels of excellence: A multi-stage process. *Plant Engineering*, 46(18), 194.

Weber, A. and Thomas, R. (2005). Key performance indicators: Measuring and managing the maintenance function. http://www.plant-maintenance.com/articles/KPIs.pdf. Ivara Corporation: Burlington, Ontario, Canada.

Weber, A. and Thomas, R. (2006). Key performance indicators: Measuring and managing the maintenance function. Ivara Corporation: Burlington, Ontario, Canada.

Westerchamp, T. A. (1993). *Maintenance Manager's Standard Manual*. Prentice-Hall: Englewood Cliffs, NJ, pp. 765-784.

Westerkamp, T. A. (1987). Using computers to audit maintenance productivity. In Hartmann, E. (Ed.), *Maintenance Management*. Industrial Engineering and Management Press: Atlanta, GA.

Williamson, R. (January 2001). Maintenance is NOT a department. http://www.mt-online.com. Accessed February 15, 2011.

Willmott, P. and McCarthy, D. (2001). *TPM—A Route to World-Class Performance*. Butterworth-Heinemann: Oxford, U. K.

Wilson, A. (1999). Asset maintenance management: A guide to developing strategy & improving performance. In Wilson, A. (Ed.), *Conference Communication*. Alden Press: Oxford, U. K.

Wireman, T. (1990). *World Class Maintenance Management*. Industrial Press: New York.

Wireman, T. (1998). *Developing Performance Indicators for Managing Maintenance*, 1st edn. Industrial Press: New York.

Wisner, J. D. and Eakins, S. G. (1994). A performance assessment of the US Baldrige Quality Award Winners. *International Journal of Quality & Reliability Management*, 11(2), 8–25.

Womack, J. P. and Jones, D. T. (1996). *Lean Thinking: Banish Waste and Create Wealth in Your Corporation*. Simon & Schuster: New York.

Woodhouse, J. (1996). *Managing Industrial Risk*. Chapman Hill, Inc.: London, U. K.

Woodhouse, J. (2000). Key performance indicators in asset management. The Woodhouse Partnership Ltd.: West Berkshire, U. K.

Woodhouse, J. (2004). Asset management—An introduction. Institute of Asset Management: London, U. K. http://www.iam-uk.org/iam_publications.htm.

Yamashina, H. (2000). Challenge to world-class manufacturing. *International Journal of Quality & Reliability Management*, 17(2), 132–143.

Zaldívar, S. (2006). El mantenimiento técnico: un reto histórico-lógico en el perfeccionamiento de la actividad gerencial. *Revista Tecnología en Marcha*, 19(1), 24–30.

Zancolich, J. (2002). Auditing maintenance processes for plant efficiency. http://www.mtonline.com. Accessed December 2, 2011.

Zohar, D. (1980). Safety climate in industrial organizations: Theoretical and lied implications. *Journal of Applied Psychology*, 65(1), 96–102.

Zohar, D. (2000). A group level model of safety climate: Testing the effect of group climate on micro-accidents in manufacturing jobs. *Journal of Applied Psychology*, 85, 587–596.

Zohar, D. (2003). Safety climate: Conceptual and measurement issues. In Quick, J. C. and Tetrick, L. E. (Eds.), *Handbook of Occupational Health Psychology*. American Psychological Association: Washington, DC.

Zohrul Kabir, A. B. M. (1996). Evaluation of overhaul/replacement policy for a fleet of buses. *Journal of Quality in Maintenance Engineering*, 2(3), 49–59.